全国工程硕士专业学位教育指导委员会推荐教材

高等学校电子信息类专业系列教材

智能控制

（第2版）

李士勇　李研　主编

清華大學出版社

北京

内容简介

21世纪进入了智能时代，智能控制作为自动控制和人工智能、计算智能等交叉融合的前沿学科，被誉为继经典控制、现代控制之后的第三代控制理论，它在智能自动化领域占有极其重要的地位。

本书论述了智能控制的基本概念、原理、方法、技术及应用实例。全书共8章，内容包括：从传统控制到智能控制；基于模糊逻辑的智能控制；基于神经网络的智能控制；专家控制与仿人智能控制；递阶智能控制与学习控制；智能优化原理与算法；最优智能控制原理与设计；智能控制的工程应用实例。本书立意新颖，取材广泛，内容丰富，结构严谨，自成系统，特色鲜明；内容深入浅出，论述精辟，逻辑严密，辩证分析，启迪思维。

本书是全国工程专业学位研究生教育国家级规划教材，既可作为自动化、自动控制及相关工程专业研究生教材，也可供智能科学、人工智能、计算机应用、电子工程、信息工程、机电工程等专业高年级本科生和科技人员学习参考。

图书在版编目(CIP)数据

智能控制/李士勇，李研主编. —2版. —北京：清华大学出版社，2021.8（2023.6重印）
高等学校电子信息类专业系列教材
ISBN 978-7-302-58161-1

Ⅰ.①智… Ⅱ.①李… ②李… Ⅲ.①智能控制—高等学校—教材 Ⅳ.①TP273

中国版本图书馆CIP数据核字(2021)第088821号

责任编辑：曾 珊 李 晔
封面设计：李召霞
责任校对：李建庄
责任印制：丛怀宇

出版发行：清华大学出版社
网 址：http://www.tup.com.cn，http://www.wqbook.com
地 址：北京清华大学学研大厦A座 **邮 编**：100084
社 总 机：010-83470000 **邮 购**：010-62786544
投稿与读者服务：010-62776969，c-service@tup.tsinghua.edu.cn
质量反馈：010-62772015，zhiliang@tup.tsinghua.edu.cn
课件下载：http://www.tup.com.cn，010-83470236
印 装 者：三河市龙大印装有限公司
经 销：全国新华书店
开 本：185mm×230mm **印 张**：19.25 **字 数**：419千字
版 次：2016年6月第1版 2021年10月第2版 **印 次**：2023年6月第2次印刷
印 数：1501～2100
定 价：69.00元

产品编号：086847-01

推荐序

21 世纪,人类社会已经进入飞速发展的智能时代,人工智能技术已经从广度到深度上快速渗透到经济社会、科技创新等广泛领域,机械化、电气化、自动化、数字化、网络化,正在加速向智能化方向演进与发展。

国家智能化水平的高低,在很大程度上成为衡量一个国家科技水平、综合国力的重要标志。因此,世界各国都在瞄准人工智能这一前沿战略技术的制高点,制定规划,加大投入,加速培养研究与产业人才。我国也在扩大人工智能相关专业研究生的培养规模,以迎接新一轮人工智能技术与产业革命的挑战。

智能控制是在人工智能与自动控制等多学科基础上发展起来的新兴交叉学科,被誉为继经典控制和现代控制理论之后的第三代控制理论。其主要目标是解决那些具有严重不确定性、高度非线性和面临复杂任务要求的控制问题,是人工智能迈向物理信息空间的高级阶段。

本书第一作者李士勇教授是国内早期开展模糊控制、智能控制教学和研究工作的开拓者之一,长期工作在智能控制、智能优化与智能制导领域的教学和科研第一线,出版了多部教材和专著。其中,《模糊控制和智能控制理论与应用》(哈尔滨工业大学出版社,1990)是国内早期的研究生教材,作为畅销书被国内许多大学选用。代表作《模糊控制·神经控制和智能控制论》(哈尔滨工业大学出版社,第 1 版 1996;第 2 版 1998)荣获 1999 年"全国优秀科技图书奖"暨"科技进步奖(科技著作)"三等奖,被国内许多高等院校相关专业选作硕士研究生教材或博士入学考试指定参考书,不仅在国内有很大影响,而且受到了国外专家、学者的好评。

本书是作者在已出版多部教材的基础上,结合多年积累的教学和科研成果,并吸收国内外该领域最新研究成果而编著的新书。该书具有以下特点。

(1) 全书利用计算机模拟人类智能并结合维纳《控制论》作为主线展开,具有立意新颖、系统性强的特点。

(2) 取材广泛,内容丰富。不仅涵盖了模糊逻辑控制、神经网络控制和专家控制的主要内容,还包括了仿人控制、递阶控制、学习控制、智能优化和最优智能控制等内容。

Recommend

(3) 作者提出智能控制的结构理论是控制论与人工智能、计算智能、系统论、信息论之间的五元交集，同时提出“最优智能控制”的新概念，这些都具有创新性。

(4) 结合智能控制理论的教学内容，书中给出了许多智能控制方法的应用实例，具有理论联系实际的特点。

(5) 在写作方面，论述内容深入浅出，富有启发性和可读性。不仅有利于教学，对研究生及科技人员自学也大有裨益。

在本书中，作者还给出了教学内容、教学重点和教学难点提示以及对教学过程中学时分配的建议，这对于不同层次、不同需求的院校教学具有较大的参考价值。

鉴于上述特点，我深信，这是一部自动化专业及相关工程专业研究生“智能控制”课程的优秀教材，它的出版对于推动该领域的教学科研工作，将发挥积极的促进作用。

邓志东（教授/博士生导师）
中国自动化学会会士
中国自动化学会智能自动化专业委员会主任
清华大学人工智能研究院视觉智能研究中心主任

第2版前言

自《智能控制》出版5年以来，恰逢人工智能在世界范围内蓬勃发展。人工智能已成为引领新一轮科技革命、产业变革、社会变革的战略性技术，它对一个国家的科学技术、经济发展、国防实力、社会进步等方面将产生重大而深远的影响。因此，世界各国都在加大投入，加速扩大人工智能领域研究生等高层次人才的培养。

现在，几乎到处可以看到、听到"智能"这个词，它已经成为当代出现频次越来越高、最为时髦的词汇。21世纪，人类社会已经进入飞速发展的智能时代，人工智能技术已经融入科技创新、经济建设、社会生产、生活、管理等方方面面，信息化、网络化、数字化正在加速迈向智能化。

人们期望用计算机系统去代替或部分取代人的工作，最大限度地提高劳动生产效率和产品质量；期望计算机能在更广阔的领域向人类专家全面学习，使其赶上甚至超过领域专家的水平，这些美好的愿望正在变为现实。

深度学习已成为人工智能领域神经网络研究的焦点，AlphaGo 和 AlphaGo Zero 是谷歌公司 Deep Mind 团队基于深度强化学习技术研究开发的计算机围棋，自2016年以来，连续战胜了围棋世界冠军，显示了人工智能技术的强大威力。

智能科学是一个新兴的多学科交叉融合的前沿科学，其中人工智能是智能科学的一个重要研究领域。智能控制是人工智能、智能优化与自动控制相结合的交叉学科，在智能自动化领域不仅占有重要地位，而且发挥着越来越大的作用。

主要修订内容

本书对第1版中语言表述不够确切、不够完整的地方进行了修改和完善，并在保留第1版结构、体系和内容的基础上，更新和增加了以下内容。

(1) 第1章，重新撰写了1.4.2节；对图1.2进行了补充说明。

(2) 第2章，补充了有关语言算子的内容。

(3) 第3章，重新撰写了3.1.1节；增加了强化学习、深度学习、深度强化学习；增加了深度信念网络、卷积神经网络、循环神经网络、递归神经网络。

Foreword

(4) 第4章和第5章内容没有增减,只是对部分文字表达进行了修改和完善。

(5) 第6章,更新了6.1节,智能优化算法中增加了4种快速智能优化算法:教学优化算法、正弦余弦算法、涡流搜索算法、阴-阳对优化算法。

(6) 第7章,标题修改为"最优智能控制原理与设计",并重新撰写了7.1节和7.2节。

(7) 第8章,增加了8.5节和8.6节。

(8) 对第1版教材中各章"启迪思考题"进行了部分修改,增加了涉及新内容的相应题目。

本书的主要特色

国内外有关智能控制方面的书籍已经出版了许多,与这些书籍相比,本书的特色鲜明,主要表现在以下几个方面。

(1) 本书将智能控制视为控制论与系统论、信息论、人工智能、计算智能5个学科的交叉融合,这一观点继承并发展了智能控制的开拓者傅京孙、萨里迪斯等提出的多学科交叉观点,更有利于深刻揭示智能控制学科的本质属性。

(2) 本书将智能控制器对缺乏精确数学模型、非线性复杂对象的控制过程,看作对被控对象逆模型的逼近过程,有利于在控制原理上正确认识智能控制与依赖于对象精确模型的传统控制的区别,有利于深刻认识智能控制的本质特征。

(3) 本书提出将传统控制系统中信息、反馈、决策三要素加以智能化,并把智能信息、智能反馈、智能决策作为智能控制的三要素,这样有利于提高设计智能控制系统的智能水平,也有利于人们正确认识智能控制与传统控制之间的区别与联系。

(4) 本书提出"最优智能控制"的新概念,认为一个性能最优的智能控制器,对于非线性复杂对象的控制,其结构和控制参数必须能够自适应调整,而这种调整必须采用可以在线实现的快速智能优化算法,从而成为集智能控制器和智能优化算法于一体的最优智能控制。

(5) 本书以智能控制中的智能来源于模拟人左脑模糊逻辑思维、右脑形象思维、人的控制行为作为主线,从而形成了基于符号主义、联结主义、行为主义的模糊控制、神经控制、专家控制3种智能控制的主要形式。

对于上述3种智能控制形式的认识,作者特别强调以下思想观点。

模糊控制不是要把控制理论变得模模糊糊,而是要通过引入模糊语言变量及其同语言变量之间构成的模糊关系进行模糊逻辑推理,从而使微机控制进入那些基于被控对象精确模型无法控制的禁区,以便获得基于精确模型控制无法达到的控制精度。

神经控制不是要把控制理论变得神乎其神,而是要利用人工神经网络所具有的信息分布存储、并行处理与推理、自组织与自学习的功能,以及强大的非线性映射的万能逼近功能,使得神经网络能对难以精确描述的非线性复杂对象进行建模、优化参数、智能控制等。

专家控制的目的不是要把控制理论退回到只凭人的经验控制的境地,而是利用微机模拟专家或人工控制的经验、规则、知识以及直觉推理、智能决策行为等,自动地从复杂被控动态过程中获取有用的信息,进行定性信息和定量信息的综合集成推理决策,从而实现对复杂对象的有效控制。

推荐研究型学习方法

作者近40年的教学实践、教学督导和教学研究的经验表明,无论是教师教学,还是学生自学智能控制课程,都应该深入地钻研教材及相关文献,掌握其中的重要概念、原理和方法,并能通过 MATLAB 工具箱对模糊控制、神经控制系统等进行仿真实践,做到理论联系实际。

学习本书要采用研究型的学习方法,把学习过程当作一项课题来研究,在研究过程中学习,又在学习中研究。“研”的本意指细磨、研墨,释义指反复深入地探求、考虑、思索;“究”的本意指仔细推求、追查,释义指到底、究竟。“研究”就是指探求事物、问题的真相、性质、产生的根源、发展的来龙去脉及其规律等。

具体地讲,在学习本书的过程中,要不断地自我提问:为什么要研究这个问题?用什么方法解决的?这种方法对我有什么启发?在解决问题过程中提出了什么新概念?要用“打破砂锅问到底”的精神去读书、学习和实践,这样才能真正学到一些知识,为有所发现、有所发明、有所创造、有所成就打下坚实的基础。

在对新概念的学习、理解和掌握上必须狠下功夫!因为学习掌握新概念是学好新知识的首要关口。须知,概念是科学的细胞,概念是人们刻画客观事物本质属性的一种思维形式。

一个新的科学发现或一项技术发明,往往伴随着提出新的概念,来刻画过去没被人们认识的事物的本质特征。可见,概念对于学习掌握知识及发明创造都具有举足轻重的作用。

学好一门课程必须从学好、掌握一个新概念开始。例如,在学习模糊控制时,模糊概念、模糊集合、模糊逻辑等都是新概念。扎德为什么提出模糊集合新概念?扎德是用什么样的思想方法创立了模糊集合?什么是模糊概念?如何用一个模糊集合描述一个模糊概念?模糊逻辑、二值逻辑(布尔逻辑)和模糊集合、经典集合之间有什么区别与联系?这一连串的问题都“抠”明白了,再往后学就容易了。紧接着,就是学习两个模糊集合之间构成的模糊关系,以及由模糊关系进而再实现模糊逻辑推理。模糊集合、模糊关系和模糊推理就构成了模糊系统。用模糊集合表示语言变量,用模糊关系描述模糊控制规则,用模糊推理给出模糊控制决策,就构成了模糊逻辑控制的核心内容。

倡导学点思维科学、系统科学、科学方法论

为了更好地从事教学、学习、研究和创新性工作,作者向广大教师、研究生和科技人员强烈推荐学习一些有关思维科学、系统科学、科学方法论的基本概念和基础知识。为此,先给大家开个头,作为引子。

思维科学是研究人们认识客观世界的思维规律和思维方法的科学,又称为逻辑学、认知

科学。思维是指人们对客观事物的间接反映，它反映事物的本质属性和事物之间的联系。思维具有3种类型——抽象思维(逻辑思维)、形象思维(直觉思维)、灵感思维(顿悟思维)；思维有3种形式——概念、判断、推理。

系统科学是以系统为研究对象的基础理论及其应用学科群组成的科学。系统是由相互联系、相互作用的组件(元素)组成的具有一定结构和功能的有机整体。系统科学的基本概念包括系统、结构、层次、行为、功能、演化、涌现、自组织、环境等。系统类型包括线性系统、非线性系统、复杂系统、开放系统、封闭系统、孤立系统等。

科学方法论是指导人们从事科学研究工作中普遍使用和特殊使用的思想方法或哲学思想。科学方法论内容很丰富，作者认为最重要的是掌握自然辩证法中的对立统一规律。矛盾是辩证法的核心概念，矛盾就是对立统一。对立统一规律是指任何事物都包含着矛盾，矛盾分主要矛盾和非主要矛盾，且二者在一定条件下可转化，矛盾双方既对立又统一，由此推动着事物发展。

下面综合一下思维科学、系统科学和科学方法论的有关概念和思想在前面所列举学习模糊控制例子中的具体体现。

经典集合使用1和0两个值表示某事物具有或不具有某种属性。这种二值逻辑不能描述大量客观事物属性不分明、具有模糊性的情况。人的思维具有模糊性，可以用语言描述属性不分明的事物。扎德认为，让计算机以一种接近人类行为的方式解决问题，就必须解决经典集合中取值1和0矛盾双方的对立统一问题。扎德创造性地提出，用一条隶属函数曲线把二值逻辑的值0、1适当地连接起来，从而解决了1和0对立的矛盾双方统一问题，创立了模糊集合。用模糊集合可以描述模糊概念、表示语言变量。这样就把传统的概念、判断和推理推广为模糊概念、模糊判断和模糊推理，构成了模糊系统。

在上述模糊集合论创立过程中，一是用到了系统科学中的概念，如模糊概念、模糊判断和模糊推理就构成了模糊系统；二是用到了思维科学中的概念、判断、推理等基本概念；三是用到了对立统一的科学方法论，通过创立隶属函数新概念使二值逻辑中矛盾对立的双方做到统一。

思维科学和科学方法论在系统的范畴内都是相通的。系统的辩证的思维方法论为我们正确认识事物、解决问题、科学研究、发明创造等提供了强有力的思想武器。所以，我们必须在教学、学习、科研等一切工作中采用系统的辩证思维的科学方法作指导，才能收到事半功倍的效果。

结束语

在此，引用控制界和科学界大师们有关控制论和方法论的语录作为本前言的结束语。

智能控制的早期开拓者美国萨里迪斯(G. N. Saridis)教授在《论智能控制的实现》中指出：向人脑(生物脑)学习是唯一捷径。

美国乔治(F. H. George)教授在《控制论基础》中指出：控制论的焦点就是模拟和综合

人类智能问题。

国际控制界享有盛誉的瑞典奥斯特隆姆(K. J. Åström)教授指出：控制论是维纳在研究动物(包括人)和机器内部的通信与控制时创立的，当时提出了许多新概念，目前，这一领域似乎又回到了发现新概念的时代。

美国麻省理工学院著名数学家维纳(N. Wiener)在《控制论》第二版前言中指出：控制论学家应该继续走向新的领域，应该把他的大部分注意力转到近十年的发展中新兴的思想上去。

耗散结构论的创始人诺贝尔奖得主普利高津(I. Prigogine)教授指出：当代科学正迅速发展，一方面是人对物理世界的认识在广度和深度上的扩展；另一方面是研究越来越复杂的对象引起科学方法上质的变化，后一方面更为重要。

最后，作者对清华大学出版社对本书出版工作的支持表示衷心感谢！对本书所引用的国内外有关文献的作者深表谢意！

编　者

2021 年 6 月

于哈尔滨工业大学

第1版前言

智能控制对许多人来说，既熟悉又陌生。说熟悉是因为当代“智能”这个词很时髦，说陌生是因为即使从事控制的专业人员也未必对智能控制的内涵理解得很深刻。

自动控制的产生来源于人们对生产过程自动化的需求，既可以减轻人们的劳动强度，又可以提高生产效率和产品质量。随着科学技术的迅猛发展，被控对象变得日益复杂，以至于人们难以用精确的数学模型加以描述，即使建立了非常复杂的数学模型，也难以用于实际的控制系统设计。因此，对于具有不确定性复杂对象的控制难题，基于被控对象精确数学模型的传统控制——经典控制理论及现代控制理论都面临着严峻的挑战。

面对难以用传统控制理论控制的复杂对象，具有一定操作经验的人员采用人工控制方法往往能够取得满意的控制效果。这些操作人员既不需要对象的数学模型，也不需要控制专家的指导，而是凭借他的操作经验，借助于仪器、仪表等传感器对被控对象隐含在输入输出数据中的动态行为不断观测与分析，并根据控制过程的要求，不断通过执行机构对被控过程加以调节，从而实现对复杂对象的有效控制。

随着计算机技术的飞速发展和性能的不断提高，使得用机器模拟人的智能决策行为对复杂对象进行控制变得易于实现，这样的控制形式被称为智能控制。因此，智能控制是借助于计算机模拟人(包括操作人员及控制专家)对难以建立精确数学模型的复杂对象的智能控制决策行为，基于控制系统的输入输出数据的因果关系推理，实现对复杂对象计算机闭环数字控制的形式。

本书第一作者李士勇教授早在20世纪80年代就开始了模糊控制、智能控制的教学和科研工作，编著《模糊控制和智能控制理论与应用》(1990)；《模糊控制·神经控制和智能控制论》(第1版1996，第2版1998)荣获1999年“全国优秀科技图书奖”暨“科技进步奖(科技著作)”三等奖。本书跻身于十大领域中国科技论文被引频次最高的前50部专著与译著排行榜(见《中国科学计量指标：论文与引文统计》2000卷、2001卷，中国科学院文献情报中心出版)；据中国知网“中国期刊全文数据库”“中国博士硕士论文全文数据库”“中国重要会议全文数据库”检索结果，截至2015年11月，该书已被十大领域6232篇论文引用。美国

Foreword

IEEE Fellow、田纳西大学 J. H. Hung (洪箴)教授 1997 年看过作者上述两本著作后曾指出:"李教授在模糊控制、神经网(络)控制和智能控制方面有深入的理论研究以及特殊的学术造诣和贡献。"

用计算机模拟人脑的智能决策行为通常有 3 种模拟途径:符号主义、联结主义、行为主义。基于上述 3 种模拟形式,分别创立和发展了实现智能控制的 3 种基本形式——基于模糊逻辑推理的智能控制(简称模糊控制);基于神经网络推理的智能控制(简称神经控制);基于专家知识推理的智能控制(简称专家控制)。本书主要阐述模糊控制、神经控制和专家控制系统的组成、原理、设计及应用等内容。此外,也用一定的篇幅介绍递阶智能控制、学习控制、智能优化算法及智能控制与智能优化融合方面的内容。

全书共 8 章,第 1 章从传统控制到智能控制;第 2 章基于模糊逻辑的智能控制;第 3 章基于神经网络的智能控制;第 4 章专家控制与仿人智能控制;第 5 章递阶智能控制与学习控制;第 6 章智能优化原理与算法;第 7 章智能控制和智能优化的融合;第 8 章智能控制的工程应用实例。

参加本书部分章节中部分内容编写工作和提供素材的还有李浩(第 2 章)、李盼池(第 3 章)、李巍(第 3、4 章)、黄忠报(第 6、7 章)、左兴权(第 6 章)。

本书是全国工程硕士专业学位教育指导委员会推荐教材。教学参考学时 40 学时,建议教学时数分配如下:第 1 章 2 学时;第 2 章 10 学时;第 3 章 8 学时;第 4 章 6 学时;第 5 章 4 学时;第 6 章 6 学时;第 7 章 4 学时;第 8 章供学生自学。如果教学时数定为 30 学时,建议重点讲授第 1~5 章或第 1~3 章的内容,教师也可根据教学需要选讲部分章节的内容。

为了满足工程硕士研究生的教学需求,编者在撰写过程中尽可能采取由浅入深、深入浅出、启发思维的写作方法,旨在通过本教材的学习达到理解和掌握智能控制最基本的概念、原理、设计方法及其应用方面的知识。作者为各章都精心设计了启迪思考题,旨在激发学生的学习积极性和增强创新思维意识。

本书在编写中引用了部分国内外有关智能控制的理论与应用成果,向被引用的文献的作者致以诚挚的谢意!由于智能控制涉及知识面广且处在不断发展过程中,所以书中难免存在一些不足,恳请广大读者给予指正。

编　者

2016 年 3 月

于哈尔滨工业大学

学习建议

1. 本教材适用对象

(1) 作为自动化、自动控制专业研究生智能控制必修课的教材。

(2) 作为智能科学、人工智能、计算机应用、航天工程、航空工程、测控技术、电子工程、信息工程、机电工程、能源工程等专业研究生开设智能控制课程的教材。

(3) 作为智能自动化类高年级本科生开设智能控制课程或选修课的教材。

(4) 作为相关专业的教师、科技人员、产品开发人员等自学智能控制的参考书。

2. 授课学时建议

(1) 自动化、自动控制专业的智能控制必修课，建议课内教学40～50学时，学生课外上机仿真8～16学时。

(2) 非自动化类的人工智能、智能科学、计算机应用、航天、航空、测控、电子、信息类及相关专业，建议课内教学为30～40学时。

(3) 机电、机械、能源等专业作为选修课，建议授课为30学时。

教师可以根据不同的教学对象及教学大纲要求，自行确定教学时数、教学内容的增减，以及如何安排上机实验等。

3. 对教学内容、教学重点和教学难点提示及课时分配建议

本课程的教学内容、教学重点和教学难点提示及课时分配建议见附表，该表针对课内授课40学时的情况，授课内容等包括下述附表内序号1～20中不含*号的全部内容。

授课50学时的专业，建议将附表里序号中带有*号的部分内容都纳入课内教学，学时分配由教师自主决定。

授课30学时的专业，建议课内只讲授序号1～15中的内容，不包含带*号的部分内容。

Learning Tips

附表　对《智能控制》教材教学内容、教学重点和教学难点提示及课时分配建议

序号	教学内容	教学重点	教学难点	学时
1	从传统控制到智能控制	反馈控制原理，传统控制的局限性，智能控制原理、结构、功能、类型，从智能模拟的3种途径到3种智能控制形式	反馈控制的哲学思想 智能控制的本质特征	2
2	模糊集合	模糊集合定义、表示，并、交、补运算，隶属函数，模糊语言变量	用模糊集合表示大、中、小3个模糊概念	2
3	模糊矩阵	模糊矩阵的并、交、补、合成运算规则及其性质，模糊向量及其运算	模糊矩阵与普通矩阵运算法则上的区别	2
4	模糊关系 模糊推理	模糊关系合成，模糊逻辑推理句主要形式，模糊推理合成规则	分析例2.8中每一步骤的来龙去脉	2
5	模糊控制	模糊控制的原理、系统结构、特点	分析例2.9中每一步骤的来龙去脉	2
6	经典模糊控制器	结构设计、模糊控制规则设计、Mamdani推理、量化因子、比例因子、查表式模糊控制器的设计	模糊控制与传统PID控制的相同点、本质区别	2
7	T-S型模糊控制器 模糊-PID控制	解析式模糊控制的原理、T-S模型、 T-S型模糊控制器的推理及设计	T-S模型的模糊推理	2
*	自适应模糊控制	模型参考自适应控制原理	自适应机构中的反馈	
	模糊控制的实现	MATLAB模糊控制系统仿真	搭建仿真系统、调试	课外
8	神经网络基础	神经细胞的结构、功能，人工神经元模型、神经网络的结构、训练、学习规则	神经网络学习的本质 学习与训练的区别	2
9	常用神经网络之一	前馈网络、径向基网络、反馈网络	BP网络反向学习算法的基本原理	2
10	常用神经网络之二	小脑模型网络、大脑模型网络、Boltzmann机	联想学习、竞争学习、概率学习之间的异同	2
11	常用神经网络之三	深度信念网络、卷积神经网络、 循环神经网络、递归神经网络	深度神经网络训练的原理	2
12	神经网络系统辨识	神经网络的逼近定理、 基于BP网络的系统辨识	神经网络的逼近定理	2
13	神经网络控制	神经控制原理、类型，神经PID控制	自适应神经元PID控制	2
*	神经自适应控制	模型参考神经自适应控制、 神经自校正控制	神经自适应机构	自主
	MATLAB神经网络工具箱，Simulink模块	MATLAB神经控制系统仿真	搭建仿真系统、调试	课外
14	专家控制	专家系统结构、专家控制系统原理、专家控制器的结构及设计	专家控制的推理机制	2

续表

序号	教学内容	教学重点	教学难点	学时
15	仿人智能控制	仿人控制原理、特征变量及其本质特征、仿人智能积分控制、仿人智能采样控制、仿人极值采样智能控制	特征变量的本质、定性与定量综合	2
16	递阶智能控制	分层递阶控制原理、结构，蒸汽锅炉的分层递阶模糊控制	递阶控制的原理	2
17	学习控制	迭代学习控制、重复学习控制、基于规则的自学习控制系统	学习控制的本质	2
18	智能优化算法	智能优化算法概述、遗传算法	智能优化原理及本质	2
19	智能优化快速算法	粒子群优化算法、免疫克隆算法、教学优化算法、正弦余弦算法	局部搜索与全局搜索之间平衡的辩证关系	2
20	最优智能控制	智能优化与智能控制的融合原理、融合结构、融合类型，基于粒子群算法的模糊控制器优化设计	智能控制决策和智能优化二者之间的协调	2
*	最优智能控制器的设计举例	基于 RBF 神经网络优化 PID 控制参数、基于免疫克隆算法的模糊神经控制器优化设计	智能优化过程的实时性问题	自主
*	智能控制应用实例	神经模糊控制、神经控制、专家控制、学习控制、仿人智能控制的应用实例	针对不同对象特点如何选择智能控制形式	自主

目录

Contents

第1章

从传统控制到智能控制

智能控制理论是在经典控制理论和现代控制理论面临缺乏精确模型的被控对象挑战的形势下创立起来的新一代控制理论。智能控制是人工智能、智能优化和反馈控制理论相结合的一种计算机数字控制形式。它主要用于解决缺乏精确数学模型、具有严重不确定性、高度非线性和面临复杂任务的控制问题。

本章在阐述自动控制的概念、问题、思想和原理的基础上，论述经典控制、现代控制及智能控制的发展历程，分析它们的区别与联系及主要特征。最后，阐述智能控制的概念、原理、功能、结构、分类等内容。

1.1 自动控制的基本问题

1.1.1 自动控制的概念

自动控制是指在无人参与的情况下，利用控制器(系统)使被控对象(过程)按期望的规律自动运行或保持状态不变。例如，利用离心球对蒸汽机速度的控制；浮球机构对水箱水位的控制；对卫星、飞船、空间站、空天飞机等航天器飞行轨道与姿态的精确控制等。从家用空调、冰箱的温度控制，到工业过程控制，再到智能机器人、无人机、运载工具及深空探测等都离不开自动控制。

被控对象期望的运行规律通常称为给定信号(输入信号)，一般分为3类：一是阶跃信号，即给定一个常值信号，使被控对象的输出保持某常值或某状态不变；二是斜坡信号，使被控对象的输出跟踪给定的斜坡信号；三是任意变化的信号，如斜坡信号和阶跃信号的任意组合，或正弦周期信号等。

自动控制系统根据输入为阶跃信号、斜坡信号和任意信号3种基本形式，分别称为自动调节系统(自动调整系统、恒值调节系统)、随动系统(跟踪系统、伺服系统)和自动控制系统,统称为自动控制系统。

1.1.2 自动控制的目的及要求

人们期望通过自动控制不断地减轻人的体力和脑力劳动强度,提高控制效率和控制精度,提高劳动生产率和产品质量;通过远离危险对象进行遥控实现自动化。总之,通过自动控制可以实现自动化,实现机器逐步代替人的智力,实现智能自动化。

人们总是期望在输入信号的作用下,使被控对象能快速、稳定、准确地按预定的规律运行或保持状态不变。即使在有干扰和被控对象参数变化的不利情况下,控制作用仍能保持系统以允许的误差按预定的规律运行。因此,可以把对自动控制的基本要求概括为快速性、稳定性和准确性,即"快、稳、准"。

1.1.3 自动控制中的矛盾问题

要想通过自动控制系统实现对被控对象"快、稳、准"的控制,这3个指标之间往往存在着矛盾。要快,就要加大控制作用,易导致系统超调而不易稳定;要稳,就要减小控制作用,这样又会使控制过程变慢,也会降低稳态精度;要准,也要加大控制作用,但这样会出现较大超调而使响应时间变长。下面来分析一下控制过程中"快、稳、准"之间的矛盾问题。

被控对象无论是装置、过程,还是系统都是由物质构成的,物质的基本属性是具有一定的质量,因而具有惯性。因此,要使被控对象的运动过程不需要时间发生突变是不可能的。如果这样,就会要求控制的能量或功率无穷大,这是不现实的。此外,有些被控对象,如某些齿轮传动系统、化工反应过程等不允许变化太快,否则可能导致部件损伤或化学反应过程发生爆炸等。由于有些被控对象的时变性、非线性、死区、不确定性及强干扰等都不利于实现控制的"快、稳、准",因此,自动控制是在约束的条件下,对被控对象施加控制,使其尽可能"快、稳、准"地按期望的规律运行或保持状态不变。

解决控制过程中"快、稳、准"之间的矛盾问题,是需要控制理论工作者应用不同控制理论和方法所要研究解决的共性问题。

1.2 自动控制的基本原理

1.2.1 控制论的创立

控制论的创始人维纳14岁毕业于塔夫茨学院,18岁获得哈佛大学的博士学位。他曾师从哲学大师罗素、数学家哈迪和希尔伯特研究哲学、数学,并酷爱生物学。20世纪40年代初，在维纳和罗森布莱特周围聚集了一批不同领域的杰出科学家，如计算机创始人冯·诺依曼，数学家别格罗、戈德斯丁，神经生理学家麦克卡洛，数理逻辑学家匹茨等，他们每月举行一次讨论会，来自不同学科的青年科学家相互切磋，探讨科学方法论问题，为维纳控制论的诞生奠定了重要基础。1948 年，维纳发表了《控制论》一书，标志着自动控制的诞生[1]。

维纳把控制论定义为"在动物和机器中控制和通信的科学"。不难看出，控制论的创立是以维纳为代表的多学科领域科学家学术思想交叉融合的产物。

21 世纪，控制理论的发展似乎又回到了维纳的时代，正向多种新兴学科交叉融合的数字化、网络化、智能化的方向快速发展。

1.2.2 反馈是自动控制的精髓

维纳在创立控制论的初期参加了火炮自动控制系统的研究工作，通过将火炮自动瞄准飞机与狩猎行为做类比，他提出了反馈的新概念，概括了动物和机器中控制和通信的共同特征。他指出，目的性行为可用反馈来代替的精辟思想。因此，反馈是维纳控制论思想的精髓。

尽管维纳在创立控制论的过程中并没有直言运用了哲学思想，但他师从大哲学家罗素，有着深厚的哲学底蕴，他提出用于解决控制问题的反馈概念，其中饱含着对立统一的哲学思想。由上述分析可知，被控系统的输出由于各种原因(对象参数变化、干扰等)总是企图背离给定的期望输出，即输入和输出之间构成了矛盾的双方，它们之间是对立的。既然输入和输出有矛盾，那么如何暴露出这一矛盾呢？维纳将输出反馈到输入一侧并比较二者的差异——误差，这就是发现矛盾的过程。

如何消除误差呢？这就是解决对立的矛盾双方如何统一的问题。设计一个以误差(还可包括误差的导数、积分等)为变量的控制律，通过控制器对被控对象不断地施加负反馈控制作用，使被控对象的输出与输入的误差不断地减小，直到误差减小到工程上所允许的程度。

综上所述，通过反馈发现系统误差，利用误差等来设计某种控制律，进而通过控制器对被控对象不断地施加负反馈控制作用去消除误差的过程，正是把输入和输出的矛盾双方统一起来的过程。基于误差去消除误差的负反馈控制思想遵循着矛盾双方对立统一的哲学思想。这种对立双方实现统一的过程，正是通过负反馈闭环控制自动实现的。也就是说，要想使矛盾对立的双方实现统一，就必须创造实现统一的转化条件。正如维纳指出，目的性行为可用反馈来代替，反馈就是矛盾对立双方实现统一的转化条件。所以说，没有反馈就没有自动控制。

1.2.3 反馈在闭环控制中的作用

反馈在控制系统中用来改变系统的快速且稳定的动态行为，降低系统对扰动信号的不确定性和模型不确定性的灵敏度。将基于自动控制原理的开环系统引入负反馈后，通过对

闭环传递函数的分析可知,引入反馈给控制系统带来了以下4点好处:

(1) 可以通过调节反馈环节的参数获得预期的瞬态响应,而开环控制则不能。

(2) 控制系统引入反馈后可以控制或部分消除外部干扰信号、噪声的影响。

(3) 反馈可以使灵敏度减小,即对被控对象参数变化更不敏感,这意味着反馈系统可以减少对象参数变化对输出的影响。

(4) 当开环增益足够大时,通过反馈可以实现高精度控制。

引入反馈给控制系统带来的不利方面主要表现在以下两点:

(1) 反馈可以改变系统的动态性能,使系统响应速度加快,但稳定性降低甚至导致系统不稳定。

(2) 反馈使系统的总增益受损。

1.2.4 反馈控制的基本模式

从实现控制系统“快、稳、准”3个性能指标的要求出发,反馈控制需要比例控制、积分控制、微分控制3种基本模式。

1. 比例控制

比例控制又称为比例反馈控制。比例控制器的输出信号正比于系统误差,当误差一旦出现比例控制就会发生作用。为了使被控对象快速达到期望的状态,就需要很大的比例增益使控制作用足够大以尽快克服对象的惯性。

但比例增益太大会使系统不稳定,而限定最大增益又不利于提高系统的稳态精度。因此,一般比例控制不能单独使用,因为纯比例控制不能使稳态误差减小到零,当给定值改变后总存在稳态误差——残余偏差。

比例控制作用主要是快速消除大的误差,主要满足自动控制性能对“快”的要求。比例控制作用是最基本的控制作用,一般应保持作为经常性的工作。

2. 积分控制

在控制作用中通过对误差信号的积分产生积分控制作用,去消除系统稳态误差,即使误差为零。由于积分控制作用,常值干扰信号也不会影响系统的稳态特性。通常将积分控制作用和比例控制作用联合使用,即PI控制。由于积分的滞后作用易导致被控系统产生振荡;持续对误差积分使得积分过大而导致控制器输出饱和。这是积分控制作用的两个缺点。

积分控制作用主要是消除稳态误差,主要用于满足自动控制性能对“准”的要求。

3. 微分控制

微分对变化越快的信号越敏感,微分控制作用是通过误差的变化率预报误差信号的未来变化趋势。将微分环节引入反馈回路可以改善控制系统的动态性能。例如，为了提高快速性，需要比例控制作用的增益取得很大，这样势必造成超调。微分控制环节对输入信号的变化率十分敏感，使微分控制作用在不至于影响快速性的情况下却在很大程度上削弱了超调。微分控制作用不能单独使用，要与比例控制作用一起使用，即 PD 控制。

微分控制用于削弱加大比例控制作用造成的超调，主要满足自动控制性能对“稳”的要求。

经典 PID 控制是基于误差的比例(P)、积分(I)和微分(D)的线性组合进行控制的，它们的控制作用分别源于误差现在、过去和将来的信息。

1.3 控制理论发展的历程

从 1948 年维纳(N. Wiener)创立控制论至今，由于科学技术和生产力的迅猛发展，尤其是计算机技术、电子技术和人工智能技术的飞速发展，推动了控制理论的快速发展。控制理论的发展历程可以概括为经典控制理论、现代控制理论和智能控制理论 3 个阶段。

1.3.1 经典控制理论

自动控制思想的产生可追溯到 18 世纪中叶英国的第一次工业革命时期。1769—1788 年，瓦特(J. Watt)发明蒸汽机和气球调节器。1868 年，马科斯威尔(J. C. Maxwell)为一类蒸汽机调节器建立数学模型，并完成了稳定性分析。劳斯(E. J. Routh)在 1872 年和霍尔维兹(Hurwitz)在 1890 年先后提出了系统稳定性的代数判据。1892 年，俄国学者李雅普诺夫(Lyapunov)的《论运动稳定性的一般问题》博士论文中提出用能量函数研究系统稳定性问题的一般方法。20 世纪初叶，1927 年，美国贝尔实验室布莱克(H. S. Black)发明反馈放大器，1932 年，伯德(H. W. Bode)分析了反馈放大器，利用频率特性，形成了奈奎斯特 · 伯德法。同年，瑞典奈奎斯特(H. Nyquist)研究出了系统稳定性分析方法。1946 年，伊文思(W. R. Evans)提出根轨迹法。

第二次世界大战期间，维纳参加了火炮自动控制系统的研究工作，通过将火炮自动瞄准飞机与狩猎行为做类比，他发现了反馈的重要概念。在系统地总结前人研究成果的基础上，1948 年，他发表的《控制论》一书被作为形成经典控制系统的起点。1954 年，钱学森《工程控制论》英文著作出版，推动了工程领域控制系统的研究。从 20 世纪 40 年代中期至 50 年代末期是经典控制理论的形成期。

在经典控制理论中，被控对象的频率特性是设计系统的主要依据，整个系统的性能指标也是通过引入控制来整定开环系统频率特性的方法实现的。由于对象频率特性靠实验测试等手段获得，不可避免地带有不确定性，这导致经典控制理论所设计的控制器在很大程度上要靠现场调试才能得到令人满意的控制性能。

被称为第一代控制理论的经典控制理论主要应用频率法解决单输入单输出、线性定常系统的自动调节问题及单机自动化问题，对于低阶非线性系统，采用相平面法、描述函数法进行分析。

1.3.2 现代控制理论

20世纪50年代末，随着数控技术的发展，需要解决批量生产自动化的问题。1957年，苏联发射了世界上第一颗人造地球卫星，由于航空航天领域的控制对象变得越来越复杂，迫切需要解决非线性、时变、分布参数、不确定性、多输入多输出系统分析、综合控制问题以及在某种目标函数下的优化控制问题。因为单纯依赖经典控制理论难以解决上述控制问题，所以迫切需要创立新的控制理论。加上这一时期计算机技术发展和现代数学的成就，使得许多求解问题可以借助计算机完成。例如，可以将难以求解的高阶微分方程化作一阶差分方程组，通过计算机迭代求解。

1956年，苏联数学家庞特里亚金(L. C. Pontryagin)提出了极大(小)值原理。同年，美国数学家贝尔曼(R. Bellman)提出了动态规划方法。1959年，美国数学家卡尔曼(R. E. Kalman)提出了著名的卡尔曼滤波器。1960年前后，控制工作者发现传递函数对于多变量系统往往只能反映系统输入输出之间的外部关系，而具有相同传递函数的不同系统可以有完全不同的内在结构。为了解决结构不确定性问题，1960年，卡尔曼又提出了能控性与能观性两个结构性新概念，揭示了线性控制系统许多属性间的本质联系，还提出具有二次型性能指标的线性状态反馈律与最优调节器等概念，从而建立了状态空间法。

卡尔曼在1960年国际自动控制联合会第一届大会上发表的《控制系统的一般理论》以及随后发表的《线性估计和辨识问题的新成果》奠定了现代控制理论的基础。在这次大会上，正式确定了“现代控制理论”的名称。因此，1960年被作为现代控制理论创立的标志年。

20世纪70—80年代，现代控制理论获得了迅速发展。瑞典奥斯特隆姆(K. J. Åström)教授为发展现代控制理论，尤其是在随机控制、系统辨识、自适应控制和控制理论的代数方法方面都做出了重要贡献，并成功用于船舶驾驶、惯性导航、造纸、化工等领域。在自适应控制方面，法国郎道(I. L. Landau)教授基于超稳定性理论成功地建立了模型参考自适应控制器和随机自校正调节器的设计方法和分析理论，并应用于工程实践，取得了显著的成效。

20世纪80—90年代，创立了现代鲁棒控制，特别是H_{∞}控制理论。与此同时，人们将微分几何、微分代数等数学方法引入到非线性系统分析。利用微分几何方法在反馈线性化方面取得了许多成果。1996年，美国威德罗(B. Widrow)及以色列瓦莱斯(E. Walach)的著作《自适应逆控制》出版，推动了自适应控制理论的发展[107]。

21世纪初，2005年有关多变量反馈控制系统的分析与设计方法取得了新进展[108]。

为了解决非线性系统控制问题，现代控制理论都需要在状态空间中基于状态方程等数学模型为主要设计依据，依靠线性代数、微分几何以及最优化方法等严谨的数学工具，采用数学解析的手段来设计控制系统。然而实际非线性特性千差万别，能够实现反馈线性化的系统只是极少数。通常用机理推导建模或采用在线系统辨识动态模型的方法，都会存在建模的不精确性，包括噪声的随机性及未建模动态的不确定性等都会带来各种误差。加上计算机有限字长带来的舍入误差，在不断辨识、迭代运算的过程中，系统的误差往往会积累到临界程度而易导致控制算法发散。即使所设计的控制系统运行正常，其理论上预期的性能指标仍难以实现，而且基于现代控制理论设计的控制器，现场调试更为复杂，有时甚至令人无从下手。此外，当采用带有系统辨识的自适应控制时，由于辨识与控制算法计算复杂而需要较长时间，难以满足实时性要求苛刻的控制系统需要。当对复杂非线性系统采用线性化及忽略一些因素简化模型处理时，往往又会导致控制性能达不到要求。总之，线性鲁棒最优控制和非线性微分几何控制理论，在解决某些复杂非线性系统控制难题方面仍面临着挑战。

早在20世纪80年代初，国际控制界享有盛誉的奥斯特隆姆教授认识到，已建立起来的系统辨识和自适应控制理论，在解决一些复杂非线性系统控制问题方面仍存在着严重缺陷。对于一些复杂非线性系统控制问题，他认为仅仅依靠传统的建立精确模型并通过计算机解析方式实现控制的方法是不可取的。于是，他提出将传统控制工程算法与启发式逻辑相结合，研究并设计了专家控制系统的结构，为将传统控制和人工智能的启发式逻辑推理相结合设计专家控制系统方面做出了贡献。

1.3.3 智能控制理论

随着科学技术的发展，被控对象变得越来越复杂，而人们对控制性能要求却越来越高。被控对象的非线性、时变性、不确定性等使得难以建立其精确的数学模型，这就使得基于被控对象精确数学模型的经典控制理论和现代控制理论受到了严峻的挑战。在缺少精确数学模型的情况下，如何进行自动控制呢？为了解决这样的控制问题，控制界的专家、学者在深入研究人工控制系统中人的智能决策行为的基础上，将人工智能和自动控制相结合，逐渐创立了智能控制理论。

20世纪60年代，由于空间技术、计算机技术和人工智能技术的发展，控制界学者探索将人工智能和模式识别技术同自动控制理论相结合。1965年，美国普渡大学傅京孙(K. S. Fu)提出把人工智能中的启发式规则用于学习系统。此前，史密斯(F. W. Smith)提出利用模式识别技术解决复杂系统的控制问题。1965年，加利福尼亚大学扎德(L. A. Zadeh)教授创立了模糊集合论，为解决复杂系统的控制问题提供了模糊逻辑推理工具。同年，门德尔(J. M. Mendel)将人工智能技术用于空间飞行器的学习控制，提出人工智能的概念。1967年，利昂兹(Leondes)等首次使用智能控制。可见20世纪60年代是智能控制的初创期。

20世纪70年代初，傅京孙、格洛里索(Gloriso)和萨里迪斯(Saridis)等从控制论角度总结了人工智能技术与自适应、自组织、自学习控制的关系，先后提出智能控制是人工智能技术与自动控制理论的交叉,是人工智能与自动控制和运筹学的交叉,并创立了递阶智能控制的结构。1974年,英国马丹尼(Mamdani)博士研制了第一个模糊控制器,用于控制实验室蒸汽发动机。1979年,他又成功研制了自组织模糊控制器。模糊控制与专家系统相结合推动了模糊专家系统研究的进一步发展及应用。

1982年,福克斯(Fox)等研制车间调度专家系统。1983年,萨里迪斯把智能控制用于机器人控制。1984年,LISP公司成功开发分布式实时过程控制专家系统PICON。1986年,拉蒂默(Lattimer)和赖特(Wright)开发了混合专家控制器Hexscon。1986年,奥斯特隆姆将传统控制算法同启发式逻辑相结合研制了专家控制系统,后来他又发表了智能控制方面的论文。1987年,Foxboro公司开发了新一代IA智能控制系统。

20世纪80年代中后期,由于人工神经网络研究获得了重要进展,提出了基于人工神经网络的智能控制设计思想。1987年,IEEE在美国召开第一次智能控制国际会议,这是控制理论发展到智能控制阶段的重要标志。

20世纪90年代,智能控制研究和应用出现热潮,模糊控制与神经网络先后用于工业过程、家电产品、地铁、汽车、机器人、无人机等领域。在国际上先后由IFAC创办了*Engineering Applications of Artificial Intelligence*、由IEEE创办了*Neural Networks*和*Fuzzy Systems*等多种有关智能控制的刊物,每年都有多个相关的国际学术会议召开。这些都表明智能控制理论及应用在控制科学与工程中已经占具了重要地位。

21世纪以来,尤其是人工智能技术的迅速发展,人们对日益复杂对象的控制性能提出了越来越高的要求,智能控制正在向数字化、网络化方向发展,必将在自动化领域发挥更大的作用。

1.4 智能控制理论的基本内容

1.4.1 智能控制的基本概念

1. 什么是智能控制

智能控制是研究人类智能(生物智能)和自动控制相结合的交叉学科,目的是通过提高控制策略、规划和控制系统优化的整体智能性水平,使自动控制系统在不断变化的环境中具有自主学习、自适应、自组织能力,从而解决传统控制理论难以甚至无法控制的不确定性、非线性复杂对象的控制问题,并达到预定的目标和优异的性能指标。

人是万物之灵的本质特征在于其具有高度发展的智能,根本原因是人类有其他动物所不具有发达的大脑。

人脑是一部不寻常的智能机,它能以惊人的高速度解释感觉器官传来的含糊不清的信息。它能感觉到喧闹房间内的窃窃私语,能够识别出光线暗淡的胡同中的一张面孔,也能识别某项声明中的某种隐含意图。最令人佩服的是,人脑不需要任何明白的讲授,便能学会创造,使这些技能成为可能的内部表示。

从上面这段对人脑及其感官智能行为的生动描述中不难看出,人的智能来自于人脑和人的智能(感觉)器官——视觉、听觉、嗅觉和触觉。因此,人的智能是通过智能器官从外界环境及要解决的问题中获取信息、传递信息、综合处理信息、运用知识和经验进行推理决策、解决问题过程中表现出来的区别于其他生物高超的智慧和才能的总和。

人的智能主要集中在大脑,但大脑又靠眼、耳、鼻、皮肤等智能感觉器官从外界获取信息并传递给大脑,供其记忆、联想、判断、推理、决策等。为了模拟人的智能控制决策行为,就必须通过智能传感器获取被控对象输出的信息,并通过反馈传递给智能控制器,做出智能控制决策。

研究表明,人脑左半球主要同抽象思维有关,体现有意识的行为,表现为顺序、分析、语言、局部、线性等特点;人脑右半球主要同形象思维有关,具有知觉、直觉,和空间有关,表现为并行、综合、总体、立体等特点。

人类高级行为首先是基于知觉,然后才能通过理性分析取得结果,即先由大脑右半球进行形象思维,然后通过左半球进行逻辑思维,再通过胼胝体联系并协调两半球的思维活动。正如维纳在研究人与外界相互作用的关系时所指出的:“人通过感觉器官感知周围世界,在脑和神经系统中调整获得的信息。经过适当的存储、校正、归纳和选择(处理)等过程而进入效应器官反作用于外部世界(输出),同时也通过像运动传感器末梢这类传感器再作用于中枢神经系统,将新接收的信息与原来存储的信息结合在一起,影响并指挥将来的行动。”

2. 智能模拟的3种途径

美国的乔治教授在《控制论基础》一书中指出:“控制论的基本问题之一就是模拟和综合人类智能问题,这是控制论的焦点。”著名的过程控制专家欣斯基(F. G. Shinskey)指出:“有一句时常被引用的格言:如果你不能用手动去控制一个过程,那么你就不能用自动去控制它。”通过大量实验发现,在得到必要的操作训练后,由人实现的控制方法是接近最优的,这个方法不需要了解对象的结构参数,也不需要最优控制专家的指导。

萨里迪斯曾在《论智能控制》一文中指出,向人脑(生物脑)学习是唯一的捷径。

智能控制归根到底是要在控制过程中模拟人的智能决策方式,模拟人的智能实质上是模拟人的思维方式。人的思维形式是概念、判断和推理,人的思维类型可分为3种:抽象思维(逻辑思维)、形象思维(直觉思维)、灵感思维(顿悟思维)。

智能控制中的智能是通过计算机模拟人类智能产生的人工智能,通常利用计算机模拟人的智能行为有以下3种途径:

1) 符号主义——基于逻辑推理的智能模拟

符号主义是从分析人类思维过程(概念、判断和推理)出发,把人类思维逻辑加以形式化,并用一阶谓词加以描述问题求解的思维过程。基于逻辑的智能模拟是对人脑左半球逻辑思维功能的模拟,而传统的二值逻辑无法表达模糊信息、模糊概念。因此,扎德创立的模糊集合成为模拟人脑模糊思维形式的重要数学工具。把模糊集合理论同自动控制理论相结合,便形成了模糊控制理论。

2)联结主义——基于神经网络的智能模拟

联结主义是从生物、人脑神经系统的结构和功能出发,认为神经元是神经系统结构和功能的基本单元,人的智能归结为联结成神经网络的大量神经元协同作用的结果。这种通过网络形式模拟方式在一定程度上模拟大脑右半球形象思维的功能。把神经网络理论同自动控制理论相结合,便形成了神经网络控制理论。

3)行为主义——基于感知-行动的智能模拟

行为主义从人的正确思维活动离不开实践活动的基本观点出发,认为人的智能是由于人与环境在不断交互作用下,人在不断适应环境的过程中,就会逐渐积累经验,不断提高感知-行动结果的正确性。从广义上讲,行为主义可以看作人在不断的感知-行动过程中,体现出的智能决策行为在不断进化。将控制专家的控制知识、经验及控制决策行为同控制理论相结合,便形成了专家控制、仿人智能控制理论。

设计一个好的智能控制系统,不仅要有好的智能控制决策(控制规律、控制算法、控制规则),而且还要应用智能优化方法在线自适应地优化控制器的结构及参数。

1.4.2 智能控制的多学科交叉结构

1971年,傅京孙把智能控制作为自动控制(Automatic Control,AC)与人工智能(Artificial Intelligence,AI)的交叉;1977年,萨里迪斯补充了运筹学(Operation Research,OR),把智能控制作为自动控制和人工智能、运筹学的交叉;1987年,蔡自兴又增加了信息论(Information Theory,IT),把智能控制作为自动控制和人工智能、运筹学、信息论的交集。

维纳于1948年创立了《控制论》,钱学森于1957年发表了《工程控制论》,控制论的原理和方法广泛应用于工程技术领域,逐渐形成了自动控制理论。自动控制仅是控制论的一个分支。在智能控制的学科交叉中,用控制论(Control Theory,CT)取代自动控制(AC)具有更深层次的意义,有利于将智能控制应用扩展到经济、管理、社会、生态等复杂系统,进而发展为智能控制论。

由控制器、执行机构、被控对象、传感器组成的闭环系统的各个环节的相互作用、相互影响、相互制约、相互协作,才使系统具有整体控制功能并完成预定的控制任务。智能控制系统比线性系统复杂得多,研究智能控制系统离不开包括非线性科学、复杂适应系统理论在内的系统论,因此,智能控制的学科交叉要包括系统论(System Theory,ST)。

传统的运筹学是基于精确数学模型的优化技术。而智能控制的对象往往缺乏精确的数学模型,因此,在智能控制中用于优化控制器结构和控制参数,需要采用不依赖精确数学模型的计算智能(Computational Intelligence,CI)的优化方法。显然,用计算智能取代传统的运筹学更为合理。

根据上述分析,2011年,作者提出控制论、系统论、信息论、人工智能、计算智能5个学科交叉的智能控制结构,如图1.1所示。表1.1列出了智能控制多学科交叉的演变情况。

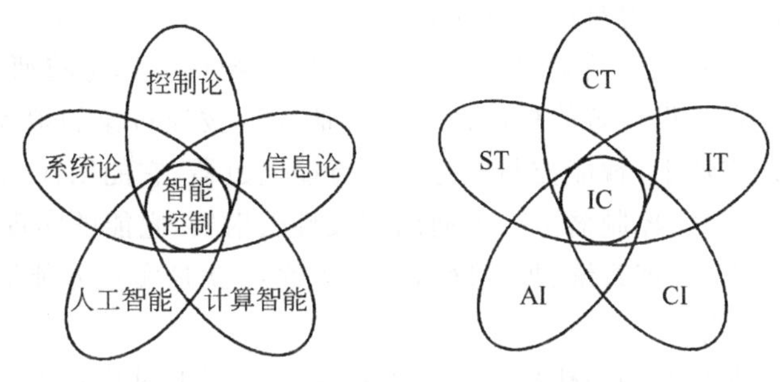

图1.1 智能控制的五元结构

在图1.1中,人工智能与计算智能二者既相关联又有区别:人工智能侧重模拟人脑思维、智能决策的行为和功能,人工智能在智能控制中重在提高控制决策的智能水平;计算智能侧重模拟生物(包括人)和自然中蕴涵的各种优化机理和算法,计算智能在智能控制中重在优化控制器结构和控制参数。

表1.1 智能控制的学科交叉

学 科 交 叉	提出时间及提出者	智能控制 IC
二学科交叉	1971,傅京孙	IC=AC∩AI
三学科交叉	1977,萨里迪斯	IC=AC∩AI∩OR
四学科交叉	1986,蔡自兴	IC=AC∩AI∩IT∩OR
五学科交叉	2011,李士勇	IC=CT∩ST∩IT∩AI∩CI

智能控制的五元交集结构IC=CT∩ST∩IT∩AI∩CI可通过图1.1形象地加以表示。

1.4.3 智能控制的基本原理

为了说明智能控制的基本原理,先来回顾一下经典控制与现代控制系统设计的基本思想。

经典控制理论在设计控制器时,需要根据被控对象的精确数学模型来设计控制器的参数,当不满足控制性能指标时,应通过设计校正环节改善系统的性能。因此,经典控制理论适用于单变量、线性时不变或慢时变系统,当被控对象的非线性、时变性严重时,经典控制理论的应用受到了限制。

现代控制理论的控制对象已拓宽为多输入多输出、非线性、时变系统,但它还需要建立精确描述被控对象的状态模型,当对象的动态模型难以建立时,往往采取在线辨识的方法。由于在线辨识复杂非线性对象模型,存在难以实时实现及难以收敛等问题,面对复杂非线性对象的控制难题现代控制理论也受到了挑战。

上述传统的经典控制、现代控制理论都是基于被控对象精确模型来设计控制器的,当模型难以建立或建立起来复杂得难以实现时,这样的传统控制理论就无能为力。传统控制系统设计研究重点是被控对象的精确建模,而智能控制系统设计思想将研究重点由被控对象建模转移为智能控制器。设计智能控制器去实时地逼近被控对象的拟动态模型,从而实现对复杂对象的控制。实质上,智能控制器是一个万能逼近器,它能以任意精度去逼近任意的非线性函数。或者说,智能控制器是一个通用非线性映射器,它能够实现从输入到输出的任意非线性映射。实际上,模糊系统、神经网络和专家系统就是实现万能逼近器(任意非线性映射器)的3种基本形式。

图1.2给出了经典控制和现代控制与智能控制的原理上对比示意图,其中经典控制以PID控制为例,现代控制以自校正控制为例,智能控制以模糊控制或神经控制为例。

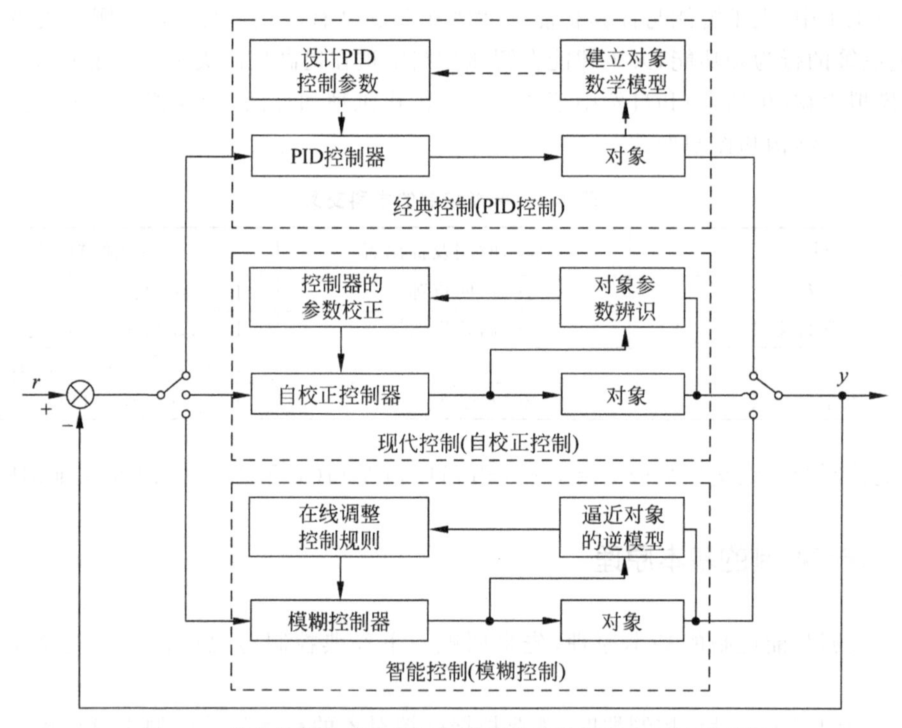

图1.2 经典控制和现代控制与智能控制的原理上对比示意图

闭环系统控制问题和数学求解问题相似,控制系统靠不断"采样"进行控制过程,相当于数学求数值解的"迭代"运算过程。当数学问题模型不精确时,就难以通过迭代获得精确的数值解。同样,图1.2中的PID控制和自校正控制在被控对象模型不精确、时变、不确定时,就难以进行有效的控制。

图 1.2 中的模糊控制和自校正控制的结构虽然相似,但是它们控制原理是不同的,模糊控制(神经控制、专家控制)是通过对被控对象的逆模型逼近方式进行控制的,相当于数学问题的模拟求解。由于具有万能逼近的特性,所以能对缺乏精确模型的非线性系统进行有效的控制。

1.4.4 智能控制的基本功能

智能控制系统的功能可概括为下面 3 点:

(1) 学习功能。系统对一个过程或未知环境所提供的信息进行识别、记忆、学习并利用积累的经验进一步改善系统的性能,这种功能与人的学习过程相类似。

(2) 适应功能。这种适应能力包括更高层次的含意,除包括对输入输出自适应估计外,还包括故障情况下自修复等。

(3) 组织功能。对于复杂任务和分布的传感信息具有自组织和协调功能,使系统具有主动性和灵活性。智能控制器可以在任务要求范围内进行自行决策,主动采取行动,当出现多目标冲突时,在一定限制下,各控制器可以在一定范围内协调自行解决。

根据智能控制系统的上述功能,可以给出智能控制的下述定义:

一种控制方式或一个控制系统,如果它具有学习功能、适应功能和组织功能,能够有效地克服被控对象和环境所具有的难以精确建模的高度复杂性和不确定性,并且能够达到所期望的控制目标,那么这种控制方式称为智能控制,其控制系统称为智能控制系统。

1.4.5 智能控制的基本要素

智能控制的全称应称为智能信息反馈控制,它包含 3 个基本要素:智能信息、智能反馈、智能控制(决策)。在信息、反馈和控制(决策)三要素的前面都冠以智能二字,是为了区别于传统反馈控制中的信息、反馈、控制概念的内涵。

传统控制系统中的信息多半都是定量信息,而智能信息不仅包括定量信息,还包括定性信息、规则、经验、图像、气味、颜色等(如人在操纵高炉炼钢过程不断观察炉火焰颜色)。因此,把这些人通过智能器官才能够感知到的一切对控制有用的信息称为智能信息。为了获得智能信息,需要对信息进行加工、处理,以便识别出对控制有用的信息。

维纳在《控制论》第二版中指出,各种简单的线性反馈的研究,在唤起科学家对控制论的研究方面曾经是十分重要的,但是,这些反馈现在看来已经并不像它们最初所显现的那样简单和线性了。

传统控制系统的反馈都是负反馈,而在智能控制中,根据被控系统动态特性的需要,采用加反馈或不加反馈、加负反馈或加正反馈、加线性反馈或加非线性反馈、反馈增强或反馈减弱等，这样的反馈具有仿人智能的特点，称为智能反馈。智能反馈比传统反馈更加灵活机动，从而使得控制系统很好地解决“快、稳、准”之间的矛盾问题。

传统控制系统的控制规律通常是固定不变的单一模式，而智能控制规律根据被控系统动态特性的复杂程度不同，往往采用多模的、自适应调整控制器的结构和控制参数，这种控制决策称为智能控制决策。这种决策方式不限于定量的，还包括定性的，更重要的是采用定性和定量综合集成进行决策，这是一种模仿人脑右半球形象思维和左半球抽象思维综合决策方式。作决策的过程也就是智能推理的过程。从广义上讲，智能决策还包括智能规划、智能优化等内容。

从集合论的观点，可以把智能控制和它的三要素关系表示如下：

$$[\text{智能信息}]\cap[\text{智能反馈}]\cap[\text{智能决策}]=\text{智能控制}$$

1.4.6　智能控制系统的结构

智能控制系统的结构可以根据被控对象及环境复杂性和不确定性的程度、性能指标要求等具有不同的结构。这里主要介绍两种结构形式：一是基本结构形式；二是基于信息论的智能控制结构。

1. 智能控制系统的基本结构

智能控制系统分为智能控制器和外部环境两大部分，如图1.3所示。其中智能控制器由6部分组成：智能信息处理识别、数据库、智能规划智能决策、认知学习、控制知识库、智能推理；外部环境由广义被控对象、传感器和执行器组成，还包括外部各种干扰等不确定性因素。

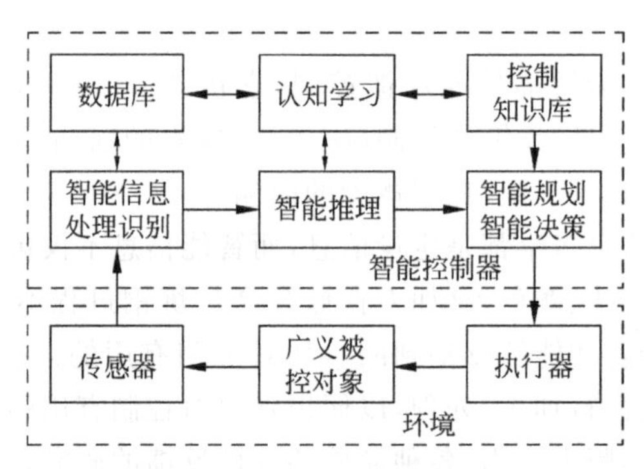

图1.3　智能控制系统的结构

智能控制系统结构比传统控制系统的结构复杂，主要是增加了智能信息获取、智能推理、智能决策等功能，目的在于更有效地克服被控对象及外部环境存在的多种不确定性。

2. 基于信息论的递阶智能控制结构

智能控制对象(过程)一般都比较复杂,尤其是对于大的复杂系统,通常采用分级递阶的结构形式。

1977年萨里迪斯提出了智能控制系统的三级递阶的结构形式,如图1.4所示。三级递阶结构分别是组织级、协调级和执行级。

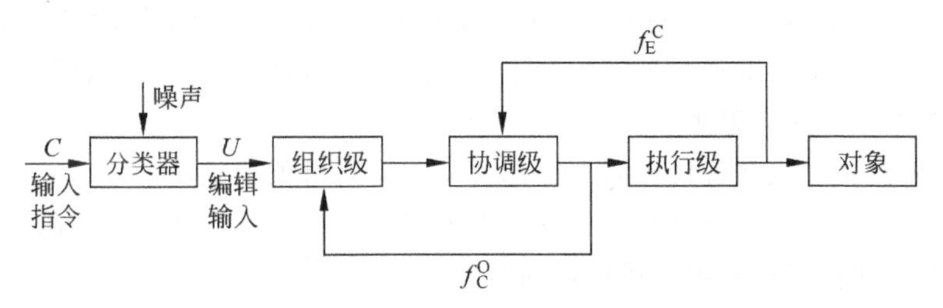

图1.4 智能控制系统的递阶结构

组织级是智能控制系统的最高智能级,其功能为推理、规划、决策和长期记忆信息的交换以及通过外界环境信息和下级反馈信息进行学习等。实际上组织级也可以认为是知识处理和管理,其主要步骤是由论域构成,按照组织级中的顺序定义。给每个活动指定概率函数,并计算相应的熵,决定动作序列。

协调级是作为组织级和执行级之间的接口,其功能是根据组织级提供的指令信息进行任务协调。协调级是将组织信息分配到下面的执行级,它基于短期存储器完成子任务协调、学习和决策,为控制级指定结束条件和罚函数并将给组织级反馈通信。图1.4中,f_C^O是从协调级到组织级的离线反馈信号。

执行级是系统的最低一级,本级由多个硬件控制器构成,要求具有很高的精度,通常使用传统的控制理论与方法。图1.4中,f_E^C是从执行级到协调级的在线反馈信号。

1.4.7 智能控制的类型

国内外控制界学者普遍认为,智能控制主要包括3种基本形式:模糊控制、神经控制和专家控制,又被分别称为基于模糊逻辑的智能控制、基于神经网络的智能控制和专家智能控制。此外,分层递阶智能控制、学习控制和仿人智能控制也被国内多数学者认为属于智能控制的其他3种形式。

将进化计算、智能优化同智能控制相结合,形成了智能优化算法与智能控制融合的多种形式。将网络技术、智能体技术等同智能控制相结合,产生了基于网络的智能控制,基于多智能体的智能控制等。随着人工智能技术、智能优化算法等的不断发展,必将进一步推动智能控制理论与技术的蓬勃发展。

启迪思考题

1.1 在自动控制原理中为什么将阶跃信号作为自动控制系统的典型输入信号?

1.2 从对自动控制系统“快、稳、准”3项指标要求出发,论述应用传统的比例控制、微分控制、积分控制的线性组合构成的PID控制是实现上述指标的必要条件(但并不是充分条件)。

1.3 什么是反馈?维纳在创立控制论的初期认为“目的性行为可以用反馈来代替”,如何深刻理解维纳这一伟大思想?

1.4 经典控制理论和现代控制理论都是基于被控对象精确数学模型的控制理论,因此有人把这样的传统控制理论称为“模型论”,因为智能控制是基于知识的控制,而把智能控制称为“控制论”。你是怎样理解上述观点的?

1.5 说明经典控制理论、现代控制理论和智能控制理论三者之间的区别与联系。

1.6 智能控制中的智能是从何而来的?

1.7 用计算机模拟人类的智能有哪3种途径?

1.8 试分析智能控制是控制论、系统论、信息论、人工智能、计算智能5种学科的交叉。

1.9 智能控制适合于控制哪些被控对象,或者说这些对象具有哪些对使用传统控制不利的特性?

1.10 智能控制系统有哪几种结构形式?

1.11 智能控制有哪些类型?

1.12 试比较一下信息、知识、智能三者之间的区别与联系,进一步理解智能控制系统是基于知识的系统或称为知识基系统的重要意义。

第2章

基于模糊逻辑的智能控制

模糊控制是模拟大脑左半球模糊逻辑推理功能的智能控制形式，它通过“若……则……”等规则形式表现人的经验、知识，在符号水平上模拟人的智能，这类符号的最基本形式就是描述模糊概念的模糊集合。模糊集合、模糊关系和模糊推理构成模糊控制的模糊数学基础。模糊控制是模糊数学和自动控制的融合。本章在介绍模糊逻辑推理的基础上，阐述模糊控制系统的结构、原理、模糊控制器设计、自适应模糊控制、模糊控制的实现及基于MATLAB模糊控制系统设计等内容。

2.1 模糊控制概述

2.1.1 模糊控制的创立与发展

1965年，扎德创立了模糊集合论，1972年，他提出了模糊控制的基本原理。1974年，英国马丹尼(Mamdani)等研制了世界上第一个模糊控制器，并成功用于实验室小型蒸汽机的控制。1978年，丹麦拉森(P. M. Larson)等开发了水泥窑模糊控制等。20世纪80年代初，日立公司开发了仙台地铁模糊控制系统，于1987年投入使用。1990年，松下公司制造出模糊控制全自动洗衣机产品。1992年，三菱公司开发了汽车模糊控制多用途系统。21世纪以来，模糊控制在空调、电冰箱等家电产品、炉窑等工业过程控制、运载工具等方面都获得了广泛的应用。

在模糊控制领域，有以下几项研究成果对于模糊控制的发展起到了至关重要的作用。

(1) 马丹尼等(1974)提出的模糊控制器，开创了模糊逻辑推理控制器的先河，这类模糊控制器属于基于控制规则在线推理的模糊控制器。李宝绥和刘志俊(1980)用模糊集合理论设计了一类查询表式模糊控制器，之后又将其推广应用于系统辨识。

上述两类模糊控制的基本原理相同,前者是在线进行模糊推理控制,而后者根据输入输出数据离线推理后制成一个模糊控制表,供在线控制时查询使用。

(2) 普罗素克(T. J. Procyk)和马丹尼(1980)提出了自组织模糊控制语言控制器,为自适应模糊控制研究奠定了基础。

(3) 龙照升、汪培庄(1982)提出了解析描述模糊控制规则及自调整问题。亚格(R. R. Yager)(1993)提出了模糊控制器模型结构,模糊控制器的输出为解析描述形式。应浩(H. Ying)(1994)提出了双输入双输出模糊控制器的解析结构。

(4) 高木(Takagi)和菅野(Sugeno)(1985)提出了一种描述动态系统的模糊关系模型,被称为 T-S 模糊模型。这种模糊规则的条件部分变量用模糊语言变量表示,结论部分由各变量的线性组合表示。T-S 模糊模型为将模糊控制和传统的控制理论相融合创造了条件。

(5) 王立新(L. X. Wang)和门德尔(J. M. Mendel)(1992)基于代数的方法证明了一类模糊系统是万能逼近器。科斯克(Bark Kosko)(1997)基于几何的方法证明了一类模糊系统是万能逼近器。这些成果为模糊控制的工程应用奠定了理论基础。

(6) 扎德(1975)提出二型模糊集合,定义隶属函数比传统的一型模糊集合具有更大自由度。王飞跃及其团队(2007—2017)致力于该领域研究,出版了《二型模糊集合与逻辑》专著(2018),为二型模糊集合用于复杂系统建模、控制、管理提供了理论基础和应用实例。

2.1.2 模糊控制器的分类

根据模糊控制器的原理、结构及工程应用情况,本书将模糊控制器的基本形式归纳为以下4类。

1. Mamdani 经典模糊控制器

(1) 在线推理式模糊控制器。在控制过程中直接进行模糊推理,模糊控制规则、隶属函数等参数设计灵活,但在线推理速度一般难以满足对实时控制苛刻的需要。

(2) 查询表式模糊控制器。采用离线模糊推理获得控制表,供在线控制中实时查询,这种模糊控制规则不便调整,但使用简单,实时性好,具有较好的控制性能。

(3) 解析形式模糊控制器。这种控制器通过解析描述来近似查询表式的模糊控制规则,虽然通过规则解析描述,但使用模糊语言变量,仍属于模糊控制。其运行速度快,控制规则通过引进加权因子便于自调整,具有较强的自适应能力。

2. T-S 型模糊控制器

T-S 型模糊控制器是由 T-S 模糊模型构成的一种描述动态系统的模糊关系模型。这种模型既可以作为被控动态过程的模型,又可以作为 T-S 型模糊控制器。

3. 模糊 PID 控制

PID 控制是控制领域应用最广泛的控制形式，为提高传统 PID 控制的适应能力，采用模糊逻辑推理优化 PID 控制参数，即所谓的模糊 PID 控制。这类复合控制形式是模糊控制与经典控制相结合的典型代表。

4. 自适应模糊控制器

自适应模糊控制是在基本模糊控制器基础上增加了自适应机构，该机构实现对基本模糊控制器自身控制性能的负反馈控制，自适应地调整和改善控制器的性能。自适应模糊控制分为直接自适应模糊控制和间接自适应模糊控制两种形式。

2.2 模糊逻辑基础

2.2.1 基于二值逻辑的经典集合

19 世纪末康托尔(G. Cantor)创立的集合论，将具有某种属性的、确定的、彼此之间可以区别的事物的全体称为集合，用英文大写字母表示。集合概念的实质是按某种属性对事物分类或划分。将组成集合的事物称为集合的元素，用小写字母表示。被研究对象所有元素的全体，称为论域，用 U 表示，又称全集、全域或空间。一个集合有多种表示法，而特征函数是表示经典集合的一种重要方法，下面给出特征函数的定义。

定义 2.1 设 A 是论域 U 中的一个子集，称映射 $\chi_A: U \to \{0,1\}$ 为集合 A 的特征函数，即

$$\chi_A(x) = \begin{cases} 1 & x \in A \\ 0 & x \notin A \end{cases}$$

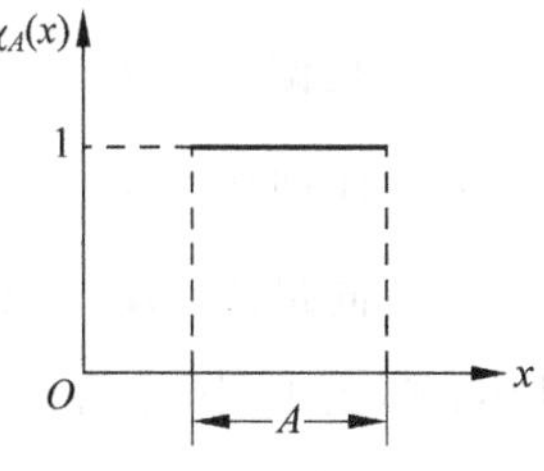

图 2.1 集合的特征函数

一个集合 A 的特征函数如图 2.1 所示，集合 A 的特征函数取值为 1 表示元素 x 属于集合 A，而取值为 0 表示元素 x 不属于集合 A。经典集合 A 内的元素，要么属于该集合，要么不属于，两者必居其一。显然，特征函数的值域为 $\{0,1\}$，由特征函数描述的经典集合对应的逻辑是二值逻辑。

2.2.2 模糊集合与模糊概念

概念是人们刻画客观事物本质属性的一种思维形式，概念有内涵和外延。从集合论的

角度看,概念的内涵就是集合的定义,而外延则是组成该集合的所有元素。在人们的思维中,有许多没有明确外延的概念,称为模糊概念,如描述身高的“高”“矮”等。

经典集合不能描述模糊概念,是因为模糊概念不能区别绝对的“属于”或“不属于”,不能用0或1两个值来描述。那么,如何来描述介于0(不属于)和1(属于)之间元素属性的程度呢?为了定量地描述模糊概念,1965年,扎德定义了模糊集合(Fuzzy set)。

定义2.2 设从给定论域U到闭区间$[0,1]$的任意映射$\mu_{\underset{\sim}{A}}:U\rightarrow[0,1]$,或$u\rightarrow\mu_{\underset{\sim}{A}}(u)$都确定一个模糊子集$\underset{\sim}{A}$,$\mu_{\underset{\sim}{A}}$称为模糊集合$\underset{\sim}{A}$的隶属函数,$\mu_{\underset{\sim}{A}}(u)$称为论域$U$内元素$u$隶属于模糊集合$\underset{\sim}{A}$的隶属度,简记为$\underset{\sim}{A}(u)$。

上述定义表明,论域U内的元素隶属于模糊集合的程度是通过隶属度$\mu_{\underset{\sim}{A}}(u)$来表征的。因为隶属度$\mu_{\underset{\sim}{A}}(u)$的值域为$[0,1]$,所以模糊集合实际上是通过介于0和1闭区间中的一个数来表示属性的程度。因此,模糊集合取值对应着0~1的连续值逻辑——模糊逻辑。

不难看出,模糊集合是对经典集合的推广,经典集合是模糊集合的特例。通过引进截集的概念,分解定理将一个模糊集合分解成若干个经典集合的并集,建立了模糊集合与经典集合的联系。有关截集的概念和分解定理可参阅文献[17]。

2.2.3 模糊集合及其运算

1. 模糊集合的表示

由于通常用计算机采样获取数据,故这里只考虑论域$U=\{u_1,u_2,\cdots,u_n\}$为离散有限集的情况,模糊集合主要有以下3种表示法:

(1) 扎德表示法 $$\underset{\sim}{A}=\frac{\underset{\sim}{A}(u_1)}{u_1}+\frac{\underset{\sim}{A}(u_2)}{u_2}+\cdots+\frac{\underset{\sim}{A}(u_n)}{u_n} \tag{2.1}$$

(2) 序偶法 $$\underset{\sim}{A}=\{(u_1,\underset{\sim}{A}(u_1)),(u_2,\underset{\sim}{A}(u_2)),\cdots,(u_n,\underset{\sim}{A}(u_n))\} \tag{2.2}$$

(3) 向量法 $$\mathbf{A}=[\underset{\sim}{A}(u_1),\underset{\sim}{A}(u_2),\cdots,\underset{\sim}{A}(u_n)] \tag{2.3}$$

其中,式(2.1)中$\underset{\sim}{A}(u_1)$与u_1的分数线不表示除,而表示元素与隶属度之间的对应关系;“+”号也不表示求和,而表示U内元素组成集合的总体。

例2.1 在由整数1,2,3,4,5组成的论域$U=\{1,2,3,4,5\}$内,定义模糊集合$\underset{\sim}{A}$、$\underset{\sim}{B}$、$\underset{\sim}{C}$分别表示小、中、大3个模糊概念。

这一问题实际上是在$\{1,2,3,4,5\}$范围内,刻画大、中、小3个模糊概念。显然,在论域U内5完全属于大,而1完全属于小,而3属于中等,于是分别定义

$$\underset{\sim}{A}\overset{\text{def}}{=\!=}[\text{小}]=\frac{1}{1}+\frac{0.5}{2}+\frac{0}{3}+\frac{0}{4}+\frac{0}{5}$$

$$\underset{\sim}{B} \xlongequal{\text{def}} [中] = \frac{0}{1} + \frac{0.5}{2} + \frac{1}{3} + \frac{0.5}{4} + \frac{0}{5}$$

$$\underset{\sim}{C} \xlongequal{\text{def}} [大] = \frac{0}{1} + \frac{0}{2} + \frac{0}{3} + \frac{0.5}{4} + \frac{1}{5}$$

它们的隶属函数曲线如图2.2所示。

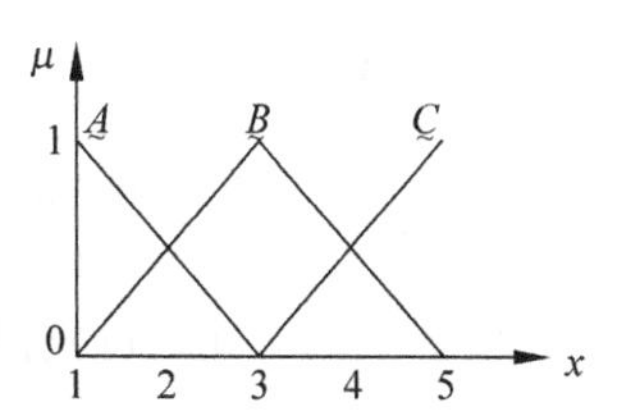

图2.2 模糊集合的隶属函数曲线

综上可看出，用一个模糊集合描述一个模糊概念需要三要素：一是确定论域，即为所研究问题有意义的范围；二是确定论域的元素，即是对论域细划（分）的程度；三是确定隶属度，即给出论域内每一个元素隶属于模糊概念的程度。当用向量来表示模糊集合时，所有元素的隶属度为有序的一组数。这意味着，经典集合是用一个精确的数来表示一个清晰的概念，而模糊集合是用一组数来表示一个模糊概念。

2. 模糊集合的并、交、补运算

模糊集合的基本运算是并、交、补运算，其中并、交运算是通过对表征模糊集合的隶属函数中相应元素隶属度取大、取小运算进行的，而模糊集合的补集是通过对隶属函数中相应元素隶属度取补运算进行的。

设 $\underset{\sim}{A}$ 和 $\underset{\sim}{B}$ 为论域 U 上的模糊集合，$x \in U$，$\underset{\sim}{A}$ 和 $\underset{\sim}{B}$ 的并集（逻辑或）、交集（逻辑与）分别记为 $\underset{\sim}{A} \cup \underset{\sim}{B}$ 和 $\underset{\sim}{A} \cap \underset{\sim}{B}$，它们的隶属函数分别定义为

$$\mu_{\underset{\sim}{A} \cup \underset{\sim}{B}}(x) = \max(\mu_{\underset{\sim}{A}}(x), \mu_{\underset{\sim}{B}}(x)) = \vee [\mu_{\underset{\sim}{A}}(x), \mu_{\underset{\sim}{B}}(x)] \tag{2.4}$$

$$\mu_{\underset{\sim}{A} \cap \underset{\sim}{B}}(x) = \min(\mu_{\underset{\sim}{A}}(x), \mu_{\underset{\sim}{B}}(x)) = \wedge [\mu_{\underset{\sim}{A}}(x), \mu_{\underset{\sim}{B}}(x)] \tag{2.5}$$

其中，符号“∨”和“∧”称为扎德算子，分别表示取大和取小运算。

模糊集合 $\underset{\sim}{A}$ 的补集记为 $\underset{\sim}{A}^c$，其隶属函数定义为

$$\mu_{\underset{\sim}{A}^c}(x) = 1 - \mu_{\underset{\sim}{A}}(x) \tag{2.6}$$

例2.2 设论域 $U=\{1,2,3,4,5\}$ 的两个模糊集合 $\underset{\sim}{A}$ 和 $\underset{\sim}{B}$ 分别为

$$\underset{\sim}{A} = \frac{0}{1} + \frac{0.25}{2} + \frac{0.5}{3} + \frac{0.75}{4} + \frac{1}{5}$$

$$\underset{\sim}{B} = \frac{1}{1} + \frac{0.75}{2} + \frac{0.5}{3} + \frac{0.25}{4} + \frac{0}{5}$$

$$\underset{\sim}{A} \cup \underset{\sim}{B} = \frac{0 \vee 1}{1} + \frac{0.25 \vee 0.75}{2} + \frac{0.5 \vee 0.5}{3} + \frac{0.75 \vee 0.25}{4} + \frac{1 \vee 0}{5}$$

$$= \frac{1}{1} + \frac{0.75}{2} + \frac{0.5}{3} + \frac{0.75}{4} + \frac{1}{5}$$

$$\underset{\sim}{A}\cap\underset{\sim}{B}=\frac{0\wedge 1}{1}+\frac{0.25\wedge 0.75}{2}+\frac{0.5\wedge 0.5}{3}+\frac{0.75\wedge 0.25}{4}+\frac{1\wedge 0}{5}$$
$$=\frac{0}{1}+\frac{0.25}{2}+\frac{0.5}{3}+\frac{0.25}{4}+\frac{0}{5}$$

$$\underset{\sim}{A}^{c}=\frac{1-0}{1}+\frac{1-0.25}{2}+\frac{1-0.5}{3}+\frac{1-0.75}{4}+\frac{1-1}{5}$$
$$=\frac{1}{1}+\frac{0.75}{2}+\frac{0.5}{3}+\frac{0.25}{4}+\frac{0}{5}$$

图2.3(a)、(b)、(c)分别给出了模糊集合$\underset{\sim}{A}$、$\underset{\sim}{B}$的隶属函数曲线，$\underset{\sim}{A}$和$\underset{\sim}{B}$的并集的隶属函数曲线，$\underset{\sim}{A}$和$\underset{\sim}{B}$的交集的属函数曲线。

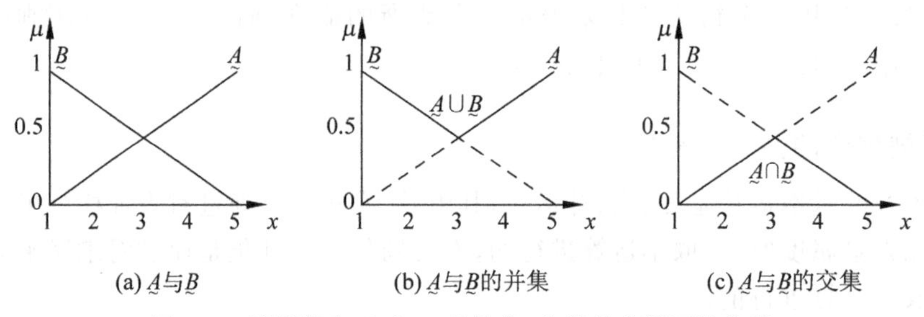

(a) A与B　(b) A与B的并集　(c) A与B的交集

图2.3　模糊集合$\underset{\sim}{A}$和$\underset{\sim}{B}$的并集、交集的隶属函数曲线

3. 模糊集合的运算性质

模糊集合的运算性质除了不满足互补律外，其余的运算性质和经典集合的运算性质完全相同，对比情况如表2.1所示。

表2.1　模糊集合和经典集合运算性质的对比

运算性质	经典集合	模糊集合
幂等律	$A\cup A=A$ $A\cap A=A$	$\underset{\sim}{A}\cup\underset{\sim}{A}=\underset{\sim}{A}$ $\underset{\sim}{A}\cap\underset{\sim}{A}=\underset{\sim}{A}$
交换律	$A\cup B=B\cup A$ $A\cap B=B\cap A$	$\underset{\sim}{A}\cup\underset{\sim}{B}=\underset{\sim}{B}\cup\underset{\sim}{A}$ $\underset{\sim}{A}\cap\underset{\sim}{B}=\underset{\sim}{B}\cap\underset{\sim}{A}$
结合律	$(A\cup B)\cup C=A\cup(B\cup C)$ $(A\cap B)\cap C=A\cap(B\cap C)$	$(\underset{\sim}{A}\cup\underset{\sim}{B})\cup\underset{\sim}{C}=\underset{\sim}{A}\cup(\underset{\sim}{B}\cup\underset{\sim}{C})$ $(\underset{\sim}{A}\cap\underset{\sim}{B})\cap\underset{\sim}{C}=\underset{\sim}{A}\cap(\underset{\sim}{B}\cap\underset{\sim}{C})$
分配律	$A\cap(B\cup C)=(A\cap B)\cup(A\cap C)$ $A\cup(B\cap C)=(A\cup B)\cap(A\cup C)$	$\underset{\sim}{A}\cap(\underset{\sim}{B}\cup\underset{\sim}{C})=(\underset{\sim}{A}\cap\underset{\sim}{B})\cup(\underset{\sim}{A}\cap\underset{\sim}{C})$ $\underset{\sim}{A}\cup(\underset{\sim}{B}\cap\underset{\sim}{C})=(\underset{\sim}{A}\cup\underset{\sim}{B})\cap(\underset{\sim}{A}\cup\underset{\sim}{C})$

续表

运算性质	经 典 集 合	模 糊 集 合
吸收律	$A\cap(A\cup B)=A$ $A\cup(A\cap B)=A$	$\underset{\sim}{A}\cap(\underset{\sim}{A}\cup\underset{\sim}{B})=\underset{\sim}{A}$ $\underset{\sim}{A}\cup(\underset{\sim}{A}\cap\underset{\sim}{B})=\underset{\sim}{A}$
同一律	$A\cup U=U$ $A\cap U=A$	$\underset{\sim}{A}\cup\underset{\sim}{U}=\underset{\sim}{U}$ $\underset{\sim}{A}\cap\underset{\sim}{U}=\underset{\sim}{A}$
复原律	$(A^c)^c=A$	$(\underset{\sim}{A}^c)^c=\underset{\sim}{A}$
对偶律	$(A\cup B)^c=A^c\cap B^c$ $(A\cap B)^c=A^c\cup B^c$	$(\underset{\sim}{A}\cup\underset{\sim}{B})^c=\underset{\sim}{A}^c\cap\underset{\sim}{B}^c$ $(\underset{\sim}{A}\cap\underset{\sim}{B})^c=\underset{\sim}{A}^c\cup\underset{\sim}{B}^c$
互补律	$A\cup A^c=U$ $A\cap A^c=\varnothing$	不满足互补律

4. 模糊集合的隶属函数

由模糊集合的定义可知，定义一个模糊集合就是给出它的隶属函数曲线。模糊集合的值域是将经典集合的值域从{0,1}扩展到了[0,1]，就是将特征函数 0 与 1 两个取值在论域范围内用一条曲线——隶属函数曲线连接到一起。隶属函数曲线有多种形式，确定隶属函数有多种方法，包括模糊统计法、例证法、专家经验法、二元对比排序法等。

1981 年，龙升照通过对人进行控制活动时模糊概念的大量测试实验结果表明，采用具有正态分布形式隶属函数的模糊集合来描述是适宜的。这种结果与人们对产品质量的评价、实验误差大量测试结果大都服从正态分布的结论是吻合的。

1988 年，日本 Omron 公司对生产的模糊控制芯片，经过反复实验、仿真及评价性能的研究结果认为，在模糊控制工程中隶属函数常用如图 2.4 所示的 6 种标准形式。

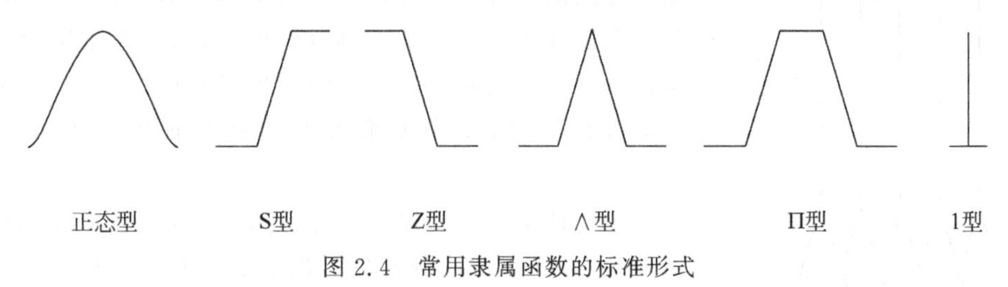

图 2.4　常用隶属函数的标准形式

不难看出，∧型和 Π 型隶属函数曲线分别是对于较窄及较宽正态分布曲线的近似，而 S 型和 Z 型又分别是取 Π 型的左半部和右半部，1 型(单线型)是∧型面积为零的特殊情况。根据需要，隶属函数曲线可以选用正态型或钟型，也可以通过实验数据采用遗传算法或神经网络优化等智能优化方法来确定隶属函数。

除了模糊集合的定义外，还有其他一些相关重要概念，在表 2.2 中给出。

表 2.2　模糊集合 $\underset{\sim}{A}$ 的相关重要概念简表

模糊集合 $\underset{\sim}{A}$	定义(设 $\underset{\sim}{A}$ 为论域 U 上的模糊集合,$x\in U$)
支集	$A_s=\{x\mid\mu_{\underset{\sim}{A}}(x)>0\}$,由 $\underset{\sim}{A}$ 中隶属度大于零的元素构成的集合称为 $\underset{\sim}{A}$ 的支集 A_s,它是一个经典集合,又称台集
α 截集	$A_\alpha=\{x\mid\mu_{\underset{\sim}{A}}(x)\geqslant\alpha\}$,由 $\underset{\sim}{A}$ 中隶属度$\geqslant\alpha$ 的元素构成的集合称 $\underset{\sim}{A}$ 的 α 截集,它是一个经典集合
核	$A=\{x\mid\mu_{\underset{\sim}{A}}(x)=1\}$,由 $\underset{\sim}{A}$ 中隶属度为 1 的元素构成的集合
高度	$\underset{\sim}{A}$ 中元素隶属度的最大值,称 $\underset{\sim}{A}$ 的高度
正则模糊集	模糊集合 $\underset{\sim}{A}$ 的高度为 1,称 $\underset{\sim}{A}$ 为正则(标准)模糊集
单点模糊集	模糊集合 $\underset{\sim}{A}$ 的支集只含有一个元素且高度为 1,称为单点模糊集
交叉点	满足 $\mu_{\underset{\sim}{A}}(x)=0.5$ 的点 x 称为 $\underset{\sim}{A}$ 的交叉点
凸模糊集	$\mu_{\underset{\sim}{A}}[\lambda x_1+(1-\lambda)x_2]\geqslant\min[\mu_{\underset{\sim}{A}}(x_1),\mu_{\underset{\sim}{A}}(x_2)]$,$x_1,x_2\in U,\lambda\in[0,1]$,将隶属函数具有单峰的模糊集称为凸模糊集
模糊数	将实数域上正则的凸模糊集称为模糊数
柱状模糊集	以 $\underset{\sim}{A}$ 为底的柱状模糊集合,用 $\underline{A}$ 表示

5. 模糊语言变量

模糊控制与传统控制的一个重要区别在于,传统控制采用数值变量,而模糊控制采用以自然或人工语言中的字或词作为语言变量。图 2.5 给出了精确数值变量 1,2,3,4,5 与 5 个模糊集合描述的模糊语言变量之间的一种对应关系。人类语言具有模糊性,语言变量善于表征那些十分复杂或具有模糊性,而又无法用通常的精确数值变量或精确术语描述的现象,通过模糊集合表示语言变量进行运算,就为模拟人的模糊逻辑思维推理创造了条件。

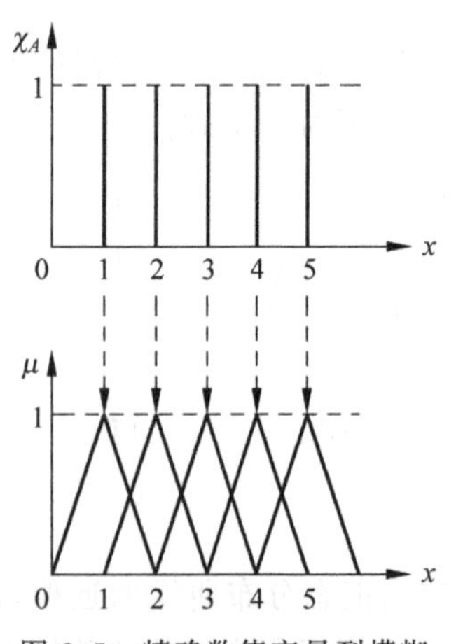

图 2.5　精确数值变量到模糊语言变量

扎德提出语言变量用一个五元组$(X,T(X),U,G,M)$来表征。其中 X 是语言变量的名称;$T(X)$为语言变量值的集合;U 为语言变量取值的论域;G 是由语言变量名称构成语言变量值集合的语法规则;M 是确定论域内元素对各语言变量值隶属度的语义规则。

在模糊控制中以误差作为语言变量 X,选取论域 $U=\{-3,-2,-1,0,1,2,3\}$,误差语言值名称集合 $T(X)=\{$负大,负小,零,正小,正大$\}$。图 2.6 给出了"误差"语言变量的五元组及其关联情况。

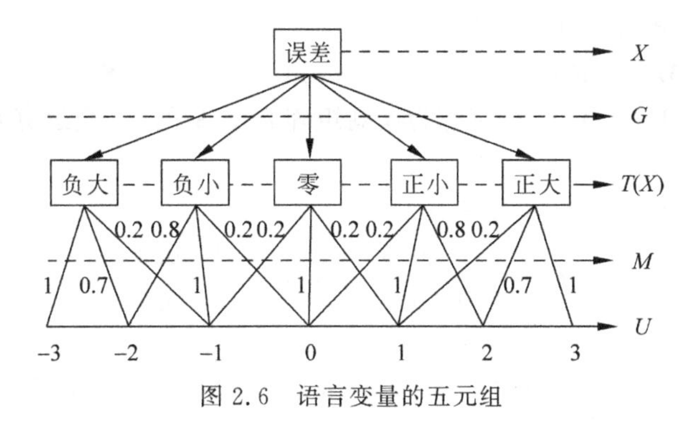

图2.6　语言变量的五元组

6. 模糊语言算子

模糊控制用“误差”作为语言变量，对误差大小程度起修饰作用的词称为语气算子。

语气算子 H_λ 定义为 $(H_\lambda \underset{\sim}{A})(u)=[\underset{\sim}{A}(u)]^\lambda$，其中 λ 为一正实数。$\lambda>1$ 加强语气，如，H_2 表示“很”，H_4 表示“极”；$\lambda<1$ 减弱语气，如，$H_{0.25}$ 表示“微”，$H_{0.5}$ 表示“略”等。

最常用的语气算子是 H_2，例如，用模糊集合 $\underset{\sim}{A}$ 来表示[大]这一模糊概念，设

$$\underset{\sim}{A}=[\text{大}]=\frac{0.2}{1}+\frac{0.4}{2}+\frac{0.6}{3}+\frac{0.8}{4}+\frac{1}{5}$$

$$(H_2\underset{\sim}{A})(u)=[\underset{\sim}{A}(u)]^2$$

$$=[\text{很大}]=\frac{(0.2)^2}{1}+\frac{(0.4)^2}{2}+\frac{(0.6)^2}{3}+\frac{(0.8)^2}{4}+\frac{1^2}{5}$$

$$=\frac{0.04}{1}+\frac{0.16}{2}+\frac{0.36}{3}+\frac{0.64}{4}+\frac{1}{5}$$

不难看出，算子 H_2 作用于 $\underset{\sim}{A}$，就是对各元素隶属度值平方。类似地，[不大]就是对表示[大]的模糊集合的各元素隶属度值取补。有了[很大]，进而可求出[不很大]等。

2.2.4　模糊矩阵与模糊向量

关系是描述客观事物联系的一种数学模型，而客观事物往往具有模糊性，模糊关系是描述客观事物联系模糊性的一种数学模型。当论域是离散有限集时，模糊关系可以用矩阵来表达。

1. 模糊矩阵

如果对任意的 $i\leqslant n$ 及 $j\leqslant m$，都有 $r_{ij}\in[0,1]$，则称 $\boldsymbol{R}=(r_{ij})_{n\times m}$ 为模糊矩阵。通常以 $\boldsymbol{M}_{n\times m}$ 表示全体 n 行 m 列的模糊矩阵。

定义 2.3 模糊矩阵的并、交、补运算。

对任意$\boldsymbol{R}$、$\boldsymbol{S}\in\boldsymbol{M}_{n\times m}$，$\boldsymbol{R}=(r_{ij})_{n\times m}$，$\boldsymbol{S}=(s_{ij})_{n\times m}$，则$\boldsymbol{R}\cup\boldsymbol{S}=(r_{ij}\vee s_{ij})_{n\times m}$，$\boldsymbol{R}\cap\boldsymbol{S}=(r_{ij}\wedge s_{ij})_{n\times m}$，$\boldsymbol{R}^c=(1-r_{ij})_{n\times m}$分别称为模糊矩阵$\boldsymbol{R}$和$\boldsymbol{S}$的并、交运算及模糊矩阵$\boldsymbol{R}$的求补运算。

例 2.3 设两个模糊矩阵$\boldsymbol{R}$和$\boldsymbol{S}$分别为

$$\boldsymbol{R}=\begin{bmatrix}0.7 & 0.5\\0.9 & 0.2\end{bmatrix}\quad \boldsymbol{S}=\begin{bmatrix}0.4 & 0.3\\0.6 & 0.8\end{bmatrix}$$

则

$$\boldsymbol{R}\cup\boldsymbol{S}=\begin{bmatrix}0.7\vee 0.4 & 0.5\vee 0.3\\0.9\vee 0.6 & 0.2\vee 0.8\end{bmatrix}=\begin{bmatrix}0.7 & 0.5\\0.9 & 0.8\end{bmatrix}$$

$$\boldsymbol{R}\cap\boldsymbol{S}=\begin{bmatrix}0.7\wedge 0.4 & 0.5\wedge 0.3\\0.9\wedge 0.6 & 0.2\wedge 0.8\end{bmatrix}=\begin{bmatrix}0.4 & 0.3\\0.6 & 0.2\end{bmatrix}$$

$$\boldsymbol{R}^c=\begin{bmatrix}1-0.7 & 1-0.5\\1-0.9 & 1-0.2\end{bmatrix}=\begin{bmatrix}0.3 & 0.5\\0.1 & 0.8\end{bmatrix}$$

2. 模糊矩阵的并、交、补运算性质

模糊矩阵的并、交、补运算满足幂等率、交换律、结合律、分配律、吸收率、复原律和对偶律。但一般$\boldsymbol{R}\cup\boldsymbol{R}^c\neq\boldsymbol{E}$（$\boldsymbol{E}$为全矩阵），$\boldsymbol{R}\cap\boldsymbol{R}^c\neq\boldsymbol{O}$（$\boldsymbol{O}$为零矩阵），因此模糊矩阵的并、交运算不满足互补律。

模糊矩阵的并、交运算可推广到多个矩阵情形，设有任意指标集T，$\boldsymbol{R}^{(t)}\in\boldsymbol{M}_{n\times m}(t\in T)$，则可定义它们的并与交分别为

$$\bigcup_{t\in T}\boldsymbol{R}^{(t)}\overset{\text{def}}{=}\Big(\bigvee_{t\in T}r_{ij}^{(t)}\Big)_{n\times m} \tag{2.7}$$

$$\bigcap_{t\in T}\boldsymbol{R}^{(t)}\overset{\text{def}}{=}\Big(\bigwedge_{t\in T}r_{ij}^{(t)}\Big)_{n\times m} \tag{2.8}$$

3. 模糊矩阵的合成运算

定义 2.4 设$\boldsymbol{Q}=(q_{ij})_{n\times m}$，$\boldsymbol{R}=(r_{jk})_{m\times l}$是两个模糊矩阵，它们的合成$\boldsymbol{Q}\circ\boldsymbol{R}$指的是一个$n$行$l$列的模糊矩阵$\boldsymbol{S}$，它的第$i$行第$k$列的元素$s_{ik}$等于$\boldsymbol{Q}$的第$i$行元素与$\boldsymbol{R}$的第$k$列对应元素两两先取较小者，然后在所得的结果中取较大者，即

$$s_{ik}=\bigvee_{j=1}^{m}(q_{ij}\wedge r_{jk}),\quad 1\leqslant i\leqslant n,1\leqslant k\leqslant l \tag{2.9}$$

模糊矩阵$\boldsymbol{Q}$与$\boldsymbol{R}$的合成$\boldsymbol{Q}\circ\boldsymbol{R}$又称为$\boldsymbol{Q}$对$\boldsymbol{R}$的模糊乘积，或称模糊矩阵的乘法。

例 2.4 设两模糊矩阵

$$\boldsymbol{Q}=\begin{bmatrix}0.2 & 0.5 & 1\\0.7 & 0.1 & 0.8\end{bmatrix},\quad \boldsymbol{R}=\begin{bmatrix}0.6 & 0.5\\0.4 & 1\\0.1 & 0.9\end{bmatrix}$$

则

$$
\boldsymbol{Q} \circ \boldsymbol{R} = \begin{bmatrix} 0.2 & 0.5 & 1 \\ 0.7 & 0.1 & 0.8 \end{bmatrix} \circ \begin{bmatrix} 0.6 & 0.5 \\ 0.4 & 1 \\ 0.1 & 0.9 \end{bmatrix}
$$

$$
= \begin{bmatrix} (0.2 \wedge 0.6) \vee (0.5 \wedge 0.4) \vee (1 \wedge 0.1) & (0.2 \wedge 0.5) \vee (0.5 \wedge 1) \vee (1 \wedge 0.9) \\ (0.7 \wedge 0.6) \vee (0.1 \wedge 0.4) \vee (0.8 \wedge 0.1) & (0.7 \wedge 0.5) \vee (0.1 \wedge 1) \vee (0.8 \wedge 0.9) \end{bmatrix}
$$

$$
= \begin{bmatrix} 0.2 \vee 0.4 \vee 0.1 & 0.2 \vee 0.5 \vee 0.9 \\ 0.6 \vee 0.1 \vee 0.1 & 0.5 \vee 0.1 \vee 0.8 \end{bmatrix} = \begin{bmatrix} 0.4 & 0.9 \\ 0.6 & 0.8 \end{bmatrix}
$$

模糊矩阵合成运算结果仍是一个模糊矩阵，其运算方法与普通矩阵的乘法运算过程相似，只需将普通矩阵的乘法运算改为取小运算“∧”，加法运算改为取大运算“∨”即可。

4. 模糊矩阵合成的运算性质

模糊矩阵合成运算满足结合律，对并运算满足分配率，对交运算不满足分配律。但模糊矩阵的合成运算不满足交换律 $\boldsymbol{Q} \circ \boldsymbol{R} \neq \boldsymbol{R} \circ \boldsymbol{Q}$。

5. 模糊向量及其运算

模糊向量可视为特殊形式的模糊关系，进而给出模糊向量的笛卡儿乘积、内积、外积的概念。

定义 2.5　如果对任意的 $i(i=1,2,\cdots,n)$，都有 $a_i \in [0,1]$，则称向量 $\boldsymbol{a}=(a_1,a_2,\cdots,a_n)$ 为模糊向量。$\boldsymbol{a}$ 的转置 $\boldsymbol{a}^{\mathrm{T}}$ 称为列向量，即

$$
\boldsymbol{a}^{\mathrm{T}} = \begin{bmatrix} a_1 \\ a_2 \\ \vdots \\ a_n \end{bmatrix} \tag{2.10}
$$

定义 2.6　设有两个模糊向量 $\boldsymbol{a} \in M_{1\times n}$，$\boldsymbol{b} \in M_{1\times m}$，定义运算 $\boldsymbol{a} \times \boldsymbol{b} = \boldsymbol{a}^{\mathrm{T}} \circ \boldsymbol{b}$ 为模糊向量的笛卡儿乘积。该笛卡儿乘积表示向量 $\boldsymbol{a}$、$\boldsymbol{b}$ 所在论域 X 与 Y 之间的转换关系。

例 2.5　已知两个模糊向量分别为 $\boldsymbol{a}=(0.8,0.6,0.2)$，$\boldsymbol{b}=(0.2,0.4,0.7,1)$，试计算它们的笛卡儿乘积。

解

$$
\boldsymbol{a} \times \boldsymbol{b} = \boldsymbol{a}^{\mathrm{T}} \circ \boldsymbol{b}
$$

$$
= \begin{bmatrix} 0.8 \\ 0.6 \\ 0.2 \end{bmatrix} \circ (0.2, 0.4, 0.7, 1)
$$

$$
= \begin{bmatrix} 0.8 \wedge 0.2 & 0.8 \wedge 0.4 & 0.8 \wedge 0.7 & 0.8 \wedge 1 \\ 0.6 \wedge 0.2 & 0.6 \wedge 0.4 & 0.6 \wedge 0.7 & 0.6 \wedge 1 \\ 0.2 \wedge 0.2 & 0.2 \wedge 0.4 & 0.2 \wedge 0.7 & 0.2 \wedge 1 \end{bmatrix}
$$

$$=\begin{bmatrix}0.2 & 0.4 & 0.7 & 0.8\\0.2 & 0.4 & 0.6 & 0.6\\0.2 & 0.2 & 0.2 & 0.2\end{bmatrix}$$

定义 2.7 设有两个模糊向量 $\boldsymbol{a}\in M_{1\times n}$,$\boldsymbol{b}\in M_{1\times n}$,定义运算 $\boldsymbol{a}\cdot\boldsymbol{b}=\boldsymbol{a}\circ\boldsymbol{b}^{\mathrm{T}}$ 为模糊向量 $\boldsymbol{a}$、$\boldsymbol{b}$ 的内积。由 $\boldsymbol{a}$、$\boldsymbol{b}$ 模糊向量的内积定义,容易得出 $\boldsymbol{a}\cdot\boldsymbol{b}=\bigvee_{i=1}^{n}(a_i\wedge b_j)$。与内积的对偶运算称为外积,其定义如下:设有 $\boldsymbol{a},\boldsymbol{b}\in M_{1\times n}$,则 $\boldsymbol{a}\odot\boldsymbol{b}=\bigwedge_{i=1}^{n}(a_i\vee b_j)$ 称为 $\boldsymbol{a}$ 与 $\boldsymbol{b}$ 的外积。容易证明,$\boldsymbol{a}$ 与 $\boldsymbol{b}$ 的内积和外积之间存在对偶性质。

例 2.6 设两个模糊向量分别为 $\boldsymbol{a}=(0.2,0.4,0.8,0.6)$,$\boldsymbol{b}=(0.3,0.7,0.8,0.5)$,则

$$\begin{aligned}\boldsymbol{a}\cdot\boldsymbol{b}&=\boldsymbol{a}\circ\boldsymbol{b}^{\mathrm{T}}\\&=(0.2,0.4,0.8,0.6)\circ\begin{bmatrix}0.3\\0.7\\0.8\\0.5\end{bmatrix}\\&=0.8\end{aligned}$$

模糊向量 $\boldsymbol{a}$,$\boldsymbol{b}$ 的内积表示在同一论域 U 上的由 $\boldsymbol{a}$、$\boldsymbol{b}$ 对应的两个模糊概念之间的相关性。由例 2.6 的结果为 0.8,表明 $\boldsymbol{a}$、$\boldsymbol{b}$ 表示的两个模糊概念相关性强。

2.2.5 模糊关系

1. 模糊关系的定义

定义 2.8 设 X,Y 是两个非空集合,则直积 $X\times Y=\{(x,y)\mid x\in X,y\in Y\}$ 中的一个模糊子集 $\underset{\sim}{R}$ 称为从 X 到 Y 的一个模糊关系。其隶属函数 $\mu_{\underset{\sim}{R}}$: $X\times Y\to[0,1]$,序偶 (x,y) 的隶属度为 $\mu_{\underset{\sim}{R}}(x,y)$,它表明了 (x,y) 具有关系 $\underset{\sim}{R}$ 的程度。

上述定义的模糊关系又称为二元模糊关系,当 $X=Y$ 时,称为 X 上的模糊关系 $\underset{\sim}{R}$。当论域为 n 个集合的直积 $X_1\times X_2\times\cdots\times X_n$ 时,它所对应的为 n 元模糊关系 $\underset{\sim}{R}$。所谓的模糊关系 $\underset{\sim}{R}$ 一般是指二元模糊关系。当论域 X,Y 都是有限集时,模糊关系 $\underset{\sim}{R}$ 可以用模糊矩阵 $\boldsymbol{R}$ 表示。

设 $X=\{x_1,x_2,\cdots,x_n\}$,$Y=\{y_1,y_2,\cdots,y_m\}$,模糊矩阵 $\boldsymbol{R}$ 的元素 r_{ij} 表示论域 X 中第 i 元素 x_i 与论域 Y 中的第 j 元素 y_j 对于关系 $\underset{\sim}{R}$ 的隶属程度,即

$$\mu_{\underset{\sim}{R}}(x_i,y_j)=r_{ij}$$

2. 模糊关系合成的定义

定义 2.9 设U,V,W是论域,$\underset{\sim}{Q}$是U到V的一个模糊关系,$\underset{\sim}{R}$是V到W的一个模糊关系,$\underset{\sim}{Q}$对$\underset{\sim}{R}$的合成$\underset{\sim}{Q}\circ\underset{\sim}{R}$指的是$U$到$W$的一个模糊关系,它具有隶属函数

$$\mu_{\underset{\sim}{Q}\circ\underset{\sim}{R}}(u,w)=\bigvee_{v\in V}\left[\mu_{\underset{\sim}{Q}}(u,v)\wedge\mu_{\underset{\sim}{R}}(v,w)\right] \tag{2.11}$$

当$\underset{\sim}{R}\in F(U\times U)$时,记$\underset{\sim}{R}^2=\underset{\sim}{R}\circ\underset{\sim}{R}$,$\underset{\sim}{R}^n=\underset{\sim}{R}^{n-1}\circ\underset{\sim}{R}$。

当论域U,V,W为有限时,模糊关系的合成可用模糊矩阵的合成表示。设Q,R,S三个模糊关系对应的模糊矩阵分别为$\boldsymbol{Q}=(q_{ij})_{n\times m}$,$\boldsymbol{R}=(r_{jk})_{m\times l}$,$\boldsymbol{S}=(s_{ik})_{n\times l}$,则有$s_{ik}=\bigvee\limits_{j=1}^{m}(q_{ij}\wedge r_{jk})$,即用模糊矩阵的合成$\boldsymbol{Q}\circ\boldsymbol{R}=\boldsymbol{S}$来表示模糊关系的合成$\underset{\sim}{Q}\circ\underset{\sim}{R}=\underset{\sim}{S}$。

不能用模糊矩阵表达的模糊关系也可以进行合成运算,也遵照取大、取小原则。例如,设$\underset{\sim}{R}$,$\underset{\sim}{S}$为$X\times Y$和$Y\times Z$上的模糊关系,且不能用矩阵表示,其隶属函数分别为$\mu_{\underset{\sim}{R}}(x,y)$及$\mu_{\underset{\sim}{S}}(y,z)$,则$\underset{\sim}{R}\circ\underset{\sim}{S}$的隶属函数为

$$\mu_{\underset{\sim}{R}\circ\underset{\sim}{S}}=\bigvee_{y\in Y}(\mu_{\underset{\sim}{R}}(x,y)\wedge\mu_{\underset{\sim}{S}}(y,z)) \tag{2.12}$$

3. 模糊关系合成的运算性质

模糊关系合成的运算满足结合律,对并运算满足分配律,而对交运算不满足分配律,模糊关系合成运算可以推广到多个模糊矩阵上去。

例 2.7 设模糊集合X,Y,Z分别为$X=\{x_1,x_2,x_3,x_4\}$,$Y=\{y_1,y_2,y_3\}$,$Z=\{z_1,z_2,z_3\}$,并设$\underset{\sim}{Q}\in X\times Y$,$\underset{\sim}{R}\in Y\times Z$,$\underset{\sim}{S}\in X\times Z$,

$$\underset{\sim}{\boldsymbol{Q}}=\begin{array}{c} \\ x_1\\x_2\\x_3\\x_4\end{array}\begin{array}{c}\begin{array}{ccc}y_1 & y_2 & y_3\end{array}\\ \begin{bmatrix}0.5 & 0.6 & 0.3\\0.7 & 0.4 & 1\\0 & 0.8 & 0\\1 & 0.2 & 0.9\end{bmatrix}\end{array}\qquad \underset{\sim}{\boldsymbol{R}}=\begin{array}{c} \\ y_1\\y_2\\y_3\end{array}\begin{array}{c}\begin{array}{cc}z_1 & z_2\end{array}\\ \begin{bmatrix}0.2 & 1\\0.8 & 0.4\\0.5 & 0.3\end{bmatrix}\end{array}$$

则可得模糊关系$\underset{\sim}{\boldsymbol{Q}}$对$\underset{\sim}{\boldsymbol{R}}$的合成为

$$\underset{\sim}{\boldsymbol{S}}=\underset{\sim}{\boldsymbol{Q}}\circ\underset{\sim}{\boldsymbol{R}}=(s_{ij})_{4\times 2}=\bigvee_{k=1}^{3}(q_{ik}\wedge r_{kj})$$

$$=\begin{bmatrix}0.5 & 0.6 & 0.3\\0.7 & 0.4 & 1\\0 & 0.8 & 0\\1 & 0.2 & 0.9\end{bmatrix}\circ\begin{bmatrix}0.2 & 1\\0.8 & 0.4\\0.5 & 0.3\end{bmatrix}=\begin{array}{c} \\ x_1\\x_2\\x_3\\x_4\end{array}\begin{array}{c}\begin{array}{cc}z_1 & z_2\end{array}\\ \begin{bmatrix}0.6 & 0.5\\0.5 & 0.7\\0.8 & 0.4\\0.5 & 1\end{bmatrix}\end{array}$$

2.2.6 模糊逻辑推理

逻辑学是研究人的思维形式及思维过程推理方法与规律的学科。人的思维具有模糊性,因此,模糊概念、模糊判断和模糊推理是人的模糊思维的3种形式。将含有模糊概念的命题称为模糊命题,将研究模糊命题的逻辑称为模糊逻辑。

在初等数学中,$y=2x$ 表示 y 与 x 之间的一个函数关系,如果给定一个 x_1 的值,就有一个 y_1 值与之对应,这一过程可以看作传统数学的三段论演绎推理。在模糊数学中,$\underset{\sim}{R}=\underset{\sim}{A}\rightarrow\underset{\sim}{B}$ 表示"若 $\underset{\sim}{A}$,则 $\underset{\sim}{B}$"确定的一个模糊关系,如果给定一个 $\underset{\sim}{A}_1$,就有一个 $\underset{\sim}{B}_1$ 与之对应,这就是将输入 $\underset{\sim}{A}_1$ 映射到输出 $\underset{\sim}{B}_1$ 的模糊推理过程。

为实现模糊推理需要解决两个问题:一是要给出"若 $\underset{\sim}{A}$,则 $\underset{\sim}{B}$"确定的模糊关系;二是要解决推理的合成规则。

1. 模糊推理句"若 $\underset{\sim}{A}$,则 $\underset{\sim}{B}$"确定的模糊关系

设 $\underset{\sim}{A}$ 和 $\underset{\sim}{B}$ 分别为论域 X 和 Y 上的两个模糊集,它们的隶属函数分别为 $\mu_{\underset{\sim}{A}}(x)$ 和 $\mu_{\underset{\sim}{B}}(y)$,模糊推理句"若 $\underset{\sim}{A}$,则 $\underset{\sim}{B}$"可表示为从 X 到 Y 的一个模糊关系,它是 $X\times Y$ 直积上的一个模糊子集,记为 $\underset{\sim}{A}\rightarrow\underset{\sim}{B}$,它的隶属函数定义为

$$\mu_{\underset{\sim}{A}\rightarrow\underset{\sim}{B}}(x,y)=[\mu_{\underset{\sim}{A}}(x)\wedge\mu_{\underset{\sim}{B}}(y)]\vee[1-\mu_{\underset{\sim}{A}}(x)] \tag{2.13}$$

将表示隶属函数的 μ 省略,可简写为

$$(\underset{\sim}{A}\rightarrow\underset{\sim}{B})(x,y)=[\underset{\sim}{A}(x)\wedge\underset{\sim}{B}(y)]\vee[1-\underset{\sim}{A}(x)] \tag{2.14}$$

再进一步省略 x,y,可写为

$$\underset{\sim}{A}\rightarrow\underset{\sim}{B}=(\underset{\sim}{A}\wedge\underset{\sim}{B})\vee(1-\underset{\sim}{A}) \tag{2.15}$$

2. 模糊推理句"若 $\underset{\sim}{A}$,则 $\underset{\sim}{B}$,否则 $\underset{\sim}{C}$"确定的模糊关系

设 $\underset{\sim}{A}$ 为论域 X 上的一个模糊子集,$\underset{\sim}{B}$ 和 $\underset{\sim}{C}$ 分别是论域 Y 上的两个模糊子集,如图2.7所示。"若 $\underset{\sim}{A}$,则 $\underset{\sim}{B}$,否则 $\underset{\sim}{C}$"是 $X\times Y$ 直积上的一个模糊子集 $\underset{\sim}{R}$,即 $\underset{\sim}{R}$ 是一种模糊关系,它的隶属函数为

$$\mu_{(\underset{\sim}{A}\rightarrow\underset{\sim}{B})\vee(\underset{\sim}{A}^C\rightarrow\underset{\sim}{C})}(x,y)=[\mu_{\underset{\sim}{A}}(x)\wedge\mu_{\underset{\sim}{B}}(y)]\vee[(1-\mu_{\underset{\sim}{A}}(x))\wedge\mu_{\underset{\sim}{C}}(y)] \tag{2.16}$$

将上式中 μ 省略,并用 $\underset{\sim}{R}(x,y)$ 表示 $(\underset{\sim}{A}\rightarrow\underset{\sim}{B})\vee(\underset{\sim}{A}^C\rightarrow\underset{\sim}{C})$,则

$$\underset{\sim}{R}(x,y)=[\underset{\sim}{A}(x)\wedge\underset{\sim}{B}(y)]\vee[(1-\underset{\sim}{A}(x))\wedge\underset{\sim}{C}(y)] \tag{2.17}$$

进一步省略 x 和 y,并用模糊向量笛卡儿乘积形式,可将式(2.17)写为

$$\underset{\sim}{\boldsymbol{R}}=\underset{\sim}{\boldsymbol{A}}\times\underset{\sim}{\boldsymbol{B}}+\underset{\sim}{\boldsymbol{A}}^C\times\underset{\sim}{\boldsymbol{C}} \tag{2.18}$$

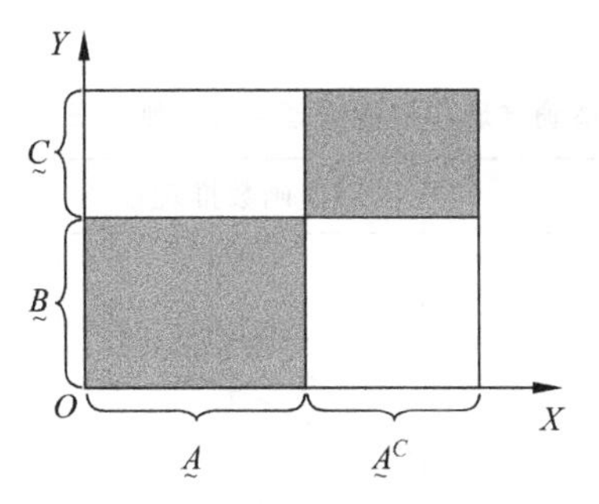

图 2.7　若 $\underset{\sim}{A}$,则 $\underset{\sim}{B}$,否则 $\underset{\sim}{C}$ 的真域

3. 模糊条件语句"若 $\underset{\sim}{A}_1$,则 $\underset{\sim}{B}_1$；若 A_2,则 B_2；…；若 $\underset{\sim}{A}_n$,则 $\underset{\sim}{B}_n$"确定的模糊关系

如果 $\underset{\sim}{A}_1,\underset{\sim}{A}_2,\cdots,\underset{\sim}{A}_n$ 是论域 X 上的模糊子集,$\underset{\sim}{B}_1,\underset{\sim}{B}_2,\cdots,\underset{\sim}{B}_n$ 是论域 Y 上的模糊子集,则多重模糊条件语句"若 $\underset{\sim}{A}_1$,则 $\underset{\sim}{B}_1$；若 $\underset{\sim}{A}_2$,则 $\underset{\sim}{B}_2$；…；若 $\underset{\sim}{A}_n$,则 $\underset{\sim}{B}_n$"表示从 X 到 Y 的一个模糊关系 $\underset{\sim}{R}$,即

$$\underset{\sim}{R}=\underset{\sim}{A}_1\times\underset{\sim}{B}_1+\underset{\sim}{A}_2\times\underset{\sim}{B}_2+\cdots+\underset{\sim}{A}_n\times\underset{\sim}{B}_n \tag{2.19}$$

根据上式可将式(2.15)写为如下形式：

$$\underset{\sim}{\boldsymbol{R}}=\underset{\sim}{\boldsymbol{A}}\times\underset{\sim}{\boldsymbol{B}}+\underset{\sim}{\boldsymbol{A}}^C\times\boldsymbol{E} \tag{2.20}$$

其中,$\boldsymbol{E}$ 为元素均为 1 且与 $\underset{\sim}{\boldsymbol{A}}$ 同维的向量 $\boldsymbol{E}=(1,1,\cdots,1)$。

4. 模糊推理合成规则

为了便于理解模糊推理合成规则,可以从初等数学中的函数推理过程谈起。函数 $y=f(x)$表示 y 与 x 的一般关系,称为大前提；当给定 $x=a$ 时,为一个特殊情况,称为小前提；由大前提和小前提推出的 y 值称为结论,这就是三段论推理过程,如表 2.3 所示。

三段论推理包含 3 个判断,第一个判断称为大前提,提供了一般原理原则；第二个判断称为小前提,指出了一个特殊情况；联合这两个判断得出的第三个判断称为结论。

将如表 2.3 所示的三段论推理法中的小前提由一个点 a 取值扩展到一个区间 a 取值时,为了找出与区间 a 对应的区间 b,要构造一个以 a 为底的柱状集 $\underline{a}$,将 $\underline{a}$ 与区间值曲线的交集 I 投影到 Y 上,即可得到区间 b。进一步推广,将小前提扩展为一个模糊子集 $\underset{\sim}{A}_1\in\underset{\sim}{A}$,设 $\underset{\sim}{A}$ 为 X 上的一个模糊集,$\underset{\sim}{R}$ 是从 X 到 Y 的模糊关系,即为直积 $X\times Y$ 的一个子集。将模糊集合 $\underset{\sim}{A}$ 的柱状集 $\underline{A}$ 与模糊关系 $\underset{\sim}{R}$ 的交集 $\underline{A}\cap\underset{\sim}{R}$ 投影到 Y 上,可得到模糊集合 $\underset{\sim}{B}$。这一推理过程的表达式

$$Y=\underset{\sim}{A}\circ\underset{\sim}{R} \tag{2.21}$$

称为模糊推理的合成规则。

表 2.3　精确推理和模糊推理合成规则的三段论推理对比

种类	函数推理	区间值函数推理	模糊推理合成规则
推理过程图示			
三段论推理法	大前提 $y=f(x)$	$y=f$(区间 x)	$\underset{\sim}{R}\in X\times Y$
	小前提 $x=a$	$x=$区间 a	$\underset{\sim}{A}_1\in A$
	结论 $y=f(a)=b$	$y=f$(区间 a)$=$区间 b	$Y=\underset{\sim}{B}_1=\underset{\sim}{A}_1\circ\underset{\sim}{R}$

例 2.8　某电热烘干炉依靠人工连续调节外加电压,以便克服各种干扰达到恒温烘干的目的。操作工人的经验是"如果炉温低,则外加电压高,否则电压不很高。"如果炉温很低,试根据模糊推理合成规则确定外加电压应该如何调节。

设 x 表示炉温,y 表示电压,则上述问题可叙述为"如果 x 低,则 y 高,否则不很高。"如果 x 很低,试问 y 如何?

设定论域 $X=Y=\{1,2,3,4,5\}$,定义模糊集合

$$\underset{\sim}{A}=[\text{低}]=\frac{1}{1}+\frac{0.8}{2}+\frac{0.6}{3}+\frac{0.4}{4}+\frac{0.2}{5}$$

$$\underset{\sim}{B}=[\text{高}]=\frac{0.2}{1}+\frac{0.4}{2}+\frac{0.6}{3}+\frac{0.8}{4}+\frac{1}{5}$$

$$\underset{\sim}{C}=[\text{不很高}]=\frac{0.96}{1}+\frac{0.84}{2}+\frac{0.64}{3}+\frac{0.36}{4}+\frac{0}{5}$$

$$\underset{\sim}{A}_1=[\text{很低}]=H_2[\text{低}]$$

$$=\frac{1}{1}+\frac{0.64}{2}+\frac{0.36}{3}+\frac{0.16}{4}+\frac{0.04}{5}$$

为了便于计算,将上述模糊子集分别写成向量形式:

$$\underset{\sim}{\boldsymbol{A}}=(1,0.8,0.6,0.4,0.2)$$

$$\underset{\sim}{\boldsymbol{B}}=(0.2,0.4,0.6,0.8,1)$$

$$\underset{\sim}{\boldsymbol{C}}=(0.96,0.84,0.64,0.36,0)$$

$$\underset{\sim}{A}_1=(1,0.64,0.36,0.16,0.04)$$

根据式(2.18),模糊条件语句可写为

$$
\begin{aligned}
[\text{若 } x \text{ 低则 } y \text{ 高,否则 } y \text{ 不很高}] &= \underset{\sim}{A}\times\underset{\sim}{B}+\underset{\sim}{A}^C\times\underset{\sim}{C}\\
&=(1,0.8,0.6,0.4,0.2)\times(0.2,0.4,0.6,0.8,1)+\\
&\quad(0,0.2,0.4,0.6,0.8)\times(0.96,0.84,0.64,0.36,0)\\
&=(1,0.8,0.6,0.4,0.2)^{\mathrm{T}}\circ(0.2,0.4,0.6,0.8,1)+\\
&\quad(0,0.2,0.4,0.6,0.8)^{\mathrm{T}}\circ(0.96,0.84,0.64,0.36,0)\\
&=\begin{bmatrix}0.2&0.4&0.6&0.8&1\\0.2&0.4&0.6&0.8&0.8\\0.2&0.4&0.6&0.6&0.6\\0.2&0.4&0.4&0.4&0.4\\0.2&0.2&0.2&0.2&0.2\end{bmatrix}+\begin{bmatrix}0&0&0&0&0\\0.2&0.2&0.2&0.2&0\\0.4&0.4&0.4&0.36&0\\0.6&0.6&0.6&0.36&0\\0.8&0.8&0.64&0.36&0\end{bmatrix}\\
&=\begin{bmatrix}0.2&0.4&0.6&0.8&1\\0.2&0.4&0.6&0.8&0.8\\0.4&0.4&0.6&0.6&0.6\\0.6&0.6&0.6&0.4&0.4\\0.8&0.8&0.64&0.36&0.2\end{bmatrix}=\underset{\sim}{R}
\end{aligned}
$$

由式(2.21)的模糊推理的合成规则可得

$$
\begin{aligned}
\boldsymbol{y}&=\underset{\sim}{A}_1\circ\underset{\sim}{R}\\
&=(1,0.64,0.36,0.16,0.04)\circ\begin{bmatrix}0.2&0.4&0.6&0.8&1\\0.2&0.4&0.6&0.8&0.8\\0.4&0.4&0.6&0.6&0.6\\0.6&0.6&0.6&0.4&0.4\\0.8&0.8&0.64&0.36&0.2\end{bmatrix}\\
&=(0.36,0.4,0.6,0.8,1)
\end{aligned}
$$

由此可得出 $\boldsymbol{y}$ 的模糊集为

$$y=\frac{0.36}{1}+\frac{0.4}{2}+\frac{0.6}{3}+\frac{0.8}{4}+\frac{1}{5}$$

上述的模糊推理结果表明 y 近似于高,即如果炉温很低,则外加电压应为高。

2.2.7 模糊系统的万能逼近特性

模糊系统是模糊逻辑推理系统的简称。组成模糊系统的最小元素是模糊集合描述的语言变量，由语言变量的联合构成的“若……，则……”形式的模糊规则，由若干条规则构成描述系统输入输出之间的模糊关系，再加上模糊化方法，模糊推理机制和解模糊化方法，就组成了一个模糊系统。

模糊系统具有两个重要的特点：它是基于知识的系统，具有智能性；它是非线性系统，具有很强的非线性映射能力，即具有万能逼近特性。

一个模糊系统是由若干条“若……，则……”规则构成的从输入到输出的非线性映射。这些规则在输入输出空间 $X\times Y$ 中具有简单的几何特征，它们在 $X\times Y$ 空间上定义了许多模糊补块，如图2.8中的椭圆形补块。“若 X 为模糊集 $\underset{\sim}{A}_1$，则 Y 为模糊集 $\underset{\sim}{B}_1$”，这条规则对应输入输出空间 $X\times Y$ 中 $\underset{\sim}{A}_1$ 与 $\underset{\sim}{B}_1$ 的笛卡儿积为 $\underset{\sim}{A}_1\times\underset{\sim}{B}_1$。

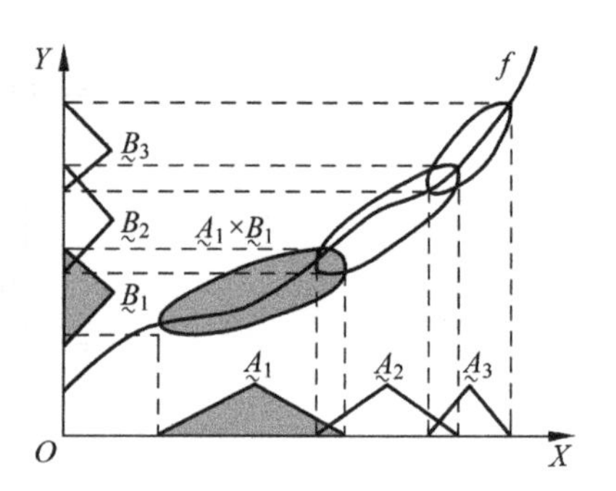

图2.8 $X\times Y$ 空间上的模糊覆盖

若模糊补块越大，则模糊规则越模糊；反之，若模糊补块越小，则模糊规则越精确。在完全精确的情况下，模糊补块 $A\times B$ 就退化为一个点。因此，可以用模糊规则构成的模糊补块重叠来覆盖函数 $f: X\rightarrow Y$，从而达到用模糊系统 $F: X\rightarrow Y$ 去逼近函数 $f: X\rightarrow Y$ 的目的。

模糊系统万能逼近定理有 L. X. Wang(1992)给出的代数形式和 B. Kosko(1997)给出的几何形式，有关两个定理的具体内容及其证明从略。

2.3 模糊控制的原理

当被控对象精确的数学模型难以建立时，基于对象精确数学模型的传统控制理论的应用受到了极大的限制。然而，有经验的操作人员对于难以自动控制的生产过程，采用人工控制却能收到令人满意的效果。在这样的事实面前，人们又重新研究和考虑人的控制行为有什么特点，能否让计算机模拟人的思维方式，对难以建模的被控对象进行控制决策并实现自动控制。为此，我们先来考虑一下人工控制锅炉温度的例子，图2.9给出了其原理示意图。

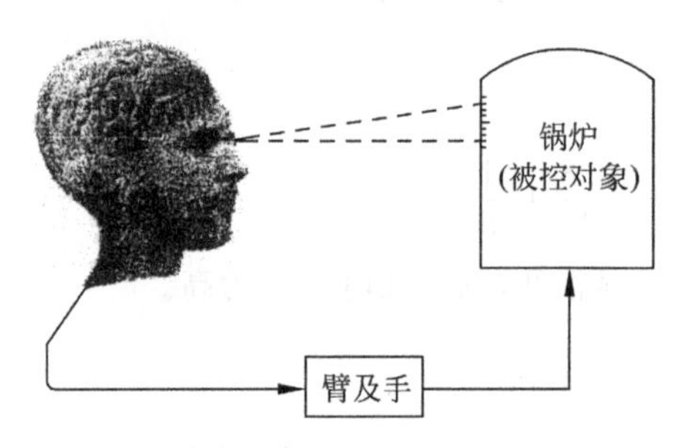

图2.9 手动操作控制炉温的原理示意图

人通过眼睛从温度表(计)上不断地观测出炉温的精确量，经过大脑判断出实际炉温与期望炉温之间的误差的大、小(模糊量)，然后经过决策由臂和手不断对锅炉燃料(燃粉或燃油)输入量实施调节，以达到控制炉温满足要求的目的。

总结上述人的控制行为，正是遵循着反馈控制的基本思想。一个经验丰富的操作人员可以把多年积累的操作经验总结成若干条规则，如"若炉温低，则多加些燃料"等，并以此培训年轻的操作人员，使其能够胜任这项工作。同样地，将由操作经验总结出的若干条控制规则可以存入计算机，让计算机模仿人的控制决策行为对炉温实现自动控制。这就是实现模糊控制的基本思想。下面具体介绍模糊控制系统的组成及工作原理。

2.3.1　模糊控制系统的组成

一个模糊控制系统和一个计算机数字控制系统从组成上看没有多大区别，如图 2.10 所示，一个模糊控制系统可分为 4 部分：模糊控制器、A/D 及 D/A 接口、广义对象（执行机构和被控对象）及传感器。

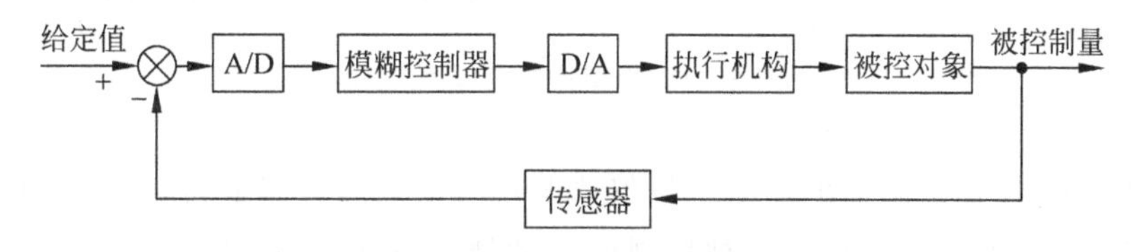

图 2.10　模糊控制系统框图

将图 2.10 与图 2.9 对比可以看出，在上述的微机模糊控制系统中，传感器代替人的眼睛，模糊控制器代替人脑控制决策，而执行机构代替人的臂和手的功能。

下面具体研究微机如何模拟人的控制决策行为自动完成对复杂对象的模糊控制。

2.3.2　模糊控制的工作原理

模糊控制的决策过程是模拟人的模糊思维的 3 种基本形式：模糊概念、模糊判断和模糊推理。在模糊控制器中，模糊概念是通过模糊集合表示的模糊语言变量，如对误差（连续域）的精确量要转换为离散域（论域）上的模糊量，这一过程称为模糊量化处理，简称为模糊化。

人的操作经验可以用语言总结成若干条模糊控制规则，这些规则可以用一个模糊关系矩阵来描述，它实际上是操作过程的一般原则，这些模糊控制规则又被称为被控对象的语言模型。

根据扎德提出的三段论模糊推理合成规则，模糊控制规则所确定的模糊关系 $\underset{\sim}{R}$ 作为模糊推理的大前提，输入的模糊变量 $\underset{\sim}{A}$ 作为小前提，将已知的小前提 $\underset{\sim}{A}$ 和模糊关系 $\underset{\sim}{R}$ 经过模糊推理合成可得到结论 $\underset{\sim}{B}=\underset{\sim}{A}\circ\underset{\sim}{R}$，即为模糊控制输出的模糊变量。

图 2.11 给出了模糊控制系统的原理图，为了便于对比，将人的模糊逻辑思维形式置于

图的上方，正下方的模糊控制器推理过程的3个部分正好和人的模糊逻辑思维的3种形式相对应。其中，模糊量化处理是为了得到控制变量的模糊量。

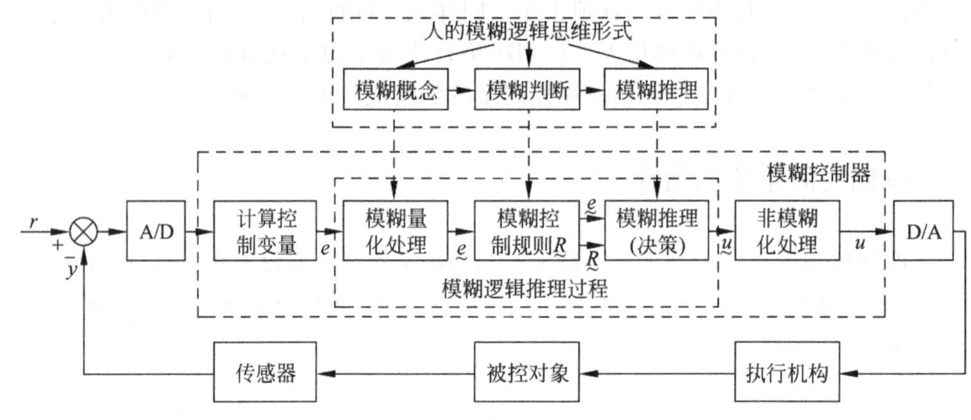

图 2.11　模糊控制系统原理图

为简单起见，模糊控制器的输入变量仅选误差信号 $e(t)$ 且简记为 e，来说明模糊控制器的工作原理。微机经中断采样获取被控制量 y 的精确值，然后将此量与给定量比较得到误差信号 e 的精确值($e=r-y$，在此取单位反馈)，作为模糊控制器的输入量。此误差 e 的精确量经模糊量化处理变为误差的模糊量，可用相应的模糊语言集合中的一个子集 $\underset{\sim}{e}$ 表示。再由误差的模糊量 $\underset{\sim}{e}$ 和模糊控制规则确定的模糊关系 $\underset{\sim}{R}$ 进行模糊推理决策，得到控制量的模糊量为

$$\underset{\sim}{u}=\underset{\sim}{e}\circ\underset{\sim}{R} \tag{2.22}$$

由于控制量的模糊量并不能去直接送给执行机构对被控对象施加控制，还需要将控制量的模糊量 $\underset{\sim}{u}$ 通过非模糊化(清晰化、去模糊、解模糊)处理转换为精确量 u，经数模转换为精确的模拟量送给执行机构，对被控对象施加一步控制。然后，中断等待第二次采样，进行第二步控制。这样不断地进行控制，将使被控对象的实际输出以一定精度逼近期望值，从而实现了被控对象的模糊控制。

不难看出，模糊控制器的输入量 e 是精确量，而它的输出控制量 u 也是精确量。因此模糊控制器的控制并不模糊，它可以实现对被控对象的精确控制。只是在模糊控制器中的推理部分采用模糊逻辑推理，其好处在于：一是这种推理决策不需要被控对象的精确数学模型；二是这种推理决策模拟人的思维过程，具有智能性和高效性。

下面通过一个单输入单输出温度模糊控制系统，具体说明模糊控制系统的工作原理。

例 2.9　某电热炉用于金属零件的热处理，按热处理工艺要求需保持炉温600℃恒定不变。人工操作调节电压控制炉温的经验可以用语言总结成如下控制规则：

若炉温低于600℃,则升压,低得越多升压越高;

若炉温等于600℃,则保持电压不变;

若炉温高于600℃,则降压,高得越多降压越低。

根据上述控制规则应用微机实现模糊控制炉温,需要按照下述步骤进行设计。

1. 确定模糊控制器的输入变量和输出变量

选择炉温实际值与设定值之差 $e(n)=t_0-t(n)$ 作为误差输入变量,选择调节炉温的电压 u 作为模糊控制器的输出变量。

2. 确定输入、输出变量的模糊语言变量

(1) 选择输入、输出变量的模糊子集为

$$\{负大,负小,零,正小,正大\}=\{NB,NS,ZE,PS,PB\}$$

其中,NB、NS、ZE、PS、PB分别为负大、负小、零、正小、正大的英文缩写。

(2) 选择误差 $\underset{\sim}{e}$ 的论域 X 及控制量 $\underset{\sim}{u}$ 的论域 Y 均为

$$X=Y=\{-3,-2,-1,0,1,2,3\}$$

(3) 确定输入、输出语言变量的隶属函数如图2.12所示,由此可以得到模糊变量 $\underset{\sim}{e}$ 及 $\underset{\sim}{u}$ 的赋值,如表2.4所示。

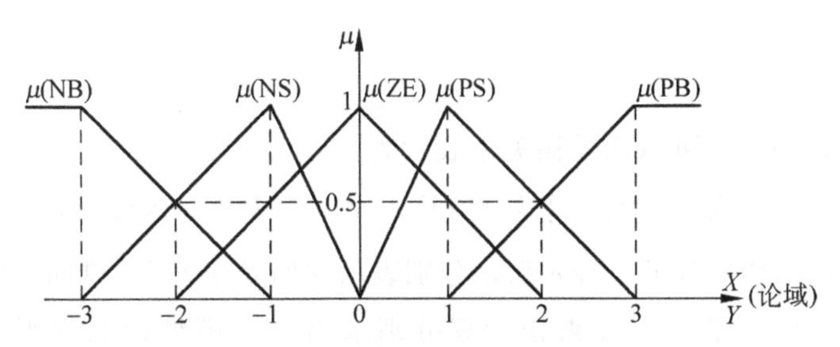

图2.12 语言变量的隶属函数

表2.4 模糊变量($\underset{\sim}{e}$,$\underset{\sim}{u}$)的赋值表

语言变量	量化等级						
	−3	−2	−1	0	1	2	3
PB	0	0	0	0	0	0.5	1
PS	0	0	0	0	1	0.5	0
ZE	0	0	0.5	1	0.5	0	0
NS	0	0.5	1	0	0	0	0
NB	1	0.5	0	0	0	0	0

3. 建立模糊控制规则

将上述人工调节电压控制炉温的规则,应用误差作为输入变量,电压作为输出变量可以写成如下5条规则:

(1) 若误差负大,则电压正大; If $\underset{\sim}{e}=\mathrm{NB}$ then $\underset{\sim}{u}=\mathrm{PB}$。

(2) 若误差负小,则电压正小; If $\underset{\sim}{e}=\mathrm{NS}$ then $\underset{\sim}{u}=\mathrm{PS}$。

(3) 若误差为零,则电压为零; If $\underset{\sim}{e}=\mathrm{ZE}$ then $\underset{\sim}{u}=\mathrm{ZE}$。

(4) 若误差正小,则电压负小; If $\underset{\sim}{e}=\mathrm{PS}$ then $\underset{\sim}{u}=\mathrm{NS}$。

(5) 若误差正大,则电压负大; If $\underset{\sim}{e}=\mathrm{PB}$ then $\underset{\sim}{u}=\mathrm{NB}$。

上述规则中左侧是中文表述的,而右侧是用英文 if-then 形式的模糊条件语句写出的。

4. 模糊控制规则的模糊矩阵表示

模糊控制规则实际上是一组多重模糊条件语句,它可以表示为从误差论域 X 到控制量论域 Y 的模糊关系 $\underset{\sim}{R}$。因为当论域有限时,模糊关系可以用模糊矩阵来表示。在炉温模糊控制中,论域 X 及 Y 均是有限的7个等级,所以可用模糊关系矩阵 $\underset{\sim}{\boldsymbol{R}}$ 表示上述模糊控制规则。

上述的模糊条件语句可以用模糊关系表示为

$$\underset{\sim}{R}=\mathrm{NB}_e\times\mathrm{PB}_u+\mathrm{NS}_e\times\mathrm{PS}_u+\mathrm{ZE}_e\times\mathrm{ZE}_u+\mathrm{PS}_e\times\mathrm{NS}_u+\mathrm{PB}_e\times\mathrm{NB}_u \tag{2.23}$$

其中,语言变量 NB_e,PB_u 等的下标 e 和 u 分别表示它们是误差和控制量的语言变量。

下面通过模糊向量的笛卡儿乘积运算分别求出5个模糊控制规则对应的模糊关系矩阵:

$$\mathbf{NB}_e\times\mathbf{PB}_u=(1,0.5,0,0,0,0,0)\times(0,0,0,0,0,0.5,1)$$

$$=\begin{bmatrix}0&0&0&0&0&0.5&1\\0&0&0&0&0&0.5&0.5\\0&0&0&0&0&0&0\\0&0&0&0&0&0&0\\0&0&0&0&0&0&0\\0&0&0&0&0&0&0\\0&0&0&0&0&0&0\end{bmatrix}$$

$$\mathbf{NS}_e \times \mathbf{PS}_u = (0,0.5,1,0,0,0,0) \times (0,0,0,0,1,0.5,0)$$
$$= \begin{bmatrix} 0 & 0 & 0 & 0 & 0 & 0 & 0 \\ 0 & 0 & 0 & 0 & 0.5 & 0.5 & 0 \\ 0 & 0 & 0 & 0 & 1 & 0.5 & 0 \\ 0 & 0 & 0 & 0 & 0 & 0 & 0 \\ 0 & 0 & 0 & 0 & 0 & 0 & 0 \\ 0 & 0 & 0 & 0 & 0 & 0 & 0 \\ 0 & 0 & 0 & 0 & 0 & 0 & 0 \end{bmatrix}$$

$$\mathbf{ZE}_e \times \mathbf{ZE}_u = (0,0,0.5,1,0.5,0,0) \times (0,0,0.5,1,0.5,0,0)$$
$$= \begin{bmatrix} 0 & 0 & 0 & 0 & 0 & 0 & 0 \\ 0 & 0 & 0 & 0 & 0 & 0 & 0 \\ 0 & 0 & 0.5 & 0.5 & 0.5 & 0 & 0 \\ 0 & 0 & 0.5 & 1 & 0.5 & 0 & 0 \\ 0 & 0 & 0.5 & 0.5 & 0.5 & 0 & 0 \\ 0 & 0 & 0 & 0 & 0 & 0 & 0 \\ 0 & 0 & 0 & 0 & 0 & 0 & 0 \end{bmatrix}$$

$$\mathbf{PS}_e \times \mathbf{NS}_u = (0,0,0,0,1,0.5,0) \times (0,0.5,1,0,0,0,0)$$
$$= \begin{bmatrix} 0 & 0 & 0 & 0 & 0 & 0 & 0 \\ 0 & 0 & 0 & 0 & 0 & 0 & 0 \\ 0 & 0 & 0 & 0 & 0 & 0 & 0 \\ 0 & 0 & 0 & 0 & 0 & 0 & 0 \\ 0 & 0.5 & 1 & 0 & 0 & 0 & 0 \\ 0 & 0.5 & 0.5 & 0 & 0 & 0 & 0 \\ 0 & 0 & 0 & 0 & 0 & 0 & 0 \end{bmatrix}$$

$$\mathbf{PB}_e \times \mathbf{NB}_u = (0,0,0,0,0,0.5,1) \times (1,0.5,0,0,0,0,0)$$
$$= \begin{bmatrix} 0 & 0 & 0 & 0 & 0 & 0 & 0 \\ 0 & 0 & 0 & 0 & 0 & 0 & 0 \\ 0 & 0 & 0 & 0 & 0 & 0 & 0 \\ 0 & 0 & 0 & 0 & 0 & 0 & 0 \\ 0 & 0 & 0 & 0 & 0 & 0 & 0 \\ 0.5 & 0.5 & 0 & 0 & 0 & 0 & 0 \\ 1 & 0.5 & 0 & 0 & 0 & 0 & 0 \end{bmatrix}$$

将上述各矩阵 $\mathbf{NB}_e \times \mathbf{PB}_u$、$\mathbf{NS}_e \times \mathbf{PS}_u$、$\mathbf{ZE}_e \times \mathbf{ZE}_u$、$\mathbf{PS}_e \times \mathbf{NS}_u$、$\mathbf{PB}_e \times \mathbf{NB}_u$ 代入式(2.23)中,就可求出模糊控制规则的矩阵表达式为

$$\underset{\sim}{\boldsymbol{R}}=\begin{bmatrix}0&0&0&0&0&0.5&1\\0&0&0&0&0.5&0.5&0.5\\0&0&0.5&0.5&1&0.5&0\\0&0&0.5&1&0.5&0&0\\0&0.5&1&0.5&0.5&0&0\\0.5&0.5&0.5&0&0&0&0\\1&0.5&0&0&0&0&0\end{bmatrix}$$

5. 模糊推理决策求出控制量的模糊量

模糊控制器的控制量 $\underset{\sim}{\boldsymbol{u}}$ 等于误差的模糊向量 $\underset{\sim}{\boldsymbol{e}}$ 和模糊关系 $\underset{\sim}{\boldsymbol{R}}$ 的合成,当取 $\underset{\sim}{\boldsymbol{e}}=\mathbf{PS}$ 时,则有

$$\underset{\sim}{\boldsymbol{u}}=\underset{\sim}{\boldsymbol{e}}\circ\underset{\sim}{\boldsymbol{R}}=(0,0,0,0,1,0.5,0)\circ\begin{bmatrix}0&0&0&0&0&0.5&1\\0&0&0&0&0.5&0.5&0.5\\0&0&0.5&0.5&1&0.5&0\\0&0&0.5&1&0.5&0&0\\0&0.5&1&0.5&0.5&0&0\\0.5&0.5&0.5&0&0&0&0\\1&0.5&0&0&0&0&0\end{bmatrix}$$

$$=(0.5,0.5,1,0.5,0,0)$$

6. 控制量的模糊量转化为精确量

上面求得的控制量 $\underset{\sim}{u}$ 为一个模糊向量,它可写成模糊子集的扎德表达式

$$\underset{\sim}{u}=\frac{0.5}{-3}+\frac{0.5}{-2}+\frac{1}{-1}+\frac{0.5}{0}+\frac{0.5}{1}+\frac{0}{2}+\frac{0}{3}$$

对上式控制量的模糊子集按照隶属度最大原则,应选取控制量为-1级。实际控制时,-1级电压要变为精确量。-1这个等级控制电压的精确值根据执行机构所要求的工作范围是容易计算得出的。通过这个精确量去控制电热炉的电压,使得炉温朝着减小误差方向变化。

上述电热炉温控过程的模糊控制器仅选用误差作为一个输入变量,这样的模糊控制器的控制性能还不能令人满意。举这样的例子,目的在于以一个最简单模糊控制器来说明模糊自动控制系统的基本工作原理,为深入研究更复杂、更高级的模糊控制器奠定基础。

2.3.3　模糊控制的鲁棒性和稳定性

模糊控制规则可由模糊矩阵 $\underset{\sim}{\boldsymbol{R}}$ 来描述，进一步分析模糊矩阵 $\underset{\sim}{\boldsymbol{R}}$ 可以看出，$\underset{\sim}{\boldsymbol{R}}$ 矩阵每一行正是对每个非模糊的观测结果所引起的模糊响应。为了清楚起见，再将上述求得的模糊矩阵 $\underset{\sim}{\boldsymbol{R}}$ 写成如下形式：

$$
\underset{\sim}{\boldsymbol{R}}=\begin{array}{c}
 \\ -3 \\ -2 \\ -1 \\ 0 \\ 1 \\ 2 \\ 3
\end{array}
\begin{array}{c}
\begin{array}{ccccccc} -3 & -2 & -1 & 0 & 1 & 2 & 3 \end{array} \\
\left[\begin{array}{ccccccc}
0 & 0 & 0 & 0 & 0 & 0.5 & \boxed{1} \\
0 & 0 & 0 & 0 & 0.5 & \boxed{0.5} & 0.5 \\
0 & 0 & 0.5 & 0.5 & \boxed{1} & 0.5 & 0 \\
0 & 0 & 0.5 & \boxed{1} & 0.5 & 0 & 0 \\
0 & 0.5 & \boxed{1} & 0.5 & 0.5 & 0 & 0 \\
0.5 & \boxed{0.5} & 0.5 & 0 & 0 & 0 & 0 \\
\boxed{1} & 0.5 & 0 & 0 & 0 & 0 & 0
\end{array}\right]
\end{array}
$$

从模糊矩阵 $\underset{\sim}{\boldsymbol{R}}$ 中要获得非模糊观测结果引起的确切响应，应采取在每一行中寻找峰域中心值的方法，如 $\underset{\sim}{\boldsymbol{R}}$ 中的方框中的元素所在的列对应论域 Y 中的等级，即为确切响应。

例如，$\underset{\sim}{\boldsymbol{R}}$ 中第五行第三列框中的元素是 1，说明它是该行峰域中心值。该元素所在的行为误差论域 X 中的 1 级，所在的列对应控制论域 Y 中的 -1 级。具体地说，当观测得到的误差正好为 1 级，模糊控制器所引起的响应刚好为 -1 级时，即模糊控制器给出的控制量正好是 -1 级。

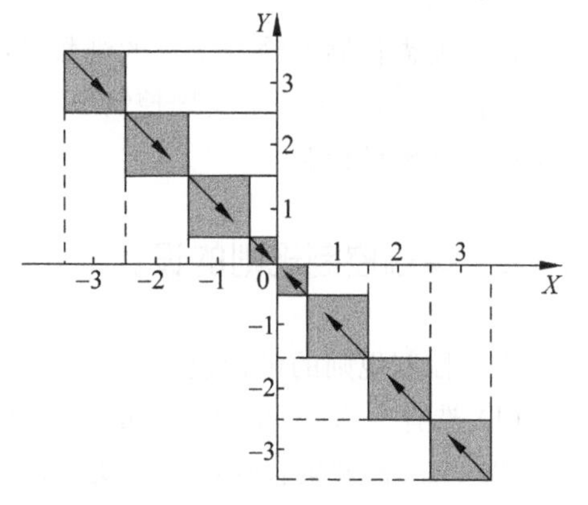

图 2.13　一维模糊控制器的动态响应域

为了进一步理解模糊控制器的动态控制过程，可参看图 2.13。图中横坐标 X 为误差 e 的论域，而纵坐标 Y 为控制量 u 的论域，它们仍取同样的 7 个等级，即

$$X=Y=\{-3,-2,-1,0,1,2,3\}$$

图 2.13 中阴影区表示模糊控制器的动态响应域，其中箭头方向指出了动态控制过程中误差的总趋向，最终进入 0 等级。显然，模糊控制器的稳态误差与 X，Y 论域分档的级数有关，要提高控制精度可适当增加分档的级数，或者采用在误差较小的区域适当增加分档级数的不均匀分档方法；或采用粗调、精调的双层模糊控制方式来提高稳态精度。

有关模糊控制系统的稳定性理论分析内容可参见文献[15],这里不再深入研究。

2.4 经典模糊控制器的设计方法

模糊控制器设计的主要内容包括:

(1) 结构设计;

(2) 控制规则设计;

(3) 模糊推理方法设计;

(4) 模糊化和清晰化方法设计;

(5) 控制参数设计。

2.4.1 模糊控制器的结构设计

模糊控制器的结构设计是指确定模糊控制器的输入变量和输出变量名称及其数量。通常输出变量均为控制量,而输入仅采用误差作为输入变量的称为一维模糊控制器。将误差、误差变化(模糊控制中的专用术语)作为输入变量,而输出作为控制量的模糊控制器称为二维模糊控制器。一般情况下,模糊控制都采用二维模糊控制器,故模糊控制均指二维模糊控制器。如果在二维模糊控制器的基础上,仅在输入变量中再加上误差变化的变化,则称为三维模糊控制器。

设计模糊控制器输入变量的维数,取决于被控对象的动态行为特征。对于变化缓慢的一阶惯性对象,应用一维模糊控制或二维模糊控制;对于动态特性变化快的被控对象,应用二维或三维模糊控制。

2.4.2 模糊控制规则的设计

模糊控制规则的设计包括:

(1) 选择输入、输出语言变量的词集;

(2) 定义模糊集合描述语言变量;

(3) 建立模糊控制规则。

1. 选择输入、输出语言变量词集

模糊控制遵循着利用误差和误差变化进行反馈控制的基本原理。模糊控制区别于传统控制的一个重要区别在于使用语言变量作为输入、输出变量。因此,误差、误差变化是语言变量的名称,需要选择它们各自包括多少个语言变量构成词集。

通常，人们对客观事物的大小或程度的度量通常采用大、中、小3个等级。由于误差、误差变化有正、负之分，再加上零，所以包括7个词汇的误差语言变量词集为{负大、负中、负小、零、正小、正中、正大}，分别用英文字头缩写表示为

$$\{NB, NM, NS, ZE, PS, PM, PB\} \tag{2.24}$$

为了对误差变化更敏感，有时将零分为正零和负零，这样包括8个语言变量词集为

$$\{NB, NM, NS, NZ, PZ, PS, PM, PB\} \tag{2.25}$$

其中“大”和“零”也可采用 L 和 ZE 表示。选用语言变量的多少，要根据实际被控对象的具体情况而定。如控制温度较大范围变化就要选用较多的语言变量，控制油门开度较小范围内变化，就要选用较少的语言变量。

2. 定义描述语言变量的模糊集合

定义一个模糊集合需要确定它的论域、论域内的元素及其隶属度，实际上就是要给出模糊集合的隶属函数曲线。隶属函数曲线应是单峰的凸模糊集。隶属函数曲线形状不同，会影响到控制性能。图2.14给出了3个形状不同的隶属曲线。较尖的模糊子集其分辨率较高，控制灵敏度也较高；相反，隶属函数曲线形状较缓，控制特性也较平缓，系统稳定性较好。因此，在选择模糊控制变量的隶属函数时，在误差较大的区域采用低分辨率的模糊集，在误差较小的区域采用较高分辨率的模糊集，当误差接近于零时选用高分辨率的模糊集。

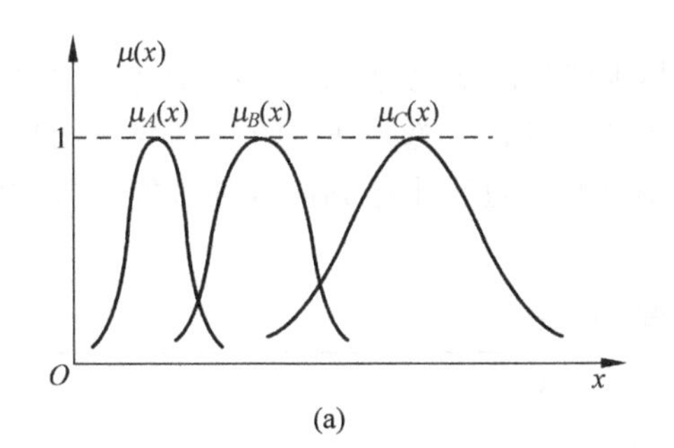

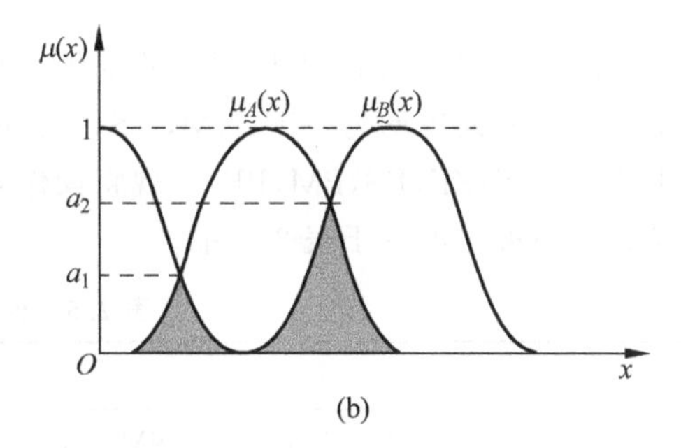

图2.14 形状不同的隶属函数曲线

除了考虑隶属函数形状外，还要考虑在整个论域上语言变量的合理分布问题，即隶属函数曲线之间的相对位置问题。为使模糊控制在要求的范围内都能有效地进行控制，隶属函数之间的重叠系数 $\alpha_1 \sim \alpha_2$ 一般取0.3～0.7。要使隶属函数曲线均匀覆盖整个论域，一般选论域中元素总数为语言变量总数的2～3倍时，模糊集对论域的覆盖程度较好。例如，图2.15给出了论域 $U=\{-6, -5, -4, -3, -2, -1, 0, 1, 2, 3, 4, 5, 6\}$，语言变量词集 $E=\{NB, NM, NS, ZE, PS, PM, PB\}$，三角形隶属函数曲线在全论域上均匀分布的情况。

图 2.16 给出的是论域 U 上不均匀分布的隶属函数曲线，这种设计主要为了提高控制速度。

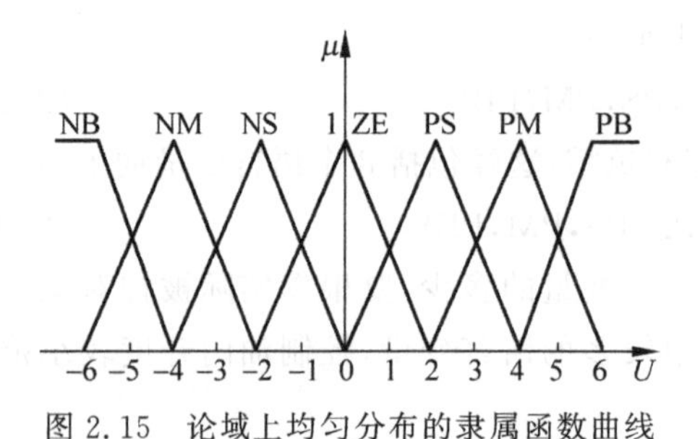

图 2.15　论域上均匀分布的隶属函数曲线

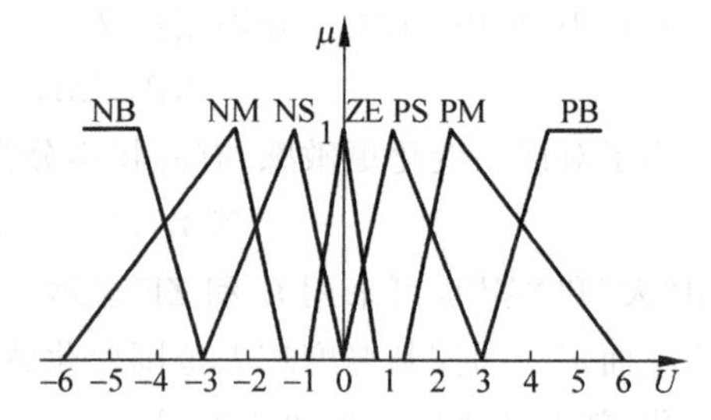

图 2.16　论域上不均匀分布的隶属函数曲线

3. 模糊控制规则设计

根据误差和误差变化来消除误差的模糊控制规则具有如下的形式：

"若误差为 $\underset{\sim}{A}_1$ 或 $\underset{\sim}{A}_2$ 且误差变化为 $\underset{\sim}{B}_1$ 或 $\underset{\sim}{B}_2$，则控制量为 $\underset{\sim}{C}$"

或写为

$$\text{"if } E=\underset{\sim}{A}_1 \text{ or } \underset{\sim}{A}_2 \text{ and EC}=\underset{\sim}{B}_1 \text{ or } \underset{\sim}{B}_2 \text{ then } U=\underset{\sim}{C}\text{"}$$

模糊控制规则是对人工控制经验的总结，它仍遵循着反馈控制的基本原理。下面以手工操作冷、热水阀门调节洗浴水温为例，通过总结手动控制策略，设计出一组水温的模糊控制规则。

设温度的误差为 E，温度误差的变化为 EC，热水流量的变化为 CU。假设选取 E 及 CU 的语言变量的词集均为{NB，NM，NS，NZ，PZ，PS，PM，PB}；选取 EC 的语言变量词集为{NB，NM，NS，ZE，PS，PM，PB}。现将操作者在调节水温过程中遇到的各种可能出现的情况及其控制策略汇总于表 2.5 中。

表 2.5　模糊控制规则表

E	EC						
	NB	NM	NS	ZE	PS	PM	PB
NB	PB	PB	PB	PB	PM	ZE	ZE
NM	PB	PB	PB	PB	PM	ZE	ZE
NS	PM	PM	PM	PM	ZE	NS	NS
NZ	PM	PM	PS	ZE	NS	NM	NM
PZ	PM	PM	PS	ZE	NS	NM	NM
PS	PS	PS	ZE	NM	NM	NM	NM
PM	ZE	ZE	NM	NB	NB	NB	NB
PB	ZE	ZE	NM	NB	NB	NB	NB

下面说明建立模糊控制规则表的基本思想。首先考虑误差为负的情况，当误差为负大时，若当误差变化为负，这时误差有增大的趋势，为尽快消除已有的负大误差并抑制误差继续变大，所以控制量的变化取正大。

当误差为负而误差变化为正时，系统本身已有减小误差的趋势，所以为尽快消除误差且又不至于超调，应取较小的控制量。由表2.5可以看出，当误差为负大且误差变化为正小时，控制量的变化取为正中。若误差为负大且误差变化正大或正中时，控制量不宜增加，否则造成超调会产生正误差，因此这时控制量变化取为 O 等级。

当误差为负中时，控制量的变化应该使误差尽快消除，基于这种原则，控制量的变化选取同误差为负大时相同。

当误差为负小时，系统接近稳态，若误差变化为负时，选取控制量变化为正中，以抑制误差往负方向变化；若误差变化为正时，系统本身有趋势消除负小的误差，选取控制量变化为负小或零。

误差为正时与误差为负时相类同，相应的符号都要变号，不再赘述，参见表2.5给出的控制规则，这是一类消除误差的二维模糊控制器的模糊控制规则。为了直观地反映控制规则中语言变量的动态变化情况，图2.17给出了阶跃响应曲线上语言变量的模糊划分情况。

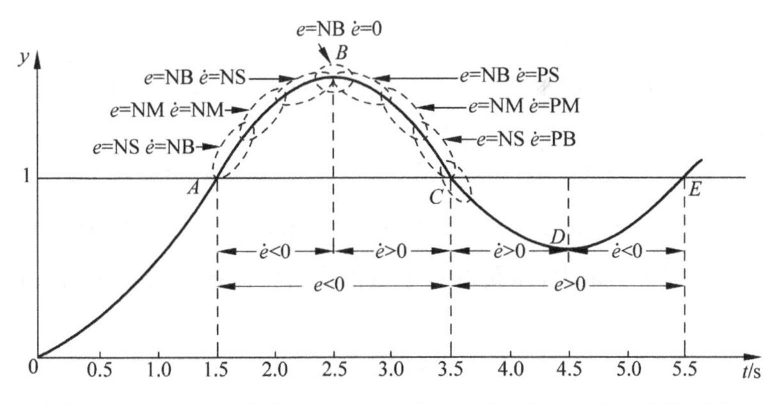

图2.17 阶跃响应曲线上语言变量误差 e 及误差变化 $\dot{e}$ 的模糊划分

上述选取控制量变化的原则是：当误差相对误差变化大或较大时，选择控制量以尽快消除误差为主；而当误差变化相对误差较大时，选择控制量要以尽快拟制误差的变化，防止超调为主；当误差和误差变化都较小时，选择控制量应以保持系统的稳态性能为主。

不难看出，模糊控制规则可概括为3类规则：一是消除大误差的快速响应规则；二是防止超调的阻尼规则；三是维持误差在零附近变化的稳态规则。

由表2.5所描述的控制规则，正是一类根据系统输出误差及误差变化趋势来消除误差的模糊控制规则。这个控制规则可以归纳成下述21条模糊条件语句来描述，例如其中的3条为

(1) IF E＝NB or NM and EC＝NB or NM THEN u＝PB

(2) IF E=NS or NZ and EC=NB or NM THEN u=PM

(3) IF E=NZ or PZ and EC=ZE THEN u=ZE

由表2.5所描述的控制规则构成了描述众多被控对象的模糊模型，例如，卫星的姿态与作用力的关系；飞机或舰船航向与舵偏角的关系；工业锅炉中的压力与加热的关系等。因此，在条件语句中，误差E、误差变化EC及控制量u对于不同的被控对象有着不同的物理意义。因此，上述模糊控制规则对于根据误差和误差变化作为输入变量进行反馈控制的系统具有普适性。

2.4.3 Mamdani 模糊推理法

因为模糊蕴含"若$\underset{\sim}{A}$，则$\underset{\sim}{B}$"表示的模糊关系$\underset{\sim}{R}=\underset{\sim}{A}\rightarrow\underset{\sim}{B}$的运算有多种方法，推理复合规则也有多种形式。因此，模糊推理方法也有多种，但最常用的是英国马丹尼博士提出的最小-最大-重心法，被誉为Mamdani推理法。

设有两条模糊控制规则分别为

$$\text{规则1：IF } x_1 \text{ is } \underset{\sim}{A}_1 \text{ and } x_2 \text{ is } \underset{\sim}{B}_1 \text{ THEN } y \text{ is } \underset{\sim}{C}_1 \tag{2.26}$$

$$\text{规则2：IF } x_1 \text{ is } \underset{\sim}{A}_2 \text{ and } x_2 \text{ is } \underset{\sim}{B}_2 \text{ THEN } y \text{ is } \underset{\sim}{C}_2 \tag{2.27}$$

按照最小-最大-重心法，首先对上述每一规则进行模糊推理，可得其相应的输出模糊集的隶属函数分别为

$$\mu_{\underset{\sim}{C}_1}(y)=\min\{\max[\mu_{\underset{\sim}{A}_1}(x)\wedge\mu(x_1)],\max[\mu_{\underset{\sim}{B}_1}(x)\wedge\mu(x_2)]\} \tag{2.28}$$

$$\mu_{\underset{\sim}{C}_2}(y)=\min\{\max[\mu_{\underset{\sim}{A}_2}(x)\wedge\mu(x_1)],\max[\mu_{\underset{\sim}{B}_2}(x)\wedge\mu(x_2)]\} \tag{2.29}$$

然后，将上述两项结果再取最大，即获得基于两条规则模糊推理的总输出模糊集$\underset{\sim}{C}$的隶属函数为

$$\mu_{\underset{\sim}{C}}(y)=\max\{\mu_{\underset{\sim}{C}_1}(y),\mu_{\underset{\sim}{C}_2}(y)\} \tag{2.30}$$

图2.18给出了具有两个模糊输入的Mamdani推理法的图解过程，其中$\underset{\sim}{C}$为推理得到的输出模糊集。为了将模糊量转换为一个精确量，取该模糊集$\underset{\sim}{C}$与横坐标轴所围成面积的重心，其大小由下式计算

$$y^*=\frac{\sum_{i=1}^{n}\mu_{\underset{\sim}{C}_i}(y_i)\cdot y_i}{\sum_{i=1}^{n}\mu_{\underset{\sim}{C}_i}(y_i)} \tag{2.31}$$

由式(2.31)不难看出，这是一种加权平均算法，其加权重为$\mu_{\underset{\sim}{C}_i}(y_i)$。此外，还有一种简单的清晰化方法，就是选取该输出模糊集中隶属度最大元素作为输出量，若出现隶属度最大的元素多于一个时，则取它们的平均值作为输出量。这种方法称为选取最大隶属度法。

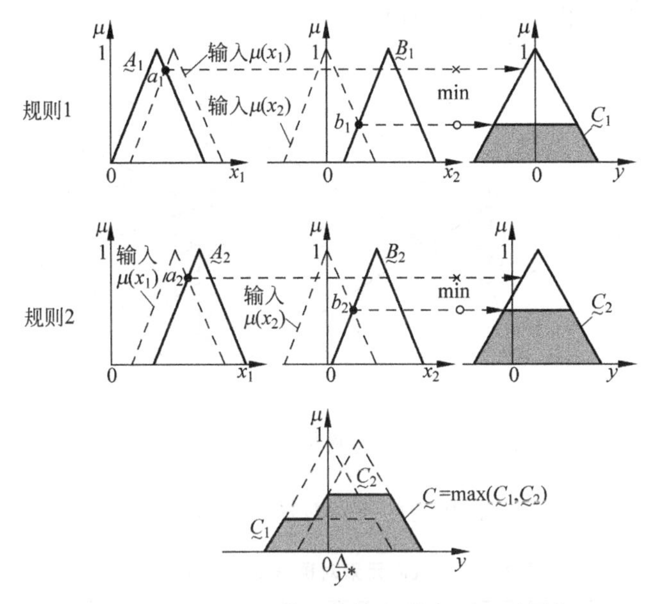

图 2.18 Mamdani 推理的最小-最大-重心法图解

模糊推理虽然有多种方法，但有不少的推理方法都是以 Mamdani 推理法为基础进行改进的。例如，有代数积-加法-重心法、模糊加权型推理法、函数及加权函数推理法等。同样，模糊蕴含运算也有多种形式，而最大-最小复合运算是较为常用的方法。

2.4.4 精确量的模糊化及量化因子

为了实现模糊控制，将采样得到的误差 e 和误差变化 ec 的精确量转换成离散量的过程称为模糊量化，简称模糊化(fuzzification)。

1. 模糊化常用的方法

1) 精确量到语言变量的映射

将采样得到的输入变量 e 及 ec 的精确量映射到模糊变量论域中的数值，进行四舍五入量化处理，就可以得到输入精确量所对应的离散量。该离散量就可以与语言变量之间建立隶属关系。

例如，把$[a,b]$区间的精确量 α 转换成$[-n,+n]$区间的离散量 y，其模糊化过程如图 2.19 所示。无论$[a,b]$区间是否对称，都可以根据三角形相似关系，易推出

$$y/[x-0.5(a+b)]=2n/(b-a)$$

故

$$Y=\mathrm{INT}\{2n[x-0.5(a+b)]/(b-a)\}$$

其中 INT 表示取整,也用< >表示,如 Y=INT(2.65)=<2.65>=3。

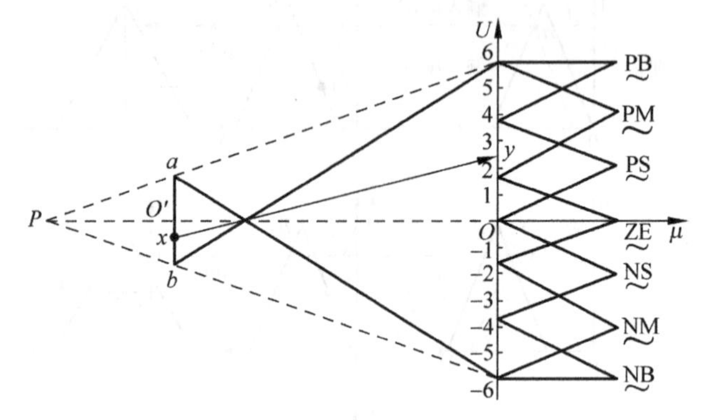

图 2.19 模糊化原理示意图

表 2.6 给出了在[-6,+6]论域内的元素对模糊语言变量的某种隶属关系。

表 2.6 论域内元素对语言变量的隶属关系

语言变量	论域												
	-6	-5	-4	-3	-2	-1	0	1	2	3	4	5	6
PB	0	0	0	0	0	0	0	0	0	0.1	0.4	0.8	1
PM	0	0	0	0	0	0	0	0	0.2	0.7	1	0.7	0.2
PS	0	0	0	0	0	0	0	0.9	1	0.7	0.2	0	0
ZE	0	0	0	0	0	0.5	1	0.5	0	0	0	0	0
NS	0	0	0.2	0.7	1	0.9	0	0	0	0	0	0	0
NM	0.2	0.7	1	0.7	0.2	0	0	0	0	0	0	0	0
NB	1	0.8	0.4	0.1	0	0	0	0	0	0	0	0	0

2) 精确量映射为一个单点模糊集

将[a,b]区间的精确量 x 模糊化成论域[$-n$,$+n$]上的一个模糊子集,它在点 x 处隶属度为1,而在其余各点的隶属度均为0。

2. 量化因子

为了反映从精确量到模糊量变换幅度大小,定义误差和误差变化的量化因子分别为

$$K_e = n/x_e \tag{2.32}$$

$$K_{ec} = m/x_{ec} \tag{2.33}$$

其中,x_e,x_{ec} 分别是误差及误差变化的精确量;[$-n$,n],[$-m$, m]分别为误差及误差变化的模糊论域所在区间。量化因子有时也称为量化增益。

2.4.5　模糊量的清晰化及比例因子

模糊控制器经模糊推理得到的是一个模糊控制量，它还不能直接用作控制量，需要将它转换成精确量，这一过程称为清晰化，也称去模糊、解模糊。

清晰化过程与模糊化过程相反，它是将离散量映射到执行机构对应的一个精确量。这一过程不需要量化，只是比例变换，为了定量表征这种变换尺度大小，使用控制量的比例因子 K_u 表示。设控制量的模糊论域为$[-l,l]$，执行机构精确量论域为$[-y_u,y_u]$，则比例因子为

$$K_u=y_u/l \tag{2.34}$$

2.4.6　查表式模糊控制器设计

1. 二维模糊控制器的推理过程

二维模糊控制器的控制规则可写成下列条件语句形式：

$$R=\bigcup_{i,j} A_i\times B_j\times C_{ij} \tag{2.35}$$

其中，A_i, B_j, C_{ij} 是定义在误差、误差变化和控制量论域 X, Y, Z 上的模糊集。

R 的隶属函数为

$$\mu_R(x,y,z)=\bigvee_{i=1;\ j=1}^{i=n;\ j=m} \mu_{A_i}(x)\wedge\mu_{B_j}(y)\wedge\mu_{C_{ij}}(z) \tag{2.36}$$

其中，$x\in X,\ y\in Y,\ z\in Z$。

当误差、误差变化分别取模糊集 A, B 时，输出控制量的变化 U 根据模糊推理合成规则可得

$$U=(A\times B)\circ R \tag{2.37}$$

U 的隶属函数为

$$\mu_U(z)=\bigvee_{\substack{x\in X\\ y\in Y}} \mu_R(x,y,z)\wedge\mu_A(x)\wedge\mu_B(y) \tag{2.38}$$

设论域 $\boldsymbol{X}=(x_1,x_2,\cdots,x_n)$，$\boldsymbol{Y}=(y_1,y_2,\cdots,y_m)$，$\boldsymbol{Z}=(z_1,z_2,\cdots,z_l)$，则 X,Y,Z 上的模糊集分别为一个 n, m 和 l 元的模糊向量，而描述控制规则的模糊关系 $\boldsymbol{R}$ 为一个 $n\times m$ 行 l 列的矩阵。

根据采样得到的误差 x_i，误差变化 y_j，可以计算出相应的控制量变化 u_{ij}，对论域 $\boldsymbol{X}, \boldsymbol{Y}$ 中所有元素的所有组合全部计算出相应的控制量变化值，可以写成矩阵如下：

$$(u_{ij})_{n\times m} \tag{2.39}$$

2. 模糊控制表设计举例

1）输入输出模糊变量的设计

设输入变量误差 E,误差变化 EC 及输出控制量 u 的模糊集及其论域分别定义如下：

EC 和 u 的模糊集均为{NB,NM,NS,ZE,PS,PM,PB}；

E 的模糊集为{NB,NM,NS,NE,PE,PS,PM,PB}；

E 和 EC 的论域均为{−6,−5,−4,−3,−2,−1,0,1,2,3,4,5,6}；

u 的论域为{−7,−6,−5,−4,−3,−2,−1,0,1,2,3,4,5,6,7}。

2）建立模糊控制规则

模糊控制规则采用表 2.5 设计的 21 条规则。

R_1：IF E=NB or NM and EC=NB or NM THEN u=PB

R_2：IF E=NB or NM and EC=NS or ZE THEN u=PB

R_3：IF E=NB or NM and EC=PS THEN u=PM

R_4：IF E=NB or NM and EC=PB or PM THEN u=ZE

R_5：IF E=NS and EC=NB or NM THEN u=PM

R_6：IF E=NS and EC=NS or ZE THEN u=PM

R_7：IF E=NS and EC=PS THEN u=ZE

R_8：IF E=NS and EC=PM or PB THEN u=NS

R_9：IF E=NZ or PZ and EC=NB or NM THEN u=PM

R_{10}：IF E=NZ or PZ and EC=NS THEN u=PS

R_{11}：IF E=NZ or PZ and EC=ZE THEN u=ZE

R_{12}：IF E=PZ or NZ and EC=PS THEN u=NS

R_{13}：IF E=PZ or NZ and EC=PB or PM THEN u=NM

R_{14}：IF E=PS and EC=NB or NM THEN u=PS

R_{15}：IF E=PS and EC=NS THEN u=ZE

R_{16}：IF E=PS and EC=PS or ZE THEN u=NM

R_{17}：IF E=PS and EC=PB or PM THEN u=NM

R_{18}：IF E=PB or PM and EC=NB or NM THEN u=ZE

R_{19}：IF E=PB or PM and EC=NS THEN u=NM

R_{20}：IF E=PB or PM and EC=PS or ZE THEN u=NB

R_{21}：IF E=PB or PM and EC=PB or PM THEN u=NB

3）确定模糊变量的赋值表

模糊变量误差 E、误差变化 EC 及控制量 u 的模糊集合论域确定后，需要确定论域内元素对模糊语言变量的隶属度，即对模糊变量赋值。根据被控对象的一般情况，模糊变量 E、EC 及 u 的赋值分别如表 2.7、表 2.8 及表 2.9 所示。

表 2.7 模糊变量 E 的赋值表

e	E													
	−6	−5	−4	−3	−2	−1	−0	+0	+1	+2	+3	+4	+5	+6
PB	0	0	0	0	0	0	0	0	0	0	0.1	0.4	0.8	1.0
PM	0	0	0	0	0	0	0	0	0	0.2	0.7	1.0	0.7	0.2
PS	0	0	0	0	0	0	0	0.3	0.8	1.0	0.5	0.1	0	0
PZ	0	0	0	0	0	0	0	1.0	0.6	0.1	0	0	0	0
NZ	0	0	0	0	0.1	0.6	1.0	0	0	0	0	0	0	0
NS	0	0	0.1	0.5	1.0	0.8	0.3	0	0	0	0	0	0	0
NM	0.2	0.7	1.0	0.7	0.2	0	0	0	0	0	0	0	0	0
NB	1.0	0.8	0.4	0.1	0	0	0	0	0	0	0	0	0	0

表 2.8 模糊变量 EC 的赋值表

ec	EC												
	−6	−5	−4	−3	−2	−1	0	+1	+2	+3	+4	+5	+6
PB	0	0	0	0	0	0	0	0	0	0.1	0.4	0.8	1.0
PM	0	0	0	0	0	0	0	0	0.2	0.7	1.0	0.7	0.2
PS	0	0	0	0	0	0	0	0.9	1.0	0.7	0.2	0	0
ZE	0	0	0	0	0	0.5	1.0	0.5	0	0	0	0	0
NS	0	0	0.2	0.7	1.0	0.9	0	0	0	0	0	0	0
NM	0.2	0.7	1.0	0.7	0.2	0	0	0	0	0	0	0	0
NB	1.0	0.8	0.4	0.1	0	0	0	0	0	0	0	0	0

表 2.9 模糊变量 u 的赋值表

u	U														
	−7	−6	−5	−4	−3	−2	−1	0	+1	+2	+3	+4	+5	+6	+7
PB	0	0	0	0	0	0	0	0	0	0	0	0.1	0.4	0.8	1.0
PM	0	0	0	0	0	0	0	0	0	0.2	0.7	1.0	0.7	0.2	0
PS	0	0	0	0	0	0	0	0.4	1.0	0.5	0.8	0.4	0.1	0	0
ZE	0	0	0	0	0	0	0.5	1.0	0.5	0	0	0	0	0	0
NS	0	0	0	0.1	0.4	0.8	1.0	0.4	0	0	0	0	0	0	0
NM	0	0.2	0.7	1.0	0.7	0.2	0	0	0	0	0	0	0	0	0
NB	1.0	0.8	0.4	0.1	0	0	0	0	0	0	0	0	0	0	0

4）建立模糊控制表

上述描写模糊控制的21条模糊条件语句之间是或的关系，由第1条语句所确定的控制规则可以计算出 u_1。

由第1条语句所确定的模糊关系为

$$R=[(\mathrm{NB}_E+\mathrm{NM}_E)\times \mathrm{PB}_u]\cdot[(\mathrm{NB}_{\mathrm{EC}}+\mathrm{NM}_{\mathrm{EC}})\times \mathrm{PB}_u] \tag{2.40}$$

如果令此刻采样所得到的实际误差为 e 且误差的变化为 ec，可以算出控制量为

$$u_1=e\circ[(\mathrm{NB}_E+\mathrm{NM}_E)\times \mathrm{PB}_u]\cdot \mathrm{ec}\circ[(\mathrm{NB}_{\mathrm{EC}}+\mathrm{NM}_{\mathrm{EC}})\times \mathrm{PB}_u] \tag{2.41}$$

若对于 e 及 ec 的隶属函数值所量化的等级上取1，其余均取为0，则可使上式简化为

$$u_1=\min_x\{\max[\mu_{\mathrm{NB}_E}(i);\ \mu_{\mathrm{NM}_E}(i)];\ \max[\mu_{\mathrm{NB}_{\mathrm{EC}}}(j);\ \mu_{\mathrm{NM}_{\mathrm{EC}}}(j)];\ \mu_{\mathrm{PB}_u}(x)\} \tag{2.42}$$

其中，$\mu_{\mathrm{NB}_E}(i)$，$\mu_{\mathrm{NM}_E}(i)$ 分别是模糊集合 NB_E，NM_E 第 i 个元素（即令测量得到的误差为第 i 等级）的隶属度；而 $\mu_{\mathrm{NB}_{\mathrm{EC}}}(j)$，$\mu_{\mathrm{NM}_{\mathrm{EC}}}(j)$ 分别是模糊集合 $\mathrm{NB}_{\mathrm{EC}}$，$\mathrm{NM}_{\mathrm{EC}}$ 第 j 个元素（令测量得到的误差变化为第 j 等级）的隶属度。

同理，可以由其余的条语句分别求出控制量 $u_2,u_3,\cdots,u_{21}$，则控制量的模糊集合 u 可表示为

$$u=u_1+u_2+\cdots+u_{21} \tag{2.43}$$

由式(2.43)计算出的模糊控制量可以选用一种清晰化方法，如采用最大隶属度方法，将控制量由模糊量变为精确量。

根据所设计的误差和误差变化所有不同的 i 和 j 的采样值，利用计算机预先计算好控制量 u，制成如表2.10所示的控制表，作为"文件"存储在计算机中。当进行实时控制时，便于根据输出的信息，从"文件"中查询所需要的控制量。因此，该控制表又称为查询表。

5）查表式模糊控制的流程

查表式模糊控制器将模糊控制规则最终转化为一个查询表，又称控制表，存储在计算机中供在线控制时使用。这种形式的模糊控制器具有结构简单、使用方便、实时性好等特点，缺点是控制规则不能调整。

查表式模糊控制算法是由计算机的程序实现的。这种程序包括两部分：一部分是计算机离线计算查询表的程序，属于模糊矩阵运算；另一部分是计算机在模糊控制过程中在线计算输入变量（误差、误差变化），并将它们模糊化处理后，再根据模糊量化后的误差值及误差变化值，直接查找查询表以获得控制量的变化值 u_{ij}，将 u_{ij} 乘以比例因子 K_u 即可作为输出去控制被控对象。

表 2.10　模糊控制表

EC	E												
	−6	−5	−4	−3	−2	−1	0	+1	+2	+3	+4	+5	+6
−6	7	6	7	6	7	7	7	4	4	2	0	0	0
−5	6	6	6	6	6	6	6	4	4	2	0	0	0
−4	7	6	7	6	7	7	7	4	4	2	0	0	0
−3	7	6	6	6	6	6	6	3	2	0	−1	−1	−1
−2	4	4	4	5	4	4	4	1	0	0	−1	−1	−1
−1	4	4	4	5	4	4	1	0	0	0	−3	−2	−1
0	4	4	4	5	1	1	0	−1	−1	−1	−4	−4	−4
+0	4	4	4	5	1	1	0	−1	−1	−1	−4	−4	−4
+1	2	2	2	2	0	0	−1	−4	−4	−3	−4	−4	−4
+2	1	2	1	2	0	−3	−4	−4	−4	−3	−4	−4	−4
+3	0	0	0	0	−3	−3	−6	−6	−6	−6	−6	−6	−6
+4	0	0	0	−2	−4	−4	−7	−7	−7	−6	−7	−6	−7
+5	0	0	0	−2	−4	−4	−6	−6	−6	−6	−6	−6	−6
+6	0	0	0	−2	−4	−4	−7	−7	−7	−6	−7	−6	−7

查表式模糊控制算法流程图如图 2.20 所示。应该指出，计算机通过矩阵运算获得的模糊控制表左上角区域的行与列出现了一些 7,6,7 的数字跳动情况。这是由于早期计算机有限字长导致的情况。后来有人将 7 中间的 6 修改为 7，称为修正后的控制表。实际上，修正前后的控制表的控制性能无显著区别。

2.4.7　解析式模糊规则自调整控制器

解析式模糊控制是将控制表用一个解析式近似描述，其形式为

$$u=-\langle \alpha E+(1-\alpha)\mathrm{EC}\rangle \quad \alpha\in[0,1] \tag{2.44}$$

其中，α 是对误差的加权因子；$(1-\alpha)$是对误差变化的加权因子。

一个被控动态过程的误差及误差变化是随时间变化的，为了能根据不同的误差及误差变化的动态特性更好地确定控制量，设计加权因子根据误差量化等级的大小来自动调整对误差及误差变化的加权大小。

设误差 E、误差变化 EC 及控制量 u 的论域选取为

$$\{E\}=\{\mathrm{EC}\}=\{u\}=\{-N,\cdots,-2,-1,0,1,2,\cdots,N\}$$

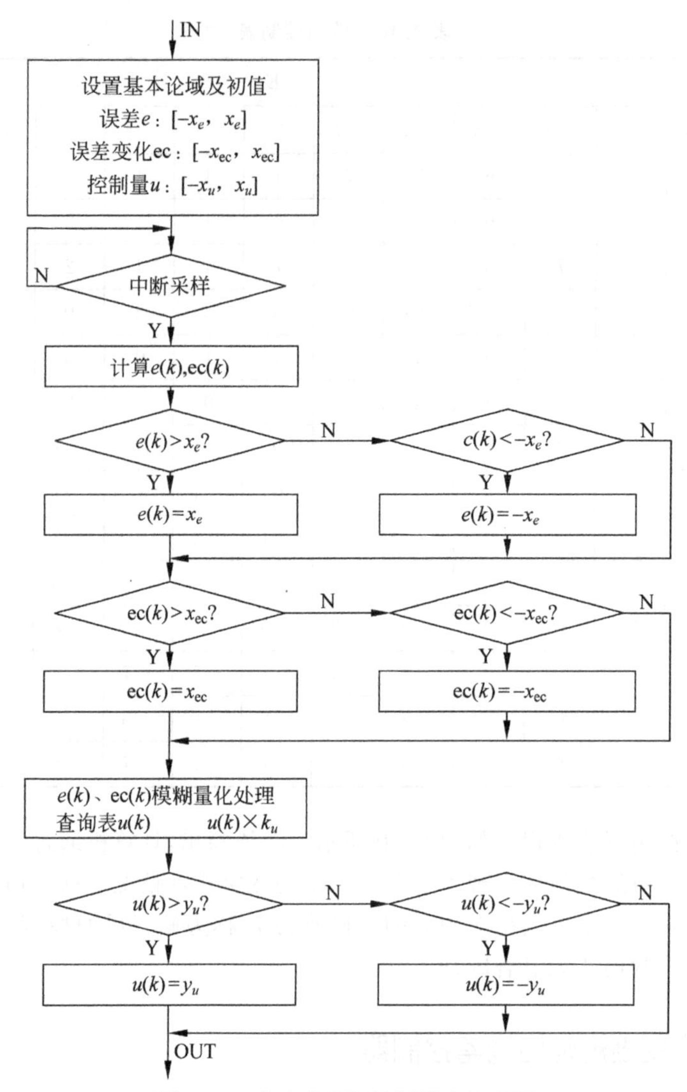

图 2.20　查表式模糊控制算法流程图

则在全论域范围内带有自调整因子的模糊控制规则可表示为

$$\begin{cases} u = -\langle \alpha E + (1-\alpha)\mathrm{EC} \rangle \\ \alpha = \dfrac{1}{N}(\alpha_s - \alpha_0) \mid E \mid + \alpha_0 \end{cases} \tag{2.45}$$

其中，N 为量化等级；$0 \leqslant \alpha_0 \leqslant \alpha_s \leqslant 1$；$\alpha \in [\alpha_0, \alpha_s]$。

上述控制规则的特点是调整因子 α 在 α_0 至 α_s 之间随着误差绝对值 $|E|$ 的大小呈线性变化，α 有 N 个可能的取值。当取 $\alpha_s = \alpha_0$ 时，式(2.45)所表示的控制规则就变为式(2.44)表示的具有一个调整因子的控制规则了。

不难看出，式(2.45)所描述的模糊控制规则体现了按误差的大小自动调整误差对控制作用的权重，因为这种自动调整是在整个误差论域内进行的，所以称为全论域范围内带有自调整因子的模糊控制规则，易于通过微机实时实现。

2.5 T-S型模糊控制器设计

T-S模糊模型通过模糊规则给出非线性系统的局部线性化模型，再将这些线性模型整合成凸模糊集隶属函数来近似描述整体非线性系统。T-S模糊模型是一种描述复杂非线性系统动态模型的重要方法，已经证明T-S模糊模型能够以任意精度逼近一大类非线性系统。应用T-S模糊模型有利于应用线性系统理论和方法设计模糊控制系统，并将非线性系统的稳定性分析转化为局部线性时变系统的稳定性分析。

2.5.1 T-S模糊模型

模糊模型是指一组描述非线性动态系统输入输出关系的模糊条件语句——模糊规则，T-S模糊模型的第i条规则的形式为

$$R^i: \text{IF } x_1 \text{ is } A_1^i, x_2 \text{ is } A_2^i, \cdots, x_m \text{ is } A_m^i, \text{ THEN } u^i = f(x) \tag{2.46}$$

其中，x_j是第j个输入变量，m为输入变量的数量；A_j^i是一个模糊子集，其隶属函数的参数称为前提参数；u^i是第i条规则的输出。

式(2.46)描述的T-S模糊模型的输出当$u^i=f(x)$为常数时，称为零阶T-S模型；当$u^i=p_0^i+p_1^ix_1+p_2^ix_2$时为线性多项式，称为一阶T-S模型，其中$p_j^i$为结论参数。这种模型的输出结果是一个精确量，不再需要清晰化处理，因此便于应用。

2.5.2 基于T-S模型的模糊推理

基于T-S模型的模糊推理是指根据已有的n条模糊规则，当给定某个输入激活了$m(m<n)$条模糊规则后推得系统总输出的过程。设T-S模糊系统用n条模糊规则描述，给定输入模糊向量$(x_1, x_2, \cdots, x_m)$，则由各条规则输出$u^i(i=1,2,\cdots,n)$的加权平均求得系统总输出为

$$u = \frac{\sum_{i=1}^{m} w^i u^i}{\sum_{i=1}^{m} w^i} \tag{2.47}$$

其中，u^i是第i条规则的输出；w^i是第i条规则的权重；w^i通过取小运算求得

$$w^i = \prod_{j=1}^{m} A_j^i(x_j^0) \tag{2.48}$$

其中，$\prod$ 为模糊化算子，通常采用取小运算。

例 2.10 已知某非线性系统可用 4 条 T-S 模糊规则描述如下：

R^1：IF $x_1 = \underset{\sim}{A}_1^1$ THEN $u^1 = 1.0x_1 + 0.5x_2 + 1.0$

R^2：IF $x_1 = \underset{\sim}{A}_1^2$ and $x_2 = \underset{\sim}{A}_2^2$ THEN $u^2 = -0.1x_1 + 4.0x_2 + 1.2$

R^3：IF $x_1 = \underset{\sim}{A}_1^3$ and $x_2 = \underset{\sim}{A}_2^3$ THEN $u^3 = 0.9x_1 + 0.7x_2 + 9.0$

R^4：IF $x_1 = \underset{\sim}{A}_1^4$ and $x_2 = \underset{\sim}{A}_2^4$ THEN $u^4 = 0.2x_1 + 0.1x_2 + 0.2$

其中，隶属函数 $\underset{\sim}{A}_1^1, \underset{\sim}{A}_1^2, \underset{\sim}{A}_2^2, \underset{\sim}{A}_1^3, \underset{\sim}{A}_2^3, \underset{\sim}{A}_1^4, \underset{\sim}{A}_2^4$ 如表 2.11 所示。

表 2.11 T-S 模糊规则及其推理过程

规则	前提	结论	w^i(真值)
	if x_1 x_2	then y	
R^1	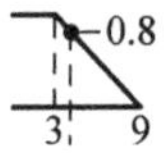 0.8; 3, 9	$y^1 = 1.0x_1 + 0.5x_2 + 1.0 = 5.5$	0.8
R^2	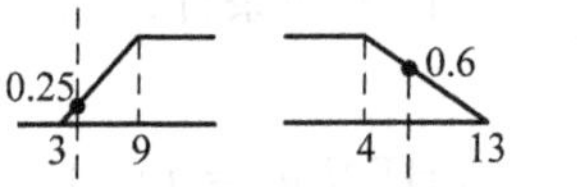 0.25; 3, 9 　 0.6; 4, 13	$y^2 = -0.1x_1 + 4.0x_2 + 1.2 = 31.15$	$0.25 \wedge 0.6 = 0.25$
R^3	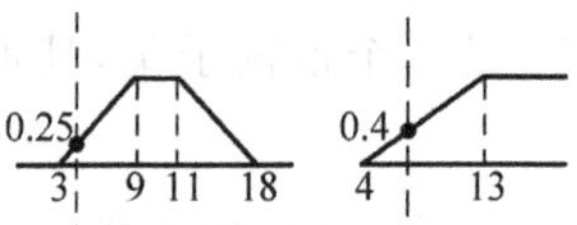 0.25; 3, 9, 11, 18 　 0.4; 4, 13	$y^3 = 0.9x_1 + 0.7x_2 + 9.0 = 18.37$	$0.25 \wedge 0.4 = 0.25$
R^4	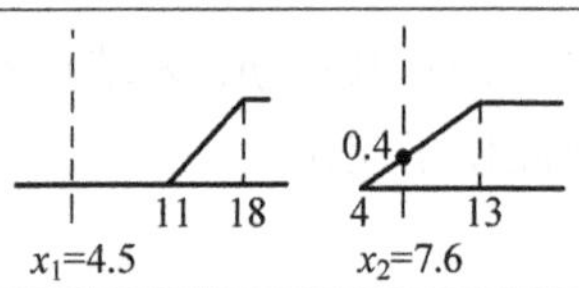 11, 18; $x_1=4.5$ 　 0.4; 4, 13; $x_2=7.6$	$y^4 = 0.2x_1 + 0.1x_2 + 0.2 = 1.86$	0.4

表 2.11 给出了 4 条规则 $R^1 \sim R^4$ 及在 $x_1 = 4.5, x_2 = 7.6$ 情况下的模糊推理过程，并计算出每条规则的真值。由 4 条规则，根据式(2.47)可计算出最终输出值

$$y = \frac{0.8 \times 5.5 + 0.25 \times 31.15 + 0.25 \times 18.37 + 0.4 \times 1.86}{0.8 + 0.25 + 0.25 + 0.4} = 10.31$$

对于表 2.11 给出的模糊规则，把输入空间划分为 4 个模糊子空间，如图 2.21 所示，其中规则 R^1 在前提中仅有一个变量 x_1，而对 x_2 未加限制。由图 2.21 中 4 条规则构成模糊控制器的输入输出关系如图 2.22 所示，虽然仅是 4 条规则，但却能表示输入 x_1, x_2 和输出 y 之间非常复杂的非线性关系。这正体现了扎德所指出的用模糊条件语句来刻画变量间的简单关系，用模糊算法来刻画复杂关系。

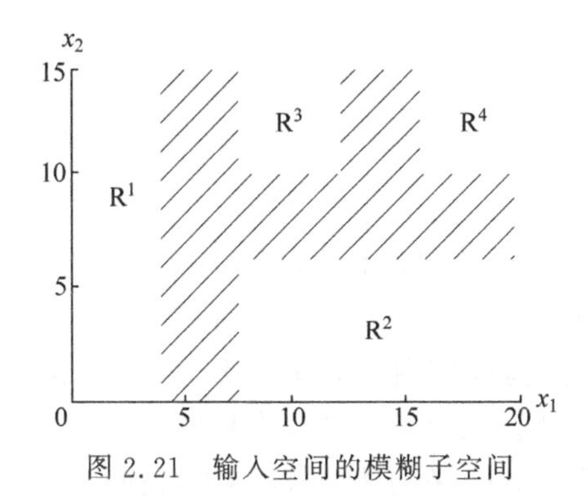

图 2.21 输入空间的模糊子空间

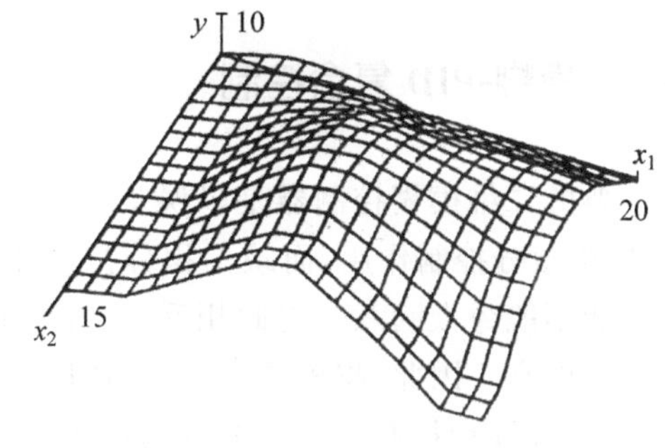

图 2.22 输入输出空间的非线性关系

2.5.3 T-S 型模糊控制系统设计

基于 T-S 型模糊模型设计模糊控制器的工作,实际上就是根据被控系统的大量输入-输出时间序列数据进行系统辨识,建立起该被控系统的 T-S 模型的过程。

T-S 模糊模型不仅可以用于描述非线性被控对象的模型,也可以通过系统辨识出这样的模型设计控制器。此外,T-S 模型还可以用来表示整个闭环系统,进而分析系统的稳定性问题。

下面介绍二维模糊控制器的设计问题。设二维 T-S 型模糊控制器的第 i 条模糊规则形式为

$$\mathrm{R}^i:\ \mathrm{IF}\ E\ \mathrm{is}\ \underset{\sim}{A}^i\ \mathrm{and\ EC\ is}\ \underset{\sim}{B}^i\ \mathrm{THEN}\ u^i = p_0^i + p_1^i E + p_2^i \mathrm{EC} \tag{2.49}$$

其中,E 和 EC 分别表示模糊规则前件的误差及误差变化的模糊变量;u 表示模糊规则后件的输出模糊变量。

由于二维 T-S 型模糊控制器决定了它的双输入单输出的结构,因此,设计工作就是要根据大量输入-输出时间序列数据,通过计算机辨识前件参数 $\underset{\sim}{A}$ 和 $\underset{\sim}{B}$ 的隶属函数以及后件的参数 p_0,p_1 和 p_2。

模糊规则前件的模糊子集隶属函数通常取三角形或梯形等标准形式,因此前件参数设计工作较为容易,而后件参数的辨识工作是设计的重点。这部分工作属于系统辨识的内容,在此不再深入讨论。

T-S 型模糊控制所获得的输出控制量本身已为精确量,不需要像 Mamdani 型模糊控制器再对输出量进行清晰化处理。

2.6 模糊-PID 控制

模糊控制和 PID 控制的融合有多种形式,用得较多的有两种:一种是模糊-PID 复合控制;另一种是用模糊推理在线整定 PID 控制参数。下面简要介绍这两种控制形式。

2.6.1 模糊-PID 复合控制

经典的二维模糊控制器是以误差和误差变化作为输入变量，一般认为这种控制器具有模糊比例-微分控制作用，而缺少积分控制作用。这样的模糊控制系统的动态性能较佳，而稳态性能不能令人满意。与此相反，传统的 PID 控制动态性能较差，由于有积分控制作用，而稳态精度高。因此，将模糊控制和 PID 控制结合，构成模糊-PID 复合控制，可以优势互补，既能发挥模糊控制动态性能好的优势，又有利于提高模糊控制器稳态精度。

这种复合控制策略是在大偏差范围内采用模糊控制，在小偏差范围内转换成 PID 控制，二者的转换由微机程序根据事先给定的偏差范围自动实现，如图 2.23 所示。

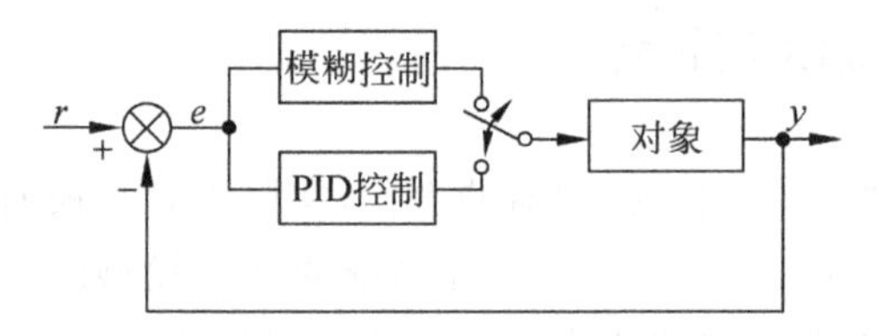

图 2.23 模糊-PID 复合控制的原理图

2.6.2 基于模糊推理优化参数的 PID 控制

对于那些慢时变被控过程，采用模糊推理在线优化 PID 控制参数，可以获得期望的控制性能。这种形式的模糊 PID 控制系统的结构如图 2.24 所示。

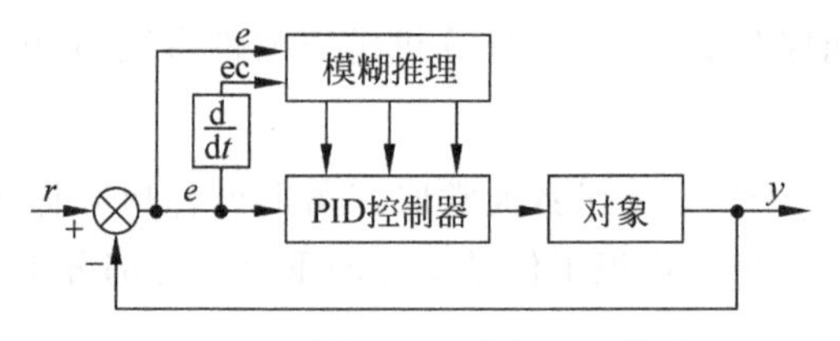

图 2.24 模糊 PID 控制器的结构

图 2.24 中，r 为输入，y 为输出，e 为误差，ec 为误差变化。模糊 PID 控制参数整定就是在系统运行过程中，模糊控制器根据系统的 e 和 ec，以及知识库中设计好的调整 PID 控制器参数的模糊规则，进行模糊推理来调整控制参数。使系统的输出在不同的 e 和 ec 下都能达到期望的控制性能。

应用模糊推理整定 PID 控制器参数的过程如下：首先定义系统输入误差 e 和误差变化 ec 的模糊集论域，确定误差 e 和误差变化 ec 的模糊子集及其隶属函数，根据专家的经验建立调整 3 个参数 K_p, K_i, K_d 的模糊控制规则。然后，对控制过程中检测到的系统误差 e 和误差变化 ec 进行模糊化，再和整定 PID 参数的模糊控制规则构成的模糊关系进行模糊推理合成，即可获得对 PID 控制器参数的调整增量。这种调整过程可以是在线的，也可以是离线事先计算好调整量的查询表，在控制过程中查询所建立的 PID 控制参数调整表。模糊 PID 控制参数整定流程如图 2.25 所示。

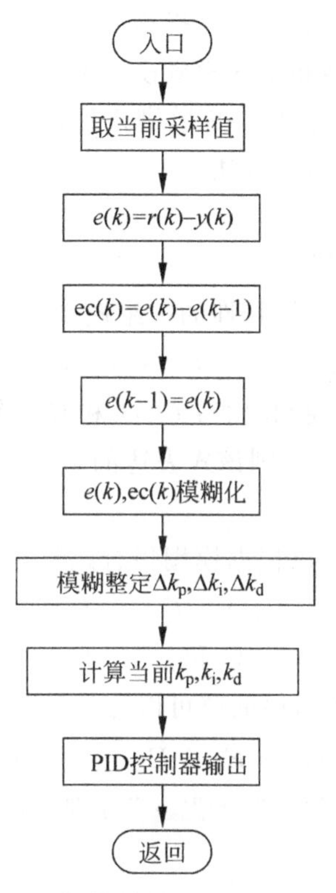

图 2.25 模糊 PID 控制参数整定流程图

2.7 自适应模糊控制

自适应模糊控制实际上是传统的自适应控制和模糊控制的融合，为了实现自适应模糊控制，一般需要模糊系统辨识。因此，本节首先简要介绍模糊系统辨识的基本内容，然后介绍自适应模糊控制中常用的模型参考模糊自适应控制的结构及原理。

2.7.1 模糊系统辨识

扎德曾指出，系统辨识是在对输入和输出观测的基础上，在指定的一类系统中，确定一个与被识别的系统等价的系统。

系统辨识实际上是对复杂动态系统建立模型的一种方法,系统辨识又称为系统建模,模糊系统辨识又称为模糊系统建模,或称模糊系统预测。传统的系统辨识方法是基于精确数学的方法,要对一个复杂被控动态过程建立精确的数学模型是很困难的。而模糊系统辨识是基于模糊数学的方法。所谓模糊模型,是指描述动态系统特性的一组模糊条件语句。

模糊规则主要有Mamdani型和T-S模糊模型两种形式。因此,通过模糊系统辨识也有基于模糊关系模型的系统辨识和基于T-S模糊模型的模糊系统辨识两种形式。这里只简要介绍基于模糊关系模型的系统辨识方法。

1. 基于模糊关系模型的描述

一个模糊关系模型是指描述系统特性的一组模糊规则,其中模糊规则形式如下:

$$\text{IF } u(t-k)=A \text{ or } B \text{ and } y(t-l)=C \text{ or } D \text{ THEN } y(t)=E \tag{2.50}$$

其中,A 和 B 为输入空间 U 中的模糊集合;C,D 和 E 为输出空间 Y 中的模糊集合。

在式(2.50)中,如果取 $k=l=1$,则该式表达的意义是根据$(t-1)$时刻的输入输出的测量值来预测 t 时刻输出的测量值。

式(2.50)中的每一条规则,可以根据模糊集合运算规则写成如下形式

$$E=u(t-k)\circ[(A+B)\times E]\cdot y(t-l)\circ[(C+D)\times E] \tag{2.51}$$

根据每一条规则以及已知的 $u(t-k)$ 和 $y(t-l)$,可计算出相应的一个 E。若系统的特性由 p_l 条规则描述,则模糊变量 $y(t)$ 的值可以写为

$$y(t)=E_1+E_2+\cdots+E_{p_l} \tag{2.52}$$

式(2.51)及式(2.52)中的符号"∘""+""×""·"分别表示模糊集合的"合成""并""直积"及"交"运算。

若式(2.51)中的系统输入和系统输出的测量值分别为 $u(t-k)=u_i$ 和 $y(t-l)=y_j$,则它们的隶属函数值为

$$\begin{cases}\mu_{u(t-k)}=(0,\cdots,0,1,0,\cdots,0)\\ \qquad\qquad\qquad\quad \cdots i\cdots \\ \mu_{y(t-l)}=(0,\cdots,0,1,0,\cdots,0)\\ \qquad\qquad\qquad\quad \cdots j\cdots\end{cases} \tag{2.53}$$

利用式(2.53)可将式(2.51)加以简化,即

$$E=\min\{\max[\mu_A(i),\mu_B(i)];\ \max[\mu_C(j),\mu_D(j)];\ \mu_E\} \tag{2.54}$$

式中,$\mu(i)$,$\mu(j)$分别表示第 i 和第 j 个元素的隶属函数的值。

由式(2.52)计算得到的 $y(t)$ 是一个模糊集合,通过清晰化处理可以得到其精确值。

不难看出,上述模糊关系模型的推理过程与2.4.6节介绍的二维模糊控制器的推理过程是相同的。

2. 模糊关系模型的品质指标

衡量模糊模型的品质指标有以下两条：

(1) 建立模糊模型规则条数的多少反映了模糊算法的复杂程度。因此，式(2.52)中的规则条数 p_1 作为衡量模糊模型复杂程度的一个品质指标。规则条数越少，计算越简单；反之，条数越多，精度越高，但运算越复杂。所以，选取规则条数的多少要权衡。

(2) 衡量模糊模型精确性的指标，可选取测量值 $y(t)$ 与输出预测值 $\hat{y}$ 之差的均方值，即

$$p_2 = \frac{1}{L}\sum_{t=1}^{L}[y(t) - \hat{y}(t)]^2 \tag{2.55}$$

其中，L 为总的测量次数。

3. 基于模糊关系模型的系统辨识方法

通过系统辨识建立模糊关系模型包括如下3方面的工作。

第一，对系统输入、输出测量值进行量化处理，建立输入和输出空间 U 和 Y，选择 U 和 Y 中的模糊集合 B_i 和 C_i，而 B_i 和 C_i 的隶属函数值主要由系统输入和输出测量值变化的特性确定。若 $U=Y=R$ 为实数值，模糊集合 B_i 与 C_i 选用正态分布隶属函数。

第二，确定模糊关系模型的结构$[u(t-k), y(t-l), y(t)]$。为了确定模糊模型的结构，即确定 k 和 l，首先将输入、输出数据进行模糊化处理，构成输入和输出的模糊集合。

设输入的测量值 $u(t-k)$ 满足

$$\mu_{B_1}(u) = \max[\mu_{B_1}(u), \mu_{B_2}(u), \cdots, \mu_{B_m}(u)] \tag{2.56}$$

则模糊变量 $u(t-k)$ 的值取为 B_i。

若输出测量值 $y(t-l)$ 或 $y(t)$ 满足

$$\mu_{C_i}(y) = \max[\mu_{C_1}(y), \mu_{C_2}(y), \cdots, \mu_{C_m}(y)] \tag{2.57}$$

则模糊变量 $y(t-l)$ 或 $y(t)$ 的值为 C_i。于是输入、输出测量值

$$u(1), y(1);\ u(2), y(2);\ \cdots;\ u(i), y(i)\cdots$$

$$B_{i1};\ C_{i1};\ B_{i2};\ C_{i2};\ \cdots;\ B_{ii};\ C_{ii};\ \cdots$$

均变成模糊集合。

根据对上述模糊集合通过使用计算机进行相关性检验来确定模型的结构。

第三，建立模糊关系模型。设模型的结构已确定为$[u(t-k), y(t-l), y(t)]$，则可以获得如下的一组模糊规则：

$$\begin{aligned}
&\text{IF } u(t-k)=B_{k1} \text{ and } y(t-l)=C_{l1} \text{ THEN } y(t)=C_{j1}\\
&\text{IF } u(t-k)=B_{k2} \text{ and } y(t-l)=C_{l2} \text{ THEN } y(t)=C_{j2}\\
&\cdots\\
&\text{IF } u(t-k)=B_{ki} \text{ and } y(t-l)=C_{li} \text{ THEN } y(t)=C_{ji}
\end{aligned} \tag{2.58}$$

对于获得的上述规则还需要进行必要的处理：对重复的规则只保留一条；对既不完全相同又不相矛盾的规则做适当的合并处理；对于相互矛盾的规则，或保留规则出现次数多的，忽略出现少的规则，或将出现次数基本相同的规则做适当的合并处理。

输入空间 U 和输出空间 Y 中的模糊集合的总数分别为 m 和 n，可以把全部输入输出测量值转换成 p_1 条规则，所以一般有 $p_1 \leqslant m \times n$。经简化处理得到的 p_1 条规则即为系统的预测模糊模型。

根据输入输出测量值，可以由 p_1 条规则按式(2.52)和式(2.54)计算出预测值 $y(t)$。如果事先对输入空间 U 和输出空间 Y 的不同点 u_i 和 y_i 用计算机计算出由 $u(t-k)$ 和 $y(t-l)$ 的测量值来预测 $y(t)$ 的表格，则可以把预测值的计算过程转化为查表过程。

2.7.2 自适应模糊控制的基本原理

1. 自适应控制的基本概念

20 世纪 50—60 年代，由于经典控制难以满足对飞机、火箭及卫星的高控制性能的要求，需要一种能自动地适应被控对象变化特性的高性能控制器——自适应控制器。

为了使被控制对象按预定规律运行，采用了负反馈控制，一个自然的想法是，当控制器的控制性能不满足要求时，可采用负反馈控制思想对控制器自身进行控制，以改善提高控制性能，这就是自适应控制的基本思想。因此，自适应控制器必须同时具备两个功能：

(1) 根据被控过程的运行状态给出合适的控制量，即控制功能；

(2) 根据给出的控制量的控制效果，对控制器的控制决策进一步改进，以获得更好的控制效果，即学习功能。

显然，自适应控制器是同时执行系统辨识和控制任务的。自适应模糊控制器的本质是通过对控制器性能的观测与评价，作出用语言形式描述的控制策略。自适应控制有两种类型：直接自适应控制与间接自适应控制。直接自适应控制原理如图 2.26 所示，它在基本反馈控制系统基础上增加一个自适应机构，它从原控制系统获取信号，即使在控制性能变化时能够自适应修改控制器参数使控制性能保持不变。间接自适应控制原理如图 2.27 所示，它通过在线辨识对象的参数，进而利用辨识后的参数通过参数校正器调整控制参数，以不断改善和提高控制性能。

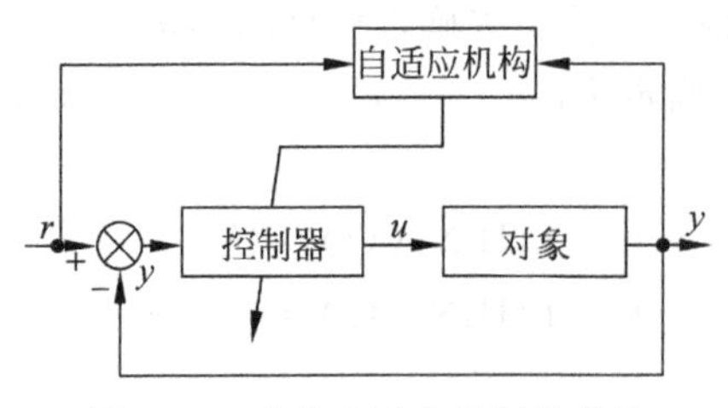

图 2.26 直接自适应控制的结构

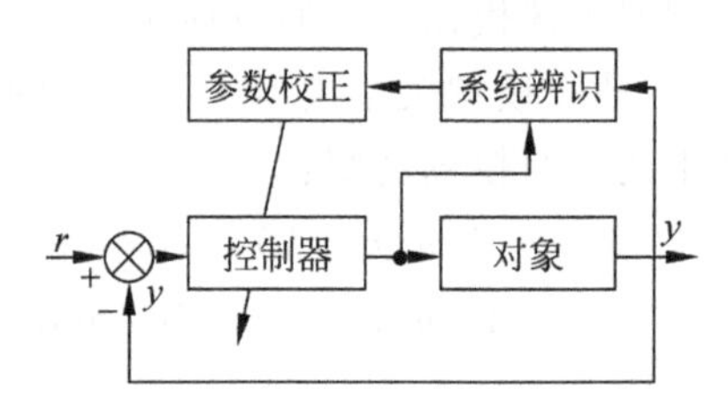

图 2.27 间接自适应控制的结构

属于直接自适应控制有模型参考自适应控制(MRAC),而间接自适应控制又称为自校正控制(STC)。

在传统自适应控制中引入模糊逻辑推理系统,或充当自适应机构,或充当对象模型,或充当控制器,或兼而有之,形成了不同形式的自适应模糊控制,或称模糊自适应控制。

2. 自适应模糊控制器的结构

自适应模糊控制器是在基本模糊控制器的基础上,增加了以自适应机构,其结构如图 2.28 所示,图中虚线框内的自适应机构包括 3 个功能块,它们分别是:

(1) 性能测量——用于测量实际输出特性与期望特性的偏差,以便为控制规则的修正提供信息,即确定输出响应的校正量 P。

(2) 控制量校正——将输出响应的校正量转换为对控制量的校正量 R。

(3) 控制规则修正——通过修改控制规则来实现对控制量的校正。

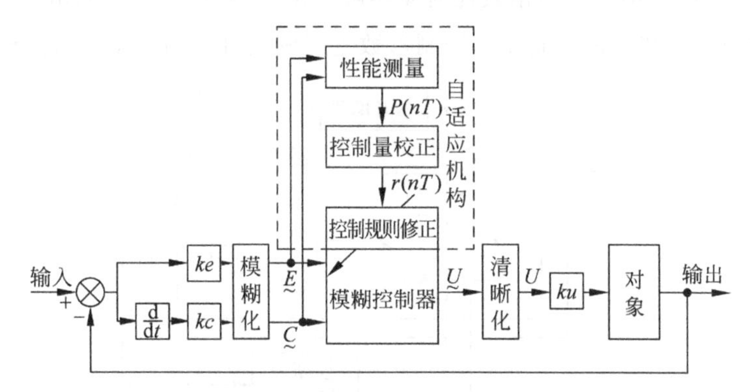

图 2.28　自适应模糊控制器的结构

3. 自适应模糊控制器的原理

自适应模糊控制器在控制被控对象的同时,还要了解被控对象的参数变化情况,因此,它实际上是将模糊系统辨识和模糊控制结合起来的一种控制方式。通过辨识才能更好地"了解"被控对象,以便使控制器能"跟上"对象和环境的变化。这样一来,控制器本身就具有了一定的适应变化的能力,或者说自适应模糊控制器具有了更高的智能。

自适应模糊控制器所增加的 3 个功能块都是通过软件来实现各自的功能。自适应环节可以理解为在模糊控制器内部引进了一个"软反馈",即由软件实现的对控制器自身性能的反馈,通过这个反馈不断地调整和改善控制器的控制性能,以使对被控过程的控制效果达到最佳的状态。

上述方法对于单输入单输出且对计算时间并不苛求的系统还是可行的。对于多输入多输出系统,其关系矩阵太大,计算机运算复杂度增加。

2.7.3 模型参考自适应模糊控制

1. 模型参考自适应模糊控制原理

模型参考自适应系统源于把人类行为的自适应以及因果推理(因果律)的概念移植到控制领域。因果推理模型是表现人自适应特性的推理过程的一般模式。因果律模型表征了原因与结果之间的定性联系,人们通过把模型与真实情况相比较,用自适应机构代替人去修改参数或控制策略以获得接近期望输出的过程,便形成了自适应模型跟踪控制系统。

模型参考自适应模糊控制系统的基本结构如图 2.29 所示。它包括 3 部分。

(1) 参考模型——用于描述被控对象动态特性或表示一种理想的动态模型。

(2) 被控子系统——包括被控对象、前馈控制器和反馈控制器,如图中虚线框部分。

(3) 模糊自适应机构——根据被控对象实际输出 y_p 和参考模型输出 y_m 之差 e 及其变化 $\dot{e}$ 来对前馈控制器和反馈控制器的控制参数进行调整,使得 $e=y_m-y_p\to 0$。

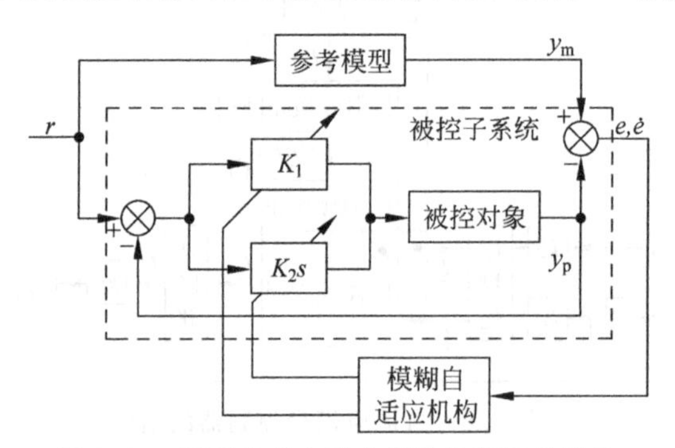

图 2.29 模型参考自适应模糊控制器的结构

2. 模糊自适应机构设计方法

模糊自适应机构设计方法一般有如下两种形式:

1) 基于模糊关系模型设计模糊自适应机构

基于模糊关系模型的设计过程类似于模糊控制查询表的设计步骤,不再赘述。

2) 基于 T-S 模糊模型设计模糊自适应机构

模型参考模糊自适应系统的一般结构可表示为图 2.30 的形式,其中被控子系统是一个包含被控对象在内的闭环子系统,模糊自适应机构根据参考模型输出与被控子系统输出之差及其变化,产生一个模糊自适应信号,控制被控子系统的输出趋于参考

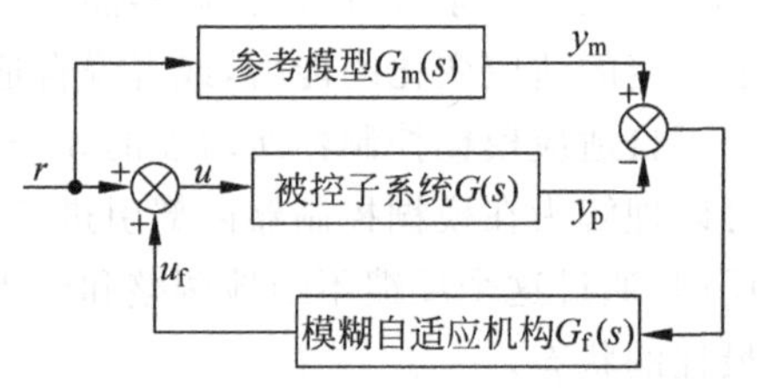

图 2.30 模型参考自适应模糊控制器的结构

模型的输出。

2.8 模糊控制的实现技术

应用微机实现模糊控制的方式可概括为软件实现和硬件实现两大类。模糊微处理器、模糊芯片、模糊单片机等可以借助开发工具进行模糊控制系统软件设计,也可以用模糊控制芯片通过硬件方法实现模糊控制。除了应用模糊控制专用芯片外,还可以用单片机、可编程控制器(PLC)和数字信号处理器(DSP)等来实现模糊控制。

集散控制系统包括上位机和下位机的情况,一般上位机使用 PC 系统机,完成调度下位机和系统管理任务,下位机可以用单片机或 DSP 实现具体控制任务。

本节简要介绍 Motorola 公司生产的模糊控制软件开发工具,以及 Omron 公司模糊芯片的主要性能。

2.8.1 模糊控制软件开发工具

Motorola 公司的模糊控制软件不是采用查询表方法,而是采用直接模糊推理方法。这种控制软件首先测量被控制量的输入,再通过模糊化方法将该输入量转换成输入变量模糊子集的隶属函数值。然后根据模糊控制规则进行模糊推理,得出输出变量模糊子集的隶属度。最后将输出的模糊变量转变为可供实际控制输出的精确值。具体过程如下:

1. 模糊化

在进行模糊控制时,首先要将输入的精确量转换成模糊变量。这一转换过程是应用输入变量模糊子集的隶属函数来实现的。

2. 模糊推理

模糊推理是采用基于规则的推理方式,每一条规则可有多个前提和结论。各前提的值等于它的隶属函数值。在推理过程中,对一条规则取各个前提的最小值作为规则的真值。结论的模糊输出变量的值等于本条规则的最小值,而每个输出模糊变量的值等于相应结论的最大值。

采用 M68HC11 模糊推理软件进行模糊推理时,应首先定义系统的输入、输出及它们的模糊子集,然后确定它们的隶属函数,并写出所有的推理规则。利用最大-最小值的推理方法进行推理。输出隶属函数采用单点法,用一个字节表示一个输出隶属函数。在进行非模糊化时,采用对每个系统输出计算其加权平均值。

3. 去模糊化

为了便于将输出模糊变量转换成精确量的去模糊化过程，输出变量的模糊子集的隶属函数可采用单点定义法，这样便于采用加权平均进行清晰化。

Motorola 公司为用户提供了一个知识库生成系统(KBG)。它是运行于 IBM PC 的一个软件，采用菜单方式工作。允许用户输入各个输入输出模糊变量的隶属函数，包括变量区间范围及单点值，自动计算定义该隶属函数的字节。允许用户输入 IF-THEN 形式的规则，并自动生成定义这些规则的数据字节；允许用户用图形方式观察、修改所定义的数据。

知识库生成系统 KBG 的所有生成数据都采用汇编语言的字节定义伪指令(FCB)形式，用户把这些伪指令与 Motorola 公司 M68HC11 模糊推理源程序和用户的其他程序一起汇编，可生成能直接运行的 M68HC11 模糊控制机器码，使用非常方便。

2.8.2 模糊控制芯片

模糊控制的关键部分是模糊推理合成运算，虽然可以用软件方法实现，但现有结构的计算机指令顺序执行，因而推理速度低。采用模糊微处理器、模糊推理板及模糊单片机等模糊芯片，直接通过硬件实现模糊逻辑运算及推理，可以极大地提高推理速度和控制精度，为模糊控制系统的硬件实现提供了强有力的工具。

1. 模糊芯片发展概况

世界上第一个模糊芯片于 1975 年由美国的 Togai InfraLogic 公司的 Masaki Togai 研制成功。而第一代模糊微处理器于 1987 年由日本研制成功，但由于它的模拟结构不能编程，没有实用价值。第二代模糊微处理器，于 1990 年由美国 TIL 公司制成，型号为 FC110 和 FCA 等，均为 8 位微处理器，具有用微代码构成的模糊命令句。日本 Omron 公司的 FP-3000、美国 NeuraLogix 公司的 NLX230 等都属于这一代产品。第三代模糊微处理器是 1992 年由德国 Siemens 公司和 Inform 公司联合研制的 Fuzzy-166 芯片。它是在现存的 16 位微处理器 80C166 上添加了一个模糊单元，且与标准的 80C166 引脚兼容，可以使用 ANSIC 编码器或 RISC-汇编。也可以使用扩展了的软件 Fuzzy TECH 进行开发，尤其是该软件采用神经网络自学习技术，可自动生成模糊控制规则。

2. 模糊芯片/模糊微处理器

下面以 Omron 公司生产的模糊芯片/模糊微处理器为例，简要介绍其性能。

Omron 公司的 FP-3000 是专用数字模糊处理器，配合宿主 CPU 完成模糊推理运算。模糊推理板 FB-30AT 其核心部件是 FP5000 模糊芯片，该推理板可与 PC 兼容，可直接插入 AT 机中使用。

Omron 公司开发和研制模糊芯片产品主要分为两大系列：FZ-系列和 FP-系列。其中，Omron FZ-5000 模糊控制器用于超高速推理，主要部件采用模拟混合 IC；I/O 数为 16 输入 1～3 输出；I/O 信号为模拟量－5.00～＋5.00V；规则数为 3 条件 1 结论×44；条件和结论部分的隶属函数均可为 S、Z、∧、Π 型。

FB-3098 模糊推理板也属于 FZ-系列产品，它用作模糊推理版，主要部件为 FP-3000。I/O 数为 8 输入 4 输出；I/O 信号为数字 0～4095；规则数为 8 条件 2 结论×128×3 组；条件部分隶属函数均为 S、Z、∧、Π 型。

FP-3000 模糊微处理器使用微程序用于高速控制，I/O 数为 8 输入 4(28)输出；I/O 精度为 12 位；最大规则数为 128×3；采用最大-最小值推理；解模糊采用重心、最大高度法；条件部分的隶属函数均可为 S、Z、∧、Π 型。

模糊推理板 FB-30AT 可配备 FP-3000，以作为模糊运算加速卡直接插在 PC AT 的扩展槽内使用，相应的软件提供了模糊控制的集成开发环境。

2.9　基于 MATLAB 的模糊控制系统设计

2.9.1　MATLAB 模糊逻辑工具箱

MATLAB 是由美国 MathWorks 公司发布的主要面对科学计算、可视化以及交互式程序设计的高科技计算环境，主要包括 MATLAB 和 Simulink 两大部分。它将数值分析、矩阵计算、科学数据可视化以及非线性动态系统的建模和仿真等诸多强大功能集成在一个易于使用的视窗环境中，为科学研究、工程设计以及必须进行有效数值计算的众多科学领域提供了一种强有力的工具。

MathWorks 公司在 MATLAB 中配备了 Fuzzy Logic 工具箱。该工具箱由长期从事模糊逻辑和模糊控制研究与开发工作的有关专家和技术人员编制。MATLAB Fuzzy Logic 工具箱以其功能强大和方便易用的特点得到了用户的广泛欢迎。模糊逻辑的创始人扎德教授称赞该工具箱“在各方面都给人以深刻的印象，使模糊逻辑成为智能系统的概念与设计的有效工具”。

模糊逻辑工具箱的功能具有以下特点：

1. 易于使用

模糊逻辑工具箱提供了建立和测试模糊逻辑系统的一整套功能函数，包括定义语言变量及其隶属度函数、输入模糊推理规则、整个模糊推理系统的管理以及交互式的观察模糊推理的过程和输出结果。

2. 提供图形化的系统设计界面

在模糊逻辑工具箱中包含 5 个图形化的系统设计工具，具体介绍如下：

(1) 模糊推理系统编辑器,用于建立模糊逻辑系统的整体框架,包括输入与输出数目、去模糊化方法等;

(2) 隶属度函数编辑器,用于通过可视化手段建立语言变量的隶属度函数;

(3) 模糊推理规则编辑器,用于建立模糊规则;

(4) 系统输入输出特性曲面浏览器;

(5) 模糊推理过程浏览器。

3. 支持模糊逻辑中的高级技术

(1) 自适应神经模糊推理系统(Adaptive Neural Fuzzy Inference System,ANFIS);

(2) 用于模式识别的模糊聚类技术;

(3) 模糊推理方法的选择,用户可在广泛采用的 Mamdani 型推理方法和 T-S 型推理方法两者之间选择。

4. 集成的仿真和代码生成功能

模糊逻辑工具箱不但能够实现 Simulink 的无缝连接,而且通过 Real-Time Workshop 能够生成 ANSI C 源代码,易于实现模糊系统的实时应用。

5. 独立运行的模糊推理机

在用户完成模糊逻辑系统的设计后,可以将设计结果以 ACSII 码文件保存;利用模糊逻辑工具箱提供的模糊推理机,可以实现模糊逻辑系统的独立运行或者作为其他运行的一部分运行。图 2.31 给出了模糊逻辑系统的界面。

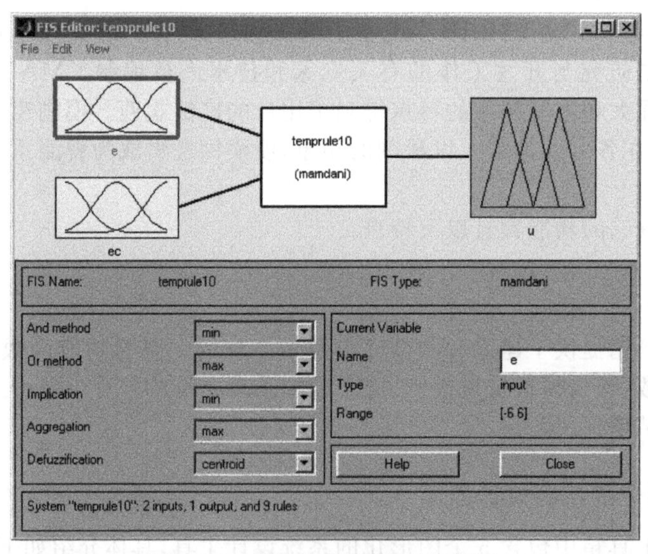

图 2.31 模糊推理系统(FIS)界面

2.9.2 基于MATLAB的模糊控制系统仿真

为简单起见，本节以一阶被控对象的模糊控制为例，介绍使用MATLAB在线推理方法实现模糊控制系统设计与仿真的主要步骤。

1. 确定模糊控制器的输入输出语言变量及其论域

选定误差 E 和误差变化EC作为模糊控制器的输入，控制量 U 作为模糊控制器的输出。E、EC和 U 的模糊集及其论域定义如下：

EC和 U 的模糊语言变量集均为{NB,NM,NS,O,PS,PM,PB}

E 的模糊语言变量集为{NB,NM,NS,NZ,PZ,PS,PM,PB}

E 和EC论域为{−6,−5,−4,−3,−2,−1,0,1,2,3,4,5,6}

U 的论域为{−7,−6,−5,−4,−3,−2,−1,0,1,2,3,4,5,6,7}

2. 建立模糊控制规则

建立模糊控制规则的过程在本书2.4.2节～2.4.6节已有详细论述，这里使用模糊控制规则包括21条模糊条件语句。

3. 构建模糊控制器

模糊控制器可以以 m 文件形式通过编程实现，也可以用MATLAB模糊逻辑箱提供的图形用户界面来实现。下面以图形用户界面为例说明模糊控制器的构建过程。

(1) 打开MATLAB的FIS编辑器(双击Fuzzy Logic工具箱下的FIS Editor Viewer)，界面如图2.32所示。其中包括输入输出变量个数及各自的名称，模糊算子"与""或"，推理方法，聚类方法，解模糊方法。首先通过Edit→Add Variable添加变量。

(2) 打开隶属函数编辑器，如图2.33所示。选定变量的论域和显示范围，选择隶属函数的形状和参数，定义每个变量的模糊集的名称和个数。

(3) 打开模糊规则编辑器，编辑模糊规则，如图2.34所示。首先，选择连接关系(and或者or)，权重，在编辑器左边选择一个输入变量，并选择它的语言值。然后，在编辑器右边的输出变量中选择一个输出变量，并选中它的语言值，再将这种联系添加到模糊规则中。

(4) 可以通过模糊规则观察器(见图2.35)和输出曲面观察器(见图2.36)，查看模糊推理情况。其中，通过模糊规则观察器可以观察模糊推理图，查看模糊推理系统的行为是否与预期的一样；可以观察到输入变量(默认色是黄色)和输出变量(默认色是蓝色)如何应用在模糊规则中；解模糊化的数值是多少。输出曲面观察器中详细地显示了在某一个时刻的计算结果。通过输出曲面观察器可以看到模糊推理系统的全部输出曲面。

(5) 重新回到FIS编辑器界面，选择模糊算子、推理方法、聚类方法、解模糊方法等。

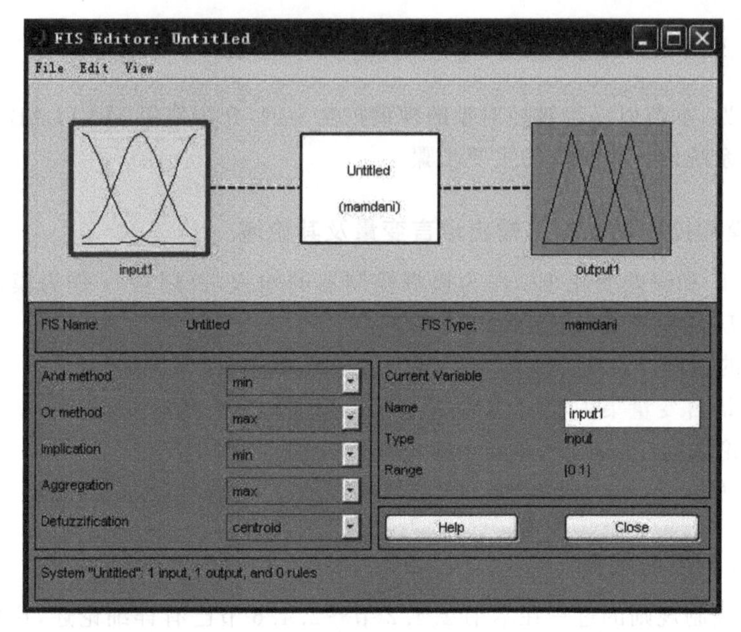

图 2.32 模糊推理系统

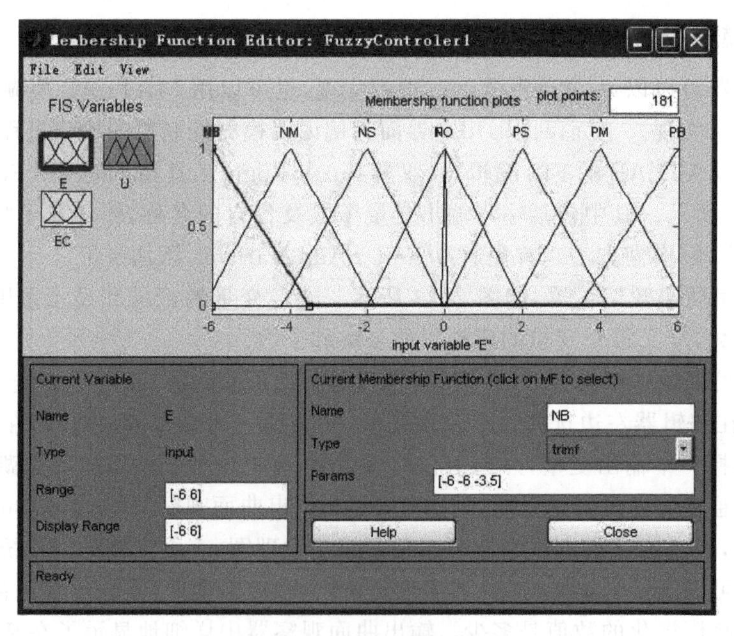

图 2.33 隶属函数编辑器

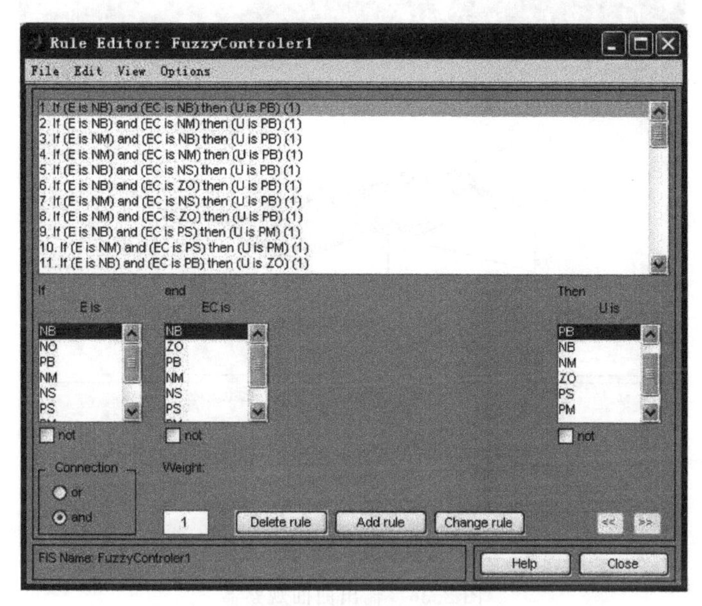

图 2.34　模糊规则编辑器

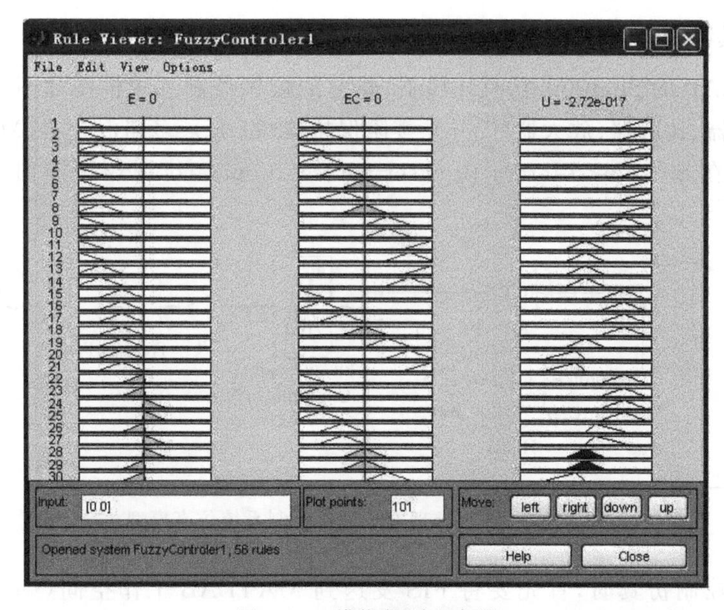

图 2.35　模糊规则观察器

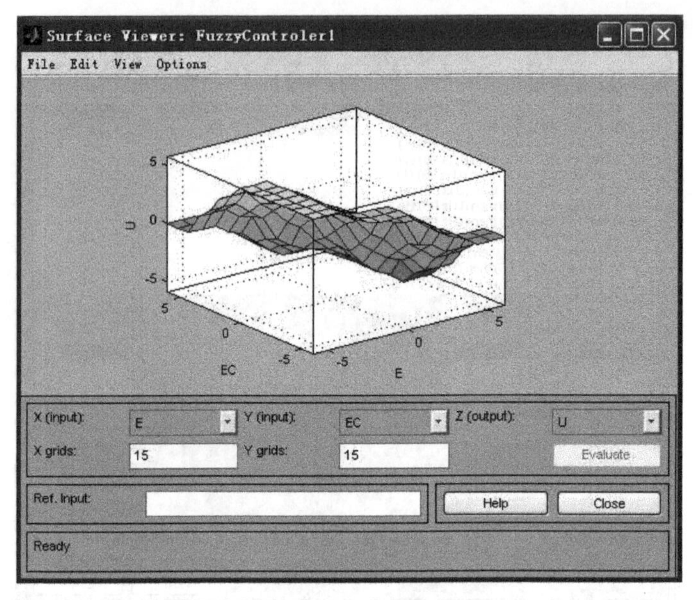

图 2.36 输出曲面观察器

(6) 将建立的 FIS 保存到磁盘,文件扩展名为.fis。

4. 建立模糊控制系统仿真模型

在 MATLAB 的 Simulink 仿真环境下,建立的模糊控制系统框图如图 2.37 所示。其中有信号发生器、比较器、放大器(Gain)、零阶保持器(ZOH)、多路混合器(Mux)、模糊逻辑控制器(FIC)(在 Simulink Library Browser→Fuzzy Logic Toolbox 下添加)、控制对象、示波器(Scope)。

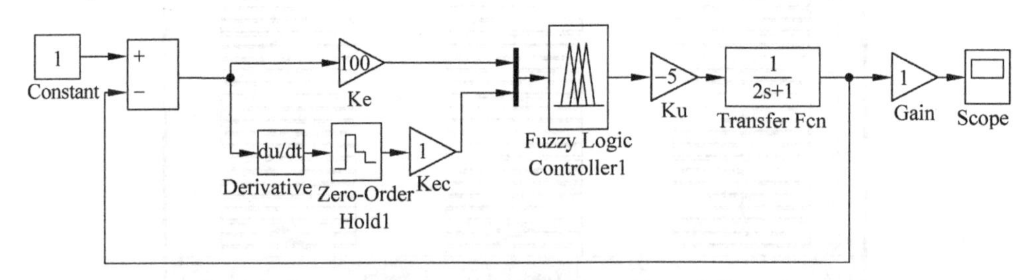

图 2.37 在线推理方式模糊控制系统仿真模型

进行模糊控制仿真时,首先要将 FIS 发送到 MATLAB 工作空间(workspace)中,用 FIS 窗口下 File→Export→To Workspace 实现,用户建立一个工作空间变量名(例如 fuzzycontrol),这个变量将 FIS 系统作为 MATLAB 的一个结构进行工作。仿真时,打开 Fuzzy Logic Controller,输入 FIS 变量名,就可以进行仿真了。

查询表设计方法与在线推理法的不同之处在于，查询表法需要事先根据控制规则和赋值表建立模糊变量的赋值表，并将查询表的内容以矩阵形式输入到 MATLAB 查询表模块中。除模糊控制器设计模块外，控制系统其他部分设计与在线推理法相同。

启迪思考题

2.1　什么是模糊概念？什么是模糊集合？什么是模糊逻辑？

2.2　简述模糊逻辑与二值逻辑之间的区别与联系。

2.3　模糊集合的创始人扎德在一次接受采访时说："模糊逻辑的含义是让计算机以一种接近人类行为的方式解决问题"；接着又说："模糊逻辑的本质是一切都和程度有关"。你怎样理解这两句话的深刻含义？

2.4　根据对隶属函数必须是凸模糊集合(单峰的)的要求，试用三段折线形式画出隶属函数的几种类型。

2.5　同一论域内两个模糊集合的并、交运算分别是把对应元素取大、取小，这样的运算有何物理意义？

2.6　用模糊集合描述一个模糊概念需要哪 3 个要素？设计一个模糊推理系统需要哪 3 个要素？分析三要素之间的联系。

2.7　模糊控制与传统 PID 数字控制有哪些相同之处？又有哪些区别？

2.8　画出模糊控制系统原理的方框图，指出每一框的输入和输出各是什么量(精确量、模糊量)及其作用，并叙述实现一步模糊控制的详细过程。

2.9　为什么模糊控制器一般指二输入单输出的二维模糊控制器？

2.10　分析说明模糊控制器具有良好控制性能的原因。

2.11　既然模糊控制器是基于模糊推理的控制，那么为什么它能对缺乏精确数学模型的非线性对象实行精确而有效的控制？

2.12　既然模糊控制器的输入和输出变量都是精确量，那么为什么还要把输入的精确量变为模糊量，经过模糊推理后得到的输出模糊变量再变为精确量？

2.13　什么是系统的模糊模型？

2.14　基于模糊关系模型的系统辨识方法包括哪几方面工作？

2.15　什么是 T-S 模糊模型？它和 Mamdani 的模糊模型有何区别？什么是 T-S 模糊模型的结构？它的参数是什么？

2.16　用 T-S 模糊模型辨识出的被控对象模型与 T-S 型模糊控制器之间是什么关系？

2.17　画出 T-S 型自适应模糊控制系统的结构图，指出该系统中包括哪两种反馈形式及其作用。

第3章

基于神经网络的智能控制

基于神经网络的智能控制又称为神经控制。神经网络是在联结机制上模拟人脑右半球形象思维和神经推理功能的神经计算模型。神经元是构成神经网络的最小单元,它在细胞水平上模拟人的智能。神经元模型、神经网络模型和学习算法构成了神经网络的三要素。本章首先介绍神经元结构、功能及模型,神经网络结构、控制和识别中常用神经网络模型及学习算法;然后讲述神经控制系统的结构、原理、分类;最后阐述基于神经网络的系统辨识及基于神经网络的智能控制原理及应用。

3.1 神经网络系统基础

3.1.1 神经网络研究概述

神经网络(Neural Network,NN)是指用计算机模拟人脑神经系统的网络结构和功能,进行信息处理的人工神经网络(Artificial Neural Network,ANN)的简称。

神经网络的研究过程经历了初创期(1943—1969 年)、成长期(1970—1986 年)、发展期(1987—2005 年)和高潮期(2006 年至今)。

1943 年,心理学家麦卡洛克(McCulloch)和数学家匹茨(Pitts)首先提出了形式神经元 MP 模型,把神经元作为双态开关,用布尔逻辑研究客观事件的形式神经网络模拟。1949 年,心理学家赫布(Hebb)提出了神经元学习规则,赋予了神经网络的可塑性。Hebb 规则为后来的多种神经网络学习规则奠定了基础。1958 年,罗森布拉特(Rosenblatt)提出了感知器模型,指出感知过程具有统计分离性,利用教师信号对感知器进行训练,试图模拟人脑感知能力和学习能力。1969 年,明斯基(Minsky)和帕伯特(Papert)出版了《感知器》一书,严格地论证了简单线性感知器功能的局限性,并指出多层感知器还缺乏有效的计算方法,致使神经网络的研究陷于困境。

1970—1986年，经过辛顿(Hinton)、科霍恩(Kohonen)、格罗斯伯格(Grossberg)、甘利教授等坚持长期不懈地潜心研究，使得神经网络的研究逐渐摆脱了困境。1982年，美国物理学家霍普菲尔德(Hopfield)通过引入能量函数研究神经网络的动态特性，并给出了网络的稳定性判据。Hopfield网络具有联想记忆和优化计算功能，这是神经网络研究史上具有里程碑意义的重要成果。1986年，鲁姆尔哈特(Rumelhart)和帕克(Parker)又重新发现、提出了反向传播算法，至今仍被广泛使用，并对研究神经网络的学习和训练产生了深远影响。

1987年，在美国召开了第一届世界神经网络会议，在世界范围内推动了神经网络研究工作的发展。美国国防部于1988年开始了一项投资数亿美元的发展神经网络及其应用研究的八年计划。此后，许多国家也制定了相应计划推动神经网络研究。1989年，切本科(Cybenko)和霍尼克(Hornik)等证明了神经网络的万能逼近定理：三层神经网络能以任意精度逼近任何函数。这一成果为研究神经网络优异性能提供了强大的理论依据，有力地推动了神经网络研究工作的进一步发展。1998年，乐村等发明的卷积神经网络突破了图像识别复杂问题。此后的近十多年里，多种浅层网络遭遇了反向传播算法存在梯度消失问题的困扰。

2006年，辛顿等提出了深度信念网络及其快速训练法，开启了深度学习的先河。本吉奥(Bengio)等证明了预训练方法也适用于无监督学习，以及波尔特尼等用基于能量模型来有效学习稀疏表示，这些成果奠定了深度学习的基础。2010年，辛顿教授及其学生成功地帮助微软、IBM和谷歌等公司突破了语音识别、图像识别的关键技术。2011年，格洛特(Glorot)等提出的ReLU激活函数有效抑制梯度消失问题。2014年以来，多芬(Dauphin)、齐罗曼斯卡(Choromanska)等证明了局部极小值问题不再是严重问题，消除了笼罩在神经网络上局部极值的阴霾。2015年以来，谷歌DeepMind团队研发的基于深度学习的计算机围棋AlphaGo、AlphaGo Zero多次战胜了国际围棋大师。由此，在世界范围把深度神经网络和深度学习的研究推向了高潮。

纵观神经网络研究的发展史，不难看出多伦多大学辛顿教授始终发挥着引领作用，并做出了巨大的贡献。因此，他和乐村、本吉奥教授3人成功获得2019年计算机领域的诺贝尔奖——图灵奖。在当今大数据、网络化、智能化，并以人工智能技术为引擎的智能时代，人工神经网络作为人工智能的核心技术在新技术革命中将发挥越来越大的作用。

3.1.2　神经细胞结构与功能

人的智能来源于大脑，大脑是由一百几十亿个神经细胞构成的。一个神经细胞由细胞体、树突和轴突组成，其结构如图3.1所示。细胞体由细胞核、细胞质和细胞膜组成。细胞体外面的一层膜称为细胞膜，厚为5～10nm，膜内有一个细胞核和细胞质。树突是细胞体向外伸出的许多树枝状长1mm左右的突起，用于接收其他神经细胞传入的神经冲动。

神经细胞在结构上具有如下两个重要的特征。

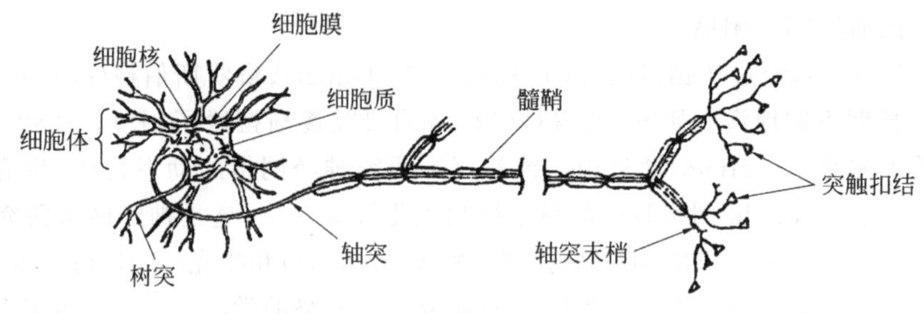

图 3.1　一个神经细胞的结构

1. 细胞膜具有选择的通透性

每个神经细胞用细胞膜和外部隔开,使细胞内、外有不同的电位。把没有输入信号的膜电位叫静止膜电位,约为-70mV。当有输入信号时(即其他神经细胞传入的兴奋信号)使膜电位比静止膜电位高 15mV 左右时,该神经细胞兴奋,而激发出宽度为 1ms、幅值为 100mV 电脉冲。兴奋的神经细胞一经发出一次脉冲,膜电位下降到比静止膜电位更低,然后再慢慢返回原值,约在几毫秒内神经细胞处于疲劳状态,即使再强大的输入信号也不能使神经细胞兴奋。

细胞膜具有选择的通透性使神经细胞具有阈值特性,如图 3.2 所示。

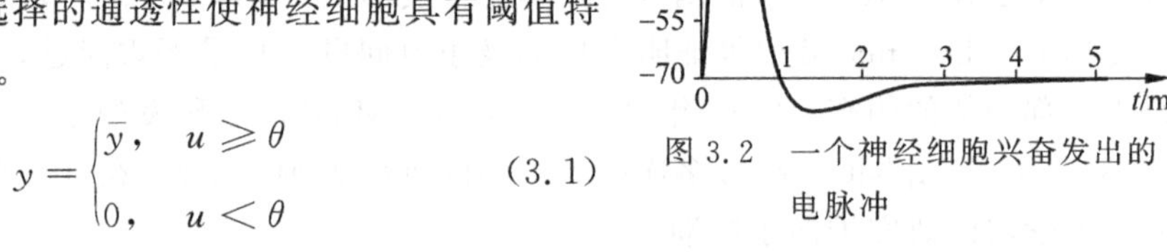

图 3.2　一个神经细胞兴奋发出的电脉冲

$$y=\begin{cases}\bar{y}, & u\geqslant\theta\\ 0, & u<\theta\end{cases}\tag{3.1}$$

其中,θ 是一个阈值,随着神经元的兴奋而变化,神经元兴奋时发出电脉冲具有突变性和饱和性。

2. 突触联结的可塑性

突触是指一个神经元轴突末梢和另一个神经元树突或细胞体之间微小的间隙,突触的直径为 0.5～2μm。突触起到了两个神经元之间传递信息的"接口"的作用。神经细胞之间通过突触相联结,这种联结强度根据输入和输出信号的强弱而可塑性变化。突触结合强度,即联结权重 w 不是一定的,根据输入和输出信号的强弱可塑性的变化,使得神经元具有长期记忆和学习功能。

3.1.3 人工神经元模型

从信息处理的角度,神经元是一个多输入单输出的信息处理单元。一个人工神经元的形式化结构模型如图3.3所示，其中$x_1,x_2,\cdots,x_n$表示来自其他神经元轴突的输入信号，$w_1,w_2,\cdots,w_n$分别为其他神经元与第i个神经元的突触联结强度，θ_i为神经元i的兴奋阈值。

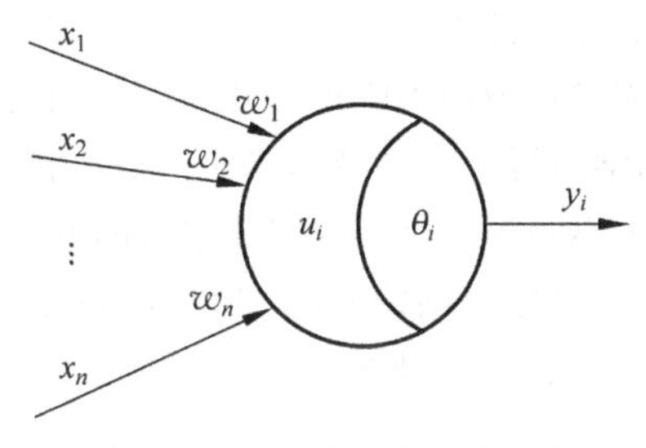

图3.3 人工神经元的形式化结构模型

对于每个神经元信息处理过程可描述为

$$S_i=\sum_{j=1}^{n}w_jx_j-\theta_i \tag{3.2}$$

$$u_i=g(S_i) \tag{3.3}$$

$$y_i=f(u_i) \tag{3.4}$$

其中，S_i表示神经元i的状态；u_i表示神经元i膜电位的变化；y_i表示神经元i的输出；$g(\cdot)$表示活性度函数；$f(\cdot)$为输出函数。输出函数又称为激活函数，如图3.4所示。

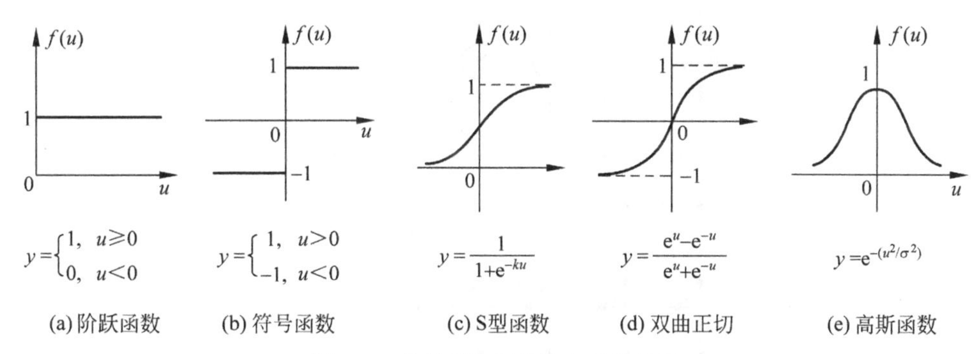

图3.4 神经元常用的输出函数类型

上述输出函数均为非线性函数，都具有突变性和饱和性两个显著特征，这正是模拟神经细胞兴奋产生神经冲动性和疲劳特性。

3.1.4 神经网络的特点

大量的神经细胞通过突触联结成神经网络，而神经网络模型用于模拟人脑大量神经元活动的过程，其中包括对信息的加工、处理、存储和搜索等过程，它具有如下基本特点。

(1) 具有分布式存储信息的特点。神经网络存储信息的方式与传统的计算机的思维方式是不同的，一个信息不是存储在一个地方，而是分布在不同的位置。网络的某一部分也不只存储一个信息，它的信息是分布式存储的。这种分布式存储方式即使当局部网络受损时，仍具有能够恢复原来信息的特点。因此，神经网络具有一定的容错能力。

(2) 对信息的处理及推理具有并行的特点。每个神经元都可根据接收到的信息作独立的运算和处理，然后将结果传输出去，这体现了一种并行处理。神经网络对于一个特定的输入模式，通过前向计算产生一个输出模式，各个输出结点代表的逻辑概念被同时计算出来。在输出模式中，通过输出结点的比较和本身信号的强弱而得到特定的解，同时排除其余的解。这体现了神经网络对信息并行推理的特点。

(3) 对信息的处理具有自组织、自学习的特点。神经网络各神经元之间的联结强度用权重大小来表示，这种权重可以事先定义，也可以为适应周围环境而不断地变化，这种过程体现了神经网络中神经元之间相互作用、相互协同、自组织的学习行为。神经网络所具有的自学习过程模拟了人的形象思维方法，这是与传统符号逻辑完全不同的一种非逻辑非语言的方法。

(4) 具有从输入到输出非常强的非线性映射能力。因为神经网络具有自组织、自学习的功能，所以通过学习它能实现从输入到输出的任意的非线性映射，即它能以任意精度逼近任意复杂的连续函数。

下面通过如图 3.5 所示的简单神经网络来说明人工神经网络的主要特点。

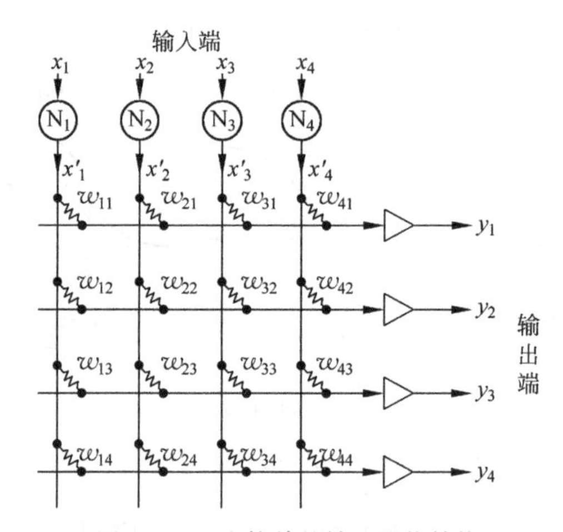

图 3.5 一个简单的神经网络结构

设 x_1,x_2,x_3,x_4 为神经网络输入，经神经元 N_1,N_2,N_3,N_4 的输出分别为 x'_1,x'_2,x'_3,x'_4，然后经过突触权 w_{ij} 连接到 y_1,y_2,y_3,y_4 的输入端，进行累加。

为简单起见，设 $\theta_i=0$，并将式(3.2)、式(3.3)、式(3.4)分别变为

$$S_i=\sum_{j=1}^{n} w_{ij}x'_j \tag{3.5}$$

$$u_i=S_i\cdot 1 \quad (\text{量纲变换}) \tag{3.6}$$

$$y_i=f(u_i)=\begin{cases}1, & u_i\geqslant 0\\ -1, & u_i<0\end{cases} \tag{3.7}$$

又设输入 $x'_j=\pm 1$ 为二值变量，且 $x'_j=x_j$，$j=1,2,3,4$。x_j 是感知器输入，用向量 $\boldsymbol{x}^1=(1,-1,-1,1)^{\mathrm{T}}$ 表示眼看到花，鼻子嗅到花香的感知输入，从 $\boldsymbol{x}^1$ 到 $\boldsymbol{y}^1$ 可通过一个连接矩阵

$$
\boldsymbol{W}_1 = \begin{bmatrix} -0.25 & +0.25 & +0.25 & -0.25 \\ -0.25 & +0.25 & +0.25 & -0.25 \\ +0.25 & -0.25 & -0.25 & +0.25 \\ +0.25 & -0.25 & -0.25 & +0.25 \end{bmatrix} \tag{3.8}
$$

来得到。根据式(3.5)～式(3.7)可得

$$
\boldsymbol{y}^1 = f(\boldsymbol{W}_1 \boldsymbol{x}^1)
$$

经计算

$$
\boldsymbol{y}^1 = [-1, -1, +1, +1]^{\mathrm{T}}
$$

这表示网络决策 $\boldsymbol{x}^1$ 为一朵花。

不难看出,从 $\boldsymbol{x}^1 \to \boldsymbol{y}^1$ 不是串行计算得到的,而是并行计算得到的。因为 $\boldsymbol{W}_1$ 是可以用一个 VLSI 中电阻矩阵实现,而 $y_i = f(v_i)$ 也可以用一个简单运算放大器来模拟,不管 $\boldsymbol{x}^1$ 和 $\boldsymbol{y}^1$ 维数如何增加,整个计算只用了一个运算放大器的转换时间,显然网络的动作是并行的。

如果 $\boldsymbol{x}^2 = [-1, +1, -1, +1]^{\mathrm{T}}$ 表示眼看到苹果、鼻嗅到苹果香味的感知器输入,通过矩阵

$$
\boldsymbol{W}_2 = \begin{bmatrix} +0.25 & -0.25 & +0.25 & -0.25 \\ -0.25 & +0.25 & -0.25 & +0.25 \\ -0.25 & +0.25 & -0.25 & +0.25 \\ +0.25 & -0.25 & +0.25 & -0.25 \end{bmatrix} \tag{3.9}
$$

得到 $\boldsymbol{y}^2 = [-1, +1, +1, -1]^{\mathrm{T}}$ 表示网络决策 $\boldsymbol{x}^2$ 为苹果。

从式(3.8)和式(3.9)的权矩阵来看,我们并不知道其输出结果是什么。从局部权的分布也很难看出 $\boldsymbol{W}$ 中存储了什么,这是因为信息是分布存储在权矩阵中,把式(3.8)和式(3.9)相加,得到一组新的权矩阵

$$
\boldsymbol{W} = \boldsymbol{W}_1 + \boldsymbol{W}_2 = \begin{bmatrix} 0 & 0 & 0.5 & -0.5 \\ -0.5 & 0.5 & 0 & 0 \\ 0 & 0 & -0.5 & 0.5 \\ 0.5 & -0.5 & 0 & 0 \end{bmatrix} \tag{3.10}
$$

由 $\boldsymbol{x}^1$ 输入,通过权矩阵 $\boldsymbol{W}$ 运算可得到 $\boldsymbol{y}^1$,由 $\boldsymbol{x}^2$ 输入,通过权矩阵 $\boldsymbol{W}$ 运算可得到 $\boldsymbol{y}^2$,这说明 $\boldsymbol{W}$ 存储了两种信息,当然也可以存储多种信息。

如果感知器中某个元件损坏了一个,设第 3 个坏了,则 $\boldsymbol{x}^1 = (1, -1, 0, 1)^{\mathrm{T}}$,经 $\boldsymbol{W}$ 算得 $\boldsymbol{y}^1 = (-1, -1, +1, +1)^{\mathrm{T}}$,而 $\boldsymbol{x}^2 = (-1, +1, 0, 1)^{\mathrm{T}}$,经 $\boldsymbol{W}$ 算得 $\boldsymbol{y}^2 = (-1, 1, 1, -1)^{\mathrm{T}}$ 的结果和前面的一样,这说明人工神经网络具有一定的容错能力。

上面的例子已经表明,神经网络具有分布存储信息和对信息的处理及推理具有并行的特点。

有关人工神经网络的自学习功能和非线性映射能力将在后续的内容中加以研究。

3.1.5 神经网络结构模型

神经网络联结方式的拓扑结构是以神经元为结点、以结点间有向连接为边的一种图,其结构大体上可分为层状和网状两大类。层状结构的神经网络是由若干层组成,每层中有一定数量的神经元,相邻层中神经元单向联结,一般地同层内的神经元不能联结;网状结构的神经网络中,任何两个神经元之间都可能双向联结。下面介绍几种常见的神经网络结构。

1. 前馈神经网络

前馈网络包含输入层、隐层(一层或多层)和输出层,如图 3.6 所示为一个三层网络。这种网络特点是只有前后相邻两层之间神经元相互联结,各神经元之间没有反馈。每个神经元可以从前一层接收多个输入,并只有一个输出给下一层的各神经元。

2. 反馈神经网络

反馈网络指从输出层到输入层有反馈,即每一个结点同时接收外来输入和来自其他结点的反馈输入,其中也包括神经元输出信号引回到本身输入构成的自环反馈,如图 3.7 所示。

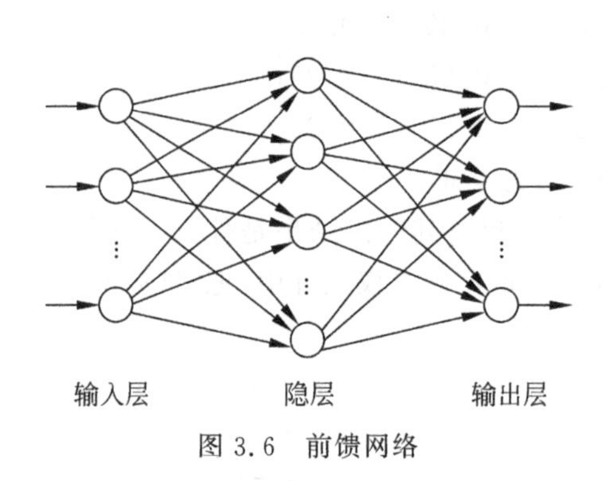

图 3.6 前馈网络

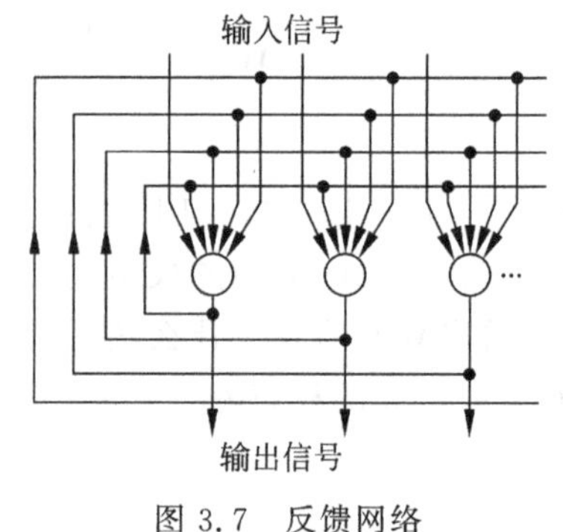

图 3.7 反馈网络

3. 相互结合型神经网络

相互结合型网络属于网状结构,如图 3.8 所示。构成网络中各个神经元都可能相互双向联结,所有神经元既作输入也作输出。这种网络对信息处理与前馈网络不一样,如果在某一时刻从神经网络外部施加一个输入,各个神经元一边相互作用,一边进行信息处理,直到使网络所有神经元的活性度或输出值,收敛于某个平均值为止信息处理才结束。

4. 混合型神经网络

如图 3.9 所示,在前馈网络的同一层间神经元有互联的结构,称为混合型网络。这种在同一层内的互联,目的是为了限制同层内神经元同时兴奋或抑制的神经元数目,以完成特定的功能。

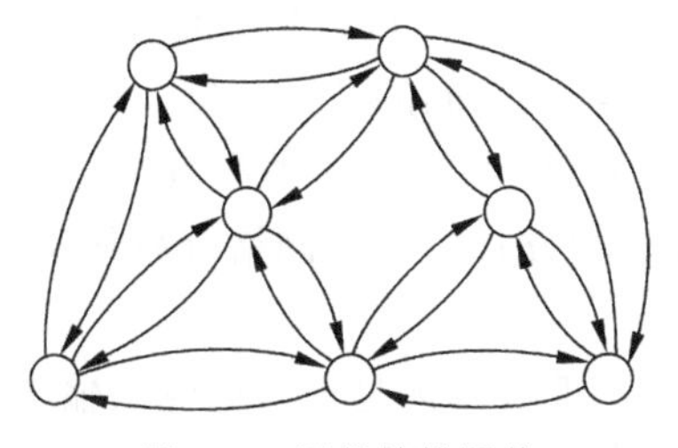

图 3.8　网状结构网络

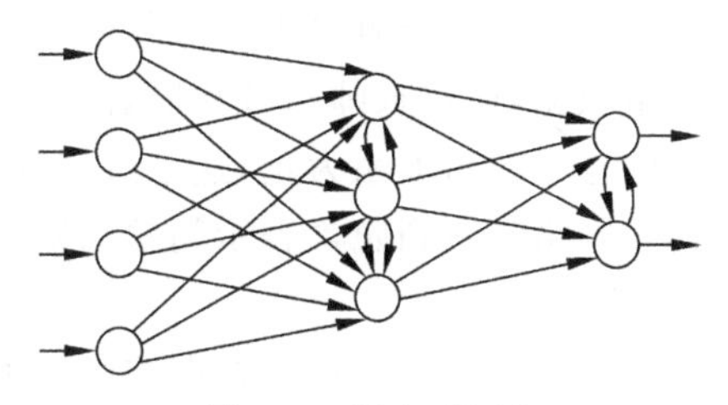

图 3.9　混合型网络

3.1.6　神经网络训练与学习

人脑中的神经元通过许多树突的精细结构,收集来自其他神经元的信息,并通过轴突发出电活性脉冲。轴突有上千条分支,在每条分支末端,通过突触的结构把来自轴突的电活性脉冲变为电作用,从而使与之相连的各种神经元的活性受到抑制或兴奋。

当一个神经元收到兴奋输入,而兴奋输入又比神经元的抑制输入足够大时,神经元把电活性脉冲向下传到它的轴突,改变轴突的有效性,从而使一个神经元对另一个神经元的影响改变,便产生了学习行为。因此,可以认为神经网络学习的本质特征在于神经细胞特殊的突触结构所具有的可塑性联结,而如何调整联结权重就构成了不同的学习算法。

神经网络按学习方式分为有教师学习和无教师学习两大类,如图 3.10 给出了这两种学习方式的直观示意。

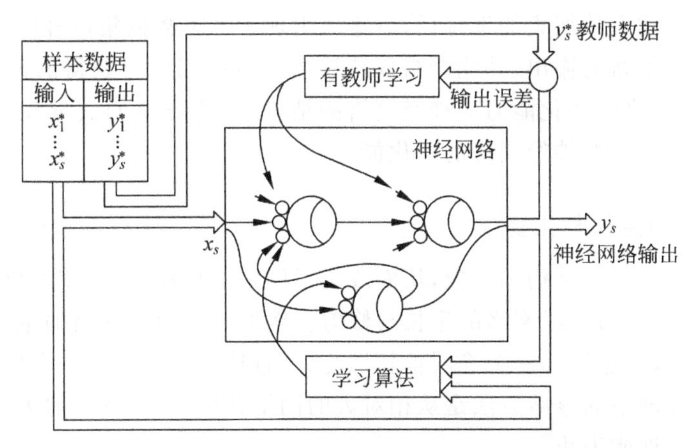

图 3.10　神经网络的训练与学习过程示意图

1. 神经网络的训练

为了应用神经网络解决工程实际问题,必须对它进行训练。从应用环境中选出一些输入输出样本数据,通过教师示教和监督来不断地调整神经元之间的联结强度,直到神经网络得到合适的输入输出关系为止,这个过程称为对神经网络的训练。这种有教师指导训练过程会使神经网络学习到隐含表示问题的知识,故又称这种方式为神经网络有教师学习,或监督学习。

如图3.10上半部分所示,在训练学习中教师提供样板数据集是成对的输入输出数据集$\{x_i^*, y_i^*\}$,它代表了实际问题输入输出关系。训练的过程就是根据网络输入的x_i^*和网络输出y_i^*的正误程度来反复调整权重的大小,直到网络的实际输出y_i^*全部等于期望的输出为止,训练过程便结束。

2. 神经网络的学习

神经网络的学习通常指神经网络无教师监督学习,如图3.10下半部分所示。神经网络学习的目的是根据实际输出数据和期望输出之间的误差,通过某种学习算法自动地、反复地去调整权重直到消除误差或小于允许的误差为止。

要使人工神经网络具有学习能力,需要使神经网络的知识结构变化,也就是使神经元间的结合模式变化,这同把联结权重用适当方法变化是等价的。因此,神经网络可以通过一定的学习算法实现对突触结合强度的调整,使其具有记忆、识别、分类、优化等信息处理功能。

3. 神经网络的泛化能力

神经网络通过样本数据集的训练后,当输入出现了样本数据集以外的新数据时,神经网络仍能通过学习获得新的输出,并能严格保持神经网络训练后所获得的输入输出映射关系的能力,称为神经网络的泛化能力。神经网络的结构、训练样本的数量和质量、不同的学习算法及其参数等都会影响神经网络的泛化能力。

4. 神经网络的生长与修剪

通过改变神经网络的结构和参数,从而改变了网络的规模大小,使之更适合于某个问题的求解,这样的过程称为神经网络的生长与修剪。例如对于前馈网络的生长算法,可以从单隐层的小网络开始,通过增加一个隐层重新训练,一直持续到再增加一个单元网络的性能不再改变为止。神经网络的修剪方法是从相对大的网络开始,然后逐渐剪去不必要的单元,直到获得满意的网络性能为止。

3.1.7 神经网络的学习规则

1. 联想式学习——Hebb规则

1949年，心理学家赫布（Hebb）提出了学习行为的突触联系和神经群理论，并认为突触前与突触后两个同时兴奋的神经元之间的联结强度将得到增强。后来研究者们将这一思想加以数学描述，被称为Hebb学习规则。如图3.11所示，从神经元 u_j 到神经元 u_i 的联结强度，即权重变化 ΔW_{ij} 表达为

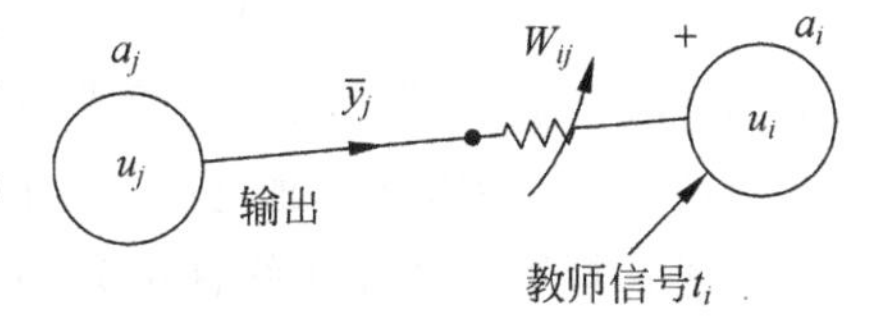

图3.11 Hebb学习规则

$$\Delta W_{ij} = G[a_i(t), t_i(t)] \times H[\bar{y}_j(t), W_{ij}] \tag{3.11}$$

其中，$t_i(t)$是神经元 u_i 的教师信号；G 是神经元 u_i 的活性度 $a_i(t)$和教师信号 $t_i(t)$的函数；H 是神经元 u_i 输出 $\bar{y}_j$ 和联结权重 W_{ij} 的函数。

输出 $\bar{y}_j(t)$与活性度 $a_i(t)$之间的关系为

$$\bar{y}_j(t) = f_j[a_i(t)] \tag{3.12}$$

其中，f_j 为非线性函数。

当上述的教师信号 $t_i(t)$没有给出时，函数 H 只与输出 $\bar{y}_j$ 成正比，于是式(3.11)可变为更简单的形式

$$\Delta W_{ij} = \eta a_i \bar{y}_j \tag{3.13}$$

其中，η 是学习率（$\eta > 0$）。

上式表明，对一个神经元较大的输入或该神经元活性度大的情况，它们之间的联结权重会更大。Hebb学习规则的哲学基础是联想，在这个规则基础上发展了许多非监督式联想学习模型。

2. 误差传播式学习

前述的函数 G 的值和教师信号 $t_i(t)$与神经元 u_i 实际的活性度 $a_i(t)$的差值成比例，即

$$G[a_i(t), t_i(t)] = \eta_1 [t_i(t) - a_i(t)] \tag{3.14}$$

其中，η_1 为学习率；$[t_i(t) - a_i(t)]$表示差值，记为 δ。

函数 H 和神经元 u_j 的输出 $\bar{y}_j(t)$成比例，即

$$H[\bar{y}_j(t), W_{ij}] = \eta_2 \bar{y}_j(t) \tag{3.15}$$

其中，η_2 为学习率。

根据Hebb学习规则可得

$$\Delta W_{ij} = G[a_i(t), t_i(t)] \times H[\bar{y}_j(t), W_{ij}]$$

$$=\eta_1[t_i(t)-a_i(t)]\cdot\eta_2\bar{y}_j(t)$$
$$=\eta[t_i(t)-a_i(t)]\cdot\bar{y}_j(t) \tag{3.16}$$

其中,η 为学习率($\eta>0$)。

在式(3.16)中,如将教师信号 $t_i(t)$ 作为期望输出 d_i,而把 $a_i(t)$ 理解为实际输出 $\bar{y}_j$,则该式变为

$$\Delta W_{ij}=\eta[d_i-\bar{y}_j]\bar{y}_j(t)=\eta\cdot\delta\cdot\bar{y}_j(t) \tag{3.17}$$

其中,$\delta=d_i-\bar{y}_j$ 为期望输出与实际输出的差值,称式(3.17)为 δ 规则或误差修正规则。根据这个规则的学习算法,通过反复迭代运算,直至求出最佳的 ΔW_{ij} 值,使 δ 达到最小。

上述 δ 规则只适用于线性可分函数,不适用于多层网络非线性可分函数。1986 年,鲁姆尔哈特和辛顿等人系统地总结了误差传播式学习的研究成果,概括了具有普遍意义的 δ 规则,称为广义 δ 规则。根据广义 δ 规则,误差由输出层逐层反向传至输入层,而输出则是正向传播,直至给出网络的最终响应。因此,又称其为误差反向传播学习。

3. 概率式学习

从统计力学、分子热力学和概率论中关于系统稳态能量的标准出发,进行神经网络学习的方式,称为概率式学习。概率式学习的典型代表是 Boltzmann 机学习规则,它是基于模拟退火的统计优化方法,因此又称模拟退火算法。

Boltzmann 机模型是包括输入、输出和隐层的多层网络,但隐层间存在互联结构且网络层次不明显。对于这种网络训练的过程,就是根据下述规则对神经元 i、j 间的联结权重进行调整

$$\Delta W_{ij}=\eta(p_{ij}^{+}-p_{ij}^{-}) \tag{3.18}$$

其中,η 为学习率;p_{ij}^{+}、p_{ij}^{-} 分别是 i 与 j 两个神经元在系统中处于 α 状态和自由运转状态时实现联结的概率。调整权重的原则是,当 $p_{ij}^{+}>p_{ij}^{-}$ 时,则增加权重,否则减小权重。权重调整的这种规则就是 Boltzmann 机的学习规则。

4. 竞争式学习

在神经网络中的兴奋性或抑制性联结机制中引入竞争机制的学习方式,称为竞争式学习。它是属于无教师学习方式,它是利用不同层间的神经元发生兴奋性联结,以及同一层内距离很近的神经元间发生同样的兴奋性联结,而距离较远的神经元产生抑制性联结。竞争式学习的本质特征在于神经网络中高层次的神经元对低层次神经元输入模式进行竞争式识别。

1985 年,鲁姆尔哈特和兹普瑟提出了用于前馈网络竞争式学习规则。该网络结构设计成第一层为输入层,而以后的每一层都增加许多不重叠的组块,每一组块在特征识别中只有一个竞争优胜单元兴奋,其余单元受到抑制。

设 i 为输入层某单元，j 为获胜的特征识别单元，则它们之间的联结权重变为

$$\Delta W_{ij}=\eta(C_{ik}/nk-W_{ij}) \tag{3.19}$$

其中，η 为学习率；C_{ik} 为外部刺激 k 系列中第 i 项刺激成分；nk 为刺激 k 激励输入单元的总数。这种学习方式表明，在竞争中与输入单元间联结权重变化最大的优胜单元实现每一特征识别，而失败的单元 ΔW_{ij} 为零。科霍恩提出的自组织特征映射网络是采用竞争式学习机制的神经网络典型代表。

5. 强化学习

强化学习(Reinforcement Learning，RL)是1961年由明斯基(Minsky)提出的，又称再励学习、增强学习、评价学习。有别于监督学习、无监督学习，强化学习不要求预先给定任何数据，而是通过接收环境对动作的奖励(反馈)获得学习信息并更新模型参数 。

强化学习的灵感来源于心理学中的行为主义理论。强化学习的基本原理如图3.12所示，智能体在与环境的交互过程中，智能体对环境感知的当前状态为 s，从动作空间 A 中选择动作 a 执行。环境会根据智能体的动作提供一个反馈信号作为相应的奖赏 r，使智能体转移到新的状态 s'。智能体根据得到的奖励来调整自身的策略，并针对新的状态做出新的决策，以有效地适应环境。这种适应环境的行为便是学习，智能体通过最大化累积奖赏的方式来学习到最优策略。

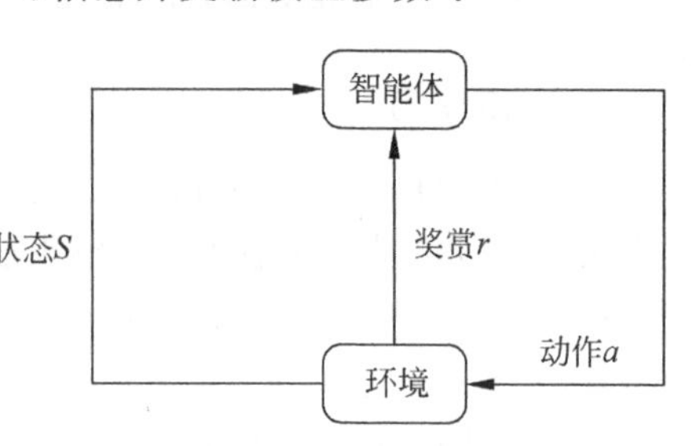

图3.12 强化学习的基本原理

一个强化学习系统，除了智能体和环境，还包括4个要素：策略、奖赏函数、值函数及环境的模型。策略(决策函数)规定了智能体在每个可能的状态，应该采取的动作集合；奖赏函数是智能体在与环境的交互中，对所产生动作好坏作的一种评价；值函数(评价函数)是从长远的角度来考虑一个状态(状态-动作)的好坏。

智能体在当前状态 s 下，根据策略 π 来选择动作 a，执行该动作并以概率 $P_{s,s'}^{a}$ 转移到下一个状态 s'，同时接收到环境反馈回来的奖赏 r。策略 $\pi:S\rightarrow A$ 为从状态空间到动作空间的映射。强化学习的目标是通过调整策略来最大化累积奖赏，通常使用值函数估计某个策略 π 的优劣程度。

假设初始状态 $s_0=s$，策略 π 的状态值函数定义为

$$V^{\pi}(s)=\sum_{t=0}^{\infty}\gamma^{t}r(s_t,a_t)\mid s_0=s,a_t=\pi(s_t) \tag{3.20}$$

其中，$\gamma\in(0,1)$为衰减因子。由于最优策略是最大化值函数的策略，因此最优策略为

$$\pi^{*}=\underset{\pi}{\operatorname{argmax}}V^{\pi}(s) \tag{3.21}$$

另一种形式的值函数是状态动作值函数，定义为

$$Q^{\pi}(s_t,a_t)=r(s_t,a_t)+\gamma V^{\pi}(s_{t+1}) \tag{3.22}$$

此时,得到的最优策略为

$$\pi^* = \underset{a \in A}{\operatorname{argmax}} Q^\pi(s,a) \tag{3.23}$$

强化学习中常用算法包括：基于概率统计理论的蒙特卡罗方法；借助时间差分误差来更新值函数的 Q-学习和 SARAS 学习；TD 学习建立了蒙特卡罗和时间差分的统一描述，当 $\gamma=1$ 时,TD(γ)变成了蒙特卡罗方法，$\gamma=0$ 时,TD(γ)变成了时间差分学习。

上面介绍的都是基于值函数的强化学习方法，它需要先求出值函数，再根据值函数来选择价值最大的动作执行。另一种基于策略的强化学习方法是一种直接逼近策略,优化策略,最终得到最优策略的方法。策略梯度法又可以分为确定策略梯度算法和随机策略梯度算法。

强化学习是一种无监督学习的重要方法,具有自学习、在线学习和普适性的优点,已广泛用于博弈论、控制论、运筹学、信息论、智能控制、多主体系统、机器人等领域。

6. 深度学习

深度学习(Deep Learning,DL)是 2006 年由辛顿教授等提出的一种深度信念网络的训练方法。“深度”是指从输入层到输出层之间所包含的隐层数很多,它反映了网络层次的深度。将具有这样深层次结构的神经网络称为深度网络,对深度网络的训练方法统称为深度学习算法。

辛顿提出的深度信念网络由多个含有两层的网络由下向上堆叠而成。最上面的两层之间为无向连接，其余的层间均为有向连接。如果同时对网络所有的层进行训练,时间复杂度就会太高；如果每次训练一层,偏差就会逐层传递,由于深度网络的神经元和参数太多,导致严重欠拟合。

为了解决深度神经网络在训练上的困难,辛顿提出把深度网络的训练过程分为预训练和调优两个阶段。

预训练过程首先从底层开始,自下而上的采用无监督学习方式逐层进行训练,利用数据每次训练一个单层网络参数,这一层的输出作为上一层的输入,直到所有的层都训练完为止。预训练过程,实际上是对网络各层神经元联结权重的初始化过程。

调优阶段是在预训练完成之后,将除最顶层外的其他层间的权重变为双向,这样最顶层仍然是一个单层神经网络。再用监督学习去调整所有层间权重,使网络参数进一步优化。

深度神经网络具有优异的特征学习能力,深度学习能够通过组合低层特征来形成更加抽象的高层表示属性类别或特征,以发现数据的分布式特征表示,这些特征对数据具有更本质的刻画的特点,有利于解决图像识别、语音识别和分类等复杂问题。

7. 深度强化学习

深度强化学习(Deep Reinforcement Learning,DRL)是 2015 年由姆尼(Mnih)等提出的。深度学习(DL)善于事物特征提取和感知,强化学习(RL)长于选择与决策以及寻找最优策略。深度强化学习方法将深度学习的感知能力和强化学习的决策能力相结合，可以在复杂高维的状态空间中进行端到端的感知决策。深度强化学习原理如图 3.13 所示。

深度强化学习的过程如下：

(1) 每个时刻智能体在与环境交互中，得到一个高维度的观察，并利用深度学习方法来感知观察，以得到具体的状态特征表示；

(2) 基于预期回报来评价各动作的价值函数，并通过某种策略将当前状态映射为相应的动作；

(3) 环境对此动作做出反应，并得到下一个观察。

通过不断循环上述过程，最终可以获得实现目标的最优策略。

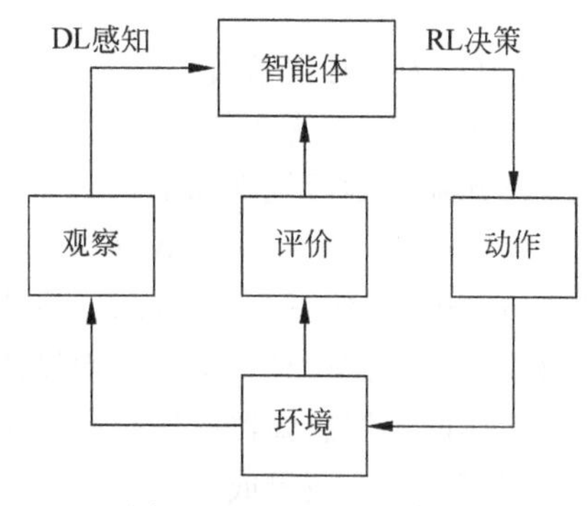

图 3.13 DRL 原理框图

深度强化学习也分为基于值函数的深度强化学习和基于策略梯度的深度强化学习两类。

(1) 基于值函数的深度强化学习

将卷积神经网络和 Q-学习结合，姆尼提出一种深度 Q 网络(Deep Q Network，DQN)，用于处理基于视觉感知的控制任务。DQN 采用时间上相邻的 4 帧游戏画面作为原始图像输入，经过深度卷积神经网络和全连接神经网络，输出状态动作函数 $Q(s,a;\theta)$去逼近目标值，其中 s 为状态，a 为动作，θ 为参数，从而实现了端到端的学习控制。

(2) 基于策略梯度的深度强化学习

策略梯度优化方法是通过不断计算策略期望总奖赏来对策略参数的梯度更新策略参数，最终收敛于最优策略。因此，在求解 DRL 问题时，可以采用参数为 θ 的深度神经网络来进行参数化表示策略，并利用策略梯度方法来优化策略。采取策略梯度优化方法能够直接优化策略的期望总奖赏，并以端对端的方式直接在策略空间中搜索最优策略，省去了烦琐的中间环节。

最常见的策略梯度思想是增加总奖赏较高情节出现的概率。在大规模状态的 DRL 任务中，可以通过深度神经网络参数化表示策略，并采用传统的策略梯度方法来求解最优策略。

3.2 控制和识别中的常用神经网络

3.2.1 感知器

1957 年，美国学者罗森布拉特提出了一种用于模式分类的最简单神经网络模型，称为感知器(perceptron)。它是由阈值元件组成且具有单层计算单元的神经网络，它具有学习功能。一个单元的模型如图 3.3 所示。

感知器信息处理的规则为

$$y(t)=f\left[\sum_{i=1}^{n}W_i(t)x_i-\theta\right] \tag{3.24}$$

其中,$y(t)$为 t 时刻输出;f 为阶跃函数;$W_i(t)$为 t 时刻第 i 个输入的加权;x_i 为输入向量的一个分量;θ 为阈值。

感知器的学习规则如下:

$$W_i(t+1)=W_i(t)+\eta\left[d_i-y(t)\right]x_i \tag{3.25}$$

其中,η 为学习率($0<\eta<1$);d_i 为期望输出(又称教师信号);$y(t)$是实际输出。通过不断调整权重,使得 W 对一切样本均保持稳定不变,学习过程就结束。

上述的单层感知器的输出是一个二值量,主要用于模式分类。能够解决一阶谓词逻辑问题,如逻辑与、逻辑或问题,但不能解决像异或问题的二阶谓词逻辑问题,感知器的学习算法保证收敛要求函数是线性可分的(指输入样本函数类成员分别位于直线分界线的两侧),当输入函数不满足线性可分条件时,上述算法受到了限制。

3.2.2 前馈神经网络

前馈网络又称前向网络,由于采用误差反向传播学习算法又称 BP 网络。如图 3.14 所示,它包含输入层、隐层及输出层,隐层可以为一层或多层,每层上的神经元称为结点或单元。前馈网络的信息传播是由输入单元传到隐单元,最后传到输出单元。这种含有隐层的前馈网络的隐单元可以任意构成它们自身的输入表示,输入单元和隐单元间的权重决定每个隐单元何时是活性的,因此,借修改这些权重,可以选择一个隐单元代表什么。

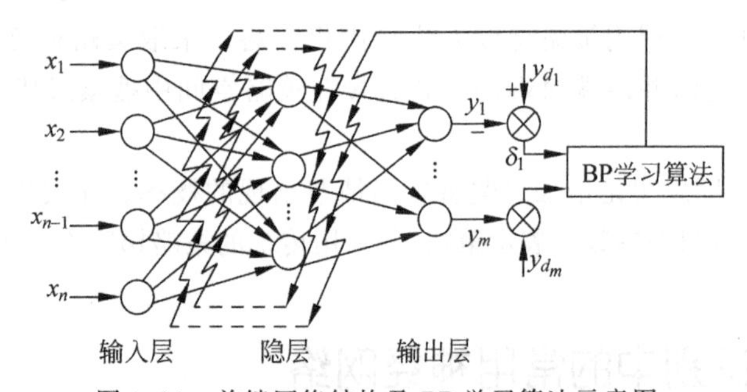

图 3.14 前馈网络结构及 BP 学习算法示意图

1. BP 网络误差反向传播学习算法

为了研究神经网络怎样从经验中学习,应该首先向网络提供一些训练例子,可以通过下述方法,教会一个三层前馈网络完成某个特定的任务。其方法步骤如下:

(1) 向网络提供训练例子,包括输入单元的活性模式和期望输出单元的活性模式;

(2) 确定网络的实际输出与期望输出之间允许的误差；

(3) 改变网络中所有联结权重，使网络产生的输出更接近于期望输出，直到满足给定的允许误差。

下面以网络识别手写数字为例说明上述方法。比如使用256个传感器组成传感器阵列，每个传感器记录一个数字的一小部分面积内是否有笔写的痕迹存在。因此，网络需要256个输入单元(每个传感器一个)，10个输出单元(每种数字一个)和许多隐单元。为了便于传感器记录每种数字，网络应在适当的输出单元中产生高的活性，并在其他输出单元中产生低的活性。

为了训练此网络，提供一幅某个数字的图像，并把10个输出单元的实际活性和期望活性加以比较，然后计算误差，将实际活性与期望活性差值的平方定义为误差。其次，改变网络中所有联结权重以减少误差。针对每种数字的多种不同图像重复训练，直到网络能对每个手写数字正确地归类为止。

实现上述训练过程的关键是必须改变每个权重，且其变化量应正比于权重改变时误差的变化率，此量称权重的误差导数，简记为EW。但是，对EW的有效计算是十分复杂棘手的问题。如果采取稍许扰动每个权重，并观察误差如何变化，这种方法效率太低，因为要求对每一个权重都要单独加扰动。

1974年前后，正在哈佛大学攻读博士的韦尔博斯(Werbos)发明了一种高效的计算EW的方法，即误差反向传播算法(BP算法)。只因发明后多年未受到重视，也没有充分体会到它的用处，直到1985年鲁姆尔哈特和帕伯特两人各自再次发现该算法后才得以推广。

BP算法的实质是以梯度法求取网络误差平方和使目标函数达到最小值。首先计算改变一个单元活性水平时误差的变化率EA，再计算每个权重的误差导数EW。对于输出单元，EA只是实际输出和期望输出间的差值。为计算在输出层前面一层的一个隐单元的EA，首先辨别该隐单元和与它相连的那些输出单元间的所有权重，然后把这些权重乘以这些输出单元的EA并求和，此和值即为所选定隐单元的EA。将所有隐单元的EA计算出后，可用类似的方法计算其他层的EA值，计算的顺序恰好与活性传播过网络路径相反的方向逐层进行，故称为误差反向传播算法。计算出一个单元的EA后，再计算该单元每条输入联结的EW，EW是EA和经过该输入联结活性的乘积。

对于非线性单元，反向传播算法还包括另外一步，即在反向传播前，必须把EA变换为EI，EI是一个单元所收到的总输入变化时误差的变化率。

综上所述，为了训练前馈网络完成某项任务，必须调整每个单元的权重，即减小期望输出与实际输出间的误差，为此必须计算每个权重变化时误差的变化，即误差导数EW，而反向传播算法是一种确定EW的最有效的方法。

2. BP算法的计算机实现步骤

(1) 初始化，对所有权重赋以随机任意小值，并对阈值设定初值；

(2) 给定训练数据集,即提供输入向量 $\boldsymbol{X}$ 和期望输出 $\bar{y}$;

(3) 计算实际输出 y

$$y_j = f\left(\sum W_{ij} x_i\right) \tag{3.26}$$

其中,f 函数为 Sigmoid 函数

$$f(x) = \frac{1}{1+\mathrm{e}^{-(x-\theta)}} \tag{3.27}$$

(4) 调整权重,按误差反向传播方向,从输出结点开始返回到隐层修正权重为

$$W_{ij}(t+1) = W_{ij}(t) + \eta \delta_j y_j \tag{3.28}$$

其中,η 为大于零的学习率,δ_j 为结点 j 的实际活性与期望活性的差值。根据结点 j 的形式不同,δ_j 的计算为

$$\delta_j = \begin{cases} y_j(1-y_j)(\bar{y}_j - y), & \text{当 } j \text{ 为输出结点时} \\ y_j(1-y_j)\sum\limits_k \delta_k W_{jk}, & \text{当 } j \text{ 为隐结点时} \end{cases} \tag{3.29}$$

当使用冲量时,调整权重公式变为

$$W_{ij}(t+1) = W_{ij}(t) + \eta \delta_j y_j + \alpha\left[W_{ij}(t) - W_{ij}(t-1)\right] \tag{3.30}$$

其中,α 为动量因子,$0<\alpha<1$。

(5) 返回第(2)步重复,直至误差满足要求为止。

3. BP 算法的改进算法

BP 算法实质上是把一组样本输入输出问题转化为一个非线性优化问题,并通过梯度算法利用迭代运算求解权重问题的一种学习方法。已经证明,具有 Sigmoid 非线性函数的三层神经网络能够以任意精度逼近任何连续函数。但 BP 算法尚存在以下一些缺点:

(1) 由于采用非线性梯度优化算法,易形成局部极小而得不到整体最优。

(2) 算法迭代次数过多,致使学习效率低,收敛速度慢。

(3) BP 网络无反馈连接,影响信息交换速度和效率。

(4) 网络的输入结点、输出结点由问题而定,但隐结点的选取根据经验,缺乏理论指导。

(5) 在训练中学习新样本有遗忘旧样本的趋势,且要求每个样本的特征数目要相同。

针对 BP 算法的缺点,国内外学者提出了许多改进算法,如变步长、增加惯性因子、修改作用函数、与其他算法融合等。

4. 前馈网络及其 BP 算法的意义

感知器(感知机)是单层的前馈网络,它的神经元输出函数为阶跃函数,用于模式识别。BP 网络的神经元输出函数为 Sigmoid 函数,输出量是 0~1 的连续量。一个三层前馈网络就能实现从输入到输出的任意的非线性映射,因此可用于建模、优化、控制等。

前馈网络的重要意义在于，不仅它的网络结构成为后来设计 RBF 网络、深度网络等许多网络的基础，而且 BP 算法也成为后来许多网络训练、学习算法或推广算法应用的基础。

3.2.3 径向基神经网络

前馈网络的 BP 算法可以看作递归技术的应用，属于统计学中的随机逼近方法。此外，还可以把神经网络学习算法的设计看作一个高维空间的曲线拟合问题。这样，学习等价于寻找最佳拟合数据的曲面，而泛化等价于利用该曲面对测试数据进行插值。1985 年，鲍威尔(Powell)首先提出了实多变量插值的径向基函数(Radial Basis Function，RBF)方法。1988 年，布鲁姆里德(Broombead)和罗威(Lowe)将 RBF 用于神经网络设计，1989 年穆迪(Moody)和达肯(Darken)提出了具有代表性的 RBF 网络学习算法。

1. RBF 神经网络模型

图 3.15 给出了一个三层结构的 RBF 网络模型，包括输入层、隐层(径向基层)和输出层(线性层)，其中每一层的作用各不相同。输入层由信号源结点组成，仅起到传入信号到隐层的作用，可将输入层和隐层之间看作权重为 1 的联结；隐层通过非线性优化策略对激活函数的参数进行调整，完成从输入层到隐层的非线性变换；输出层采用线性优化策略对线性权重进行调整，完成对输入层激活信号的响应。

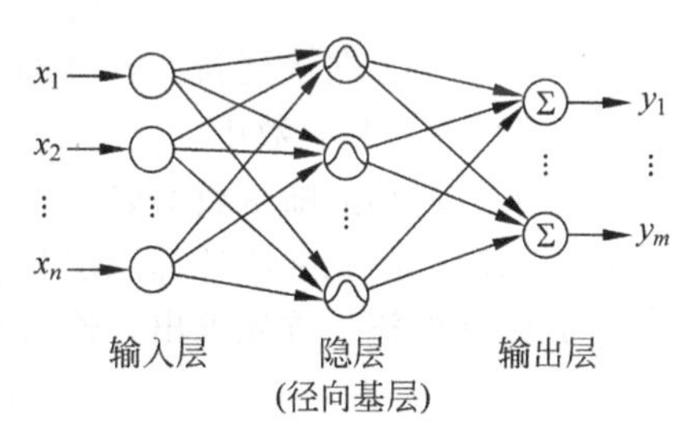

图 3.15 RBF 网络的三层结构

2. RBF 网络的工作原理

RBF 网络隐层的每个神经元实现一个径向基函数(RBF)，这些函数被称为核函数，通常为高斯型核函数。当输入向量加到输入端时，隐层每一个单元都输出一个值，代表输入向量与基函数中心的接近程度。隐层的各神经元在输入向量与 RBF 的中心向量接近时有较大的反应，也就是说，各个 RBF 只对特定的输入有反应。

如果输入向量与权重向量相差很多，则径向基层的输出接近 0，经过输出层线性神经元的输出也为 0；如果输入向量与权重向量很接近，则径向基层的输出接近于 1，经过线性神经元的输出值更靠近输出层的权重。

3. RBF 网络的学习算法

RBF 网络学习算法需要求解 3 个参数：基函数中心、宽度和隐层到输出层的权重。径向基函数通常采用高斯函数，根据对径向基函数中心选取方法的不同，提出了多种 RBF 网络学习算法，其中穆迪和达肯提出的两阶段学习算法较为常用。

第一阶段为非监督学习，采用K-均值聚类法决定隐层的RBF的中心和方差；第二阶段为监督学习，利用最小二乘法计算隐层到输出层的权重。

RBF神经网络的激活函数通常采用的高斯函数为

$$G_j(\boldsymbol{x}-\boldsymbol{c}_j)=\exp\left[-\frac{1}{2\sigma_j^2}\|\boldsymbol{x}-\boldsymbol{c}_j\|^2\right] \tag{3.31}$$

其中，$\boldsymbol{x}$ 是输入向量；$\boldsymbol{c}_j$ 是第 j 个神经元的RBF中心向量；σ_j 是第 j 个RBF的方差；$\|\cdot\|$ 表示欧氏范数。

RBF神经网络的输出为

$$y_k(\boldsymbol{x})=\sum_{j=1}^{J}w_{kj}G_j(\boldsymbol{x}-\boldsymbol{c}_j) \tag{3.32}$$

实现RBF网络学习算法的具体步骤如下：

(1) 随机选取训练样板数据作为聚类中心向量初始化，确定 J 个初始聚类中心向量。

(2) 将输入训练样板数据 x_i 按最邻近聚类原则选择最近的聚类 j^*。

$$c_{j^*}=\arg\min_j\|\boldsymbol{x}_i-\boldsymbol{c}_j\| \tag{3.33}$$

(3) 聚类中心向量更新。若全部聚类中心向量不再发生变化，则所得到的聚类中心即为RBF网络最终基函数中心，否则返回第(2)步。

(4) 采用较小的随机数对隐层和输出层间的权重初始化。

(5) 利用最小二乘法计算隐层和输出层之间神经元的联结权重 w_{kj}。

(6) 权重更新。首先求出各输出神经元中的误差

$$e_k=d_k-y_k(\boldsymbol{x}) \tag{3.34}$$

其中，d_k 是输出神经元 k 的期望输出。然后，再更新权重为

$$w_{kj}^{\text{new}}=w_{kj}^{\text{old}}+\eta e_k G_j(\boldsymbol{x}-\boldsymbol{c}_j) \tag{3.35}$$

其中，η 是学习率。

(7) 若满足终止条件，则结束；否则返回第(5)步。

4. RBF神经网络的特点

RBF网络同BP网络一样，都能以任意精度逼近任意连续函数。由于BP网络的隐结点使用的Sigmoid函数值在输入空间无穷大范围内为非零值，具有全局性。而RBF网络隐结点使用的高斯函数，使得RBF神经网络是一个局部逼近网络。RBF网络比BP网络的学习速度更快，这是因为BP网络必须同时学习全部权重，而RBF网络一般分两段学习，各自都能实现快速学习。

3.2.4 反馈神经网络

人的大脑没有设定有序的地址来存储记忆的内容，而是分布存储在神经网络的不同区

域,要取出时,当线索与回想的内容相同时,就可以取出;不相同时,就相互联想,分布存储在与线索贴近的内容的新区域。

1982年,美国物理学家霍普菲尔德受到磁场具有记忆功能的启发,结合生物脑思维的机理,提出了一种由非线性元件构成的单层反馈网络系统,被称为Hopfield网络,具有模拟大脑的联想记忆功能,可用于模式识别和优化问题。

Hopfield网络具有反馈,并引用了能量函数,它是一个非线性动力学系统。非线性动力学系统本身涉及稳定性、吸引子以及混沌现象等问题,因此研究反馈网络要比前馈网络(静态网络)复杂得多。在非线性动力学系统的相空间中,当$t\to\infty$时,所有轨迹线都趋于一个稳定的不动点集,称为吸引子[15]。

1. Hopfield网络模型

Hopfield网络是一种网状网络,可分为离散和连续两种类型。离散网络的结点仅取+1和−1(或0和1)两个值,而连续网络取0和1之间任一实数。图3.16给出一种离散Hopfield网络的结构形式。

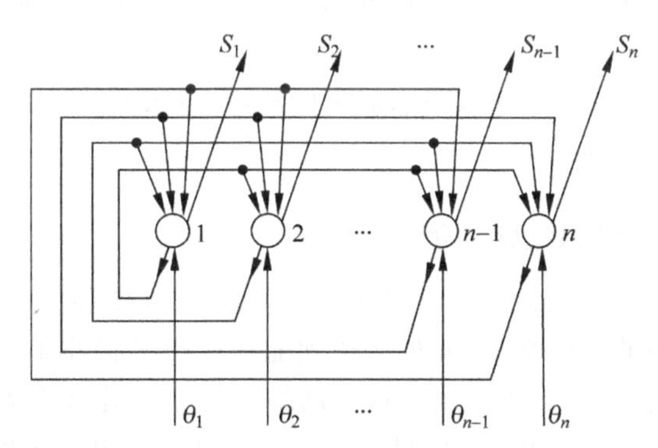

图3.16 Hopfield网络的结构

设此网络含有n个神经元,神经元i的状态S_i取0或1,各神经元按下列规则随机地、异步地改变状态

$$S_i=\begin{cases}1, & \sum W_{ij}S_i+I_i-\theta_i>0\\0, & \sum W_{ij}S_i+I_i-\theta_i<0\end{cases}\tag{3.36}$$

其中,W_{ij}为神经元i与j间的联结权重;I_i为神经元i的偏流;θ_i为其阈值。

Hopfield根据系统动力学和统计力学的原理,在网络系统中引入能量函数的概念,给出了网络系统稳定性定理如下。

定理3.1 设(W,S)是一个神经网络,若$W_{ij}=W_{ji}$,且$W_{ii}>0$,各神经元随机异步地改变状态,则此网络一定能收敛到稳定的状态。

证明 在网络中引入能量函数

$$E=-\frac{1}{2}\sum_{i=1}^{n}\sum_{j=1}^{n}W_{ij}S_iS_j-\sum_{i=1}^{n}I_iS_i+\sum_{i=1}^{n}\theta_iS_i \quad i\neq j \tag{3.37}$$

能量函数 E 随着状态 S_k 的变化为

$$\frac{\Delta E_k}{\Delta S_k}=-\frac{1}{2}\sum_{i=1}^{n}W_{ki}S_i-\frac{1}{2}\sum_{j=1}^{n}W_{jk}S_j-I_k+\theta_k$$

当 $W_{ik}=W_{ki}$ 时，则得

$$\Delta E_k=-\Big(\sum_{j=1}^{n}W_{kj}S_j+I_k-\theta_k\Big)\Delta S_k \tag{3.38}$$

若令 S_k 表示上式括号中部分，即 $S_k=\sum_{j=1}^{n}W_{kj}S_j+I_k-\theta_k$，则由式(3.36)可知，$S_k$ 与 ΔS_k 同号，再从式(3.38)可以看出，S_k 与 ΔS_k 之积大于零，故 $\Delta E_k<0$。这就表明网络系统总是朝着能量减小的方向变化，最终进入稳定状态。

Hopfield 网络模型的基本原理是：只要由神经元兴奋的算法和联结权重所决定的神经网络的状态，在适当给定的兴奋模式下尚未达到稳定状态，那么该状态就会一直变化下去，直到预先定义的一个必定减小的能量函数达到极小值时，状态才达到稳定而不再变化。

对于连续的 Hopfield 网络，通过引入能量函数，可以类同于离散模型的情况加以研究，它同样朝着能量减小的方向运行，最终到达一个稳定的状态，这里不再讨论。

2. Hopfield 网络的联想记忆功能

Hopfield 网络是一个非线性动力学系统。引入能量函数后，该网络系统在一定条件下总是朝着系统能量减小的方向变化，并最终达到能量函数的极小值。如果把这个极小值所对应的模式作为记忆模式，那么以后当给这个网络系统一个适当的激励时，它就能成为回想起已记忆模式的一种联想记忆装置，即 Hopfield 网络具有联想记忆功能。

Hopfield 网络的联想记忆过程可分为学习和联想两个阶段：在给定样本的条件下，按照 Hebb 学习规则，调整联结权重使得存储的样本成为动力学的吸引子，这个过程就是学习阶段；联想是指在已调整好权重不变的情况下，给出部分不全或受了干扰的信息，按照动力学规则改变神经元的状态，使系统最终收敛到动力学的吸引子。

Hopfield 网络模型的动力学规则是指若网络结点在 $S(0)$初始状态下，经过 t 步运行后将按下述规则达到 $S(t+1)$状态，即

$$S(t+1)=\mathrm{sgn}\Big[\sum_{j=1}^{n}W_{ij}S_j(t)+I_i\Big] \tag{3.39}$$

其中，sgn 为符号函数。

3. Hopfield 网络的联想记忆学习算法

在偏流 I 为零的情况下，本学习算法的具体步骤如下：

（1）按照 Hebb 规则设置权重

$$W_{ij}=\begin{cases}\sum_{m=1}^{n}x_i^m x_j^m, & i\neq j \quad i,j=1,2,\cdots,n\\ 0, & i=j\end{cases} \tag{3.40}$$

其中，W_{ij} 是结点 i 到结点 j 的联结权重；x_i^m 表示样本集合 m 中的第 i 个元素，$x_i\in\{-1,+1\}$。

（2）对未知样本初始化

$$S_i(0)=x_i,\quad i=1,2,\cdots,n \tag{3.41}$$

其中，$S_i(t)$是 t 时刻结点 i 的输出；x_i 是未知样本的第 i 个元素。

（3）迭代计算

$$S_j(t+1)=\operatorname{sgn}\left[\sum_{i=1}^{n}W_{ij}S_i(t)\right],\quad j=1,2,\cdots,n \tag{3.42}$$

直至结点输出状态不改变时，迭代结束。此时结点的输出状态即为未知输入最佳匹配的样本。

（4）返回第(2)步继续迭代。

4. Hopfield 网络的优化计算

Hopfield 网络用于优化问题的计算与用于联想记忆的计算过程是对偶的。在解决优化问题时，权重矩阵 $\boldsymbol{W}$ 已知，目的是求取最大能量 E 的稳定状态。通过将能量函数和代价函数相比较，求出能量函数中权重和偏流，并以此去调整相应的反馈权重和偏流，进行迭代计算，直到系统收敛到稳定状态为止。最后将所得到的稳定状态变换为实际优化问题的解。

旅行商问题(TSP)是给定 N 个城市，从某一城市出发不重复地走遍所有城市，再回到原出发地所经过的路径必须最短。1985 年，霍普菲尔德本人应用 900 个神经元组成连续的 Hopfield 网络，在 0.2s 内成功地解决了著名的旅行商问题。此问题用普通搜索法极其费时，而采用 Hopfield 网络在极短时间内找到虽不最短，但却是接近最短的最优近似解，充分显示出 Hopfield 网络优化计算的巨大潜力。

3.2.5 小脑模型神经网络

人的小脑具有管理和协调运动功能。小脑皮层的神经系统从肌肉、四肢、关节、皮肤等接收感觉信息，并感受反馈信息，然后将这些获得的信息整合到一特定的存储区域。当需要的时候，将这些存储的信息从中取出，作为驱动和协调肌肉运动的控制指令。当感受信息和反馈信息出现差异时，通过联想调整达到协调运动控制的目的，这一过程便是学习。

1975 年，阿布思(Albus)根据神经生理学小脑皮层结构特点，提出了一种小脑模型关联控制器(Cerebellum Model Articulation Controller,CMAC),被称为CMAC网络。

1. CMAC网络的结构

CMAC网络是模拟小脑神经系统的协调功能而设计的,其结构如图3.17所示。CMAC的功能是通过多个映射实现的。第一个映射是从$S \to A$的映射,其中S为输入状态空间,A为概念存储器。映射的基本原则是:对相近的输入映射到A中有一定的重合,而不相近的输入在A中也相距较远。第二个映射是从$A \to M$的映射,其中A为概念存储器,M为实际存储器。由于要学习的问题不会是全部可能的输入,故M的存储容量要比A小得多,这就决定了从A到M的映射为多对一的随机映射,因此可用散列编码(hash coding)实现这种映射。

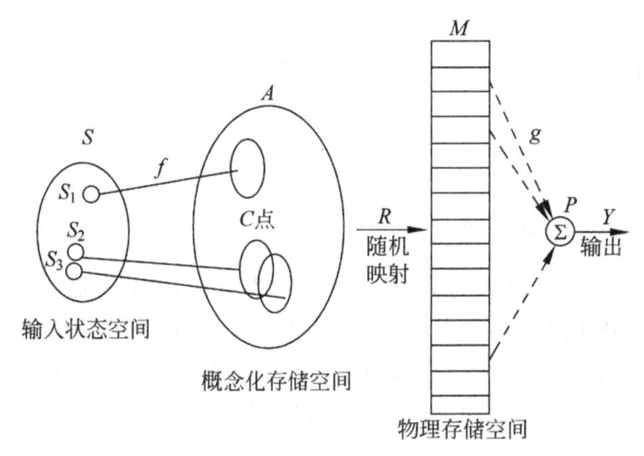

图3.17 CMAC网络的结构

2. CMAC网络的工作原理

图3.18给出了CMAC网络原理结构图。图中以输入状态空间的集合元素数等于3为例,输入S_1, S_2, S_3经过量化映射Q变换为q_1, q_2, q_3,输入量的最大值$S_{i\max}$,最小值$S_{i\min}$及量化等级$q_{i\max}$决定了分辨率q_i为

$$q_i = Q(S_i, S_{i\max}, S_{i\min}, q_{i\max}) \tag{3.43}$$

其中,输入集合数目$i=1,2,\cdots,m$,本例中$m=3$。由于量化等级可以根据需要而增加,因此CMAC网络可达到很高精度。

再对离散的输入量到虚地址进行映射,它相当于从$S \to A$的映射,映射后变为由3段合成的4个虚地址(V_1, V_2, V_3, V_4),即每一个V都由3段所组成,这样的映射使得CMAC网络具有泛化能力,即当某一输入量化值变化一个等级时,只有一个虚地址段变化为1,而其他虚地址段都保持不变,这样,就保证了在相邻量化值的指示权重用的4个虚地址中有3个是相同的。这就意味着,在输入空间中相近的输入量能给出相近的输出。

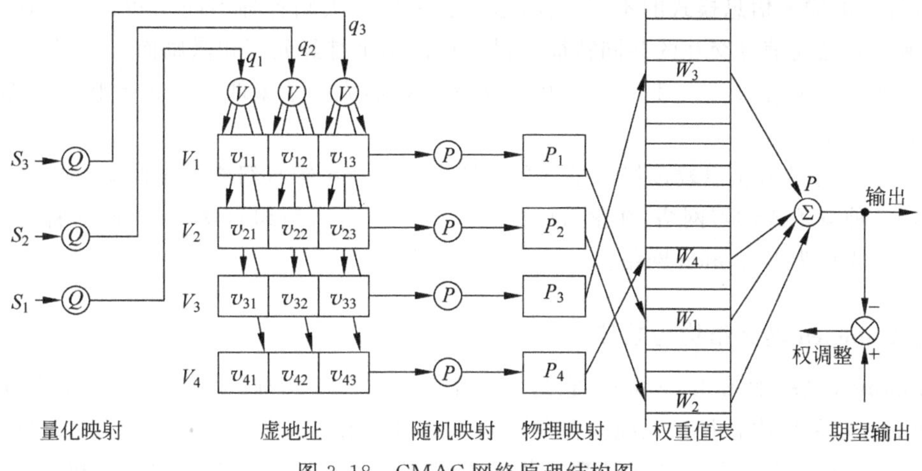

图 3.18 CMAC 网络原理结构图

对上述组合成的3段虚地址,经过一个多对一的随机映射 P 后,得到与输入量相对应的物理地址为

$$p_j = P(v_j), \quad j = 1, 2, \cdots, g \tag{3.44}$$

其中,P 为一种以散列编码形成的映射。由得到的 p_j 可以通过输出权重值表获得相应的权重为

$$W_j = W(p_j) \tag{3.45}$$

输出为

$$y = \sum_{j=1}^{g} W_j \tag{3.46}$$

在训练过程中,如果网络输出 y 与期望输出 d 不同,则权重修正为

$$W_j(K+1) = W_j(K) + \beta\left(d - \sum_{j=1}^{m} W_j\right)/g \tag{3.47}$$

其中,β 为学习因子($\beta \leqslant 1$); g 为推广能力,其值越大,相邻输入的共同虚地址越多,则CMAC的泛化能力越强。

综上所述,CMAC网络是一种通过多种映射实现联想记忆网络,这种映射实质上是一种智能查表技术。它模拟小脑皮层神经系统感受信息、处理信息、存储信息,并通过联想利用信息的功能。它能实现无教师学习,具有在线学习能力,不仅学习速度快,而且精度高,可以处理不确定性知识。它在实时控制,尤其在机器人实时控制领域有着广泛的应用。

3.2.6 大脑模型自组织神经网络

脑神经学研究表明,人脑中大量的神经元处于空间的不同区域,有着不同的功能。它们敏感着各自的输入信息模式的不同特征,这样就形成了大脑各种不同感知路径。在大脑皮质中,神经元之间信息交互的共同特征是最邻近的两个神经元互相激励而兴奋,较远的相互抑制,更远的又是弱激励,这种局部作用的交互关系形成一个墨西哥草帽形状的分布关系,如图 3.19 所示。

1987 年,芬兰科霍恩教授提出了一种模拟大脑神经系统自组织特征映射功能的神经网络,它是一种竞争式学习网络,在学习中能无监督地进行自组织自学习,因此又称为自组织神经网络,或称为 Kohonen 网络。

1. Kohonen 网络结构与功能

Kohonen 网络如图 3.20 所示,它是一个完全相互联结的神经元组成的二维点阵结构,在网络的一定邻域内各神经元间存在交互侧向反馈作用。每个神经元的输出都是网络中其他神经元的输入,而每个神经元又都有相同的输入形式。网络中有两种联结权重:一种是神经元对外部输入反应的联结权重;另一种是神经元之间的联结权重。它的大小控制着神经元之间的交互作用的大小。

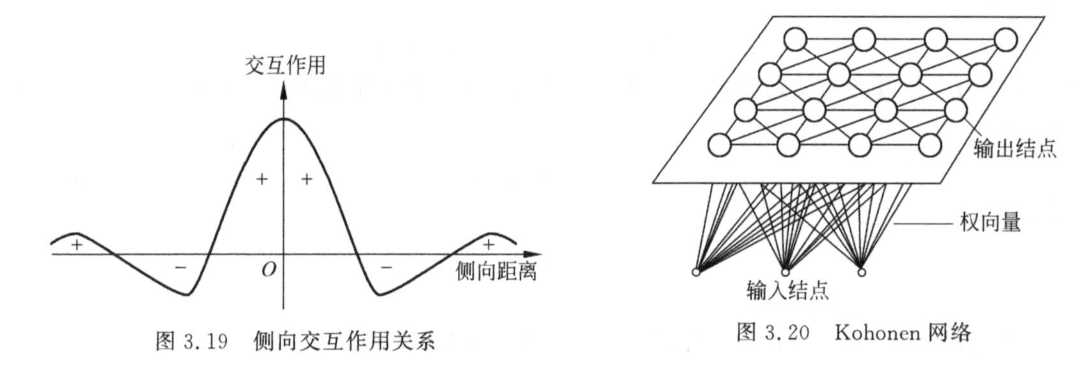

图 3.19 侧向交互作用关系

图 3.20 Kohonen 网络

科霍恩认为,一个神经网络接受外界输入模式,将分成不同区域,各区域中邻近的神经元通过交互作用,相互竞争,自适应地形成了对输入模式的不同响应检测器,这就是科霍恩提出的自组织特征映射网络的基本思想。

Kohonen 网络在结构上模拟了大脑皮质中的神经元呈二维空间点阵结构,在功能上通过网络中神经元间的交互作用和相互竞争,模拟了大脑信息处理的聚类功能、自组织、自学习功能。

2. Kohonen 网络学习规则

Kohonen 网络当外部输入模式出现后,网络所有神经元都同时工作,它们之间的突触联结权向量试图模仿输入信号,实现网络自组织的目标。这一自组织学习过程包括采用竞争机制选择最佳匹配神经元和权向量自适应更新两个过程。

1）选择最佳匹配神经元

当输入信号 $\boldsymbol{X}$ 与神经元 i 获得最佳匹配时，它们之间的欧氏距离为

$$\|\boldsymbol{X}-\boldsymbol{W}_c\|=\min_i\|\boldsymbol{X}-\boldsymbol{W}_i\| \tag{3.48}$$

其中，$\boldsymbol{X}$ 为输入空间 $\mathbf{R}^n$ 中的输入向量，$\boldsymbol{X}=[x_1,x_2,\cdots,x_n]^{\mathrm{T}}$；$\boldsymbol{W}_i$ 为相应的权向量，$\boldsymbol{W}_i=[W_{i1},W_{i2},\cdots,W_{in}]^{\mathrm{T}}$。$\boldsymbol{X}$ 与 $\boldsymbol{W}_i$ 的匹配度等于它们的内积 $\boldsymbol{X}^{\mathrm{T}}\cdot\boldsymbol{W}_i$，其最大处正是由于神经元的不断交互作用，其输出分布所形成的“气泡”(bubble)中心 C。

因为 $\boldsymbol{X}$ 与 $\boldsymbol{W}_i$ 之间内积最大，就意味着它们之间的向量差的范数 $\|\boldsymbol{X}-\boldsymbol{W}_i\|$ 最小，这个最小的距离确定了神经元 C 在竞争中获胜。式(3.48)被称为匹配定律。当网络训练好之后，如果同样的输入模式出现时，某个神经元就兴奋起来，表示该神经元已经认识了这个模式。

2）权向量的自适应更新过程

当某一输入与被选神经元 j 的权重 W_j 有差异时，除该权重修正外，被选神经元的邻域 N_j 中的其他神经元也将根据它们的误差以及按照距离的大小作适当的调整，越靠近 j 的神经元调整得就越多，这样形成的邻域关系使得输入模式相近时，对应的神经元在位置上也靠近。这种思想来源于人脑内的感觉映射，Kohonen 网络中被选神经元 j 的邻域关系如图 3.21 所示。

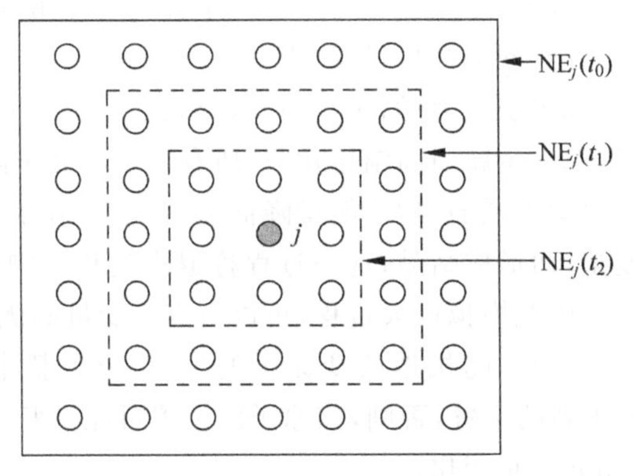

图 3.21 被选神经元 j 及其邻域变化($t_0<t_1<t_2$)

Kohonen 网络的学习过程也可以这样加以描述：对于每一个网络的输入，只调整一部分权重，使权向量更接近或更偏离输入向量，这一调整过程就是竞争学习。随着不断学习，所有权向量都在输入向量空间相互分离，形成了各自代表输入空间的一类模式，这就是 Kohonen 网络的特征自动识别的聚类功能。

3. Kohonen 网络学习算法

Kohonen 网络的学习算法实现步骤如下：

(1) 从 n 个输入到 m 个输出结点间随机赋任意小权重，并设定邻域的初始半径如

图3.21所示。

(2) 给定新的输入信号。

(3) 计算输入到各输出结点 j 之间距离

$$d_j = \sum_{i=0}^{n-1} [x_i(t) - W_{ij}(t)]^2 \tag{3.49}$$

(4) 选择 $d_{j^*} = \min_i d_j$ 的结点 j^* 作为输出结点。

(5) 对结点 j^* 和邻域内 $NE_j(t)$ 所有结点按下式更新权重,其他结点保持不变。

$$W_{ij}(t+1) = W_{ij}(t) + \eta(t)[x_i(t) - W_{ij}(t)] \tag{3.50}$$

其中,$j \leqslant NE_j(t)$,$0 \leqslant i \leqslant n$;$\eta(t)$是自适应学习率,它随时间缓慢减小,$0 \leqslant \eta(t) < 1$。

(6) 满足终止条件,则结束;否则返回第(2)步重复计算。

应该指出,Kohonen 网络是一类重要的竞争学习的自组织网络,由 Kohonen 网络和其他形式网络组合,可以形成一大类神经网络,这类网络具有无教师学习特点,可以用于智能机器人控制、模式识别等系统。

3.2.7 Boltzmann 机

1985年,加拿大多伦多大学教授辛顿等人基于统计物理学和 Boltzmann 概率分布,提出了一种模拟退火过程的神经网络模型,简称为 Boltzmann 机。

模拟退火的基本思想源于统计力学,统计力学是研究一个多自由度的系统在某个温度下达到热平衡时的行为特性。金属当高温熔化时,所有原子都处于高能的自由运动状态,随着温度的降低,原子的自由运动减弱,物体能量降低,只要在凝结温度附近,使温度下降足够慢,原子排列就越来越规整,而形成结晶,这一过程称退火过程。物体的上述结晶过程可对应多变量函数的优化过程,因此模拟退火过程,可以研究多变量的优化问题。

如果在退火过程的每一步,随机地改变原子的位置,导致整个系统能量改变 ΔE,若 $\Delta E < 0$,则该原子就会处于新的位置,否则,该原子的位置可能不变或可能变到新的位置,而其改变的概率按 Boltzmann 分布变化。

1. Boltzmann 机的结构

Boltzmann 机是一个相互连接的神经网络模型,其主要特点是隐结点间具有相互结合的关系,每个神经元都根据自己的能量差 ΔE_i 随机地改变自己或为1或为0的状态,而单元 i 状态为1的概率为

$$P_i(\Delta E_i) = \frac{1}{1 + e^{-\Delta E_i / T}} \tag{3.51}$$

其中,T 为温度参数。当 $T>0$ 时,P_i 函数趋于阶跃函数;当 T 很大时,两种状态近于各半,而能量差为

$$\Delta E_i = E(S_i = 1) - E(S_i = 0) \tag{3.52}$$

假设网络的联结权重是对称的，引入能量函数

$$E = -\frac{1}{2}\sum_{i \neq j} W_{ij} S_i S_j \tag{3.53}$$

其中，S_i 是包括输入层、隐层和输出层中所有单元的状态。当系统达到平衡时，能量函数达到极小值，可以证明 Boltzmann 机是收敛的。

2. Boltzmann 机的训练步骤

(1) 设定初始高温并随机给定全部权重。

(2) 给定一输入向量，用已有的权重计算代价函数。

(3) 用 Boltzmann 分布 $P(x) = \mathrm{e}^{-x^2/T^2}$ 随机改变每个权重。

(4) 重新计算代价函数，若减小，则将权重置成常数；否则返回第(3)步。

(5) 求新的温度值如下：

$$T(n+1) = T(0)/\log(1+n), \quad n \geqslant 1 \tag{3.54}$$

(6) 满足终止条件，则结束，否则重复第(3)～(6)步。

3. Boltzmann 机的学习算法

使用梯度下降法来计算权重 W_{ij} 的变化

$$W_{ij} = -\eta \frac{\partial G}{\partial W_{ij}} = -\eta \frac{1}{T}(P_{ij}^{+} - P_{ij}^{-}) \tag{3.55}$$

其中，P_{ij}^{+} 为网络输入、输出固定并对各种分布平均后，出现 S_i 和 S_j 同时为 1 的概率；P_{ij}^{-} 为网络仅固定输入时相应的概率，G 为两概率分布的测度。

经过反复调整 W_{ij}，直至 $P_{ij}^{+} = P_{ij}^{-}$，即 $\Delta W_{ij} = 0$ 时的 W_{ij} 即为所期望的权重。由于 Boltzmann 机模拟退火过程，虽然这种算法可以避免局部最小，但这种获得全局最小的收敛速度很慢，这是其不足。

3.2.8 深度信念网络

深度信念网络 (Deep Belief Network, DBN) 是 2006 年由辛顿教授等提出的，用于解决手写数字图像的识别问题。深度信念网络是以受限 Boltzmann 机为单元搭建的深层网络。

1. 受限 Boltzmann 机

受限 Boltzmann 机 (Restricted Boltzmann Machine, RBM) 是 1985 年由阿克雷(Ackley)和辛顿等提出的。受限就是把相互连接的 Boltzmann 机同层之间的连接取消，其

结构如图 3.22 所示,它包含一层可视层和一层隐层,两层的神经元彼此互连,同一层内神经元无连接。

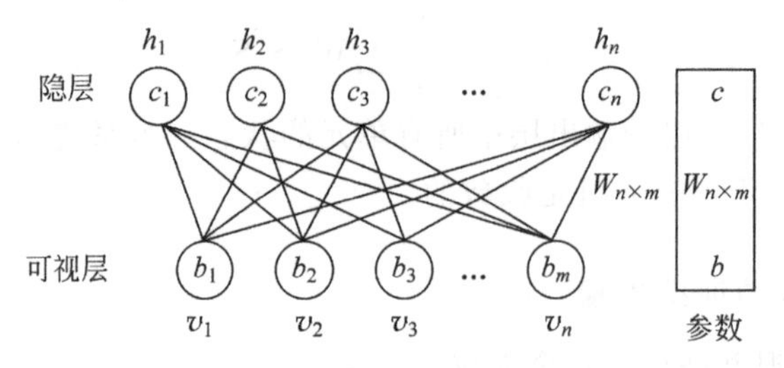

图 3.22　受限 Boltzmann 机

设可视层 v 为输入层,有 m 神经元,隐层 h 有 n 神经元,作为输出层,又称推断层,用作特征检测器。

在图 3.22 中,$\boldsymbol{W}_{n\times m}$ 为可视层与隐层间的连接权矩阵;$\boldsymbol{b}=(b_1,b_2,\cdots,b_m)$为可视结点的偏移向量;$\boldsymbol{c}=(c_1,c_2,\cdots,c_m)$为隐结点的偏移向量。可视层和隐层间的联合概率分布定义为

$$p(\boldsymbol{v},\boldsymbol{h})=\frac{1}{Z}\exp(\boldsymbol{v}^{\mathrm{T}}\boldsymbol{W}\boldsymbol{h}+\boldsymbol{v}^{\mathrm{T}}\boldsymbol{b}+\boldsymbol{h}^{\mathrm{T}}\boldsymbol{c}) \tag{3.56}$$

其中,Z 为归一化函数。对式(3.56)的优化目标是最小化式(3.56)的负对数:

$$E(\boldsymbol{p},\boldsymbol{h})=-\log P(\boldsymbol{v},\boldsymbol{h}) \tag{3.57}$$

2002 年,辛顿提出 RBM 的对比分歧(Contrastive Divergence,CD)快速算法,对参数 $\theta=(\boldsymbol{W},\boldsymbol{b},\boldsymbol{c})$最大似然求解,通常仅使用 $k=1$ 步 Gibbs 采样,就能得到足够好的近似解。针对一个样本的单步对比分歧算法的具体过程描述如下。

取一个训练样本$\boldsymbol{v}$,计算隐结点的概率,从中获取一个隐结点激活向量的样本 $\boldsymbol{h}$,计算$\boldsymbol{v}$和 $\boldsymbol{h}$ 的外积,称为“正梯度”;从 $\boldsymbol{h}$ 获取一个重构可视结点的激活向量样本$\boldsymbol{v}'$,再从$\boldsymbol{v}'$获得一个隐结点的激活向量样本 $\boldsymbol{h}'$,计算$\boldsymbol{v}'$和 $\boldsymbol{h}'$的外积,称为“负梯度”;使用正梯度和负梯度的差以一定的学习率 ε 更新权重为

$$\Delta W_{ij}=\varepsilon(\boldsymbol{v}\boldsymbol{h}^{\mathrm{T}}-\boldsymbol{v}'\boldsymbol{h}'^{\mathrm{T}}) \tag{3.58}$$

同样地,偏置 $\boldsymbol{b}$ 和 $\boldsymbol{c}$ 也可以使用类似的方法进行更新。

2. 深度信念网络的结构

深度信念网络(DBN)是由若干受限 Boltzmann 机(RBM)堆叠而成,即上一个 RBM 的隐层作为下一个 RBM 的可视层,上一个 RBM 的输出作为下一个 RBM 的输入,直到最后再连接一层分类层构成,如图 3.23 所示。

3. 深度信念网络的训练

DBN 的训练过程分为预训练和调优两个阶段。从低到高逐层采用无监督算法进行预

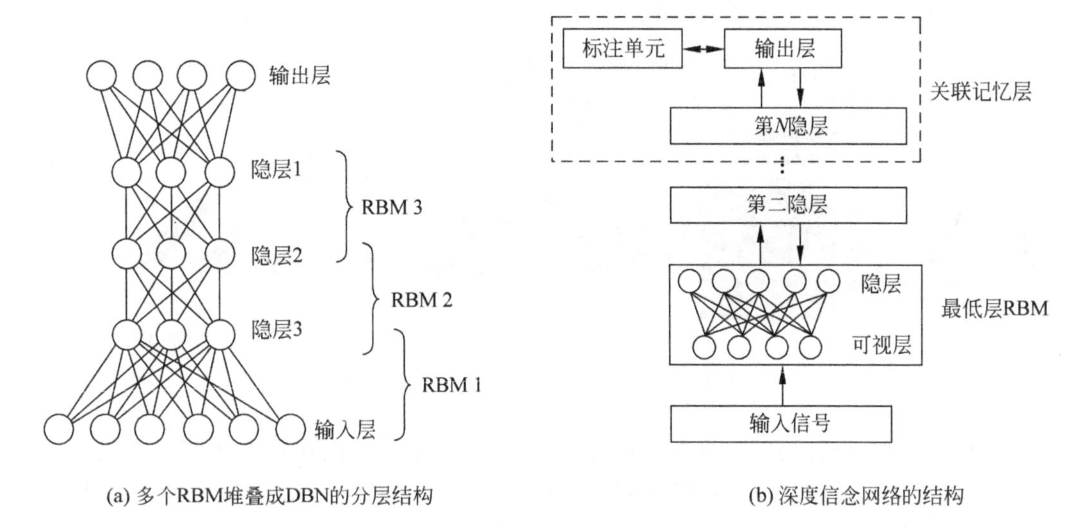

(a) 多个RBM堆叠成DBN的分层结构

(b) 深度信念网络的结构

图 3.23 从受限 Boltzmann 机到深度信念网络的结构

训练,初始化的网络参数包括层与层之间的联结权重及各层神经元的偏置值,具体步骤如下:

(1) 低层(可视层)使用观测样本对 RBM 进行训练。

(2) 低层输出作为高层(隐层)的输入对 RBM 进行训练。

(3) 重复第(1)步和第(2)步,对所有的 RBM 进行训练,完成模型参数的初始化。

调优是在完成对模型参数初始化的预训练之后,再用传统学习算法对网络参数进行微调,达到进一步优化参数的目的。

深度信念网络采用了逐层初始化和整体反馈的方法,克服了深层网络难以训练的弊端。因此,它可以用于特征识别、特征分类及数据构造等。

3.2.9 卷积神经网络

卷积神经网络(Convolution Neural Network, CNN)是 1998 年由乐村等提出的[119],用于手写字符的识别。为了解决全连接网络图像识别面临的许多问题,乐村等提出局部连接、局部感受野、权重共享、空间或时间子采样的新思想,设计了卷积神经网络 LeNet-5。

1. 卷积神经网络结构及设计原理

卷积神经网络是一种多层前向神经网络,如图 3.24 所示,除输入层外,有 3 个卷积层,2 个子采样层(池化层),1 个全连接层和输出层,共 7 层。输入的原始图像大小是 32×32 像素,卷积层用来提取不同的图像特征,子采样层用作降维。卷积层和子采样层的输出均为特征图。全连接层是一个分类器,输出层给出的是图像在各类别下的预测概率。

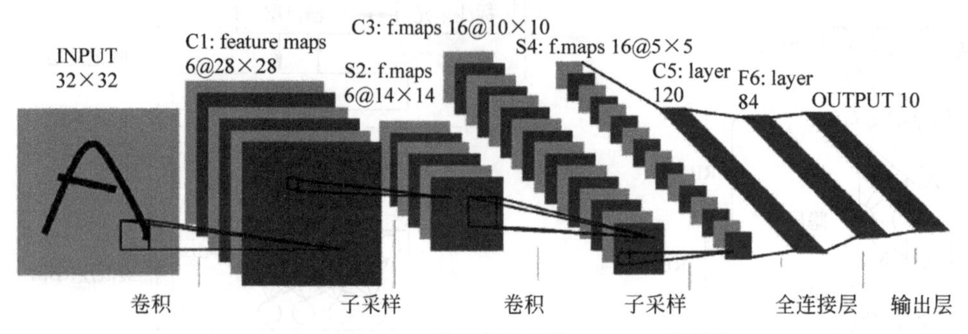

图 3.24 卷积神经网络 LeNet-5 的结构

卷积神经网络设计局部连接和权重共享的思想,源于自然图像存在相邻局部区域的统计特性具有相似性,因此,每个神经元就没必要全连接对全局图像进行感知,只需要局部连接对局部进行感知,从局部区域学习到的图像特征,同样适合于其他相邻的局部区域。这个局部区域称为卷积核(权矩阵)的局部感受野,这样的权矩阵就可以在其他区域共享了。

2. 卷积层与卷积运算

卷积神经网络的每一层都由多个二维向量组成,每个向量由多个独立神经元组成。每个二维向量可以视为一张图像,使用一个权矩阵表示单个像素与其邻域像素之间的关系。卷积层的作用是通过卷积运算提取输入图像的特征。

卷积是一种积分运算,用于求两个重叠区域面积。卷积运算就是用卷积核(权矩阵)作模板和一幅图像进行卷积,对于图像上的一个点,让模板的原点和该点重合,然后模板上的点和图像上对应的点相乘,再把各点的积相加,就得到了该点的卷积值。卷积运算是把一个点的像素用它周围点像素的加权平均代替,起到对图像线性滤波的作用。

卷积操作是将作为卷积核的权矩阵在输入特征图中,按从上到下、从左到右的顺序移动,从而得到整个图像的特征表示。

3. 池化层与池化操作

池化层用来降低数据的维数。类似于卷积操作,池化操作是将池化窗口在输入特征图中,按从上到下、从左到右的顺序移动。取池化窗口所覆盖的子矩阵元素的最大值或平均值作为输出的操作,分别称最大池化或平均池化。

上述的卷积运算和池化过程的示意如图 3.25 所示。输入图片首先利用卷积核(也称滤波器矩阵)$\boldsymbol{f}_x$ 对图像进行卷积运算,再赋予偏置项 $\boldsymbol{b}_x$,最后得到卷积层 $\boldsymbol{C}_x$ 的一个特征图。这个特征图被子采样后,先对每个邻域的 4 个像素求和,得到 1 个像素值,通过权重 $\boldsymbol{W}_{x+1}$ 对 x 加权,再加上偏置项 $\boldsymbol{b}_{x+1}$,最后利用 Sigmoid 激活函数得到几乎缩小为 1/4 倍的特征图 S_{x+1}。

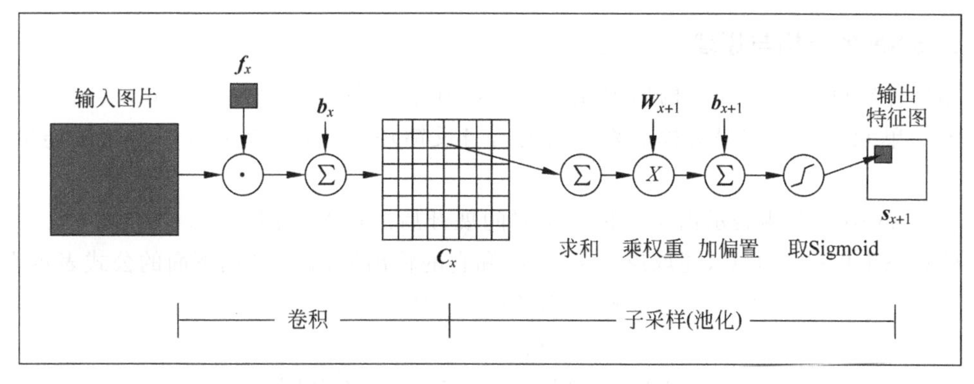

图 3.25 卷积和子采样过程示意图

卷积神经网络经过多个卷积层和池化层后，将获取图像的全部局部特征送给全连接层。

4. 全连接层

全连接层在整幅图像层面上整合卷积层(或者池化层)中局部的特征信息，将高维的大向量通过全连接变成合适维度的小向量，以形成便于分类的特征，并将这些特征映射到样本的标记空间中。

5. 卷积神经网络的训练

卷积神经网络的训练比起全连接神经网络的训练要复杂一些，但是训练的原理是一样的。都是利用链式求导计算损失函数对每个权重的偏导数(梯度)，然后根据梯度下降公式更新权重。训练算法依然是反向传播算法。由于卷积神经网络的参数量较大，很容易发生过拟合，影响最终的测试性能。辛顿等人[120]提出通过在每次训练迭代中随机忽略一半的特征点来防止过拟合。此外还有一些改进方法，如动量法、权重衰变和数据增强等。

卷积神经网络 LeNet-5 已成为深度学习的经典模型，后来相继提出 AlexNet、ZFNet 和 VGGNet 等模型，主要应用在图像识别、人脸识别、计算机视觉、自然语言处理、机器学习等领域。

3.2.10 循环神经网络

循环神经网络(Recurrent Neural Network, RNN)是具有环路结构和记忆能力，能处理序列数据的一类动态神经网络。对循环神经网络的研究始于 20 世纪 80—90 年代，根据“循环”方式的不同和输入输出的变化，约旦(Jordan)、皮内达(Pineda)、威廉姆斯(Williams)等提出了多种 RNN 结构。

1. RNN 的结构与原理

循环神经网络的单元结构如图 3.26 所示,其中图左侧为包含输入单元、隐单元和输出单元的单元模型。如果去掉了隐单元的自身反馈环,它就变成了最普通的全连接神经网络。

图 3.26 中的右侧表示由单元模型按时间展开后的情况。网络在 t 时刻输入 x_t 后,隐单元的状态不仅取决于 s_t,还取决于 s_{t-1},s_t 和它的输出值 o_t 分别用下面的公式表示为

$$s_t = f(\boldsymbol{U} \cdot x_t + \boldsymbol{W} s_{t-1}) \tag{3.59}$$

$$o_t = g(\boldsymbol{V} \cdot s_t) \tag{3.60}$$

其中,$\boldsymbol{U}$ 为输入 x 的权矩阵;$\boldsymbol{V}$ 为输出层的权矩阵;g 和 f 分别为激活函数。

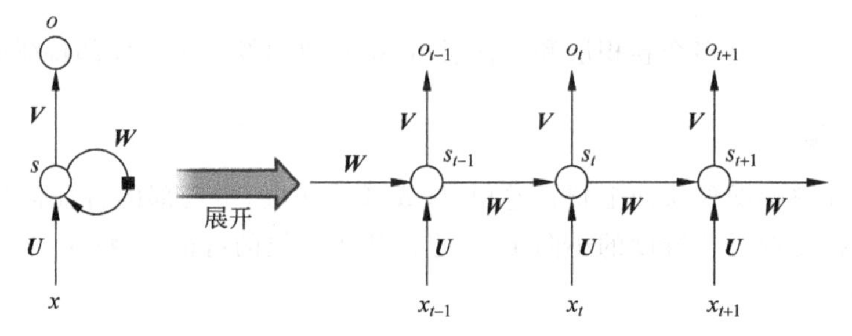

图 3.26 循环神经网络结构示意图

不难看出,输出层是一个全连接层,它的每个结点都和隐结点相连。这样能够通过获取输入层的输出和隐单元前一时刻的状态来计算当前时刻的隐单元输出,具有对过去信息进行记忆的功能。

2. RNN 的学习算法

1986 年,辛顿等人提出了一种循环神经网络训练参数的随时间反向传播(Back-Propagation Through Time,BPTT)算法。BPTT 算法可以看作反向传播算法由前馈神经网络向循环神经网络的推广,只不过 RNN 处理的是时间序列数据,所以是基于时间反向传播,故称随时间反向传播。

BPTT 算法将循环神经网络视为一个展开的多层前馈网络,其中"每一层"对应循环网络中的"每个时刻"。这样,循环神经网络就可以按照前馈网络中的反向传播算法进行计算参数梯度。在"展开"的前馈网络中,所有层的参数 $\boldsymbol{W}$、$\boldsymbol{U}$、$\boldsymbol{V}$ 都是共享的,训练的目的就是沿着需要优化参数的负梯度方向不断地寻找更优的点,直至收敛。

BPTT 算法对循环层的训练的具体步骤如下。

(1) 随时间前向传播计算每个神经元的输入值。

(2) 随时间反向传播计算每个神经元的误差值,将误差项向上一层传播。

(3) 计算每个权重的梯度。

(4) 用梯度下降的误差后向传播算法更新权重。

3. LSTM 网络的结构

长短期记忆单元(Long Short-Term Memory, LSTM)的特殊结构循环神经网络是1997年由德国的霍克赖特(Hochreiter)和施密特胡伯(Schmidhuber)提出的,它通过控制记忆状态时间对长短来解决 BPTT 算法当输入序列长时间存在的梯度消失问题。

LSTM 网络由多个带有 3 个门的单元模块组成,一个单元结构如图 3.27 所示,其中黑圆点表示门,含曲线的圆圈表示激活函数,中间的大圆圈表示该单元的结点。

每个单元模块包含输入门、输出门及遗忘门,它们分别通过不同的取值 1 或 0 对当前结点的信息进行控制。例如,输入门通过取值为 1(或 0)控制信息允许(或不允许)输入当前结点;输出门通过取值为 1(或 0)控制当前结点信息允许(或不允许)传递给下个结点;遗忘门通过取值为 1(或 0)控制当前结点允许(或不允许)保留历史时刻信息。

LSTM 的训练算法仍然是反向传播算法。LSTM 网络能够对数据点所在时刻的"历史"信息进行参考,更有利于分析数据。

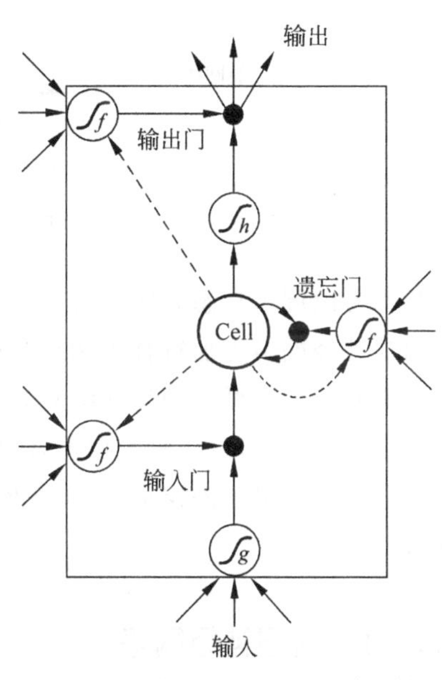

图 3.27　一个 LSTM 网络的单元结构

4. 双向循环神经网络的结构

双向循环神经网络(Bidirectional Recurrent Neural Network, Bi-RNN)是由两个独立并结构完全对称的循环神经网络叠加在一起组成的,其输出也是由这两个循环神经网络的输出拼接而成,其结构如图 3.28 所示。

同一个输入会同时提供给两个方向相反的循环神经网络,两个独立的网络独立进行计算,各自产生该时刻的新状态和输出;双向循环神经网络的最终输出是这两个单向循环神经网络输出的简单拼接。这样可以在同一网络结构中直接用两个相反时间方向的输入信息来减少代价函数的误差,而不需要额外的算法处理"未来"数据信息,能对输入数据的背景信息更加有效的利用,较前面的传统循环神经网络更为简便,并提高了识别率。

5. 深层循环神经网络

RNN 的环路结构使得在神经单元之间既有内部反馈连接,又有前馈连接。RNN 的内

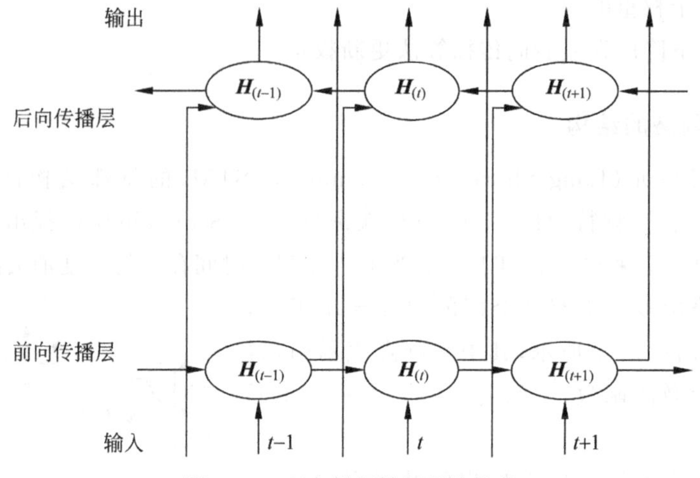

图 3.28　双向循环神经网络结构

部状态可以展示动态时序行为,可以利用它内部的记忆来处理任意时序的输入序列。RNN比前馈神经网络更加符合生物神经网络的结构,具有更强的动态行为和计算能力。

前面介绍的循环神经网络只有一个循环层,为了增强网络的信息表达和处理能力,在网络中设置多个循环层,将每层循环神经网络的输出传给下一层进行处理,这样网络就称为深层循环神经网络。深层循环神经网络广泛用于语音识别、语言模型以及自然语言生成等领域。

3.2.11　递归神经网络

随着大数据和云计算技术的发展,需要设计更为复杂的网络以便在时间和空间维度上解决表征、处理语音识别、图像识别等复杂问题。于是反馈神经网络的结构变得越来越复杂。复杂结构的网络在训练、学习过程中,通常采用递归的结构,一般把这类具有复杂结构的反馈网络称为递归神经网络。

1. 递归神经网络的结构原理

递归神经网络(Recursive Neural Network,RNN)是利用树状神经网络结构来递归构造更为复杂的深度神经网络。递归神经网络的结构上有利于在空间维度上展开,便于处理图像识别等问题。

根据实际应用场合对输入和输出序列数量的要求不同,RNN 的结构有多种形式:单入单出,用于图像分类场景等;单入多出,可用于图像自动字幕等;多入单出,可用于文本情感分析等;多入多出,可用于翻译或聊天对话场景等。

下面介绍 RNN 怎样把一个树结构信息编码映射为一个向量。

设递归神经网络的输入有两个子结点，输出为这两个子结点编码后产生的父结点，父结点的维度和每个子结点相同，它们都用向量表示。子结点的每个神经元和父结点的每个神经元两两相连。两个子结点和两个父结点就组成一个全连接神经网络，用矩阵表示联结权重。

把产生的父结点向量和其他子结点向量再作为网络的输入，再次产生它们的父结点，如此递归下去，直至整棵树处理完毕。最终，将得到根结点的向量，它是对整棵树的表示。这样就实现了把树结构信息映射为一个向量。

2. 递归神经网络的训练

递归神经网络的训练算法和循环神经网络类似，都是采用辛顿等人在 1986 年提出的一种多层前馈网络训练的 BPTT 算法。但两者训练的区别在于，循环神经网络是将误差从当前时刻反向传播到初始时刻，而递归神经网络要将误差从根结点反向传播到各个子结点。

3. 递归神经网络与循环神经网络的关系

循环神经网络（Recurrent Neural Network，RNN）与递归神经网络（Recursive Neural Network，RNN）二者的英文缩写都是 RNN。英文中的 recurrent 和 recursive 都有递归的、循环的意思，而译成中文时前者译为循环，而后者译为递归。

循环神经网络指的是时间上的循环，用于在时间维度上展开，处理时间序列结构的信息。这样的信息在时间维度从前往后的传递和积累。递归神经网络指的是结构上的递归，用于在空间维度上展开，处理树/图类结构的信息。

用循环神经网络来建模的话，就是假设句子后面的词的信息和前面的词有关，而用递归神经网络来建模的话，就是假设句子是由几个句成分组成的一个树状结构，而每个部分又可以再分成几个小部分，即某一部分的信息由它的子树的信息组合而来，整句话的信息由组成这句话的几个部分组合而来。

递归神经网络和循环神经网络具有不同的计算图，递归神经网络的计算图的结构为一个深层树（无环图），而不是循环神经网络的计算图为链式结构（有环图）。

除了上述介绍的神经网络模型外，还有许多种类的神经网络模型，如基于自适应共振理论（Adaptive Resonance Theory，ART）的自组织神经网络，基于非线性动力学稳定吸引子理论的双向联想记忆网络（Bidirectional Associative Memory，BAM），基于细胞自动机理论的细胞神经网络（Cellular Neural Network，CNN），模糊神经网络（Fuzzy Neural Network，FNN），以及混沌神经网络（Chaotic Neural Network，CNN）等，在此不再赘述。

3.3 基于神经网络的系统辨识

3.3.1 神经网络的逼近能力

1989年,罗伯特·赫希特·尼尔森(Robert Hecht-Nielson)证明了对于任何在闭区间内的一个连续函数都可以用一个隐层的BP网络来逼近,因而一个三层的BP网络可以完成任意的n维到m维的映射。这个定理的证明是以数学上维尔斯特拉斯(Weierstrass)的以下两个逼近定理为依据的。

定理3.2 任意给定一个连续函数$g\in C(a,b)$及$\varepsilon>0$,存在一个多项式$P(x)$,使$|g(x)-P(x)|<\varepsilon$,对每个$x\in[a,b]$成立。

定理3.3 任意给定一个函数$g\in C_{2\pi}$($C_{2\pi}$是以2π为周期的连续函数)及$\varepsilon>0$,存在三角函数多项式$T(x)$,使得$|g(x)-T(x)|<\varepsilon$,对每个$x\in\mathbf{R}$成立。

推理3.1 在n维空间中,任一向量$\boldsymbol{x}$都可以由基集$\{e_i\}$表示,$\boldsymbol{x}=C_1e_1+C_2e_2+\cdots+C_ne_n$,同样在有限区间内$x\in[a,b]$的一个函数$g(x)$,可以用一个正交函数序列$\{\phi_i(x)\}$来表示。如果基函数可以扩展到任意大,那么

$$g(x)=C_1\phi_1(x)+C_2\phi_2(x)+\cdots+C_n\phi_n(x) \tag{3.61}$$

如果正交基函数是有限项,那么

$$g(x)=C_1\phi_1(x)+C_2\phi_2(x)+\cdots+C_n\phi_n(x)+\varepsilon \tag{3.62}$$

$\{\phi_i(x)\}$是正交的,可以用傅里叶级数的三角函数展开,$C_1,C_2,\cdots,C_n$为傅里叶级数的系数。

利用推理3.1,对于一个任意给定的一维连续函数$g(x)$,$x\in[0,1]$,可以用一个傅里叶级数来近似,表示为

$$g_{\mathrm{F}}(x)=\sum_k C_k\exp(2\pi ikx) \tag{3.63}$$

其中

$$C_k=\int_{[0,1]}g(x)\exp(-2\pi ikx)\mathrm{d}x \tag{3.64}$$

则有$|g(x)-g_{\mathrm{F}}(x)|<\varepsilon$,对每个$x$成立。

进一步考虑$\boldsymbol{x}$为一个n维空间的向量,在$[0,1]^n\in\mathbf{R}^n$进行映射g': $[0,1]^n\in\mathbf{R}^n\to\mathbf{R}$,如果积分$\int_{[0,1]^n}|g'(\boldsymbol{x})|^2\mathrm{d}\boldsymbol{x}$存在,那么根据傅里叶级数理论,仍旧存在一个级数:

$$\begin{aligned}g'_{\mathrm{F}}(\boldsymbol{x},N,g')&=\sum_{k_1=-N}^{N}\sum_{k_2=-N}^{N}\cdots\sum_{k_n=-N}^{N}C_{k_1k_2\cdots k_n}\exp\left(2\pi i\sum_{i=1}^{n}k_ix_i\right)\\&=\sum_k C_k\exp(2\pi i\,\boldsymbol{k}\cdot\boldsymbol{x})\end{aligned}$$

$$C_{k_1,k_2,\cdots,k_n}=C_k=\int_{[0,1]^n} g'(\boldsymbol{x})\cdot\exp(-2\pi i k\cdot\boldsymbol{x})\mathrm{d}\boldsymbol{x} \tag{3.65}$$

当 $N\to\infty$ 时,满足

$$\lim_{N\to\infty}\int_{[0,1]^n} |g(\boldsymbol{x})-g'_{\mathrm{F}}(\boldsymbol{x},N,g')|\mathrm{d}\boldsymbol{x}=0 \tag{3.66}$$

现考虑对一个任意多维函数的映射,给定一个函数 $h(\boldsymbol{x}),\boldsymbol{x}\in\mathbf{R}^n,[0,1]^n\subset\mathbf{R}^n\to\mathbf{R}^m$ 其 $h(\boldsymbol{x})=[h_1(\boldsymbol{x}),h_2(\boldsymbol{x}),\cdots,h_m(\boldsymbol{x})]^{\mathrm{T}}$,则 $\boldsymbol{h}$ 中的每一个分量也都可以用式(3.63)中的傅里叶级数来近似,那么可以得到下面的定理。

定理 3.4(映照定理) 给定任一个 $\varepsilon>0$,一个连续函数向量 $\boldsymbol{h}$,其向量中的每个元素满足 $\int_{[0,1]^n}|h_i(\boldsymbol{x})|^2\mathrm{d}\boldsymbol{x}$ 存在,$\boldsymbol{h}$: $[0,1]^n\subset\mathbf{R}^n\to\mathbf{R}^m$ 必定存在一个三层 BP 神经网络来逼近函数 $\boldsymbol{h}$,使逼近误差在 ε 之内。(证明略)

神经网络的万能逼近能力表明它具有从输入到输出的非常强的非线性映射能力。

3.3.2 神经网络系统辨识的原理

系统辨识是对难以通过机理和试验方法建模的复杂对象进行建模的一种方法。扎德把辨识定义为:"辨识就是在系统输入和输出观测数据的基础上,从一组给定的模型中,确定一个与被识别的系统等价的模型。"这个定义指出了辨识应具有以下 3 个要素。

(1) 输入输出数据:能够观测到的按时间顺序排列的系统输入输出数据,简称为时序数据。

(2) 模型类:明确给定所要辨识的系统属于哪一类系统,因为属性完全不同的系统可能具有相同的模型结构。

(3) 等价准则:从一类模型中按所给定的性能等价准则,选择一个与实际系统最为接近的模型。等价准则就是用以衡量模型与实际系统接近程度的标准,一般表示为误差函数的泛函。

基于神经网络的系统辨识就是选择一个适当拓扑结构的神经网络模型,使该网络从待辨识的实际动态系统中不断地获得输入输出数据,神经网络通过学习算法自适应地调节神经元间的联结强度,从而获得利用神经网络逐渐逼近实际动态系统的模型(正模型)或逆模型(如果系统是可逆的)。这样的动态系统模型实际上是隐含在神经网络的权矩阵中。

3.3.3 基于 BP 网络的非线性系统模型辨识

多层前馈网络是系统辨识中常用的网络,下面介绍一种基于 BP 网络的非线性动态系统模型辨识算法[43]。

1. 前馈网络的结构设计

为简单起见,考虑单输入单输出动态系统

$$y(k+1)=f[y(k),y(k-1),\cdots,y(k-n+1);\ u(k),u(k-1),\cdots,u(k-m+1)] \tag{3.67}$$

其中,$u(k)$,$y(k)$分别为系统的输入、输出;m,n 分别为输入、输出的阶次。

辨识上述系统选用三层前馈网络:输入层神经元的数目为 $n_{\mathrm{I}}\geqslant m+n+1$;输出层神经元的数目 n_{O} 应为待辨识的输出维数,在此 $n_{\mathrm{O}}=1$;隐层的神经元数目 n_{H} 一般取 $n_{\mathrm{H}}>n_{\mathrm{I}}$。

如果对象的阶次 n,m 已知,那么 BP 网络的输入向量为

$$\boldsymbol{X}(k)=[x_1(k),x_2(k),\cdots,x_{n_{\mathrm{I}}}(k)]^{\mathrm{T}} \tag{3.68}$$

$$x_i(k)=\begin{cases} y(k-i), & 1\leqslant i\leqslant n \\ u(k-i-n+1), & n+1\leqslant i\leqslant n_{\mathrm{I}} \end{cases} \tag{3.69}$$

如果对象的阶次 n,m 未知,那么可通过选择 n,m 的不同组合,由好的性能指标决定。

2. 基于 BP 网络的系统辨识算法

设输入层到隐层的加权阵为$[v_{ji}]$,隐层到输出层的加权阵为$[w_i]$。对于设定的单输入单输出系统,神经网络从输入层到隐层的输入输出关系为

$$\mathrm{net}_i(k)=\sum_{j=0}^{n_{\mathrm{I}}} v_{ji}x_j(k) \tag{3.70}$$

$$I_i(k)=H[\mathrm{net}_i(k)] \tag{3.71}$$

$$H[x]=(1-\mathrm{e}^{-x})/(1+\mathrm{e}^{-x}) \tag{3.72}$$

其中,$x_0=1$ 为阈值对应的状态。

从隐层到输出层的输入输出关系为

$$\hat{y}(k)=\sum_{i=0}^{n_{\mathrm{H}}} W_iI_i(k) \tag{3.73}$$

其中,$I_0=1$ 为阈值对应的状态。

BP 网络的学习算法采用广义 δ 规则,使性能指标

$$J=\frac{1}{2}[y(k)-\hat{y}(k)]^2 \tag{3.74}$$

达到最小。为提高网络学习速度,采用带有惯性项的 δ 规则为

$$\Delta W_i(k)=a_1e(k)I_i(k)+a_2\Delta W_i(k-1) \tag{3.75}$$

$$\Delta v_{ji}(k)=a_1e(k)H'[\mathrm{net}_i(k)]W_i(k)x_i(k)+a_2\Delta v_{ji}(k-1) \tag{3.76}$$

$$e(k)=y(k)-\hat{y}(k) \tag{3.77}$$

$$H'[\mathrm{net}_i(k)] = \mathrm{net}_i(k)[1-\mathrm{net}_i(k)] \tag{3.78}$$

其中，$i=1,2,\cdots,n_{\mathrm{H}}$；$j=1,2,\cdots,n_{\mathrm{I}}$。

3. 基于BP网络的系统辨识步骤

(1) 初始化权重 $v_{ji}(0)$，$W_i(0)$为一小的随机值。

(2) 选择适当形式的输入信号 $u(k)$，如二进制伪随机序列，加入到系统式(3.67)。

(3) 采集输出信号 $y(k)$(若为仿真时，$y(k)$由式(3.67)计算)。

(4) 根据式(3.68)、式(3.69)构成输入向量 $\boldsymbol{X}(k)$，并计算误差 $e(k)$。

(5) 根据式(3.75)～式(3.77)修改加权重 $W_i(k)$，$v_{ji}(k)$。

(6) 将 $k \to k+1$，返回第(2)步。如果是离线辨识，需按预先给定的允许误差 ε 判断辨识算法的终止条件为

$$|e(k)| = |y(k)-\hat{y}(k)| < \varepsilon \tag{3.79}$$

3.4 基于神经网络的智能控制

3.4.1 神经控制的基本原理

控制系统的目的在于通过确定适当的控制量输入，使得系统获得期望的输出特性。图3.29(a)给出一般反馈控制系统的原理图，图3.29(b)是采用神经网络替代图3.29(a)中的控制器完成同样的控制任务。

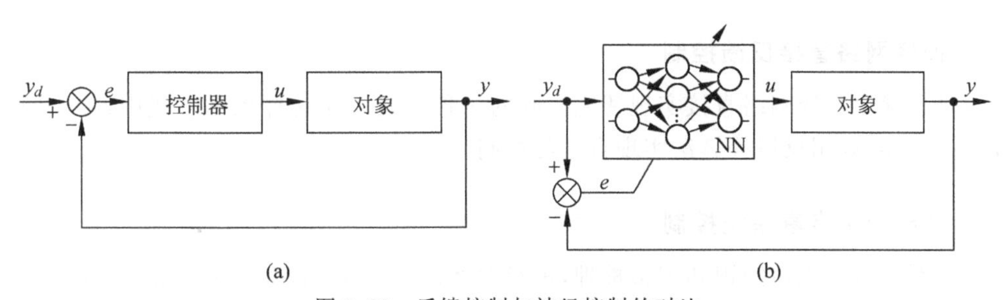

图3.29 反馈控制与神经控制的对比

下面分析神经网络是如何工作的。设被控制对象的输入 u 和系统输出 y 之间满足如下非线性函数关系

$$y = g(u) \tag{3.80}$$

控制的目的是确定最佳的控制量输入 u，使系统的实际输出 y 等于期望的输出 y_d。在该系统中，把神经网络的功能看作从输入到输出的某种映射，或称函数变换，并设它的函数关系为

$$u = f(y_d) \tag{3.81}$$

为了满足系统输出 y 等于期望的输出 y_d，将式(3.81)代入式(3.80)，可得

$$y = g[f(y_d)] \tag{3.82}$$

显然，当 $f(\cdot) = g^{-1}(\cdot)$ 时，满足 $y = y_d$ 的要求。

由于要采用神经网络控制的被控对象一般是复杂的且多具有不确定性，因此非线性函数 $g(\cdot)$ 是难以建立的，可以利用神经网络具有逼近非线性函数的能力来模拟 $g(\cdot)$。尽管 $g(\cdot)$ 的形式未知，但根据系统的实际输出 y 与期望输出 y_d 之间的误差，通过神经网络学习算法调整神经网络联结权重直至误差

$$e = y_d - y \rightarrow 0 \tag{3.83}$$

这样的过程就是神经网络逼近 $g^{-1}(\cdot)$ 的过程，实际上是对被控对象的一种求逆过程。由神经网络的学习算法实现逼近被控对象逆模型的过程，就是神经网络实现直接控制的基本思想。

3.4.2 基于神经网络智能控制的类型

在控制系统中，应用神经网络的非线性映射能力可对难以精确描述的复杂非线性对象进行建模，或充当控制器，或优化计算，或进行推理，或故障诊断等，或同时兼有上述某些功能的适当组合等。

基于神经网络的智能控制本书指只由神经网络单独进行控制或由神经网络同其他智能控制方式相融合的控制的统称，属于这类控制的主要有以下形式。

1. 神经网络直接反馈控制

这是只使用神经网络直接实现智能控制的一种方式。在这种控制方式中，神经网络直接作为控制器，利用反馈等算法实现自学习控制。

2. 神经网络专家系统控制

专家系统善于表达知识和逻辑推理，神经网络长于非线性映射和直觉推理，将二者相结合发挥各自的优势，就会获得更好的控制效果。

图3.30是一种神经网络专家系统的结构方案，这是一种将神经网络和专家系统相结合用于智能机器人的控制系统结构。EC是对动态系统P进行控制的专家控制器。神经网络控制器NC将接受小脑模型神经网络CMAC的训练，每当运行条件变化使神经控制器性能下降到某一限度时，运行监控器EM将调整系统工作状态，使神经网络处于学习状态，此时EC将保证系统的正常运行。该系统运行共有3种状态：EC单独运行，EC和NC同时运行，NC单独运行。监控器EM负责管理它们之间运行的切换。

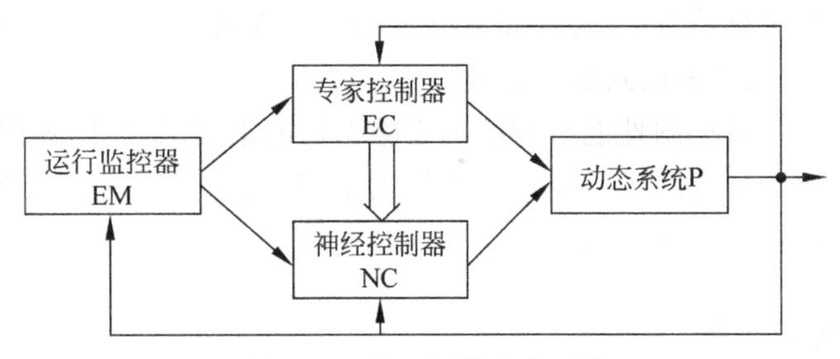

图 3.30 神经网络专家系统

对复杂系统可采用递阶控制结构，如图 3.31(a)所示，下层为 NC，上层为 EC，利用 NC 的映射能力和运算能力进行实时控制，EC 则用于知识推理、决策、规划、协调。图 3.31(b)表示一种分级结构，EC1 帮助 NC 进行训练等；NC 用于决策、求解问题；EC2 用来解释 NC 的输出结果并驱动执行机构对系统 P 进行控制。图 3.31(c)是利用神经网络控制完成专家系统中最耗费时间的模式匹配工作，以加速专家系统的执行。由上面的结构不难看出，神经控制和专家系统的结合具有这样的特点：在分层结构中，EC 在上层，NC 在下层；在分级结构中，EC 在前级，NC 在后级。

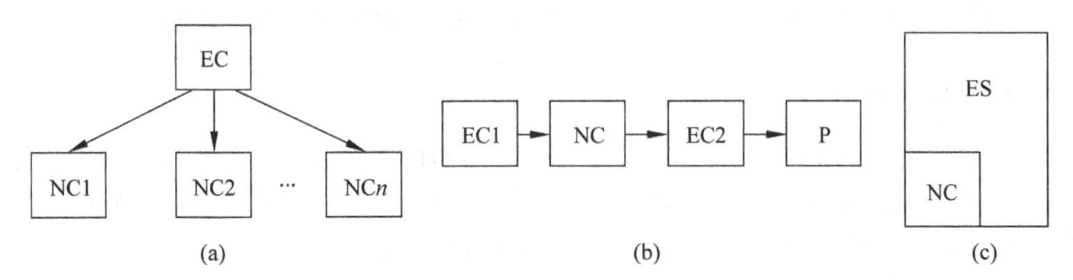

图 3.31 神经网络专家系统的递阶分级结构

3. 神经网络模糊逻辑控制

模糊系统善于直接表示逻辑，适于直接表示知识，神经网络长于学习通过数据隐含表达知识。前者适于自上而下的表达，后者适于自下而上的学习过程，二者存在一定的互补、关联性。因此，它们的融合可以取长补短，可以更好地提高控制系统的智能性。神经网络和模糊逻辑相结合有以下几种方式。

1) 用神经网络驱动模糊推理的模糊控制

这种方法是利用神经网络直接设计多元的隶属函数，把神经网络作为隶属函数生成器组合在模糊控制系统中。

2) 用神经网络记忆模糊规则的控制

通过一组神经元不同程度的兴奋表达一个抽象的概念值，由此将抽象的经验规则转化成多层神经网络的输入输出样本，通过神经网络如 BP 网络记忆这些样本，控制器以联想记忆方式使用这些经验进行控制,这在一定意义上模拟了人的联想记忆思维方式。

3) 用神经网络优化模糊控制器的参数

在模糊控制系统中对控制性能影响的因素除上述的隶属函数、模糊规则外,还有控制参数,如误差、误差变化的量化因子及输出的比例因子,利用神经网络的优化计算功能可优化这些参数,改善模糊控制系统的性能。

4. 神经网络滑模控制

变结构控制可以视为模糊控制的特例,因此它属于智能控制的范畴。将神经网络和滑模控制相结合就构成神经网络滑模控制。这种方法将系统的控制或状态分类,根据系统和环境的变化进行切换和选择,利用神经网络具有的学习能力,在不确定的环境下通过自学习来改进滑模开关曲线,进而改善滑模控制的效果。

3.4.3 基于传统控制理论的神经控制

将神经网络作为传统控制系统中的一个环节或多个环节,用来充当辨识器,或对象模型,或控制器,或估计器,或优化计算等。这种方式很多,常见的一些方式归纳如下。

1. 神经逆动态控制

设系统的状态观测值为 $x(t)$,它与控制信号 $u(t)$ 的关系为 $x(t)=F(u(t),x(t-1))$,F 可能是未知的,假设 F 是可逆的,即 $u(t)$ 可从 $x(t)$,$x(t-1)$ 求出,通过训练神经网络的动态响应为 $u(t)=H(x(t),x(t-1))$,H 即为 F 的逆动态。

2. 神经 PID 控制

将神经元或神经网络和常规 PID 控制相结合,根据被控对象的动态特性变化情况,利用神经元或神经网络的学习算法,在控制过程中对 PID 控制参数进行实时优化调整,以达到在线优化 PID 控制性能的目的。上述这样的复合控制形式统称为神经元 PID 控制或神经 PID 控制。

3. 模型参考神经自适应控制

在传统模型参考自适应控制系统中,利用神经网络充当对象模型,或充当控制器,或充当自适应机构,或优化控制参数,或兼而有之等,这样的系统统称为模型参考神经自适应控制。

4. 神经自校正控制

这种控制结构的一种形式如同前面介绍的双神经网络间接学习控制结构。对于单神经网络可以有如图3.32所示的控制结构形式，评价函数一般取为 $e=y_d-y$，或采用下述形式：

$$e(t)=\boldsymbol{M}_y[y_d(t)-y(t)]+\boldsymbol{M}_u u(t) \tag{3.84}$$

其中，$\boldsymbol{M}_y$ 和 $\boldsymbol{M}_u$ 为适当维数的矩阵。该方法的有效性在水下机器人姿态控制中得到了证实。

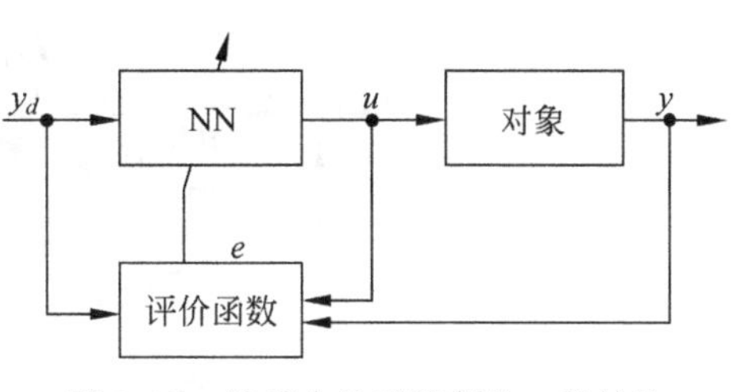

图3.32 神经自校正控制的一种结构

此外，神经网络和传统控制的结合形式，还有神经内膜控制、神经预测控制、神经最优决策控制等，不再赘述。

3.5 神经元PID控制

将神经网络和传统PID控制融合，主要是通过神经网络学习算法在线优化PID控制器的控制参数，与通过模糊推理在线优化PID控制参数是类似的。将单个神经元和PID控制融合构成所谓的神经元PID控制，由于控制算法相对简单，所以获得了较多的应用。

有关通过神经网络学习算法在线优化PID控制器的控制参数的内容放在本书第7章介绍。本节介绍一般的神经元PID控制和自适应神经元PID控制两种形式。

3.5.1 神经元PID控制

基于单个神经元的PID控制系统如图3.33所示，简称为神经元PID控制。其中，神经元输入的3个状态变量 $x_i(t)(i=1,2,3)$ 分别为

$$\begin{cases}x_1(t)=e(t)\\ x_2(t)=\sum_{i=0}^{t}e(i)T\\ x_3(t)=\Delta e(t)/T\end{cases} \tag{3.85}$$

控制器输出为

$$u(t)=K\sum_{i=1}^{3}w_i(t)x_i(t)/\|\boldsymbol{W}\| \tag{3.86}$$

$$\|\boldsymbol{W}\|=\sum_{i=1}^{3}|w_i(t)| \tag{3.87}$$

$$u_g(t)=U_{\max}\frac{1-\mathrm{e}^{-u(t)}}{1+\mathrm{e}^{-u(t)}} \tag{3.88}$$

式中，$U_{\max}$ 为最大控制量。

控制系统的性能指标为

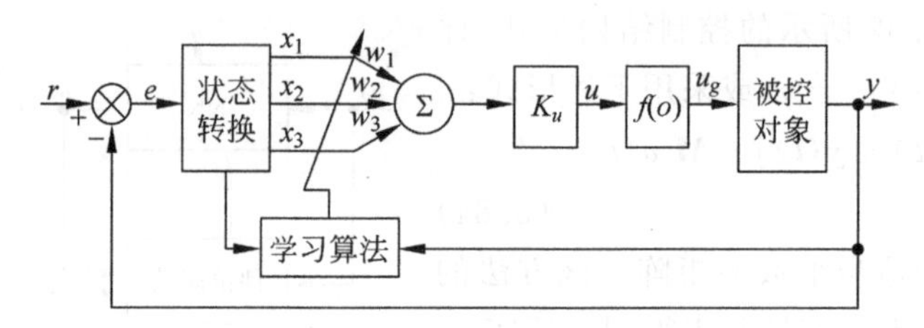

图 3.33 单个神经元 PID 控制系统

$$J(t)=\frac{1}{2}[r(t)-y(t)]^2=\frac{1}{2}e^2(t) \tag{3.89}$$

根据上述性能指标，控制器的加权重学习算法为

$$w_i(t+1)=w_i(t)+\Delta w_i(t) \tag{3.90}$$

$$\Delta w_i(t)=-d_i\frac{\partial J}{\partial w_i(t-1)}=-d_i\frac{\partial J}{\partial y(t)}\frac{\partial y(t)}{\partial u_g(t-1)}\frac{\partial u_g(t-1)}{\partial u(t-1)}\frac{\partial u(t-1)}{\partial w_i(t-1)} \tag{3.91}$$

由于 $\|\boldsymbol{W}\|$ 变化比较平缓，在求导过程中，可认为 $\|\boldsymbol{W}\|$ 近似为一常数，故有

$$\Delta w_i(t)=d_iU_{\max}[1-U_g^2(t-1)/U_{\max}^2]\times e(t-1)x_i(t-1)\frac{\partial y(t)}{\partial u_g(t-1)} \tag{3.92}$$

在对象 $\partial y(t)/\partial u_g(t-1)$ 未知时，有几种近似处理方法：一是利用符号信息 $\mathrm{sgn}[\partial y(t)/\partial u_g(t-1)]$ 近似 $\partial y(t)/\partial u_g(t-1)$；另一个方法是利用差分近似导数

$$\frac{\partial y(t)}{\partial u_g(t-1)}\approx\frac{y(t)-y(t-1)}{u_g(t-1)-u_g(t-2)} \tag{3.93}$$

假定 $\mathrm{sgn}[\partial y(t)/\partial u_g(t-1)]=1$，下面分析一下闭环系统的稳定性。取 Lyapunov 函数为 $V(t)=\frac{1}{2}e^2(t)$，则

$$\Delta V(t)=\frac{1}{2}e^2(t+1)-\frac{1}{2}e^2(t) \tag{3.94}$$

$$e(t+1)=e(t)+\frac{\partial e(t)}{\partial \boldsymbol{W}}\Delta\boldsymbol{W}^{\mathrm{T}}=e(t)+\Delta e(t) \tag{3.95}$$

将上式代入式(3.94)，可得

$$\Delta V(t)=\frac{1}{2}[2e(t)\Delta e(t)+\Delta^2e(t)] \tag{3.96}$$

设 $\boldsymbol{P}=[\partial e(t)/\partial w_1,\partial e(t)/\partial w_2,\partial e(t)/\partial w_3]^{\mathrm{T}}$，$\boldsymbol{D}=\mathrm{diag}\{d_1,d_2,d_3\}$，则有

$$\Delta e(t)=-e(t)\boldsymbol{P}^{\mathrm{T}}\boldsymbol{DP} \tag{3.97}$$

于是有

$$\Delta V(t)=-\frac{1}{2}[e(t)\boldsymbol{P}]^{\mathrm{T}}(2\boldsymbol{D}-\boldsymbol{DPP}^{\mathrm{T}}\boldsymbol{D})[e(t)\boldsymbol{P}] \tag{3.98}$$

当满足

$$0 < \boldsymbol{D} < 2(\boldsymbol{P}\boldsymbol{P}^{\mathrm{T}})^{-1} \tag{3.99}$$

时，有 $\Delta V(t)<0$，整个闭环系统是稳定的。因此，当步长 d_i 取得比较小时，有 $\Delta V(t)<0$，这表明随 t 增大，$e(t)\to 0$，控制算法收敛。

由于 $\boldsymbol{P}$ 不是一个常数，故式(3.99)只能从性质上说明步长 d 的取值范围，实际步长可从实验中确定。

3.5.2 自适应神经元 PID 控制

自适应神经元控制的学习算法为

$$\begin{cases} u(t)=k\sum\limits_{i=1}^{n}w_i(t)x_i(t) \\ w_i(t+1)=w_i(t)+d(r(t)-y(t))x_i(t) \end{cases} \tag{3.100}$$

式中，k，d 是待选定的常数；加权重也可以由式

$$w_i(t+1)=w_i(t)+d(r(t)-y(t))u(t)x_i(t) \tag{3.101}$$

确定；状态 $x_i(t)(i=1,2,\cdots,n)$ 可选 $n=3$

$$x_1(t)=r(t),\quad x_2(t)=r(t)-y(t),\quad x_3(t)=\Delta x_2(t)$$

为确保递进式学习的收敛性，对式(3.100)进行规范化后可得

$$\begin{cases} u(t)=k\left[\sum\limits_{i=1}^{n}w_i(t)x_i(t)\right]\Big/\left[\sum\limits_{i=1}^{n}w_i(t)\right] \\ w_i(t+1)=w_i(t)+d(r(t)-y(t))x_i(t) \end{cases} \tag{3.102}$$

一般来说，d 作为学习速率，希望取大一些；作为比例系数 k 可取为1或一较小的数值，观察学习控制效果再确定 k 值。

由图3.34可知，自适应神经元产生的控制信号由3部分组成：前馈比例控制 $u_1(t)$、反馈比例控制 $u_2(t)$、反馈微分控制 $u_3(t)$，即

$$u(t)=k(u_1(t)+u_2(t)+u_3(t)) \tag{3.103}$$

式中，$u_1(t)=w_1'(t)r(t)$；$u_2(t)=w_2'(t)e(t)=w_2'(t)(r(t)-y(t))$；$u_3(t)=w_3'(t)\Delta e(t)$。

$$w_i'(t)=w_i(t)\Big/\left[\sum_{i=1}^{3}w_t(t)\right],\quad i=1,2,3 \tag{3.104}$$

这是一种多层次多模式的控制结构，集前馈与反馈、开环与闭环于一体，互为关联，互为补偿。神经元控制作用的分离如图3.35所示。图3.35(a)中虚线表示 $e(t)\neq 0$ 时是关联的，并设其传递系数为1，由图3.35(a)所示的结构有 $y(t)=kP(1+w_1'(t))r(t)/(1+kP)$，可知前馈控制将设定信号通过控制执行元件直接作用于被控对象，不影响系统的稳定性，不会引起超调和振荡。图3.35(b)所示的结构是反馈比例加微分控制，有

$$y(t)=kP(w_2'(t)+\Delta w_3'(t))r(t)/[1+kP(w_2'(t)+\Delta w_3'(t))] \tag{3.105}$$

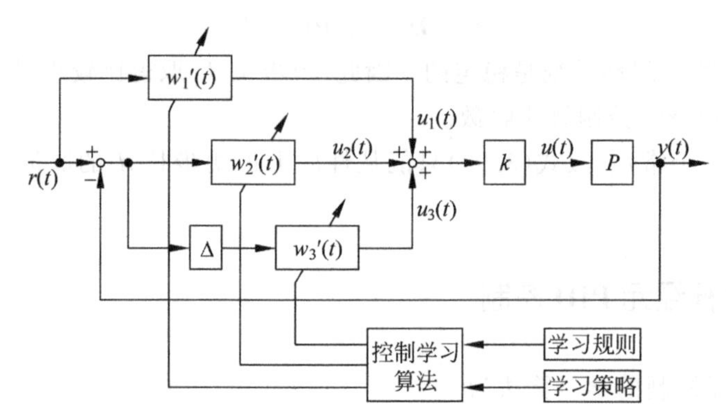

图 3.34　神经元控制系统的一种结构图

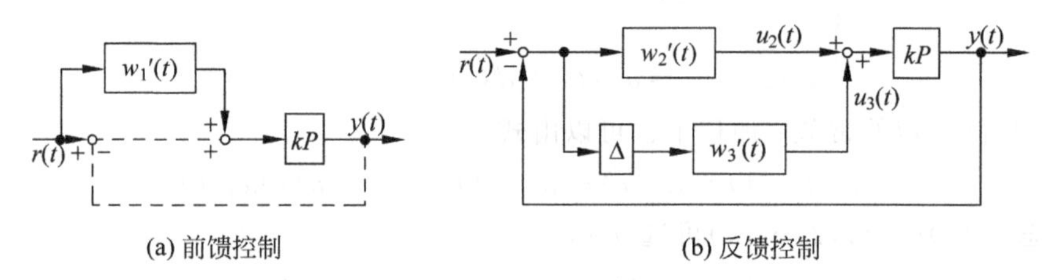

(a) 前馈控制　(b) 反馈控制

图 3.35　神经元系统控制作用的分离

这将改变系统的闭环特性。反馈比例控制能迅速减小跟踪偏差；反馈微分控制能改善系统响应进入渐近跟踪给定信号时的动态特性，控制偏差向任何方向变化，神经元控制系统将这3种控制作用集合在一起，可使前馈控制抗扰动和适应参数变化能力增强，并可克服反馈比例控制引起的超调与振荡以及反馈微分控制对高频动态敏感等缺点。自适应神经元使用由某种学习规则和某种学习策略构成的学习算法，通过关联搜索进行递进式学习和自组织处理外部信息来确定其加权重 $w_i(t)$，即相应于这3种控制作用的比例系数 $w_i(t)(i=1,2,3)$，产生控制信号 $u(t)$，并沿着 $\varepsilon\{[r(t)-y(t)]^2\}/2$ 相应于 $w_i(t)$ 的负梯度方向使误差减小来修正 $w_i(t)$，直到偏差达到最小值0，$\varepsilon\{\cdot\}$ 是数学期望，它无须通过积分作用来消除静差。

实际上，神经元本身建立了被控对象和过程响应的某种形式的内部模型，假定 $P=B/A$，式中 A、B 互质，均为 z^{-1} 的多项式，$P(1)\neq 0$。神经元控制系统进入稳态跟踪后，有 $w_1'(t)=1/(kP(1))$，$P(1)$ 反映了被控对象的开环放大系数。$w_1'(t)$，$w_2'(t)$，$w_3'(t)$ 反映了被控对象和过程响应的动态特性。在动态响应过程中，通过神经元的自学习决定 $w_1(t)$，$w_2(t)$，$w_3(t)$，使系统获得某种性能的动态响应特性。当系统有偏差或处于动态响应时，神经元控制器使3种控制作用关联并发挥各自特长，迅速消除偏差。进入稳态跟踪后，$u_2(t)$ 和 $u_3(t)$ 均为0，系统处于开环控制，此时，$u(t)=ku_1(t)=kw_1'(t)r(t)$，$y(t)=P(1)u(t)=r(t)$。这种将开环和闭环、前馈和反馈集于一体的控制结构的优点是不需要通过积分作用来消除静差。

神经元的可调比例系数 k 在稳态时对控制系统无影响，其作用有：对开环放大系数较大的被控对象起到衰减神经元产生的控制作用，消除学习控制中的冲击与超调；对开环放大系数较小的被控对象起到增强神经元的控制作用，保证神经元能在全局范围内搜索 $\varepsilon\{[r(t)-y(t)]^2\}/2$ 的最小值。这使得复杂系统的控制器设计变成了单参数控制器设计，而且神经元系统对 k 的取值要求不严格。对于神经元的学习速率 d，取较大的值意味着学习速度加快，取较小的值意味着收敛速度加快。实际上，规范化后 d 取值的范围相当大，仿真实验表明 d 的取值对神经元系统品质影响不大。加权重 $w_i(t)(i=1,2,3)$ 的初值 $w_i(0)$ 只要求其中一个分量非零即可。

从自适应神经元 PID 控制系统的结构看，这是一种结构简单新颖的控制方法，其特点是不需要知道被控对象的结构和参数，也无须进行系统建模。

3.6 神经自适应控制

3.6.1 模型参考神经自适应控制

将神经网络同模型参考自适应控制相结合，就构成了模型参考神经自适应控制，其系统的结构形式和传统的模型参考自适应控制系统是相同的，只是通过神经网络给出被控对象的辨识模型。根据结构的不同可分为直接模型参考神经自适应控制和间接模型参考神经自适应控制两种类型，分别如图 3.36(a)和图 3.36(b)所示。间接方式比直接方式中多采用一个神经网络辨识器，其余部分完全相同。

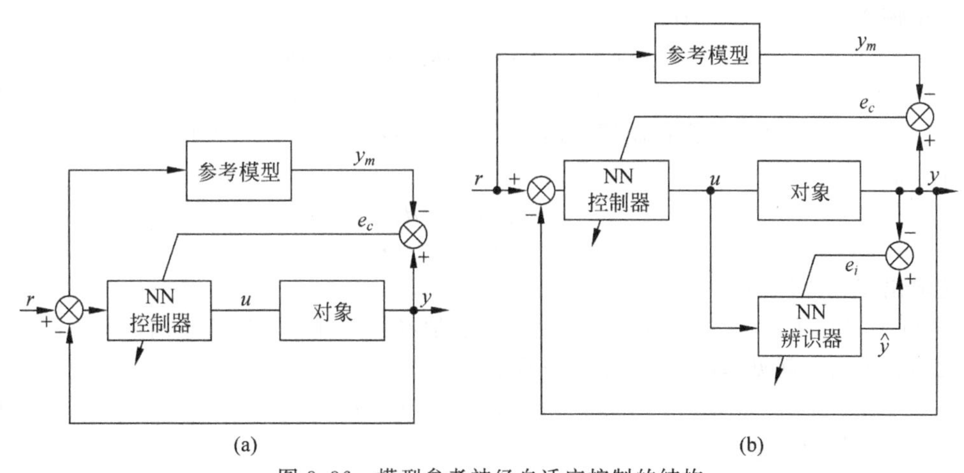

图 3.36 模型参考神经自适应控制的结构

NN 控制器的权重修正目标是使输出误差 $e_c=y_m-y\to 0$ 或二次型指标最小。对于直接方式，由于未知的非线性对象处于 e_c 和 NN 控制器的中间位置，所以给参数修正造成了困难。为了避免这一问题,增加了 NN 辨识器,变为间接方式,此种方式其权重修正目标是使 $e_i=\hat{y}-y\to 0$。

3.6.2 神经自校正控制

自校正控制和模型参考自适应控制是自适应控制中的两种重要形式,它们有相似的特点但也有不同之处。二者的主要区别在于自校正控制没有参考模型,而依靠在线辨识来估计系统未知的参数,以此来在线校正控制参数并进行实时反馈控制。

由于神经网络的非线性映射能力强,使得它可以在自校正控制系统中充当未知系统函数逼近器。这样构成的神经网络自校正控制系统如图 3.37 所示,图中采用 BP 网络结构。

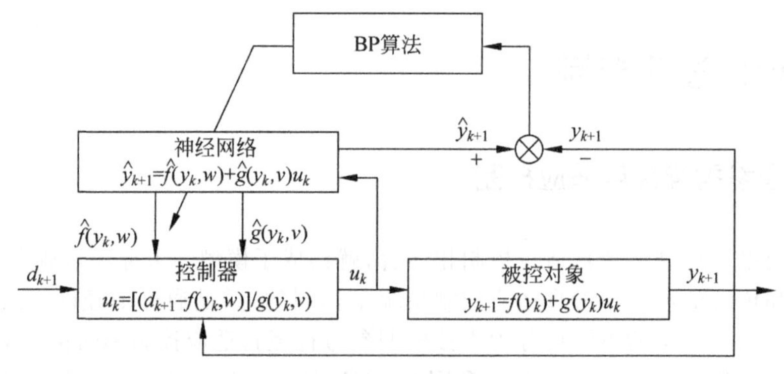

图 3.37 神经自校正控制系统

设单输入单输出线性系统为

$$y_{k+1}=f(y_k,y_{k-1},\cdots,y_{k-p},u_k,u_{k-1},\cdots,u_{k-p})+ \\ g(y_k,y_{k-1},\cdots,y_{k-p},u_k,u_{k-1},\cdots,u_{k-p})u_k \tag{3.106}$$

其中,y_{k+1} 为对象输出,u_k 为控制器输出。在上述函数 $f(\cdot)$和 $g(\cdot)$已知情况下,可以采用下述控制

$$u_k=-\frac{f(\cdot)}{g(\cdot)}+\frac{d_{k+1}}{g(\cdot)} \tag{3.107}$$

使系统输出 y_{k+1} 精确地跟踪期望输出 d_{k+1}。

当 $f(\cdot)$和 $g(\cdot)$未知时,BP 神经网络通过学习算法可以逼近这些函数并重新自校正控制规律。为简单起见,设被控对象为一阶系统

$$y_{k+1}=f(y_k)+g(y_k)u_k \tag{3.108}$$

通过神经网络利用模型

$$\hat{y}_{k+1}=\hat{f}[y_k,\boldsymbol{W}(k)]+\hat{g}[y_k,\boldsymbol{V}(k)]u_k \tag{3.109}$$

去逼近对象模型,其中 $\boldsymbol{W}=[W_0,W_1,\cdots,W_{2p}]$,$\boldsymbol{V}=[V_0,V_1,\cdots,V_{2q}]$,且有

$$\hat{f}(0,\boldsymbol{W})=W_0,\quad \hat{g}(0,\boldsymbol{V})=V_0$$

相应的控制规律为

$$u_k = -\frac{\hat{f}[y_k, \boldsymbol{W}(k)]}{\hat{g}[y_k, \boldsymbol{V}(k)]} + \frac{d_{k+1}}{g[y_k, \boldsymbol{V}(k)]} \tag{3.110}$$

将式(3.110)代入式(3.108)可得

$$y_{k+1} = f(y_k) + g(y_k)\left\{-\frac{\hat{f}[y_k, \boldsymbol{W}(k)]}{\hat{g}[y_k, \boldsymbol{V}(k)]} + \frac{d_{k+1}}{\hat{g}[y_k, \boldsymbol{V}(k)]}\right\} \tag{3.111}$$

使得定义的输出误差

$$E_k = \frac{1}{2}(d_{k+1} - y_{k+1})^2 = \frac{1}{2}e_{k+1}^2 \tag{3.112}$$

为最小，于是有

$$\begin{cases} \dfrac{\partial E_k}{\partial W^i(k)} = \dfrac{g(y_k)}{\hat{g}[y_k, \boldsymbol{V}(k)]} \cdot \left\{\dfrac{\partial \hat{f}[y_k, \boldsymbol{W}(k)]}{\partial W^i(k)}\right\} e_{k+1} \\ \dfrac{\partial E_k}{\partial V^j(k)} = \dfrac{g(y_k)}{\hat{g}[y_k, \boldsymbol{V}(k)]} \cdot \left\{\dfrac{\partial \hat{g}[y_k, \boldsymbol{W}(k)]}{\partial V^j(k)}\right\} u_k e_{k+1} \end{cases} \tag{3.113}$$

对于$\dfrac{\partial \hat{f}[y_k, \boldsymbol{W}(k)]}{\partial W^i(k)}, \dfrac{\partial \hat{g}[y_k, \boldsymbol{W}(k)]}{\partial V^j(k)}$可仿照推导 BP 算法过程计算，虽然 $g(y_k)$未知，但其符号已知，可用 $\mathrm{sgn}[g(y_k)]$代替 $g(y_k)$，这样就可以得到调整$\boldsymbol{W}(k)$和$\boldsymbol{V}(k)$的学习规则

$$\begin{cases} W^i(k+1) = W^i(k) - \eta_k \dfrac{\mathrm{sgn}[g(y_k)]}{\hat{g}[y_k, \boldsymbol{V}(k)]} \cdot \left\{\dfrac{\partial \hat{f}[y_k, \boldsymbol{W}(k)]}{\partial W^i(k)}\right\} e_{k+1} \\ V^j(k+1) = V^j(k) - \mu_k \dfrac{\mathrm{sgn}[g(y_k)]}{\hat{g}[y_k, \boldsymbol{V}(k)]} \cdot \left\{\dfrac{\partial \hat{g}[y_k, \boldsymbol{W}(k)]}{\partial V^j(k)}\right\} u_k e_{k+1} \end{cases} \tag{3.114}$$

其中，η_k, μ_k 均为学习速率。

上述修正权重学习算法收敛时，所获得的控制规律即为最佳的控制规律。

3.7 基于 MATLAB 的神经控制系统设计

3.7.1 MATLAB 神经网络工具箱

MATLAB 神经网络工具箱提供了进行神经网络设计和分析的许多工具函数，只要根据自己的需要调用相关函数，就可以完成网络设计、权重初始化、网络训练等。神经网络工具箱提供的函数有通用函数和专用函数两种形式。随着 MATLAB 神经网络工具箱的版本

不断更新,它的内容会更丰富,功能会更完善。

1. 神经网络工具箱的通用函数

下面介绍神经网络工具箱的一些通用函数的名称及功能。

innit( )初始化一个神经网络,如 net=innit(NET)表示网络 NET 初始化后为 net。

initlay( )层-层结构神经网络的初始化函数,如 net=initlay(NET)。

initwb( )神经网络某层的权重和偏置初始化函数,如 net=initzero(NET,i),其中 i 为第 i 层,net 神经网络第 i 层的权重和偏置修正后的网络。

initzero( )置权重为零的初始化函数。

train( )神经网络训练函数,它只调用设定的或默认的训练函数对网络进行训练。

adapt( )神经网络自适应训练函数,它在每一个输入时间阶段更新,而在进行下一个输入仿真前完成。

sim( )神经网络仿真函数。网络的权重和偏置经训练确定后,利用 sim( )可以仿真神经网络的性能。

dotprod( )权重点积函数。调用它使网络输入向量与权重的点积可以得到加权输入。

normprod( )规范权重点积函数。

netsum( )输入求和函数,通过某层加权输入与偏置相加作为该层输入。

netprod( )网络输入的积函数。它使网络输入向量与权重的点积来得到加权输入。

concur( )结构一致函数。它使本来不一致的权重向量和偏置向量的结构一致。

2. 神经网络工具箱的专用函数

MATLAB 神经网络工具箱包括的网络模型有感知器、线性网络、BP 神经网络、径向基网络、反馈网络、自组织网络、Hopfield 网络、学习向量量化网络、控制系统网络等。对于每一种网络都有一些专用函数。以下仅简要介绍常用的 BP 神经网络 MATLAB 函数。

MATLAB 神经网络工具箱提供了大量的 BP 神经网络分析和设计的工具函数,在 MATLAB 工作空间的命令行输入“help backprop”,便可获得与 BP 神经网络相关的函数,进一步利用 help 命令可得到相关函数的详细介绍。

1) BP 神经网络参数设置函数 newff( )

函数功能:构建一个 BP 神经网络。

函数形式:

```
net = newff(P,T,S,TF,BTF,BLF,PF,IPF,OPF,DDF)
```

P:输入数据矩阵。

T:输出数据矩阵。

S:隐层结点数。

TF：结点传递函数，包括硬限幅传递函数 hardlim、对称硬限幅传递函数 hardlims、线性传递函数 purelin、正切 S 型传递函数 tansig、对数 S 型传递函数 logsig。

BTF：训练函数，包括梯度下降 BP 算法训练函数 traingd、动量反传的梯度下降 BP 算法训练函数 traingdm、动态自适应学习率的梯度下降 BP 算法训练函数 traingda、动量反传和动态自适应学习率的梯度下降 BP 算法训练函数 traingdx、Levenberg_Marquardt 的 BP 算法训练函数 trainlm。

BLF：网络学习函数，包括 BP 学习规则 learngd、带动量项的 BP 学习规则 learngdm。

PF：性能分析函数，包括均值绝对误差性能分析函数 mae、均方差性能分析函数 mse。

IPF：输入处理函数。

OPF：输出处理函数。

DDF：验证数据划分函数。

一般在使用过程中设置前 6 个参数，后 4 个参数采用系统默认参数。

2) BP 神经网络训练函数 train( )

函数功能：用训练数据训练 BP 神经网络。

函数形式：

```
[net,tr] = train(NET,X,T,Pi,Ai)
```

NET：待训练网络。

X：输入数据矩阵。

T：输出数据矩阵。

Pi：初始化输入层条件。

Ai：初始化输出层条件。

net：训练好的网络。

tr：训练过程记录。

一般在使用过程中设置前 3 个参数，后两个参数采用系统默认参数。

3) BP 神经网络预测函数 sim( )

函数功能：用训练好的 BP 神经网络预测函数输出。

函数形式：

```
y = sim(net,x)
```

net：训练好的网络。

x：输入数据。

y：网络预测数据。

只要我们能够熟练掌握上述 3 个函数，就可以完整地编写一个 BP 神经网络预测或分类的程序。

3. 神经网络工具箱的图形用户界面

神经网络工具箱提供的有关函数是直接在 MATLAB 命令窗口执行并显示结果，为了方便，MATLAB 6.5 版本提供的神经网络工具箱增加了图形用户界面，具有简洁、友好的人机交互功能。从 MATLAB 7.4.0 开始，又增加了神经网络拟合工具的图形界面(Graphical User Interface，GUI)，便于引导用户建立和训练神经网络。

1) 神经网络编辑器

神经网络编辑器(Network/Data Manager)用于建立网络、训练网络、仿真网络，将数据导出到 MATLAB 工作空间、清除数据、从 MATLAB 工作空间中导入数据、变量存盘和读取。

在 MATLAB 命令窗口中直接键入 nntool 或在 MATLAB 窗口左下角的 Start 菜单中，单击 Toolbox→ Neural Network 命令子菜单中的 NNTool 选项，即可启动神经网络编辑器窗口。也可以通过单击 Help 按钮，按其介绍步骤进行操作。

2) 神经网络拟合工具

神经网络拟合工具(Neural Network Fitting Tool)用于函数逼近和数据拟合。拟合函数的是一个两层前馈网络，输入和输出数据确定后，可以调整的只有隐层的神经元数目。训练算法采用 trainlm 算法。

在 MATLAB 命令窗口中直接输入 nftool 命令或在 MATLAB 窗口左下角的 Start 菜单中，单击 Toolbox→ Neural Network 命令子菜单中的 NFTool 选项，即可启动神经网络拟合工具。

4. 基于 Simulink 的神经网络模块

Simulink 是一个进行多种动态系统建模、仿真和综合分析的集成软件包，神经网络工具箱提供了一套可在 Simulink 中构建神经网络的模块，在 MATLAB 工作空间中也可以使用函数 gensim( )生成一个相应的 Simulink 网络模块。

1) 模块的设置

在 Simulink 库浏览窗口的 Neural Network Blockset 结点上，单击鼠标右键后，可打开 Neural Network Blockset 模块集窗口。该模块集有以下 4 个模块库：

- 传输函数模块库(Transfer Functions)。
- 网络输入模块库(Net Input Functions)。
- 权重模块库(Weight Functions)。
- 控制系统模块库(Control Systems)。

在打开的 Neural Network Blockset 模块集的窗口中，双击各个模块库的图标，便可以打开所需要的模块库。

2) 模块的生成

使用函数 gensim ( )可以在 MATLAB 工作空间中对一个网络生成 Simulink 模块化描述，进而能够在 Simulink 中对网络进行仿真。生成神经网络 Simulink 模块的指令调用方式如下：

利用函数 gensim()生成一个网络 Simulink 模块，使用调用格式 gensim(net,st)，其中第一个参数设定了要生成的模块化描述的网络；第二个参数指定了采样时间，通常为一正实数。如果网络没有与输入权重或者层中权重相关的延迟，则第二个参数设定为−1。那么函数将生成一个连续采样的网络。

5. 自定义神经网络及自定义函数

MATLAB 神经网络工具箱提供标准的创建函数创建神经网络对应一定的网络类型，对于某些特殊要求，或设计、开发新型的神经网络，或参与不同的学习训练算法，可以应用 MATLAB 神经网络工具箱自定义神经网络的方式。

自定义网络需要完成以下工作：

1）定制网络

根据定制网络要求，设计一个比较复杂的网络结构。

2）网络设计

自定义网络通过调用 network( )函数加以实现，网络对象包括很多属性，如结构属性、子对象属性、网络函数、权重和阈值属性等。通过设置相应的属性，可以获得需要的网络结构、算法及功能。

3）网络训练

网络设计完成后，首先对自定义网络初始化，然后需要给出输入和输出样本，对网络进行仿真，再设置训练参数，对网络进行训练。

MATLAB 神经网络工具箱允许创建多种类函数，可以根据需要，在初始化、仿真以及训练中应用多种方法对网络进行自调整。这些自行编制的函数称为自定义函数，主要有4类：仿真函数、初始化函数、学习函数和自组织映射函数。

3.7.2 基于 MATLAB 的模型参考神经自适应控制系统仿真

神经网络模型参考神经自适应控制系统如图 3.38 所示，它包括参考模型、神经网络对象模型、神经网络控制器和被控对象。首先辨识出对象模型，然后训练控制器，使系统输出能够跟随参考模型输出。

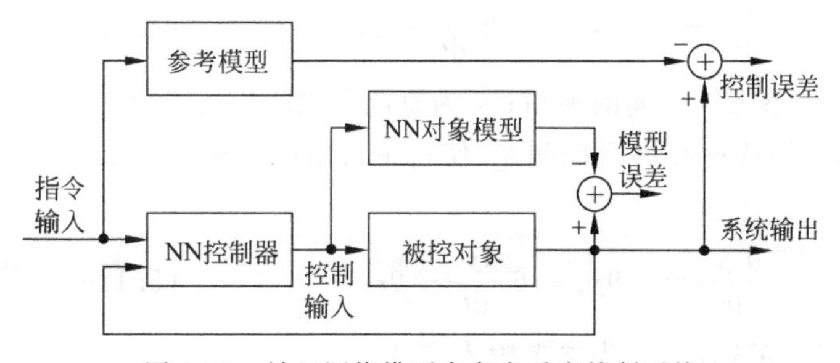

图 3.38 神经网络模型参考自适应控制系统

图 3.38 中神经网络控制器和神经网络对象模型，可以从神经网络工具箱中获得，图 3.39 给出了它们的详细情况。

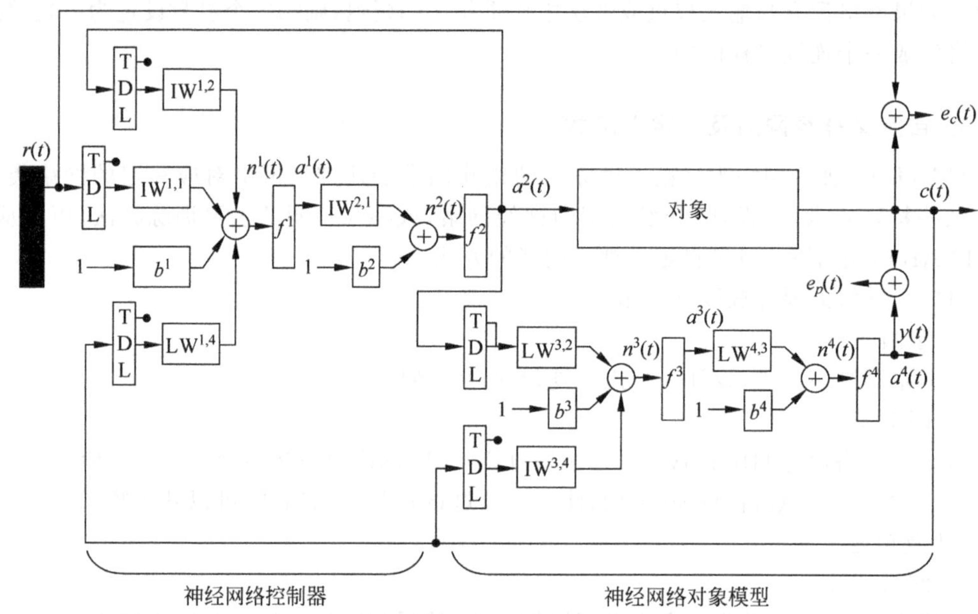

图 3.39 神经网络控制器和神经网络对象模型

神经网络控制器和神经网络对象模型中使用的神经网络均选用三层前馈神经网络，隐层神经元数目自行定义。

神经网络控制器包括 3 个输入信号：延迟参考输入、延迟控制器输出和延迟系统输出。神经网络对象模型的输入包括两种信号：延迟控制器输出和延迟系统输出。

输入信号的延迟大小与系统阶次有关系，通常系统阶次越高，表示系统的储能元件多，延迟就会越大。

1. 单自由度机械臂控制问题的描述

一个单自由度机械臂如图 3.40 所示，其运动方程为

$$\frac{\mathrm{d}^2\phi}{\mathrm{d}t^2}=-10\sin\phi-2\frac{\mathrm{d}\phi}{\mathrm{d}t}+u \tag{3.115}$$

其中，ϕ 为机械臂与参考线之间的夹角；u 为直流电机的输入转矩。

控制的目的是训练神经网络控制器，使得单自由度机械臂能跟踪给定的参考模型

$$\frac{\mathrm{d}^2 y_r}{\mathrm{d}t^2}=-9y_r-6\frac{\mathrm{d}y_r}{\mathrm{d}t}+9r \tag{3.116}$$

其中，y_r 为参考模型的输出；r 为参考输入信号。

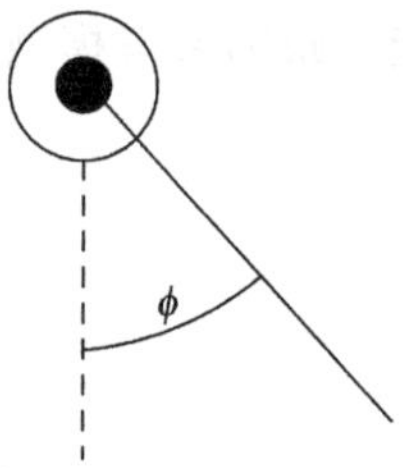

ϕ

图 3.40 单自由度机械臂

2. 机械臂模型和模型参考控制器模型的建立

应用MATLAB神经网络工具箱演示神经网络控制器采用的是前馈网络5-13-1结构：5个输入端，隐层有13个神经元，输出为1个神经元。控制器的输入包括两个延迟参考输入、两个延迟系统输出和一个延迟控制器输出。采样间隔为0.5s。

在MATLAB命令行窗口中输入mrefrobotarm，就会自动调用Simulink，并且产生一个模型窗口，如图3.41所示。

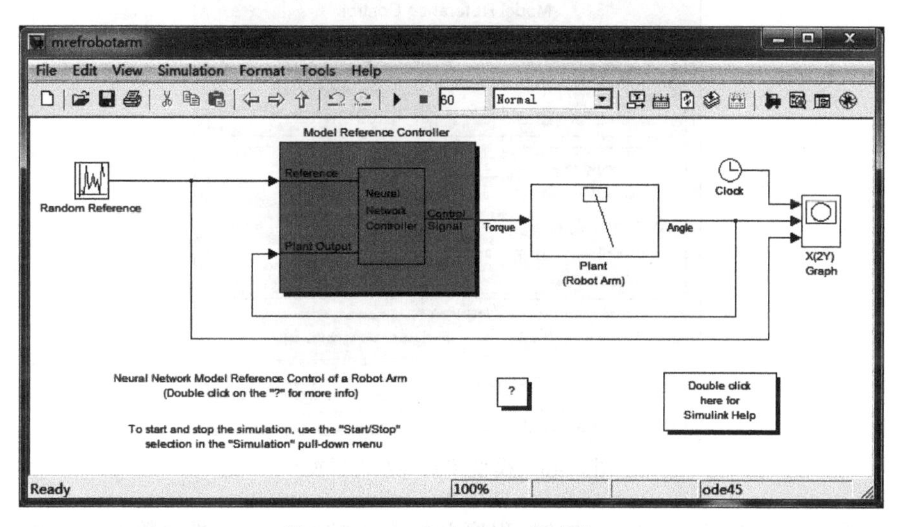

图3.41 mrefrobotarm模型窗口

在图3.41中的机械臂模块[Plant(Robot Arm)]是用机械臂运动方程编制的Simulink模块。双击该模块，可以看到如图3.42所示的详细结构。模型参考控制器模块也在如图3.41所示的mrefrobotarm模型窗口中，该模块是在神经网络工具箱中生成并复制过来的。用户可以通过Look under mask模型的右键快捷菜单命令查看该模块未封装的具体实现。

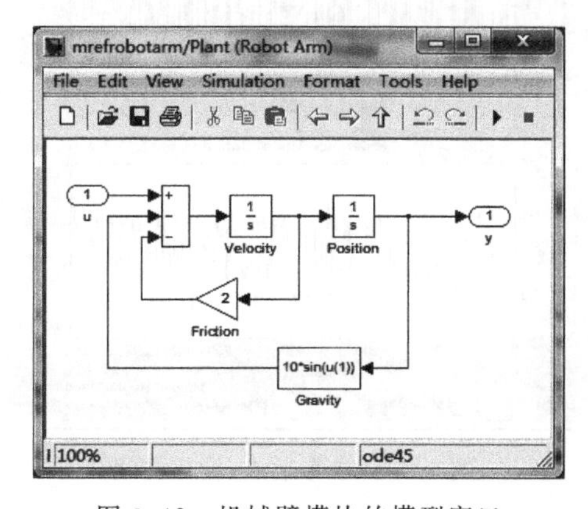

图3.42 机械臂模块的模型窗口

3. 神经网络系统模型辨识

双击 Model Reference Control 模块，将会弹出一个如图 3.43 所示新的窗口，该窗口用于训练 NARMA-L2 模型。在如图 3.43 所示的窗口中单击 Plant Identification 按钮，将会弹出一个系统辨识窗口。

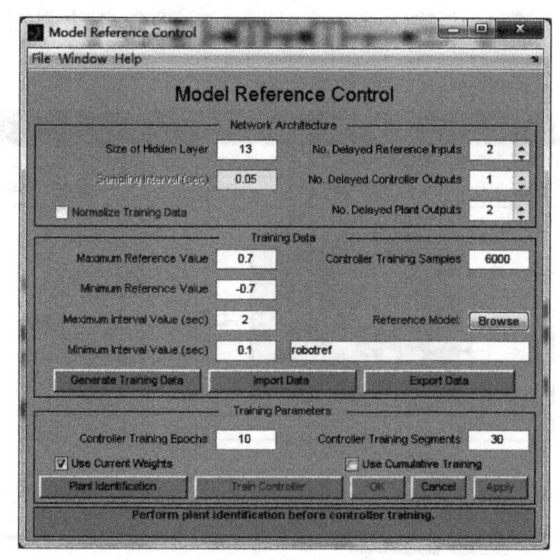

图 3.43 模型控制参数设置窗口

单击 Generate Training Data 按钮，程序开始产生控制器所需要的数据。在数据产生结束后，将会出现如图 3.44 所示的数据窗口。

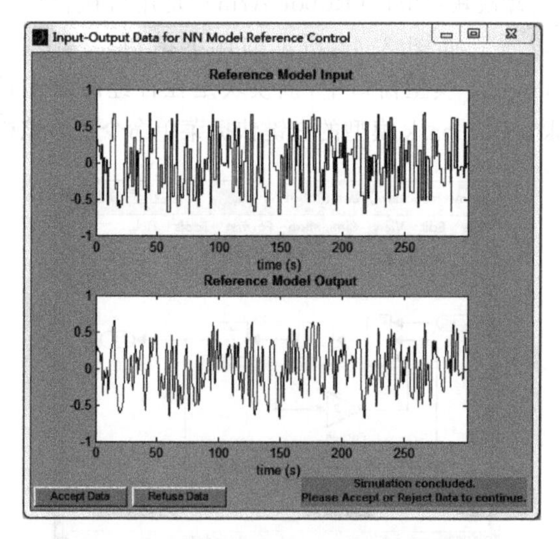

图 3.44 参考输入、输出曲线

单击 Accept Data 按钮,返回 Model Reference Control 窗口。单击 Train Controller 按钮,开始训练。程序将一段数据输入网络并进行指定次数的迭代,直到所有的训练数据都输入了网络,这个过程才结束。

因为控制器必须使用动态反向传播算法进行训练,因此控制器训练时间要比系统模型训练时间长得多。控制器训练结束后,会显示出如图 3.45 所示的系统闭环响应曲线。

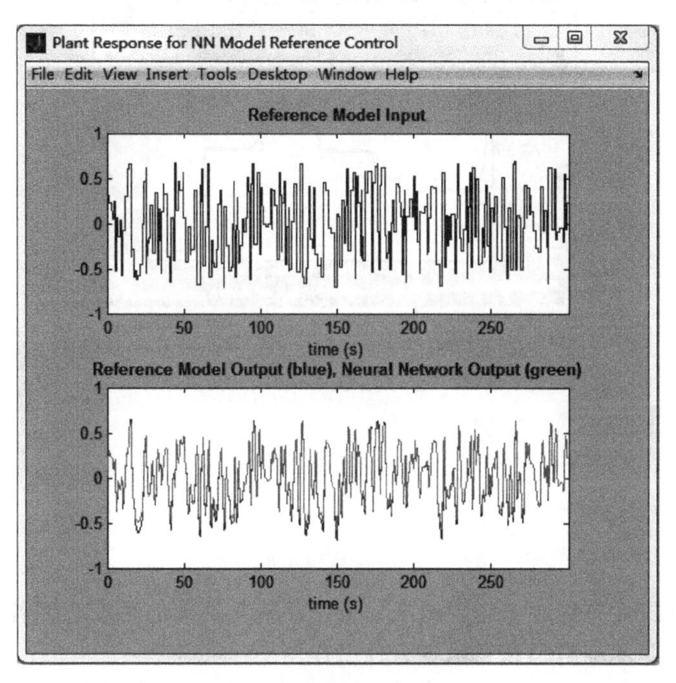

图 3.45 系统闭环响应曲线

图 3.45 中上半部分曲线是用于训练的随机参考信号,下半部分两条曲线分别是参考模型的响应信号和闭环系统的响应信号。如果系统的响应信号跟踪参考模型的信号不准确,表明控制器的性能还不够好,为提高其控制性能,需要返回到 Model Reference Control 窗口,可以再次单击 Train Controller 按钮,这样会继续使用同样的数据进行训练。

如果需要使用新的数据对控制器继续进行训练,可单击 Train Controller 按钮之前单击 Generate Training Data 按钮,或者在确认 Use Current Weights 被选中的情况下单击 Input Data 按钮。应该指出,如果系统模型不够准确,也会影响控制器的训练。

4. 机械臂控制系统的 MATLAB 仿真

在前面已完成机械臂模型和模型参考控制器 Simulink 模型的建立,以及神经网络系统模型辨识的基础上,可以进行机械臂模型参考神经自适应控制系统的 MATLAB 仿真。

在系统辨识窗口中单击 OK 按钮,将训练好的神经网络控制器权重导入 Simulink 模型中。返回到 mrefrobotarm 模型窗口,从 Simulink 菜单中选择 Start 命令开始仿真。

当系统仿真结束时,将会显示控制系统的输出信号和参考信号,如图 3.46 所示。其中,方波形曲线为参考模型信号,而另一曲线为控制系统输出响应信号。

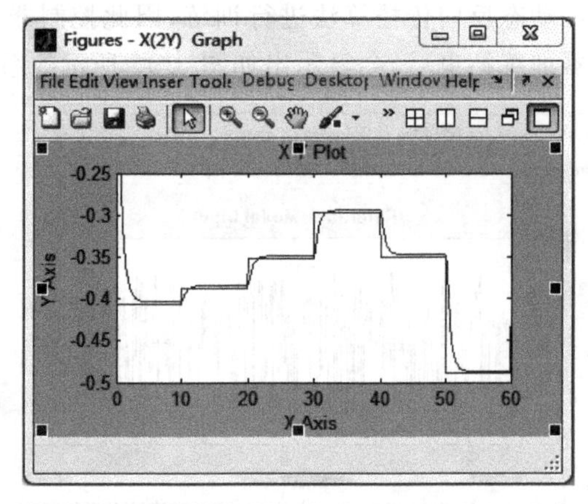

图 3.46 控制系统 MATLAB 仿真结果

启迪思考题

3.1 人工神经元有哪 3 个主要组成部分? 从信息处理的角度它们各起什么作用?

3.2 神经细胞的细胞膜和突触各有什么作用?

3.3 画出一个神经元形式化结构模型,指出各部分的名称和作用,说明"形式化"和"结构"各是什么意思。

3.4 人工神经元模型的输出函数有哪几种形式? 这些函数都具有突变性和饱和性,这两个特点是模拟神经细胞的什么特性?

3.5 指出人工神经元模型在信息处理过程中都有哪些部分具有非线性特性。

3.6 人工神经网络具有哪些特点? 这些特点使它可以应用到哪些方面?

3.7 什么是神经网络的学习? 什么是对神经网络的训练? 学习和训练有何区别和联系?

3.8 神经网络的学习规则有哪几种形式?

3.9 如何理解神经元、神经网络和学习算法是神经网络系统的三要素?

3.10 BP 神经网络的误差反向传播学习算法为什么要求误差反向传播? 正向传播可以实现学习吗?

3.11 在 BP 网络学习算法中加动量因子有何作用?

3.12 RBF 神经网络与 BP 神经网络在结构和功能上有何区别?

3.13 改进神经网络的设计应该从哪几方面考虑?

3.14 神经网络控制的原理是什么?其本质是应用了神经网络的什么特性?

3.15 为什么神经网络可以应用于智能控制、系统辨识、参数优化、模式识别、故障诊断等领域?

3.16 神经网络控制与模糊控制在控制原理上有何异同?

3.17 说明神经网络和模糊系统融合的具体形式。

3.18 神经网络模糊控制与模糊神经网络控制二者有何区别?

3.19 神经元PID控制和神经网络优化PID控制有何异同?

3.20 试比较前馈网络、反馈网络和深度信念网络之间在结构上和训练上有何不同。

3.21 卷积神经网络在结构上有什么特点?它在用于图像识别中局部连接和权重共享时是基于什么原理?

3.22 说明循环神经网络和递归神经网络的区别和联系。

第4章

专家控制与仿人智能控制

专家控制系统是用计算机模拟控制领域专家对复杂对象控制过程的智能控制决策行为而实现的一种计算机控制系统。它区别于传统控制的显著特点是基于知识的控制，知识包括理论知识、专家控制经验、规则等。专家控制器是专家系统的一种简化形式。仿人智能控制是一种基于规则的控制形式。本章简要介绍专家系统、专家控制系统、专家控制器、仿人智能控制的基本概念、组成、原理及应用等。

4.1 专家系统的基本概念

4.1.1 专家与专家系统

专家是指在某一领域具有高深理论知识或/和极丰富实践经验的人，专家又称领域专家。专家头脑中的理论知识易于形式化，而经验往往难以形式化。疑难问题往往具有模糊性，难以用精确数学模型加以描述，即难以形式化。专家正是凭借头脑中的经验在处理带有模糊性或不完全数据的疑难问题时，能对各种问题的认识约定一种规则，进行合理的猜想、预测和决策。

专家解决疑难问题的决策行为之所以能获得显著的效果，是因为他们头脑中积累了宝贵的理论知识和实践经验。能否通过某种知识获取手段，把人类专家的某个专门领域的知识和经验存储到计算机中去，并依靠其推理程序，让计算机作出接近专家水平的工作。基于这样的思想，美国斯坦福大学费根鲍姆(E. Feigenbaum)教授将人工智能的基本原理和方法用于解决化学质谱分析问题。1965年，由他领导的研究小组开始设计第一个专家系统DENDRAL，并于1968年成功投入使用。1972年，费根鲍姆研究小组又开始设计医疗专家系统MYCTN并获得了极大成功，使它几乎成了专家系统的标准模式。1977年，费根鲍姆在第五届国际人工智能会议上首次提出了知识工程的概念。

专家系统是应用人工智能技术，根据一个或多个人类专家提供的特殊领域知识、经验进行推理和判断，用计算机模拟人类专家做决策的过程来解决那些需要专家才能解决的复杂问题。专家系统是具有大量专门知识与经验的计算机程序系统，它能以接近于专家的水平完成专门的而一般又是困难的专业任务。

专家系统本身具有如下优点：

（1）专家系统具有启发性、透明性和灵活性。

（2）专家系统工作不受时间、空间和环境的影响。

（3）专家系统能够高效率、准确无误、周密全面、迅速而不疲倦地工作。

尤其是在互联网发达的环境下，专家系统的上述特征更加突显出来。

4.1.2 专家系统的基本结构

专家系统通常由5部分组成：知识库、推理机、数据库、解释及知识获取，它的结构如图4.1所示。下面分别介绍每个组成部分的功能。

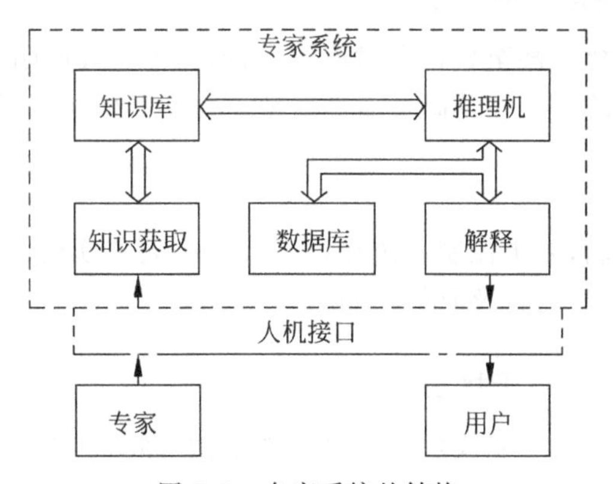

图4.1 专家系统的结构

1）知识库

知识库用适当的方式储存从专家那里获取的领域知识、经验规则、案例等，也包括必要的书本知识和常识，它是领域知识的存储器。

2）数据库

数据库是在专家系统中划出的一部分储存单元，用于存放当前处理对象用户提供的数据和推理得到的中间结果，这部分内容是随时变化的。

3）推理机

推理机用于控制和协调整个专家系统的工作，它根据当前的输入数据，再利用知识库的知识，按一定推理策略去处理解决当前的问题。常用的推理策略有正向推理、反向推理和正反向混合推理3种方式。

4）解释

解释也是一组计算机程序，为用户解释推理结果，以便用户了解推理过程，并回答用户提出的问题，为用户学习和维护系统提供方便。

5）知识获取

知识获取是通过设计一组程序，为修改知识库中原有的知识和扩充新知识提供手段，包括删除原有知识，将向专家获取的新知识加入到知识库。知识获取被称为专家系统的瓶颈。

4.2 专家控制系统的结构与原理

4.2.1 专家控制系统的特点

工业生产过程对专家控制系统提出了有别于一般专家系统的以下特殊要求。

1. 高可靠性及长期运行的连续性

工业过程控制往往数十甚至数百小时连续运行，而不允许间断工作。因此，工业过程专家控制系统对长期运行的连续性及高可靠性的要求比起其他领域显得更为突出。

2. 在线控制的实时性

工业过程的实时控制，要求控制系统在控制过程中要能实时地采集数据，处理数据，进行推理和决策，以便对过程进行及时的控制。

3. 优良的控制性能及抗干扰性

工业过程被控对象多具有非线性、时变性、强干扰等特性，要求专家控制系统具有很强自适应和自学习能力，以保证在复杂多变的各种不确定性因素存在强干扰的不利环境下，获得优良的控制性能。

4. 使用的灵活性及维护的方便性

用户可以根据生产过程的工况变化能够灵活方便地设置参数、修改规则等。在系统出现异常或故障情况时，系统本身应能采取相应措施或要求引入必要的人工参与。

5. 具有远程监控、故障诊断，智能自修复自重构功能

4.2.2 专家控制系统的结构

因为工业过程控制对专家控制系统提出了可靠性、实时性及灵活性等特殊要求，所以专

家控制系统中知识表示通常采用产生式规则，于是知识库就变为规则库。这里以奥斯特隆姆设计的一个专家控制系统为例，说明专家控制系统的一般结构，如图4.2所示。

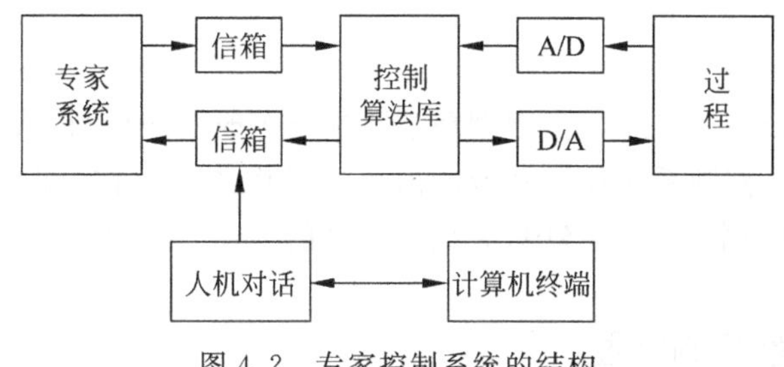

图4.2 专家控制系统的结构

该专家控制系统控制过程对象，领域专家的知识多采用产生式规则表示。一般说来，专家控制系统由以下几部分组成。

1. 数据库

数据库主要存储事实、证据、假设和目标等。对过程控制而言，事实包括传感器测量误差、操作阈值、报警水平阈值、操作时序约束、对象成分配置等静态数据；证据包括传感器及仪表的动态测试数据等；假设包括用来丰富现有事实的集合等；目标包括静态目标和动态目标，静态目标是一个大的性能目标阵列，动态目标包括在线建立的来自外界命令或程序本身的目标。

2. 规则库

专家控制系统中的规则库相当于一般专家系统中的知识库。规则库包含有许多产生式规则，这种规则具有如下的形式：

如果(条件)，那么(结果)

其中“条件”表示来源于数据库的事实、证据、假设和目标；“结果”表示控制器的作用或一个估计算法。

规则也可看作运行状态的函数，因为数据库中定义的状态要比通常控制理论中的状态概念更加广义。这些产生式规则可以包括操作者的经验以及可应用于控制和估计的算法，这些算法的适当特性以及应用时系统监控和诊断等规则。

3. 推理机

推理机根据不同的策略从当前数据库的内容中，确定下一条可供执行的产生式规则。

4. 人机接口

产生式专家控制系统的人机接口包括两部分：一部分包含更新知识库的规则编辑和修

改;另一部分是运行时用户接口,它包含一些解释工具,用于实现用户查询等,用户接口还可以跟踪规则的执行。

5. 规划环节

在控制过程中出现在线错误时,规划环节给出指令改变产生目标等,产生一些不干涉动作的调整作用,以保证控制系统能够随着所需要的操作条件去在线改变控制过程。控制规划的执行可看作是在一个大的网络中,寻找到达当前已建立的目标的路径。

4.2.3 专家控制系统的原理

下面以图 4.2 给出的专家控制系统为例,介绍专家控制系统的原理。该专家控制系统是基于 OPS4 框架结构,用 LISP 语言编写的产生式专家系统。OPS4 框架中包括数据库、规则库和推理机。推理机控制着规则的执行。产生式规则的形式为

规则名

("条件单元"→"动作"…)

"条件单元"是与工作存储的内容相匹配的模式,该模式含有变量和常量。如果在规则中所有条件部分匹配,那么规则是令人满意的,将执行动作。结果能给数据库添加新的内容,删除旧内容或执行用户编写的 LISP 函数等。

推理机重复寻找所有匹配的规则,它选择其中的一个并执行动作。当没有寻找到规则时,系统处于等待输入信息状态。下一个信息或者是来自数据库的新内容,或者是被估计的 LISP 函数。新的存储内容又引起新规则的匹配,因此,又开始执行规则。推理的过程就是这样不断进行匹配的过程。

算法库包括 3 组算法:控制算法、识别算法和监控算法,均采用 PASCAL 语言编成。图 4.2 中的信箱用于连接专家系统和算法库,信箱中有读或写信息的队列。信息写成 LISP 表达式并与一行文本相连接。由于在 LISP 语言中,数据和程序并没有区别,所以这样就简化了通信。专家控制系统可以接收来自控制算法库的状态识别结果或监视报警,也可向算法库添加新算法,更改参数或改变操作方式。

本系统中的人机接口使用 LISP 语言,传播两类命令:一类是面向算法库的命令,如改变参数,改变操作方式;另一类是指挥专家系统去做什么的命令。当然它也具备一般专家系统具有的支撑工具环境,如跟踪、添加、清除或在线编辑规则等。

奥斯特隆姆所设计的上述专家控制系统的基本原理是:将传统的控制工程算法同启发逻辑相结合,例如,带有启发式逻辑的工业 PID 控制器,除有 PID 算法外,还包括操作方式选择、输入信号滤波、极限校正和报警、程序开关的选择、输出及速率的限制等功能。

4.2.4 实时过程控制专家系统举例

工业过程控制问题是工业控制领域中的主要对象，由于现代化工业过程控制要求的精度高，实现控制的复杂性及所要求控制的实时性之间存在着矛盾，所以开发实时过程控制专家系统已经成为解决这种矛盾的有效途径，其中PICON(Process Intelligent CONtrol)就是实时过程控制专家系统的典型例子。

LISP机器公司穆尔(Moore)等人设计的PICON是用于分布式实时过程控制专家系统。该系统包括LISP处理机专家系统、68010处理机高速数据获取与处理系统、分布式过程控制系统、人机接口及图形显示等部分，其结构如图4.3所示。

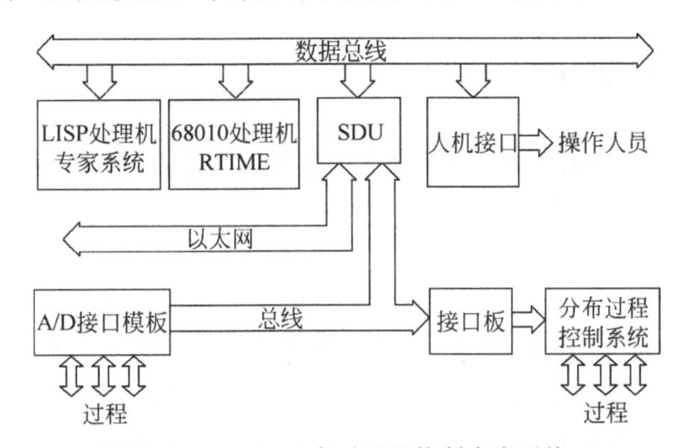

图4.3 PICON实时过程控制专家系统

用作专家系统的LISP处理机在系统中实现高层次推理，其中包括用于诊断的反向推理，指导68010处理机中的实时智能机器环境(Real-Time Intelligent Machine Environment,RTIME)的数据采集工作，同时能监视系统的运行过程，并对面向图形的知识获取系统进行控制。

用作高速数据采集与处理的68010处理机在系统中实现低层次推理。68010处理机中的RTIME实际上是用C语言编写成的程序，它具有下述功能：

(1) 能够实现低层次推理和控制算法计算的并行处理。低层次推理主要指对过程检测和报警的规则推理，以及对实时控制算法计算结果的推理。

(2) 监视过程变量和报警以及传递分布系统的数据，推理机通过改变扫描频率以较高的频率对关键数据进行扫描。

(3) 对可能出现的有意义的事件产生LISP处理机中断，使推理机处于待命状态。

(4) 保存输入的数据、计算结果及在存储器中的推理程序。

用作专家系统的LISP机和用作高速数据采集与处理的68010处理机，通过多通道与分布式过程控制系统相连接，通过高速高效接口实时地接收从分布系统来的信号，并能实现两个处理机的并行运行。因此,PICON 系统可监视多达 20 000 个过程变量和报警信号。

4.3 专家控制器

建造专家控制系统不仅设计复杂、调试周期长,而且需要投入大量的人力、物力、财力。因此,对于某些被控对象,考虑到对其控制性能指标、可靠性、实时性及对性能/价格比的要求,可以将专家控制系统简化。例如,可以不设人机对话,考虑到专用性,可将知识库规模减小,规则库可被压缩,于是,推理机就会变得相当简单。这样的专家控制系统实际上变为一个专家控制器。

4.3.1 专家控制器的结构

专家控制器通常由知识库、控制规则集、推理机构及信息获取与处理 4 部分组成。

1. 知识库

知识库由事实集和经验数据库、经验公式等构成。事实集主要包括被控对象的有关知识,如结构、类型及特征等,还包括控制规则的自适应及参数自调整等方面的规则。经验数据库中的经验数据包括被控对象的参数变化范围,控制参数的调整范围及其限幅值,传感器的静态、动态特性、参数及阈值,控制系统的性能指标以及由专家给出或由实验总结出的经验公式等。

2. 控制规则集

控制规则集是指专家为了便于处理各种定性的、模糊的、定量的、精确的信息,根据被控对象的特点及其操作、控制经验,采用产生式规则或模糊关系及解析形式等多种方法来描述被控对象的特征,总结出的若干条行之有效的控制规则,它集中反映了专家及熟练的操作者在该领域控制过程中的专门知识及经验。

3. 推理机构

由于专家控制器的知识库及其控制规则集的规模远小于专家控制系统,因此它的推理机构的搜索空间变得十分有限,这样导致推理机制变得简单。一般采用前向推理机制,对于控制规则由前向后逐条匹配,直至搜索到目标。

4. 信息获取与处理

专家控制器的信息获取主要是通过其闭环控制系统的反馈信息及系统的输入信息,对于这些信息量的处理可以获得控制系统的误差及误差变化量等对控制有用的信息。此外，信息的处理也包括必要的滤波措施等。

由上述4部分构成的专家控制器的一种结构如图4.4所示。专家控制器的知识库、控制规则库规模小，推理机构简单。因此，可以采用单片机、可编程控制器(PLC)等来实现。

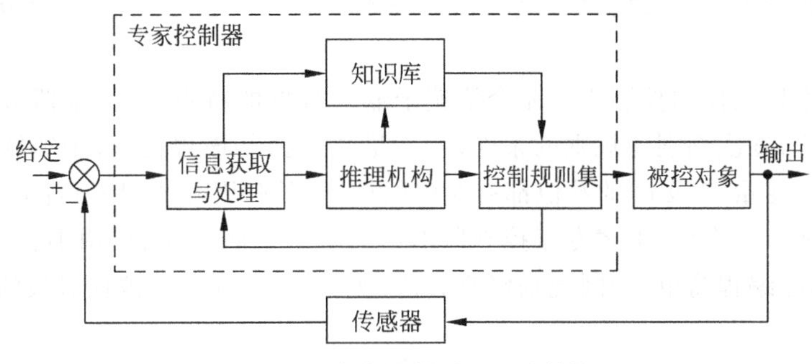

图4.4　专家控制器的一种结构

4.3.2　一种工业过程专家控制器设计

根据工业过程控制的特点，采用产生式规则描述被控过程的因果关系，可通过带有调整因子解析描述的模糊控制规则建立控制规则集。

设定专家控制器的输入集 E 及输出集 U 分别为

$$E=\{-e_n,-e_{n-1},\cdots,-e_1,0,e_1,e_2,\cdots,e_n\} \tag{4.1}$$

$$U=\{-u_n,-u_{n-1},\cdots,-u_1,0,u_1,u_2,\cdots,u_n\} \tag{4.2}$$

其中，n 为正整数，其值大小由知识库中的经验规则确定，一般取大于或等于6。

设 f 为输入集 E 到输出集 U 的一个映射，为使推理机构能实时地在控制空间中搜索到目标，既能保证最大限度地发挥控制作用，又能避免搜索不到目标而导致“失控”，因此建立控制规则必须满足 f 是 E 到 U 的满射，即

$$f(E)=U \tag{4.3}$$

控制规则集是在知识集的基础上概括、总结归纳而成的，它体现了专家的专门知识和经验，集中反映了人在操作过程中的智能控制决策行为。设计控制规则集包括以下6条规则：

(1) IF $E>E_{PB}$ THEN $U=U_{NB}$

(2) IF $E<E_{NB}$ THEN $U=U_{PB}$

(3) IF $C>C_{PB}$ THEN $U=U_{NB}$

(4) IF $C<C_{NB}$ THEN $U=U_{PB}$

(5) IF $E\cdot C<0$ OR $E=0$ THEN $U=\mathrm{INT}[\alpha E+(1-\alpha)C]$

(6) IF $E\cdot C>0$ OR $C=0$ AND $E\neq 0$ THEN $U=\mathrm{INT}\left[\beta E+(1-\beta)C+\gamma\sum_{i=1}^{k}E_i\right]$

其中,E、C 及 U 分别为误差、误差变化及控制量的模糊变量,且 C 的量化等级选择与 E 和 U 完全相同;E_{PB}、C_{PB} 及 U_{PB} 分别为 E、C 及 U 的正向最大值,而 E_{NB}、C_{NB} 及 U_{NB} 分别为 E、C 及 U 的负向最大值;α、β 及 γ 为待调整的因子,由知识集中的经验规则确定;$\sum_{i=1}^{k} E_i$ 为对误差的智能积分项,用以改善控制系统的稳态性能;符号 INT[a]表示取最接近于 a 的一个整数。

考虑到专家控制器的控制决策完全依赖于输入数据的特点,本控制器采用以数据驱动的正向推理方法,逐次判别各规则的条件,若满足条件执行该规则,否则继续搜索。由于对每一个控制输入变量 E 及 C 的数值都有对应的控制规则,因此能搜索到目标。

仿真及实际应用表明,上述专家控制器不仅具有动态响应快、超调小、稳态精度高的特点,而且控制算法编程简单、控制规则修改灵活、实时性好,同时对被控对象的参数变化具有较强的鲁棒性。

4.4 仿人智能控制原理与结构

4.4.1 从常规 PID 控制谈起

众所周知,常规 PID 控制是按被控系统误差的比例、积分和微分的线性组合作为控制量对被控对象施加控制的,属于线性控制的范畴。根据不同被控对象的数学模型适当地整定 PID 的 3 个控制参数 k_p、k_i 及 k_d,可以获得比较满意的控制效果。因为比例、积分和微分 3 种控制作用之间存在着矛盾问题,所以整定 3 个参数的过程,实际上是对这 3 部分控制作用折中的结果。

分析常规 PID 控制过程,不难发现,线性 PID 控制无法解决控制过程中快速性、稳定性及准确性之间的矛盾。加大控制作用可使稳态误差减少,准确性提高,但是降低了稳定性。反之,为保证稳定性,限制控制作用,又降低了控制的准确性。即使对被控对象整定了一组满意的 PID 控制参数,当被控过程工况或特性、参数发生变化时,也难以始终保持良好的控制性能。

从物理本质上看,控制过程是一种信息处理及能量转移的过程。因此,提高信息处理能力,设计更合理的控制规律,以最短的时间和(或)最小的代价实现被控系统按预定的规律快、稳、准地进行能量转移,就是控制系统设计所要解决的关键问题。

下面来分析 PID 控制中的 3 种基本控制作用的实质以及它们的功能与人的某种智能的相似性及差异,从而可以看出从传统线性 PID 控制向非线性 PID 控制、智能 PID 控制、仿人智能控制的发展趋势。

比例作用,实际上是一种线性放大(或缩小)作用,它有些类似于人脑的想象功能,人可以把一个量(或物体、事物)想象得大一些或小一些,但人的想象力具有非线性和时变性,这一点是常规比例控制作用所不具备的。

积分作用,实际上是对误差信号的记忆功能。人脑的记忆功能是人类的一种基本智能,但是人的记忆功能具有某种选择性,人总是有选择地记忆某些有用的信息,而遗忘无用的信息。而常规PID控制中的积分作用,不加选择地“记忆”了误差的存在及其误差变化的信息,其中也包含了对控制不利的信息,因此,这种积分作用缺乏智能性。

微分作用,反映了某种信号的变化趋势,这种作用类似于人的预见性,但是常规PID控制中的微分作用的“预见性”缺乏人的远见卓识的预见性,因为它对变化快的信号敏感,而不善于预见变化缓慢信号的变化趋势。

从上述分析可以看出,常规PID控制中的比例、积分和微分3种控制作用,对于获得良好控制来说都是必要的条件,但是还不是充分的条件。应该指出,为了获得满意的控制系统性能,一般说来,单纯采用线性控制方式还是不够的,还必须根据需要引进一些非线性控制方式。因为在系统动态过程及暂态过程中,对于比例控制、积分控制和微分控制作用的要求是不同的。所以,在控制过程中要根据系统的动态特征、行为及控制性能的需要,采取变增益(增益适应)、智能积分(非线性积分)、智能采样等多种途径。为此需要借助专家控制经验、启发式直观判断和直觉推理规则。这样的控制决策有利于解决控制系统中的快速性、稳定性及准确性之间的矛盾,又能增强系统对不确定性因素的适应性、鲁棒性。这样的PID控制同常规PID控制有了质的区别,可称为专家PID控制、智能PID控制或仿人智能PID控制。

4.4.2 仿人智能控制的原理

智能控制从根本上说就是仿效人的智能行为进行控制和决策。著名的过程控制专家F.G.欣斯基曾指出:“有一句时常引用的格言:如果你不能用手动去控制一个过程,那么你就不能用自动去控制它。”通过大量实验发现,在得到必要的操作训练后,由人工实现的控制方法是接近最优的,这个方法的得到不需要了解对象的结构参数,也不需要最优控制专家的指导。所有这些都清楚地表明,人的控制活动反映了人脑高超的思维、决策和控制能力。萨里迪斯(G. N. Saridis)曾在“论智能控制的实现”一文中指出:“向人脑(或生物脑)学习是唯一的捷径。”因此,在对人脑宏观结构模拟和行为功能模拟的基础上,研究仿人智能控制对于实现基于知识的专家控制具有重要意义。

下面通过对二阶系统阶跃响应特性的分析,可以看出实现仿人智能控制的基本思想。

图4.5为典型的二阶系统的单位阶跃响应曲线,为了便于分析阶跃响应曲线的动态过程,将图4.5响应曲线划分为以下几个不同阶段。

(1) *OA*段:系统在控制信号作用下,由静态到动态再向稳态转变的关键阶段。人们期望输出能“快、稳、准”地达到给定值,但由于系统具有惯性,决定了这一段曲线只能呈倾斜方向上升。若采用固定比例控制,当输出达到稳态值时,由于对象本身惯性所致,系统输出不会保持住稳态值而势必超调。因此,为使 OA 段上升既快又稳,又不至于超调过大,在 OA 段应采取变增益控制,初始段采用大增益,上升到某一阶段减小增益,使系统借助于惯性继续上升。这样,既有利于稳定、减小超调,又不至于影响上升时间。

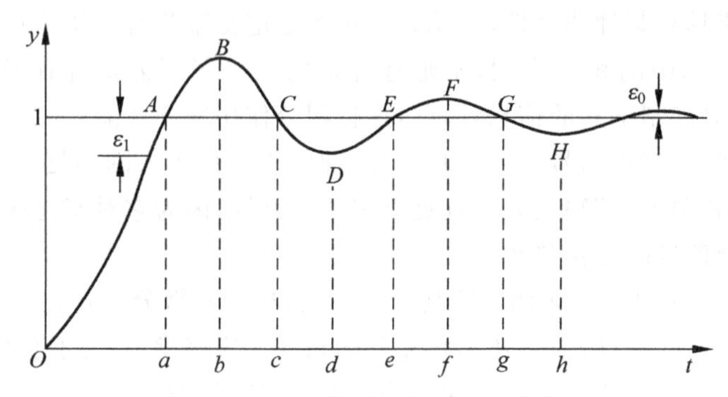

图 4.5 二阶系统的单位阶跃响应曲线

(2) AB 段:系统输出值已超过了稳态值,向误差增大的方向变化,到 B 点时误差达到了最大值(负)。在 AB 段,控制作用应该尽力压低超调,除了采用比例控制外,应加积分控制作用,以便通过对误差积分而增强控制作用,使系统输出尽快回到稳态值。

(3) BC 段:在这一段误差开始减小,系统在控制作用下已呈现向稳态变化的趋势。这时如再继续施加积分控制作用压低超调,势必造成控制作用过强,而出现系统回调,因此应不再施加积分控制作用。

(4) CD 段:系统输出减小,误差向相反方向变化,并在 D 点达到最大值(正)。此种情况,应采用比例加积分控制。

(5) DE 段:系统出现误差逐渐减小的趋势,控制作用不宜太强,否则会出现再次超调,显然这时不应施加积分控制作用。后面各段情况类同,不再赘述。

由上述响应特性的分析可以看出,控制系统的动态过程是不断变化的,为了获得良好的控制性能,控制器必须根据控制系统的动态特征,不断地改变或调整控制决策,以便使控制器本身的控制规律适应于控制系统的需要。控制决策经验丰富的操作者并不是依据数学模型进行控制,而是根据操作经验以及对系统动态特征信息的识别进行直觉推理,在线确定和变换控制策略,从而获得良好的控制效果。

仿人智能控制的基本思想是,在控制过程中利用计算机模拟人的控制行为功能,最大限度地识别和利用控制系统动态过程所提供的特征信息,进行启发式判断和直觉推理,从而实现对缺乏精确模型的对象进行有效的控制。

4.4.3 系统动态行为识别的特征变量

为了应用计算机自动实现仿人智能控制,必须使该系统能够通过一些特征变量来自动识别控制系统的动态行为，以便模仿人的智能控制决策行为。在模糊控制中，通常选用误差 e 和误差变化 Δe 作为模糊控制器的输入变量，通常模糊控制器的输出 u 可以表示为

$$u = f(e, \Delta e) \tag{4.4}$$

如果只根据误差 e 的大小进行控制，那么对于一些复杂系统很难得到满意的控制效果。例如，当被控系统处于误差较大，而又向减小误差方向快速变化时，如果只根据误差较大而不考虑误差迅速变化的因素，必然要加大控制量，使系统尽快消除大的误差，这样的控制势必导致调节过头而又出现反向误差的不良后果。当采用两个输入变量 e 和 Δe 进行控制时，就可以避免上述的盲目性。因此，一个人工控制的复杂系统，在控制过程中人对被控系统的状态、动态特征及行为了解得越多，控制的效果就会越好。

如何根据输入输出的信息来识别被控系统所处的状态、动态特征及行为，是仿人智能控制要解决的关键问题。为此，我们从误差 e 和误差变化 Δe 这两个基本变量出发，设计特征变量来识别动态过程的特征模式。

1. 特征变量 $e \cdot \Delta e$

误差 e 同误差变化 Δe 之积构成了一个描述系统动态过程的特征变量，利用该特征变量的取值是否大于零，可以描述系统动态过程误差变化的趋势。

令 e_n 和 e_{n-1} 分别表示当前和前一个采样时刻的误差值，则有 $\Delta e_n = e_n - e_{n-1}$。对于如图 4.6 所示的动态系统响应曲线的不同阶段，特征变量 $e_n \cdot \Delta e_n$ 的取值符号由表 4.1 给出。

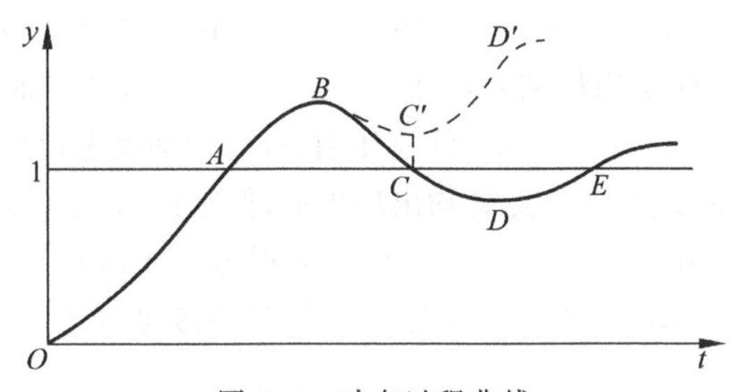

图 4.6　动态过程曲线

表 4.1　特征变量的符号变化

特征变量	OA 段	AB 段	BC 段	CD 段	DE 段
e_n	>0	<0	<0	>0	>0
Δe_n	<0	<0	>0	>0	<0
$e_n \cdot \Delta e_n$	<0	>0	<0	>0	<0

当 $e_n \cdot \Delta e_n > 0$ 时，如图 4.6 中 AB 段和 CD 段，表明系统的动态过程向着误差增大的方向变化，即误差的绝对值逐渐增大。

当 $e_n \cdot \Delta e_n < 0$ 时，如图 4.6 中 BC 段和 DE 段，表明系统的动态过程向着误差减小的

方向变化,即误差的绝对值逐渐减小。

在控制过程中,计算机很容易识别 $e_n \cdot \Delta e_n$ 的符号,从而掌握系统动态过程的行为特征,以便更好地制定下一步的控制策略。

2. 特征变量 $|\Delta e/e|$

将误差变化 Δe 与误差 e 之比的绝对值大小定义为描述系统动态过程中误差变化趋势的特征变量。将 $|\Delta e/e|$ 与 $e_n \cdot \Delta e_n$ 联合使用,可对动态过程特征作进一步的细划分,便于捕捉到动态过程的不同模式。例如,可将图 4.6 中的曲线 AB 段细分为如下 3 种情况:

(1) AB 段靠近 A 点附近:$e_n \cdot \Delta e_n > 0$ 且 $|\Delta e/e| > \alpha$ 表示动态过程呈现误差小而误差变化大的模式。

(2) AB 段靠近中间部分:$e_n \cdot \Delta e_n > 0$ 且 $\beta < |\Delta e/e| < \alpha$ 表示动态过程呈现误差和误差变化的大小都处在中等的模式。

(3) AB 段靠近 B 点附近:$e \cdot \Delta e > 0$ 且 $|\Delta e/e| < \beta$ 表示动态过程呈现误差大而误差变化小的模式。

上述的 α 与 β 均为根据控制的需要而设定的常数,且有 $\alpha > \beta$。同样,对图 4.6 中曲线的 BC 段、CD 段、DE 段读者可做类似的分析。

3. 特征变量 $\Delta e_n \cdot \Delta e_{n-1}$

相邻两次误差变化之积 $\Delta e_n \cdot \Delta e_{n-1}$ 定义为表征误差出现极值状态的特征变量。若 $\Delta e_n \cdot \Delta e_{n-1} < 0$ 时,则表征出现极值;若 $\Delta e_n \cdot \Delta e_{n-1} > 0$ 时,则表征无极值出现。

把特征变量 $\Delta e_n \cdot \Delta e_{n-1}$ 与 $e_n \cdot \Delta e_n$ 联合使用,可以判别动态过程当误差出现极值后的变化趋势,如在图 4.6 中,在 B 点和 C' 点处均出现极值,但它们的 $e_n \cdot \Delta e_n$ 取值符号相反,即

B 点:$\Delta e_n \cdot \Delta e_{n-1} < 0, e_n \cdot \Delta e_n < 0$,在 B 点后误差趋于减小。

C' 点:$\Delta e_n \cdot \Delta e_{n-1} < 0, e_n \cdot \Delta e_n > 0$,在 C' 点后误差逐渐变大。

4. 特征变量 $|\Delta e_n / \Delta e_{n-1}|$

当前时刻误差变化与前一时刻误差变化之比绝对值的大小,定义为描述系统误差局部变化趋势的特征变量。它也间接表示出前期控制效果,若该比值大,则表明前期控制效果不显著;若该比值小,则表明前期控制效果显著。

5. 特征变量 $\Delta(\Delta e)$

误差变化的变化率(二次差分)的符号正、负定义为描述动态过程处于超调或回调的一个特征量。例如,对于如图 4.6 所示曲线,有如下两种情况:

(1) 在 ABC 段,$\Delta(\Delta e) > 0$,处于超调段。

(2) 在 CDE 段,$\Delta(\Delta e) < 0$,处于回调段。

上述设计的特征变量的本质特征在于它们不是一个绝对的量，而是一个符号变量，或者是一个相对量。符号变量用以表征动态过程变化趋势的方向，相对量用以表征动态过程变化的快慢程度。上述的符号变量及表征动态过程变化程度的特征变量(相对量)统称为定性变量。

为了应用计算机来实现仿人智能控制，需要设法把人的操作经验、定性知识及直觉推理教给计算机，让它通过灵活机动的判断、推理及控制算法来应用这些知识，进行仿人智能控制。计算机在线获取信息的主要来源是系统的输入 R 和输出 Y，从中可以计算出误差 e 及误差变化 Δe，通过 e 及 Δe 可以进一步求出表征系统动态特性的特征量。计算机借助于上述特征量可以捕捉到动态过程的特征信息，识别系统的动态行为，作为控制决策的依据。根据系统的动态特征及动态行为，从多种控制模式中选取最有效的控制形式，对被控对象进行精确的控制。计算机在控制过程中能够使用定性知识和直觉推理，这一点是和传统的控制理论根本不同的，也正是在这一点上体现出仿人智能。这种方式很好地解决了控制过程中的快速性、稳定性和准确性的矛盾。

4.4.4 仿人智能控制器的结构

仿人智能控制器的组成类似于一个专家控制器的基本结构，如图4.7中虚线框中的部分所示，它由以下4部分组成。

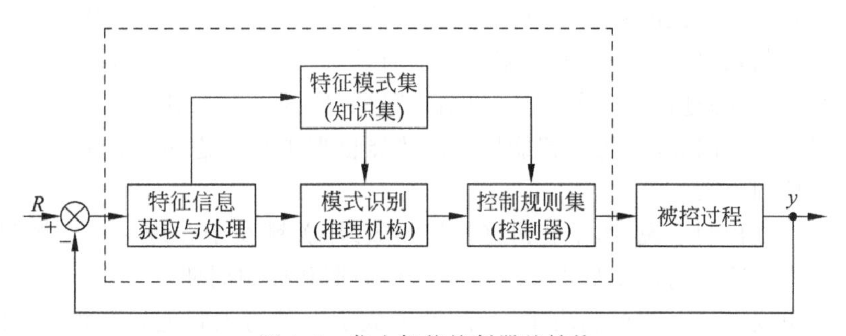

图4.7 仿人智能控制器的结构

1. 特征信息获取与处理

根据输入、输出采样数据计算出当前时刻的误差及误差变化等，进而求出识别被控动态过程模式所必需的特征变量。

2. 特征模式集

特征模式集存储某些特征模式类，其中还包括必要的参量、阈值、经验数据以及控制参数等。它类似于专家控制器中的知识库。

3. 模式识别

模式识别起到推理机构的作用,根据获得的当前时刻的特征变量去搜索同提供约束条件相匹配的特征模式类,为控制决策提供前提条件。

4. 控制规则集

控制规则集实际上是一个基于规则的控制器,控制决策的过程是实现从特征模式集到控制规则集的一个映射。一般来说,特征模式的数量大于或等于控制规则的数量。

仿人智能控制器的工作过程可以概括为3个步骤:一是系统根据计算出的特征变量判断动态过程的特征模式;二是推理机构根据该特征模式类去寻找与之相匹配的控制规则;三是控制器执行上述的控制规则对被控对象加以控制。这便完成了一步仿人智能控制算法,如此循环一步一步控制下去,直到被控系统的误差达到期望的指标。

4.5 仿人智能控制的多种模式

仿人智能控制器可以在线识别被控系统动态过程的各种特征,它不仅能够识别当前系统输出误差以及误差变化的趋势,还可以识别系统动态过程当前所处的状态及其动态行为,还能记忆前期控制效果并识别前期控制决策的有效性。总之,仿人智能控制器在同样条件下,所获取的关于动态过程的各种信息(包括定量的、定性的),要比传统的控制方式中获取的信息丰富得多。正因如此,仿人智能控制器才能根据被控动态过程的特征模式不失时机地作出相应的控制决策。

对于仿人智能控制来说,为了获得好的控制效果,关键在于合理地确定控制模式,实时地选择大小和方向适当的控制量以及合理的采样周期和控制周期。

从不同的角度模仿人的控制决策过程,就形成了多种仿人智能控制模式:仿人智能开关控制、仿人比例控制、仿人智能积分控制、仿人智能采样控制、仿人极值采样控制等。此外,在仿人智能控制中还采用变增益比例控制、比例微分控制以及开环与闭环相结合的控制方式。这里所说的开环是指一种保持控制方式,即控制器当前的输出保持前一时刻的输出值,此时控制器的输出量与当前动态过程无关,相当于系统开环运行。

下面着重介绍仿人智能积分控制、仿人智能采样控制、仿人极值采样控制的有关内容。

4.5.1 仿人智能积分控制

1. 仿人智能积分原理

众所周知,在控制系统中引进积分控制作用是减小系统稳态误差的重要途径。前面已对常规 PID 控制中的积分控制作用作了分析，这种积分作用对误差的积分过程如图 4.8(c) 所示。这种积分作用在一定程度上模拟了人的记忆特性，它“记忆”了误差的存在及其变化的全部信息。依据这种积分形式的积分控制作用有以下缺点：一是积分控制作用针对性不强，甚至有时不符合控制系统的客观需要；二是由于这种积分作用只要误差存在就一直进行积分，在实际应用中易导致“积分饱和”，会使系统的快速性降低；三是这种积分控制的积分参数不易选择，而选择不当会导致系统出现振荡。

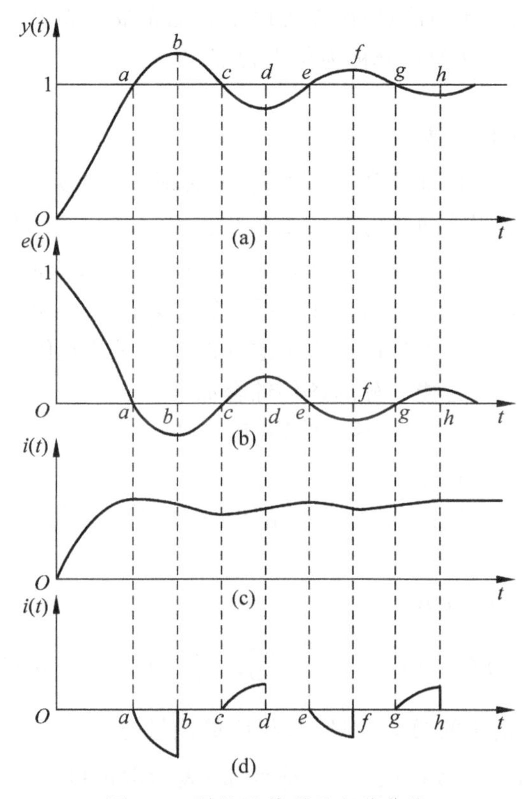

图 4.8 误差及其误差积分曲线

造成上述积分控制作用不佳的原因在于，这种积分控制作用没有很好地体现出有经验的操作人员的智能控制决策思想。在图 4.8(c)的积分曲线区间(a,b)中，积分作用和有经验的操作人员的控制作用相反。此时系统出现了超调，正确的控制策略应该是使控制量在比例控制作用的基础上再加上一个负的积分控制量，以压低超调，尽快降低误差。但在此区间的积分控制作用增加了一个正的控制量，这是由于在$(0,a)$区间的积分结果很难被抵消而改变符号，故积分控制量仍保持为正。这样的结果导致系统超调不能迅速降低，从而延长了系统的过渡过程时间。

在上述积分曲线的(b,c)段，系统误差由最大值向减小的方向变化，并有趋向稳态的变化趋势,此时应加一定的比例控制作用,但不应加积分控制作用,否则会造成系统回调。

为了克服上述积分控制作用的缺点,采用如图4.8(d)中的积分曲线,即在(a,b)、(c,d)及$(e、f)$等区间上进行积分,这种积分能够为积分控制作用及时地提供正确的附加控制量,能有效地抑制系统误差的增加;而在$(0,a)$、(b,c)及(d,e)等区间上,停止积分作用,以利于系统借助于惯性向稳态过渡。此时系统并不处于失控状态,它还受到比例等控制作用的制约。这种积分作用较好地模拟了人的记忆特性及仿人智能控制的策略,它有选择地"记忆"有用信息,而"遗忘"无用信息,所以可以很好地克服一般积分控制的缺点。它具有仿人智能的非线性积分特性,这种积分称为仿人智能积分。

2. 仿人智能积分控制算法

为了把智能积分作用引进到控制算法中,首先必须解决引入智能积分的逻辑判断问题,这种条件由图4.8中智能积分曲线对照图4.9及表4.1,可以得出如下判断条件。

当本次采样时刻的误差e_n及误差变化Δe_n具有相同符号,即$e_n \cdot \Delta e_n > 0$时,对误差进行积分;相反,误差e_n及误差变化Δe_n具有不同符号,即$e_n \cdot \Delta e_n < 0$时,对误差不进行积分。这就是引入智能积分的基本条件。再考虑到误差和误差变化的极值点,即边界条件,可以把引入智能积分和不引入智能积分的条件综合如下:

当$e \cdot \Delta e > 0$或$\Delta e = 0$且$e \neq 0$时,对误差积分,即引入智能积分;当$e \cdot \Delta e < 0$或$e = 0$时,不对误差积分,即不引入积分作用。

例如,作者设计的一种具有智能积分控制作用的模糊控制算法,其控制规则的量化描述如下:

$$U = \begin{cases} \langle \alpha E - (1-\alpha) C \rangle & E \cdot C < 0 \text{ 或 } E = 0 \\ \left\langle \beta E + \gamma C + (1-\beta-\gamma) \sum_{i=1}^{k} E_i \right\rangle & E \cdot C > 0, C = 0, E \neq 0 \end{cases} \tag{4.5}$$

其中,U、E、C均为经过量化的模糊变量,其相应的论域分别为控制量、误差、误差变化;而α、β及γ为加权因子,且$\alpha, \beta, \gamma \in (0,1)$。符号$\langle a \rangle$表示取最接近于"$a$"的一个整数。$\sum E_i$为智能积分项,引入它是为了提高控制系统的稳态精度。

实现上述控制算法的一种控制系统的结构如图4.9所示。图中虚线框部分是智能积分控制环节,它首先判断是否符合智能积分条件,若符合条件,则进行智能积分(Intelligent Integral,II);否则,不引入积分作用。

经数字仿真结果表明,仿人智能积分控制算法由于引进了智能积分控制,显著地提高了模糊控制系统的稳态精度。同一般的模糊控制器相比,仿人智能积分控制算法具有稳态精度高的优点。同常规PID控制相比,这种控制算法又具有响应速度快、超调小或无超调等优点。因此,这是一种实现智能控制的结构简单且控制性能又好的控制算法。

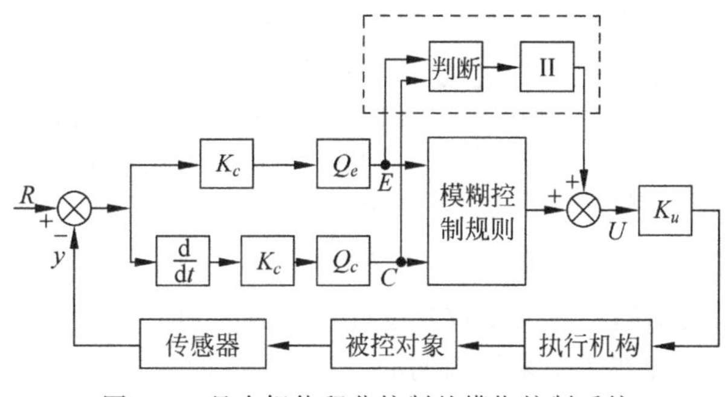

图4.9 具有智能积分控制的模糊控制系统

4.5.2 仿人智能采样控制

目前,多数生产过程的计算机控制系统,都属于连续离散型的混合系统。在这样的系统中,时间连续信号的检测和计算机控制量的输出,考虑信号的重现问题都需要正确选择离散时间的采样周期。而在控制过程中,应主要考虑尽可能地提高控制质量。

1. 采样周期对数字控制的影响

香农采样定理已经给出了选择采样周期的上限,而采样周期下限的选择却受到许多因素的制约。采样周期越小越有利于重现信号,但采样周期太小会导致信噪比低、量化噪声大、易受干扰,影响控制性能。在过程控制中,控制周期选择的下限要受到控制算法运算时间的限制。因此,采样周期和控制周期并非都是越小越好。

对于数字控制器的模拟化设计方法而言,采样周期越小,数字控制器的特性越接近模拟控制器的特性。而对于数字控制器的离散化的设计方法,多数是以被离散化了的对象模型为设计的依据。对象的离散化模型依赖于采样周期的选择,于是采样周期不仅影响到模型的零、极点的位置分布,而且还影响到模型的精度。过长的采样周期甚至会导致有用的高频信息受到损失,从而使模型降阶。

2. 滞后过程的仿人智能采样控制

大量的被控过程都具有不同程度的时间滞后,给过程控制带来了困难。滞后时间 τ 与容量滞后时间常数 T 之比,反映了控制的难度。随着 τ/T 值的增加,控制难度相应地增大。当 τ 接近或者超过 T 时,采用普通的 PID 控制效果很差,必须采用 Smith 控制。但是,Smith 控制需要精确的被控过程模型,而复杂的被控过程往往很难建立其精确的数学模型,因此,对 Smith 控制已做了不少改进,出现了一些克服滞后的控制算法。尽管如此,应该说大滞后过程控制问题至今仍是控制领域备受关注的课题。

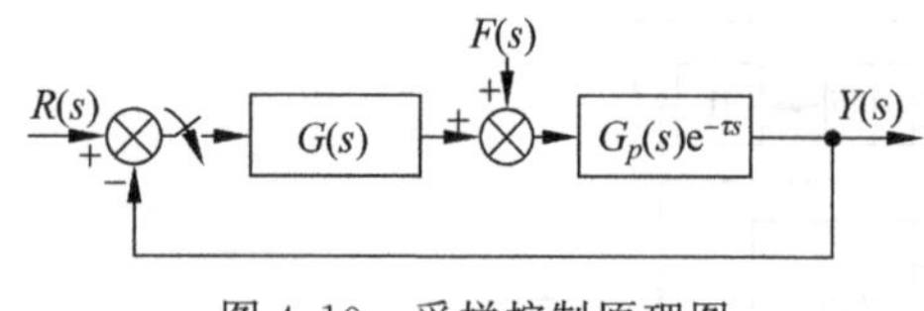

图 4.10 采样控制原理图

众所周知，具有纯滞后时间 τ 的对象，其控制作用必须经过时间 τ 才能体现，因此在时间 τ 内的控制是没有价值的，于是就产生了如图 4.10 所示的采样控制。某些文献提出采样周期 T_S 略大于 τ，控制时间(接通时间)Δt 约取为 $1/10T_S$，这样选择会带来两点不足。第一，干扰与采样发生严重的不同步。由于被控过程纯滞后时间一般较大，T_S 也就选得较大，而控制时间 Δt 又很小，这样在每个采样周期的 $T_S-\Delta t$ 时间内，系统处于开环状态，无法获取一些急需的有用信息，例如定值干扰引起输出 $y(t)$的变化或给定输入要求 $y(t)$尽快跟踪等信息。第二，获得的反馈信息太少且无针对性，使得控制处于盲目状态，导致过渡过程时间长。

上述采样控制的不足在于消极的等待和盲目无力的控制。总之，这样的控制缺乏人工控制滞后过程的智能采样特点，人工采样控制克服大滞后的基本策略可描述如下：

等等→看看→调调→再等等→再看看→再调调……

根据上述控制策略，一种仿人智能采样控制系统原理如图 4.11 所示。其中 INT 表示智能器；$F(s)$表示定值干扰；$G_{cj}(s)$表示控制器；$Y(s)$表示被控变量；$G_p(s)e^{-\tau s}$ 表示被控制对象；B 为中间反馈系数；$R(s)$为给定干扰；T 为调节参数；P 取常数 1 或 0。

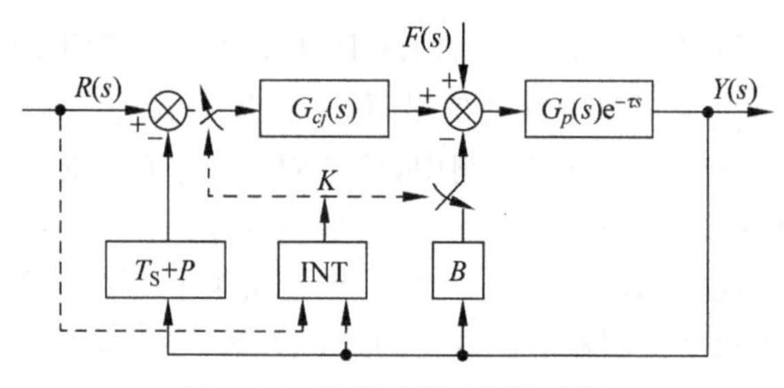

图 4.11 智能采样控制原理图

智能器的功能是控制一个智能采样开关 K，它在满足特定的条件下“断开”或“闭合”，即

$$K=\begin{cases}0(\text{断开}), & e\cdot\dot{e}<0 \text{ 或 } |e|<\delta \\ 1(\text{闭合}), & e\cdot\dot{e}>0 \text{ 或 } \dot{e}=0, |e|\geqslant\delta\end{cases} \tag{4.6}$$

式中，e、$\dot{e}$ 分别为误差和误差的一阶导数；δ 为不灵敏区。

当被控制变量偏离期望值时，智能器发出 K 开关闭合的信号，进行采样，控制器及时控制，直到被控变量有回复平衡位置趋势为止；当被控系统误差值在允许范围内时，开关 K 断开，系统处于开环工作状态，此时对象所需维持的能量由控制器或由对象已存储的能量供给。

图4.11中$G_{cj}(s)$表示第j种控制器，$j\in(1,2)$，这是考虑到给定干扰与定值干扰往往对控制规律和作用大小不同而引入的。它的选取由设计的逻辑关系自动进行，即

$$G_{cj}(s)=\begin{cases}G_{c1}(s), & \mathrm{d}c(t)/\mathrm{d}t\neq 0\\ G_{c2}(s), & \mathrm{d}c(t)/\mathrm{d}t=0\end{cases} \tag{4.7}$$

其中，$c(t)=L^{-1}\left[\frac{1}{Ts+1}R(s)\right]$，$T$的大小根据需要确定。这样，增强了控制器的适应性和有效性，保证了随干扰的不同而选用相应的控制器。中间比例反馈B的引入，主要是为了设计方便。

通过进一步分析上述智能采样控制的机理可以看出，当开关K闭合，系统处于闭环控制时，无论系统是随动系统，还是定值系统，在特征方程中均会出现$e^{-\tau s}$，但通过设置适当的控制参数，由于智能器的逻辑判断功能，完全可以使其仅在一个较短时间内才成立，这样就消除了不稳定因素。而当开关断开，系统处于开环工作状态时，$e^{-\tau s}$对稳定性没有影响。在上述智能采样控制方案中，通过智能器来确定系统是开环还是闭环。在开环过程中，控制器处于具有观察功能的积极等待阶段，这种等待的目的是为更好地控制做准备；在闭环过程中，控制器处于控制阶段，是等待的行动体现，具有很强的针对性。这种控制方式巧妙地避开了$e^{-\tau s}$所带来的不利影响，成功地解决了系统的稳定性问题。

智能采样控制是一种闭环中有开环，开环中含闭环的新颖控制方式，它的整个工作过程类似一个经验丰富的操作人员，既能连续地观察，又能根据需要进行实时校正。所以这种控制具有很强的鲁棒性、快速性，并且很容易通过微机程序来实现。

4.5.3 仿人极值采样智能控制

早在1981年，周其鉴、柏建国等人就认为以PID为代表的线性调节规律远非尽善尽美，未能妥善地解决闭环系统稳定性与准确性、快速性之间的矛盾是它的一大弱点；采用积分作用来解决稳态误差，必然增大系统的相位滞后，严重地削弱了系统响应速度，这是它的另一缺陷。采用现有的非线性控制作用，也只能在某一特定条件下改善系统的品质，使用范围有限，即使使用全状态反馈控制模式，由于积分作用也使其响应速度大受影响。

基于上述分析，他们运用"保持"特性取代积分作用，有效地消除了积分作用带来的相位滞后和积分饱和问题；大胆地设想将线性与非线性特点有机地融为一体，使人为的非线性元件能适用于叠加原理，并提出了用"抑制"作用来解决控制系统的稳定性与准确性、快速性之间的矛盾，从而形成了一种具有极值采样式最优调节器，后来以此为基础发展成为一种仿人智能控制器。

1. 仿人极值采样智能控制器的静特性及运行机理

仿人极值采样智能控制器的静特性如图 4.12 所示，它在一定程度上具有模仿人的智能控制特性。图中画出了 3 个仿人智能控制工作周期的静特性，下面分别介绍其运行机理。

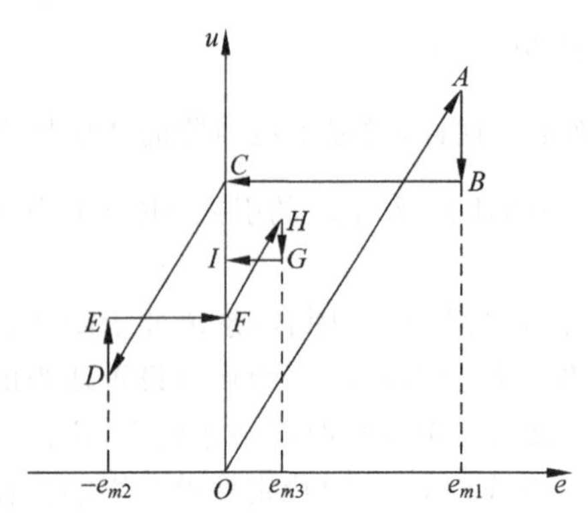

图 4.12　仿人极值采样智能控制器静特性

1) OA 段——比例控制模式

当系统出现误差且误差趋向增加时，即当 $e\cdot\dot{e}>0$ 时，仿人智能控制器产生一个比例输出 $U=K_pe$，其中 K_p 为比例增益，该增益可以大大超过传统比例控制器所允许的数值。比例控制模式运行在 $e=0$ 至 $e=e_{m1}$ 区间，e_{m1} 为误差出现的第 1 次极值。当 e 值达到了 e_{m1} 后，该闭环负反馈比例控制立即结束，并进入 AB 段的抑制过程。

2) AB 段——增益抑制控制模式

这是当系统误差达到第 1 次极值 e_{m1} 以后所施加的一种阻尼作用，即把原来的高比例增益 K_p 乘以一个小于 1 的因子 k，而使其增益降低的过程。因此，在 B 点处阈值已降到 $U_{on}=k\cdot K_pe_{m1}$ 对应的值，抑制控制有助于改善系统品质与增加稳定裕度。

3) BC 段——开环保持模式

当 AB 段的过程到达了 B 点，阈值达到了一个新的位置后，系统立刻进入保持模式。误差从极值减小并只能向原点趋近，因此，保持过程 BC 是一条平行于 e 轴的水平线。

上述的 OA→AB→BC 段，完成了第一个控制周期的比例→抑制→保持三元控制过程。类似地，CD→DE→EF 段为第二个控制周期；FH→HG→GI 段为第三个控制周期。

4) CD 段→DE 段→EF 段——第二个控制周期

从 CD 段开始的第二个控制周期，仍为 3 种控制模式的组合，但与第一个控制周期的作用方向相反。CD 段为反向的比例控制。当 e 值越过 u 轴变为负值时，系统在反向比例闭环控制作用下，使误差再次产生一个极值，即 $-e_{m2}$。对一个稳定的控制系统，一般 $|e_{m2}|<|e_{m1}|$。必须指出，在第二个控制周期中 k 与 K_p 可以采用不同于前一周期的值，从而增加仿人智能控制的灵活性。

从 FH 段开始的第三个控制周期与第一个周期方向完全相同，经过若干控制周期，系统被控制在一个期望的稳定状态。

2. 仿人极值采样智能控制算法及其特点

基于极值采样的仿人智能控制算法可以表达为如下形式：

$$U_n=\begin{cases}U_{o(n-1)}+K_pe, & e\cdot\dot{e}>0 \text{ 或 } |e|>o,\dot{e}=0\\ U_{on}=kK_p\sum_{i=1}^{n}e_{mi}, & e\cdot\dot{e}<0 \text{ 或 } e=0\end{cases} \tag{4.8}$$

其中，U_n 为控制器第 n 次采样时刻的输出；U_{on} 为控制器的第 n 次保持值；e 及 $\dot{e}$ 分别为系统误差及其变化率；e_{mi} 为误差的第 i 次极值；K_p 为控制器的比例增益；k 为增益的抑制(衰减)因子，一般取 $0<k<1$。

上述仿人极值采样智能控制算法的特点可概括为：分层的信息处理和决策，在线的特征辨识和特征记忆，开环与闭环结合的多模态控制，灵活地运用直觉推理和决策。这些特点体现了人的控制经验、定性知识、直觉推理和决策行为，因此，它不仅具有较高的智能性，而且具有良好的控制性能。

启迪思考题

4.1　什么样的人能被誉为领域专家？

4.2　专家头脑中的知识具有什么特点？

4.3　什么是专家系统？专家系统具有哪些优良特性？

4.4　专家系统由哪几部分组成？什么是核心部分？什么是专家系统的瓶颈？

4.5　专家控制系统与专家系统有何异同？

4.6　说明专家控制器的结构，具体说明专家控制器与专家控制系统有何异同。

4.7　在人工控制过程中，根据被控过程的动态特性，进行启发式判断和直觉推理都表现在哪些方面？

4.8　仿人智能控制的基本思想是什么？在仿人智能控制中“仿人”“智能”都是怎样体现出来的？

4.9　在仿人智能控制中，设计特征变量 $e\cdot\Delta e$ 及 $|\Delta e/e|$ 有何作用？这两个特征变量各具有什么特点？为什么将它们称为定性变量，而不称为定量变量？

4.10　具体叙述仿人智能控制器的工作过程。

4.11　仿人智能积分控制与传统 PID 控制有何区别？

4.12　仿人智能采样控制与传统数字 PID 控制有何本质区别？

4.13　试分析和比较专家控制、仿人智能控制与模糊控制三者之间的区别和联系。

4.14　在专家控制、仿人智能控制、模糊控制这些智能控制中，定性变量和定量变量各有哪些表现？

4.15　在基于规则的仿人智能控制中，是如何体现定性和定量的综合集成推理的？

第5章

递阶智能控制与学习控制

递阶控制和学习控制都属于智能控制早期研究的重要领域。人们解决复杂问题采用分级递阶结构体现了人的智能行为，萨里迪斯等提出的递阶控制揭示了精度随智能降低而提高的本质特征。学习是人的基本智能行为，傅京孙等最早提出基于模式识别的学习控制和再励学习控制。本章介绍三级递阶智能控制的结构、控制原理及在蒸汽锅炉的模糊递阶控制的应用；阐述学习控制及自学习控制的概念、系统的组成及实现形式，并给出基于规则的自学习模糊控制的例子。

5.1 大系统控制的形式与结构

大系统一般的特点是系统阶次高、子系统数目多且相互关联、系统的评价目标多且不同目标间可能有相互冲突等。人们研究复杂问题通常分层次、分级别来处理。同样，通常把较复杂的大系统控制问题分解成若干互相关联的子系统控制问题来处理。对复杂大系统的控制采用多级多目标控制形式，便形成了金字塔式的递阶控制结构。

5.1.1 大系统控制的基本形式

按照信息交换方式和关联处理方式，将大系统控制分为3种基本形式：分散控制、分布式控制和递阶控制。

(1) 分散控制系统。每个子系统只能得到整个系统的一部分信息，只能对系统变量的某一子集进行操作和处理，各自有独立的控制目标。

(2) 分布控制系统。每个子系统的控制单元是按子系统分布的，系统控制目标分配给各子系统的控制单元，它们之间可以有必要的信息交换。

(3) 递阶控制系统。各个子系统的控制作用是由按照一定优先级和从属关系安排的决策单元实现的，同级的各决策单元可以同时平行工作并对下级施加作用，它们又要受到上级的干预，子系统可通过上级互相交换信息。

5.1.2 大系统控制的递阶结构

1. 多重描述

用一组模型从不同的抽象程度对系统进行描述，于是就形成了不同层次，每一层都有相应的描述系统行为的变量及所要服从的规律等。这种描述的基本思想是：沿着递阶结构越往下层对系统的内容了解得越具体越细致，越往上层对系统的意义了解得越深刻。

2. 多层描述

多层描述是按系统中决策的复杂性来分级的，例如，含有不确定因素的大系统按控制功能可分为4个层次：直接控制层、最优化层、自适应层及自组织层，如图5.1所示。

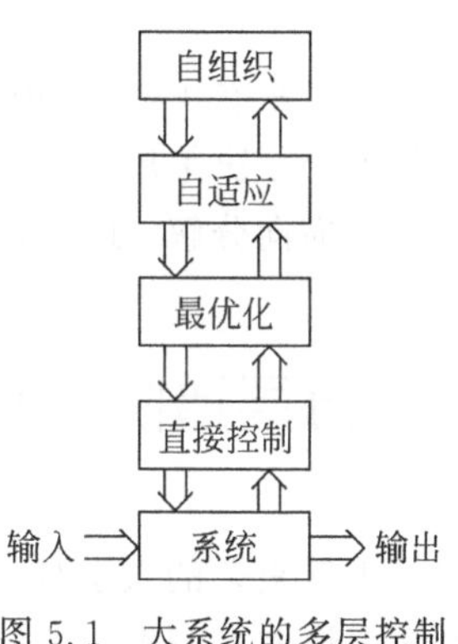

图5.1 大系统的多层控制

3. 多级描述

系统由若干可分的相互关联的子系统组成时，可将所有决策单元按一定支配关系递阶排列。同一级各单元要受上一级的干预，同时又对下一级决策单元施加影响。同一级决策单元如有相互冲突的决策目标，则由上一级决策单元加以协调。

根据决策目标的多少，系统又可分为单级单目标系统、单级多目标系统和多级多目标系统，分别如图5.2(a)、(b)和图5.3所示。

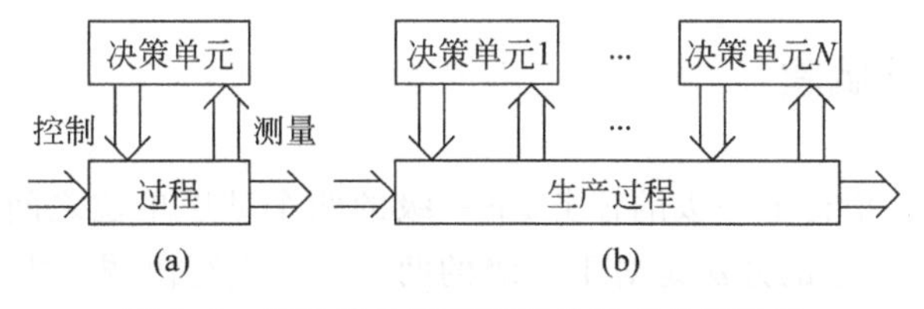

图5.2 单级单目标系统和单级多目标系统

单级多目标系统中各决策单元间互相独立工作，各决策单元有自己的控制目标，目标之间不一定矛盾，如有冲突用对策论来处理。多级多目标决策单元在不同级间递阶排列，形成了金字塔结构。同级之间不交换信息，上下级间交换信息，上一级负责协调同一级之间的目标冲突。协调的总目标是使全局达到优化或近似优化。

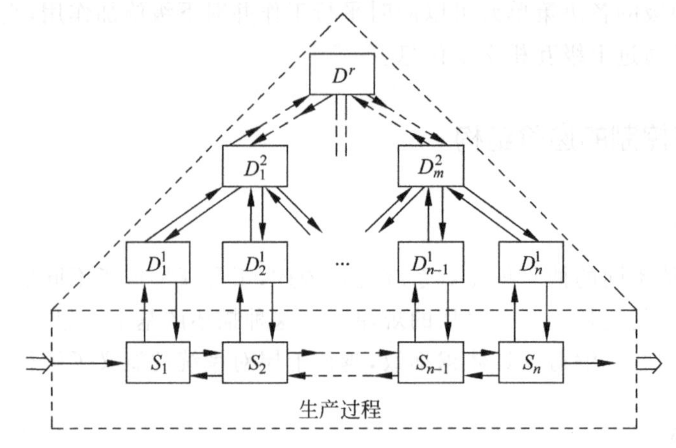

图 5.3 多级多目标的金字塔结构

综上不难看出,多层描述实际上是对一个大系统的决策问题纵向分解,按任务复杂程度分成若干个子决策层,如图 5.3 中分成 r 层;多级描述则是考虑到各子系统的关联将决策问题进行横向分解,如图 5.3 中分解成 n 级。这种结构又称为分层递阶结构。

5.2 分层递阶控制的基本原理

对于较复杂的大系统,通常采用如图 5.3 所示的多级多目标金字塔式的控制结构。控制系统由许多控制器组成,使得第一级上的每个控制器只控制一个子系统,子系统之间又保持一定的联系。这样配置的控制器从上一级的控制器(或决策单元)接收信息,并用来控制下一级的控制器(或子系统)。各控制器之间目标可能存在的冲突依靠上一级控制器(或协调器)进行协调。

5.2.1 协调的基本概念

我们知道,当为了执行上一级的任务,下一级的两个基层单位之间出现问题或矛盾时,通常上一级领导解决问题的办法是对下一级的两个单位进行协调。协调也是大系统控制理论中常用的、重要的基本概念。在多级多目标控制系统中,协调的目的是通过对下层控制器的干预来调整该层各控制器的决策,以满足整个系统控制总目标的要求。完成协调作用的决策单元称协调器,图 5.4 给出了一个二级结构的协调器,协调器作用于控制器的干预信号 C 就起到协调作用。

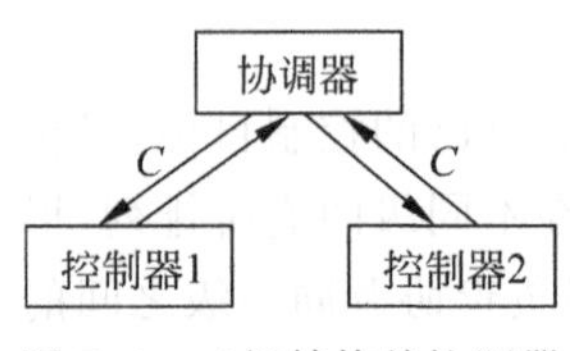

图 5.4 二级结构的协调器

递阶控制的基本原理是把一个总体问题 P 分解成有限数

量的子问题 P_i，总体问题 P 的目标应使复杂系统的总体准则取得极值。设 P_i 是对子问题求解时，不考虑各子问题 P_i 之间存在关联而发生冲突的情况而得到的解，则有

$$[P_1, P_2, \cdots, P_n] \text{的解} \Rightarrow P \text{的解} \tag{5.1}$$

因为各子系统(子问题)之间存在关联而产生冲突(也称耦合作用)，所以必须引进一个干预向量(或协调参数)，用来解决由于关联而产生的冲突，这就是协调的基本原理。

用 $P_i(\lambda)$代替 P_i，可得

$$[P_1(\lambda), P_2(\lambda), \cdots, P_n(\lambda)]_{\lambda=\lambda^*} \text{的解} \Rightarrow P \text{的解} \tag{5.2}$$

递阶控制中的协调问题就是要选择 λ，从某个初值 λ^0 经过迭代达到终值 λ^*，从而使递阶控制达到最优的性能指标。

5.2.2 协调的基本原则

协调有多种方法，但多数都是基于关联预测协调和关联平衡协调两个基本原则。

(1) 关联预测协调原则。协调器要预测各子系统的关联输入、输出变量，下层各决策单元根据预测的关联变量求解各自的决策问题，然后把达到的性能指标值送给协调器，协调器再修正关联预测值，直到总体目标达到最优为止。这种协调模式称为直接干预模式，是一种可在线应用的协调方法。

(2) 关联平衡协调原则。下层的各决策单元在求解各自的优化问题时，把关联变量当作独立变量来处理，即不考虑关联约束条件，而依靠协调器的干预信号来修正各决策单元的优化指标，以保证最后关联约束得以满足，这时目标函数中修正项的数值应趋于零。这种协调方法又称目标协调法。

5.3 递阶智能控制的结构与原理

人的中枢神经系统是按多级递阶结构组织起来的，因此，多级递阶的控制结构已成为智能控制的一种典型结构。多级递阶智能控制系统是智能控制最早应用于工业实践的一个分支，它对智能控制系统的形成起到了重要作用。

5.3.1 递阶智能控制的结构

多级递阶智能控制的结构如图5.5所示，按智能程度的高低分为组织级、协调级和控制级3级。

(1) 组织级。组织级是递阶智能控制系统的最高级，是智能系统的“大脑”，它具有相应的学习能力和决策能力，对一系列随机输入的语句能够进行分析，能辨别控制情况以及在大致了解任务执行细节的情况下，组织任务，提出适当的控制模式。

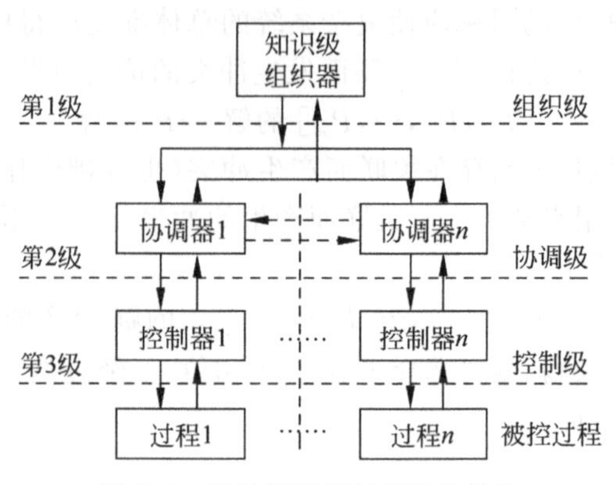

图 5.5 递阶智能控制系统的结构

(2) 协调级。协调级是递阶智能控制系统的次高级,它的主要任务是协调各控制器的控制作用,或者协调各子任务的执行。这一级只要求较低的运算精度,但要有较高的决策能力,甚至具有一定的学习能力。

(3) 控制级。控制级是系统的最低级,它直接控制局部过程并完成子任务。控制级和协调级相反,这一级必须高精度地执行局部任务,而不要求具有更多智能。

5.3.2 递阶智能控制的原理

多级递阶智能控制系统的结构与一般多级递阶控制系统的结构形式基本上相同,其差别主要表现在递阶智能控制采用了智能控制器,使这种控制系统更多地利用了人工智能的原理和方法,例如,组织器和协调器都具有利用知识和处理知识的能力,具有程度不同的自学习能力等。因此,大系统的多级多目标递阶智能控制原理具有如下特点:

(1) 越是处于高层的单元,对系统行为的影响范围也就越大,要求具有高的决策智能性。

(2) 处于高级单元的决策周期要比处于低级单元的决策周期长,主要是处理涉及系统行为中变化较慢的因素。

(3) 越是处于高级,问题的描述就越会遇到更多不确定性,而更难以定量地予以公式化。

根据上述特点,再对比图 5.5 所给出的递阶智能控制的结构形式,显然,这样的设计形式是符合复杂系统递阶控制要求的。从最低级控制级→协调级→组织级,对智能性要求逐步提高,而对于这类多级递阶智能控制系统,智能性主要体现在高的层次上。为此,萨里迪斯等人提出了递阶智能控制系统是按照精度随着智能降低而提高的原理。

在高层次上遇到的问题常常具有不确定性,而在这个层次上采用基于知识的组织器是恰到好处的。因为基于知识的组织器便于处理定性信息和利用人的直觉推理逻辑和经验。因此,可以把多级递阶智能控制系统的工作原理作两次分解,以便于理解。从横向来看,把一个复杂系统分解成若干相互联系的子系统,对每个子系统单独配置控制器,这样便于直接进行控制，使复杂问题在很大程度上得到简化；从纵向看，把控制整个复杂系统所需要的知识的多少，或者说所需要智能的程度，又从低到高作了一次分解，这就给处理复杂问题又带来了方便。协调器作为一个中间环节，解决了各子系统间因相互关联而导致的目标冲突。这样，多级递阶智能控制系统就能在最高级组织器的统一组织下，实现对复杂系统的优化控制。

图5.6给出了一个机械手的三级递阶智能控制系统的结构图，它实际上是一个具有视觉反馈的机械手递阶智能控制系统。

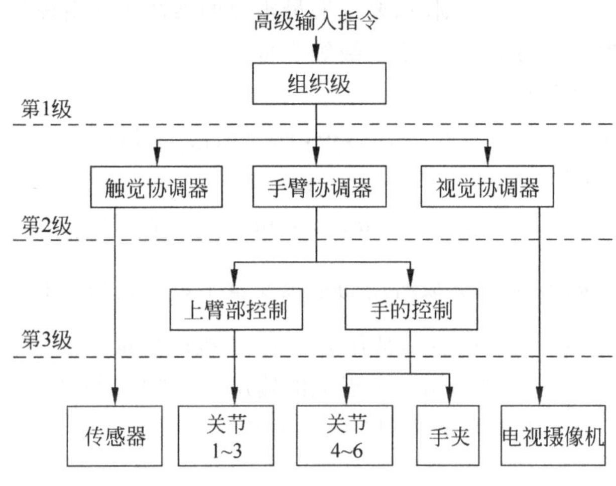

图5.6 机械手递阶智能控制系统

5.4 蒸汽锅炉的递阶模糊控制

5.4.1 模糊变量与规则间的数量关系

定理 5.1 如果模糊集合 F 中含有 m 个元素，一个规则中含有 n 个系统变量，则规则的全集有 m^n 个不同的规则。

证明 当 $n=1$ 时，规则集合有 m 个不同规则，因此定理成立。

假设 $n=n_1$ 时，定理成立。当 $n=n_1+1$ 时，则每个规则有 n_1+1 个变量，如果加一个变量，相对应地有 m 个不同规则，换言之，每个对应 n_1+1 个变量的规则(有 m^{n_1} 个这样的规则)将变成对应 n_1+1 个变量的规则，因此，规则总数为

$$k=m\times m^{n_1}=m^{n_1+1}=m^n \tag{5.3}$$

例 5.1 设模糊集合 $F=\{\mathrm{NB},\mathrm{NS},\mathrm{ZE},\mathrm{PS},\mathrm{PB}\}$，系统变量 $X=\{x_1,x_2,x_3,x_4\}$，因此

$n=4, m=5$，全集的规则数为 $k=5^4=625$。如果 $n=5, m=5$，则 $k=5^5=625\times5=3125$。

由式(5.3)可见，规则数是系统变量的指数函数。这意味着规则数随着系统变量的数目增加而迅速增加，这样的问题被称为“规则爆炸问题”。对一个多变量系统，控制规则数越多越难以实现模糊控制。为此，在复杂大系统模糊控制中采用递阶结构以解决“规则爆炸问题”。

5.4.2 递阶模糊控制规则

用递阶方法建立模糊控制规则时，要选取最重要的参数作为系统的第一级变量，然后按照重要程度依次作为系统的第二级、第三级等变量。

设第一级的模糊规则如下：

$$\text{If}(x_1=a_{1,1}, x_2=a_{1,2}, \cdots, x_{n_1}=a_{1,n_1})\ \text{then}\ y_1=b_1 \tag{5.4}$$

第 i 级($i>1$)规则形式为

$$\text{If}(x_{N_{i+1}}=a_{N_1,1}, x_{N_i+n_i}=a_{N_i,n_i}, \text{and}\ y_{i-1}=b_{i-1})\ \text{then}\ y_i=b_i \tag{5.5}$$

其中，$N_i=\sum_{j=1}^{i-1}n_j\leqslant n$，$n_j$ 是第 j 级所用的系统变量个数。$x_j(j=1,2,\cdots,n)$是系统变量，$y_i(i=1,2,\cdots,l-1)$是第 i 级的输出，被作为第 $i+1$ 级的变量。

在递阶结构中，第一级规则给出一个近似的输出 y_1，然后通过第二级规则集加以修正。第二级变量包括第一级的近似输出 y_1 和式(5.5)所示的系统变量，第三级以后各级均以此类推。

第 i 级的规则集除了要考虑前级输出外，还得考虑一个或更多的第 i 级的系统变量。但如果在以后每一级，只加一个系统变量，则可以看出以后规则的总数将减少，如果把所有变量放在第一级，则此结构与传统的相同。这意味着，基于传统规则的模糊控制器是递阶模糊控制器的特殊形式。

定理 5.2 对于含有 n 个系统变量的递阶模糊控制结构，如果 L 是递阶级数，n_i 为第 i 级的变量数，其中包括第 $i-1$ 级的输出变量($i>1$)，则控制规则的总数 k 为

$$k=\sum_{i=1}^{L}m^{n_i} \tag{5.6}$$

其中，m 是模糊集合数，且

$$n_1+\sum_{i=2}^{L}(n_i-1)=n \tag{5.7}$$

证明 在第 i 级中，因有 n_i 个变量，由定理5.1可知该级规则总数为 m^{n_i}，这适用于其他各级。规则总数等于每级规则数的总和，即 $k=\sum_{i=1}^{L}m^{n_i}$，于是定理5.2得证。

如果 $n_i=t$ 为整数($i=1,2,\cdots,L$)，则由式(5.7)可得 $L=(n-t)/(n-1)+1$，于是

$$k=[(n-t)/(n-1)+1]m^t \tag{5.8}$$

由递阶结构得出的式(5.8)表明，规则全集数的减小为系统变量 n 的线性函数，而不是传统情况下的指数函数。

定理 5.3　在含有 n 个系统变量的递阶结构中，如果 $m \geqslant 2$，且 $n_i \geqslant 2$(m、n_i 定义同定理 5.2)，则规则集合总数在 $n_i = t = 2$ 时达到最小值，当 $n_i = n_1 = n$ 时达到最大值。

上述定理的证明较复杂，故省略。下面举例进一步解释定理 5.2 的结论。

例 5.2　为了便于同例 5.1 的问题进行比较，仍取 $n=4$，$m=5$，且选 $n_1 = t = 2$，则由定理 5.2 可得 $L=3$，$k=3\times m^t=3\times 25=75$。与例 5.1 的结果比较，可见在非递阶结构中需要 625 条规则，而在递阶结构中只需 75 条规则。显然，通过递阶结构大大地减少了规则总数。

定理 5.3 指出，当每级仅选两个变量时，规则数为最小。通过这种结构能简便地加减一个变量，而不必更改集合中的其他规则。这样，操作者利用经验通过对一些参数的尝试性试验，更有效地修正控制规则。

5.4.3　蒸汽锅炉的两级递阶模糊控制系统

蒸汽锅炉的外部连接如图 5.7 所示。控制器的主要目的是使汽鼓(泡包)内的水位保持在期望值。蒸汽锅炉的动态模型有 18 个状态变量，基于其中 4 个变量，可以构造一个递阶模糊规则集，递阶模糊控制的闭环系统如图 5.8 所示。

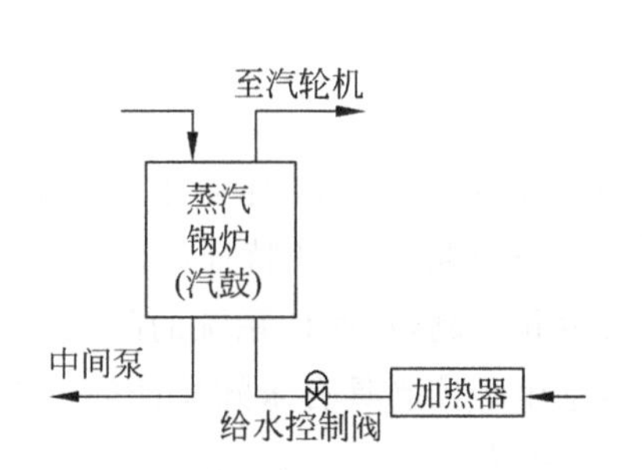

图 5.7　蒸汽锅炉的外部连接图

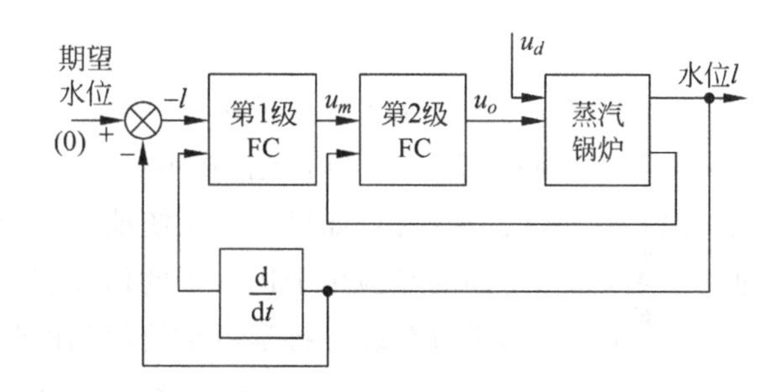

图 5.8　蒸汽锅炉的递阶模糊控制系统

蒸汽锅炉汽鼓的动态模型为

$$\mathrm{d}\boldsymbol{x}/\mathrm{d}t = \boldsymbol{A}\boldsymbol{x} + \boldsymbol{B}_d u_d + \boldsymbol{B}_o u_o \tag{5.9}$$

其中，$\boldsymbol{x}$ 是系统状态向量；$\boldsymbol{A}$ 为系统矩阵；$\boldsymbol{B}_d$ 为扰动输入矩阵；u_d 为扰动输入(阶跃函数)；$\boldsymbol{B}_o$ 是输入矩阵；u_o 为由模糊控制器获得的输入。

在本系统中，所有系统变量和输出都被归一化在论域[−1,1]中，这样，所有变量可以用一个相对统一的标准进行比较，模糊集合的隶属函数如图 5.9 所示。

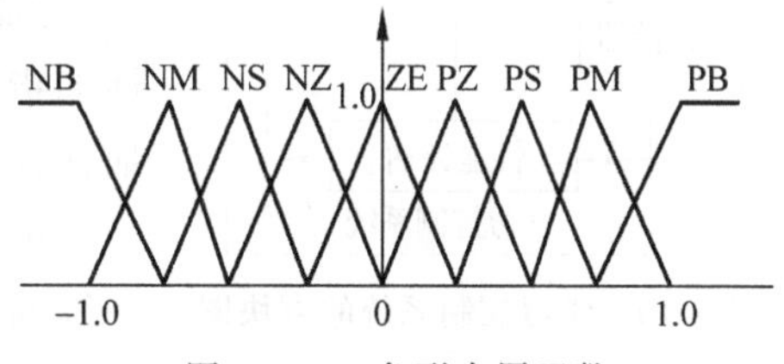

图 5.9　三角形隶属函数

本系统是具有两级的递阶控制结构，第一级FC系统选汽鼓水位和它的导数作为系统输入变量。第二级FC系统选作蒸汽排出量、泄流量和上升混合流量的一个线性函数信号的导数和给水量(第一级的输出)作为系统输入变量。采用上述的递阶模糊控制蒸汽锅炉给水的仿真表明，递阶模糊控制系统对于解决多变量系统的模糊控制问题的效果是显著的。

上述的递阶模糊控制系统，实际上是一种分层多闭环控制系统，因此，又称为分层递阶模糊控制系统。

从蒸汽锅炉递阶模糊控制系统例子可以看出：尽管蒸汽锅炉的动态模型有18个状态变量，但起重要作用的状态变量仅为4个，体现了抓主要矛盾的思想；虽然设计模糊控制规则，但并不排斥利用该系统中3个变量间存在线性函数关系，这样又使4个状态变量简化为仅有两个变量的系统，最终设计二级递阶模糊控制解决了问题。

5.5 学习控制系统

5.5.1 学习控制的基本概念

学习是人的基本智能之一，学习是为了获得知识，因此在控制中模拟人类学习的智能行为的所谓学习控制，无疑属于智能控制的范畴。

有关学习控制的概念从20世纪60年代以来虽有多种表述，但以1977年萨里迪斯给出的定义最具代表性。他指出，如果一个系统能对一个过程或其环境的未知特征所固有的信息进行学习，并将得到的经验用于进一步的估计、分类、决策和控制，从而使系统的品质得到改善，则称此系统为学习系统。将学习系统得到的学习信息用于控制具有未知特征的过程，这样的系统称为学习控制系统。

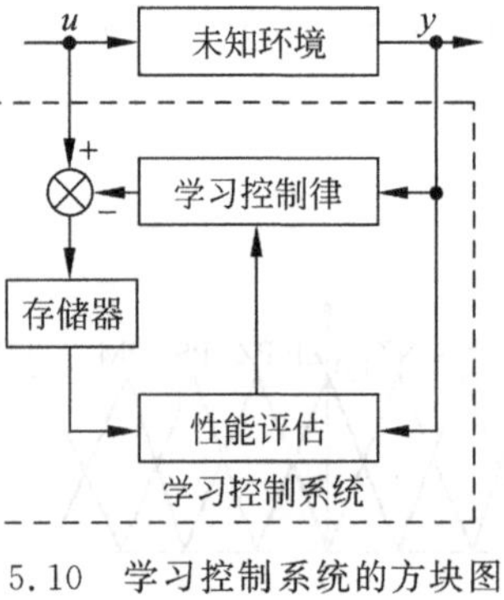

根据萨里迪斯给出的学习系统的结构，学习控制系统组成的方块图如图5.10所示。其中未知环境包括被控动态过程及其干扰等，学习控制律可以是不同的学习控制算法，存储器用于存储控制过程中的控制信息及相关数据，性能指标评估是把学习控制过程中得到的经验用于不断地估计未知过程的特征以便更好地进行决策控制。

图5.10 学习控制系统的方块图

由于实现学习控制算法有多种途径，因此，学习控制系统的组成也会因学习算法的不同，在组成上有不同的结构形式。

5.5.2 迭代学习控制

1984年,日本有本(S. Arimoto)等提出迭代学习控制算法,用于一类具有重复运行特性的被控对象,其任务是寻找控制输入,使得被控系统的实际输出轨迹在有限时间区间上沿整个期望输出轨迹实现零误差的完全跟踪,并且整个控制过程要求快速完成。这种算法不依赖于系统的精确数学模型,能以非常简单的方式处理不确定度相当高的非线性强耦合动态系统,因此迭代学习在求解非线性、强耦合、复杂系统的轨迹跟踪等方面得到应用。

所谓迭代学习控制,是指对于具有可重复性的被控对象,利用控制系统先前的控制经验,根据测量系统的实际输出信号和期望信号来寻找一个理想的输入特性曲线,使被控对象产生期望的运动。"寻找"的过程便是学习控制的过程。

迭代学习控制要求被控对象的运动具有可重复性,即系统每一次都做同样的工作;在学习过程中,只需要测量实际输出信号和期望信号,对被控对象的动力学描述和参数估计的复杂计算均可以简化或省略。这就是迭代学习控制的主要优点。

迭代学习控制律用于具有可重复性运动的被控对象时,需要满足如下条件:

(1) 每一次运行时间间隔 $T>0$。

(2) 期望输出 $y_d(t)$是预先给定的,且是 $t\in[0,T]$域内的函数。

(3) 每一次运行前,动力学系统的初始状态 $x_k(0)$相同,k 是学习次数,$k=0,1,2,\cdots$。

(4) 每一次运行的输出 $y_k(t)$均可测,误差信号 $e_k(t)=y_d(t)-y_k(t)$。

(5) 下一次运行的给定 $u_{k+1}(t)$满足如下递推规律:

$$u_{k+1}(t)=F(u_k(t),e_k(t),r) \tag{5.10}$$

其中 r 为系数。

(6) 系统的动力学结构在每一次运行中保持不变。

在满足上述条件的情况下,随着系统运行次数 k 的增加,即学习次数的增加,$y_k(t)$将收敛于期望输出 $y_d(t)$:

$$\lim_{k\to\infty}y_k(t)=y_d(t) \tag{5.11}$$

迭代学习控制过程的原理如图5.11所示。对于如图5.11所示的学习控制过程,有本等人提出了学习控制律的一般形式为

$$u_{k+1}(t)=f(u_k,e_k,r)=u_k(t)+\left(\boldsymbol{\Gamma}\frac{\mathrm{d}}{\mathrm{d}t}+\boldsymbol{\Phi}+\boldsymbol{\Psi}\int\mathrm{d}t\right)e_k(t) \tag{5.12}$$

其中,$u_k(t)$、$u_{k+1}(t)$分别是第 k 次、第$(k+1)$次的给定;$\boldsymbol{\Gamma}$,$\boldsymbol{\Phi}$,$\boldsymbol{\Psi}$ 均为增益矩阵;$e_k(t)$是第 k 次的响应误差;r 为系数。

由式(5.12)可见,系统在第 k 次学习后的第$(k+1)$次给定是上一次的给定及响应误差的函数。式(5.12)称为PID型学习控制律。

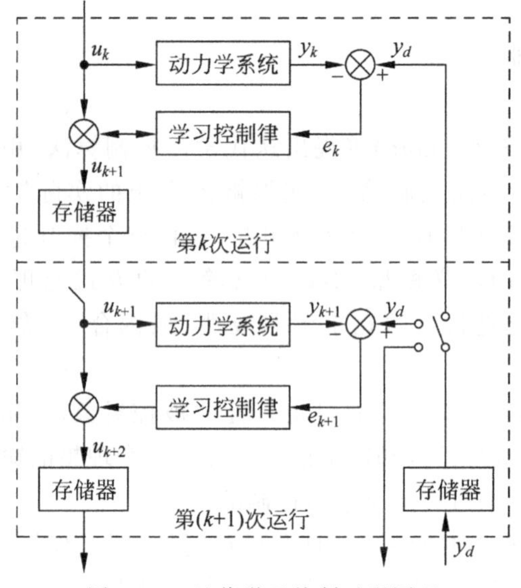

图 5.11 迭代学习控制过程原理

有本等人提出的上述学习控制律具有控制律简单,计算量小,便于工程实现的特点。学习控制律 $f(u_k, e_k, r)$ 在计算机上实现的过程如图 5.12 所示。只要动力学系统承受的未知干扰在每一次实验中都以同样的规律或方式出现,学习控制均可有效地削弱以至于消除其影响。

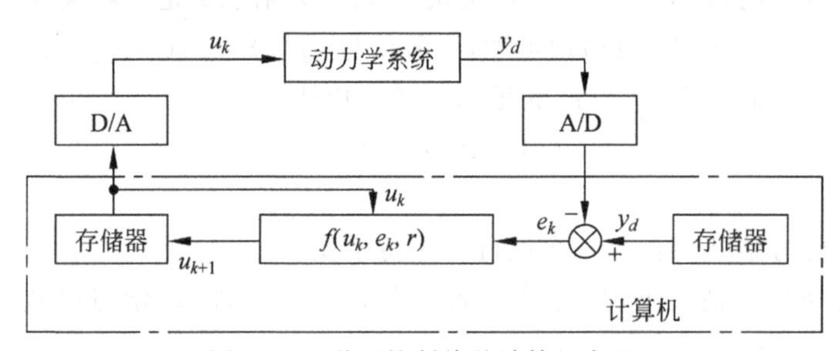

图 5.12 学习控制律的计算机实现

迭代学习控制的收敛性问题是学习控制系统实际应用中的一个关键。有本等学者对这一问题做了大量研究,从理论上证明了若干种学习控制律在线性定常系统、线性时变系统以及非线性系统中的收敛性。

5.5.3 重复学习控制

1981 年,日本井上(Inoue)等针对连续 SISO 线性时不变系统用于高精度跟踪一个周期已知的参考输入而提出了一种重复学习控制方法。如果设计能产生固定周期的周期信号,并置于闭环内作为内模,那么任何周期的周期信号均可由一个纯滞后环节 e^{-Ts} 来产生。内模原理指出,如果这种周期信号产生器的闭环传递函数包含在闭环系统内,那么可实现对外部周期信号的渐进跟踪。

图5.13给出了一种应用较多的重复控制系统结构,其中 $P(s)$ 是广义被控对象,$G(s)=P(s)/(1+P(s))$。设计问题主要是如何选择和优化动态补偿器 $B(s)$ 和低通滤波器 $Q(s)$。控制器参数的选择涉及系统稳态性能、鲁棒性和暂态性能的折中。

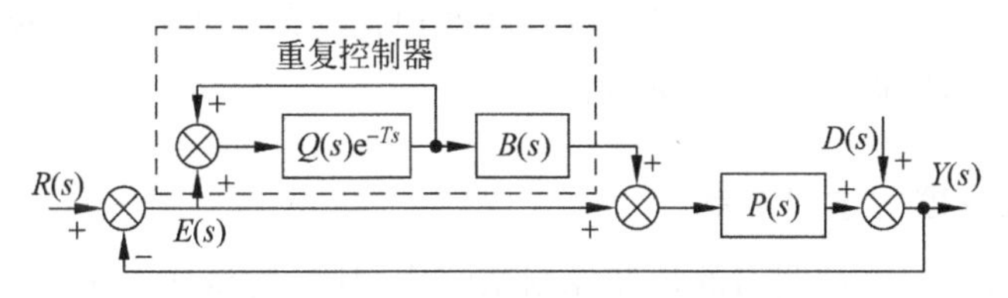

图5.13 插入式重复控制系统

上述的重复学习控制器只要保证系统周期的不变性,经过多个周期的重复训练后,可在干扰不确定的情况下获得重复控制器的控制规律,使得系统在重复控制作用下的实际输出逐渐逼近期望的输出。

在采用其他控制方法很难获得很高的控制精度的情况下,重复控制因其控制精度高、实现简单以及控制性能的非参数依赖性,成为解决周期性外激励信号控制问题的一种有效方法。已经提出多种结构和重复控制算法,包括连续时延内模重复控制、离散时延内模重复控制、有限维重复控制以及非线性系统的重复控制方法。

重复学习控制和迭代学习控制都是针对具有重复运行特性的对象,都是基于偏差函数来更新下一次的输入。但迭代控制每运行一次初始状态被复原一次,每一次控制都是独立进行的。重复学习控制构成一个完全闭环系统,能进行连续运行。因此,在稳定性方面迭代学习控制系统要优于连续闭环控制的重复控制系统。

5.5.4 其他学习控制形式

1. 具有学习功能的自适应控制

本书在2.7.2节中已指出自适应控制系统应具有两个功能:一是常规的控制功能,由闭环反馈控制回路实现;二是学习功能,由自适应机构组成的另一个反馈控制回路实现,其控制对象是控制器本身。

不难看出,自适应控制系统具有学习功能,但这种学习的结构形式与上面介绍的学习控制系统的结构形式是不同的。自适应控制的学习功能是通过常规控制器控制性能的反馈、评价等信息,进而通过自适应机构对控制器的参数甚至结构进行在线调整或校正,以使下一步的控制性能要优于上一步的,这便是学习。可以认为,自适应学习系统是一种二级递阶控制的结构,由双闭环控制系统组成。其中常规控制回路是递阶结构的低级形式,完成对被控对象的直接控制;包含自适应机构和常规控制器的第二个回路是递阶结构的高级形式,它是由软件实现的一种反馈控制形式,完成对控制器控制行为的学习功能。

迭代学习控制系统和重复学习控制系统没有像自适应控制系统那样的二级递阶结构,而只是增加了存储器用以记忆以往的控制经验。迭代控制中的学习是通过对以往"控制作用与误差的加权和"的经验记忆实现的。系统不变形的假设以及记忆单元的间断重复训练是迭代学习控制的本质特征。而重复学习控制的记忆功能由重复控制器完成,它对控制作用的修正不是间断离线而是连续实现的。

2. 基于神经推理的学习控制

在神经网络直接充当控制器的神经控制系统中,神经网络实际上是通过学习算法改变网络中神经元间的联结权重,从而改变神经网络输入输出间的非线性映射关系,逐渐逼近被控动态过程的逆模型来实现控制的任务。神经网络的这种学习和迭代学习控制、重复学习控制中的学习形式是不一样的。前者的学习是出于逼近的思想,而后者是利用控制系统先前的控制经验,根据测量系统的实际输出信号和期望信号来寻找一个理想的输入特性曲线,使被控对象产生期望的运动。"寻找"的过程便是学习控制的过程。

本书将基于神经推理的学习控制形式归为基于神经网络的智能控制范畴。

3. 基于模式识别的学习控制

早在1964年,史密斯就提出用性能模式分类器来学习最优控制的方法,从而将控制问题转化为一个模式分类问题。1968年,门德尔等人把模式识别技术用于确定复杂过程的工况,并进行控制。1977年,布里斯托尔(E. H. Bristol)提出了基于模式识别的自整定PID控制器。1981年,萨里迪斯对于模式识别方法用于控制系统做了深入的论述。1989年,拉隆德(A. M. Lalonde)等人提出了采用模式分析构成广义预测控制器,通过对输入输出数据分析,判断控制器的输出是否达到对过程的充分激励,这些数据用于系统辨识生成控制器的内模。

把模式识别的原理及方法用于控制系统所遇到的首要问题,就是如何描述被控对象的动力学特性。对于有参考模型的被控对象,模式识别主要是作为一种信号处理手段来使用,但由于计算量较大而无实用价值。对于一些无法建模或无法进行参数估计的复杂生产过程,模式识别成为获取工况信息和获取知识的重要手段。

不难看出,越是复杂的被控过程,越是难以建立精确模型,越是难以获得被控动态过程的精确定量信息。在这种情况下,如何在控制决策上模拟娴熟的操作者的形象思维功能,也就是如何将模式识别的方法用于智能控制所要解决的问题。

基于模式识别的智能控制实际上是模拟人工控制过程中识别动态过程特征的思想,然后根据人的控制经验,对于不同的动态过程采取不同的控制策略。通过这样不断地识别,又不断地调整控制策略,使控制性能不断提高的过程体现出一种学习行为。

4. 异步自学习控制

邓志东在其博士论文中考虑到迭代自学习控制和重复自学习控制的共同点和区别，提出了将这两种算法统一起来的异步自学习控制的理论框架。其基本思想是：将第 k 次重复训练的迭代自学习控制系统看成是对第 k 个重复周期的“间歇”的重复自学习控制系统，且前者的训练时间等于后者的重复周期；可将重复自学习控制系统的重复控制器视为一个记忆系统。这样一来，迭代自学习控制和重复自学习控制就是异步自学习控制的特例，即分别是具有“间歇”和“连续”学习的异步自学习控制。

5.6 基于规则的自学习控制系统

一个智能控制系统通过在线实时学习，自动获取知识，并能将所学得的知识用来不断改善对于一个具有未知特征过程的控制性能，这种系统称为自学习控制系统。

自学习控制系统虽然和自适应控制系统有许多相似之处，但是它们之间有很大的区别，自适应控制系统使用更多的先验数据，因此常常是更加结构化，而典型的自学习控制算法则无固定的结构，更具有一般性。自学习控制系统具有较高的拟人自学习功能。

基于产生式规则表示知识的自学习控制系统，称为基于规则的自学习控制系统，又称为产生式自学习控制系统。

5.6.1 产生式自学习控制系统

一种产生式自学习控制系统的结构如图 5.14 所示。自学习控制器中的综合数据库用于存储数据或事实，接受输入、输出和反馈信息，而控制规则集主要存储控制对象或过程方面的规则、知识，它是由〈前提→结论〉或〈条件→行动〉的产生式规则组成的集合。

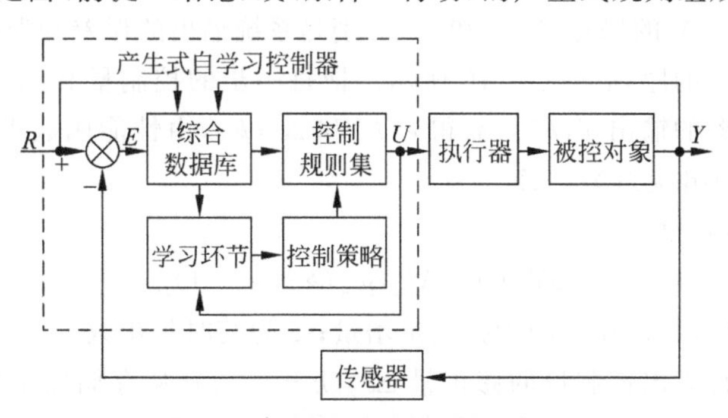

图 5.14 产生式自学习控制系统

自学习控制系统中的推理机在产生式自学习控制系统中隐含在控制策略和控制规则集中，控制策略的作用是将产生式规则与事实或数据进行匹配控制推理过程。

上述的综合数据库、控制规则集、学习单元及控制策略4个环节构成了产生式自学习控制系统的核心部分——产生式自学习控制器。

产生式自学习控制仍是基于负反馈控制的基本原理。通常，控制作用 U 根据误差 E、误差的变化 $\dot{E}$ 及误差的积分值 $\left(\text{或积累值} \sum E\right)$ 的大小、方向及其变化趋势，可由专家经验知识和负反馈控制的理论设计出如下的产生式规则：

$$\text{IF } E \text{ and } \dot{E} \text{ and} \sum E \text{ THEN } U$$

这种控制策略是由误差数据驱动而产生的控制作用，根据控制效果和评价准则，可以通过学习单元采用适当的学习方法进行学习来对施加于被控对象的控制作用进行校正，以逐步改善和提高控制系统的性能。

一种线性再励学习校正算法为

$$U(n+1)=U(n)+(1-\alpha)\Delta U(n) \tag{5.13}$$

式中，$U(n+1)$，$U(n)$ 分别为第 $n+1$ 次和第 n 次采样的控制作用；$\Delta U(n)$ 为第 n 次学习的校正量；α 为校正系数，可根据专家经验选取 0～1 的某一小数，或根据优选法取 $a=0.618$。

校正量 $\Delta U(n)$ 由系统的输入、输出及控制量的第 n 次和第 $n-1$ 次数据，根据所设计的学习模型加以确定。

5.6.2 基于规则的自学习模糊控制举例

1. 自学习模糊控制算法

设系统的一种理想的响应特性可用一个性能函数表示为

$$\Delta Y=pf(e,\Delta e) \tag{5.14}$$

其中，ΔY 是系统输出 Y 的修正量；e 和 Δe 分别是系统输出的误差和误差变化。

自学习控制算法的原理如图 5.15 所示。把每一步的控制量和测量值都存入存储器。由测量系统当前时刻的输出 $Y(k)$ 可获得 $e(k)$ 和 $\Delta e(k)$，由性能函数求出 $\Delta Y=pf[e(k),\Delta e(k)]$，则理想的输出应为 $Y+\Delta Y$。

设被控对象的增量模型为

$$\Delta Y(k)=M[\Delta e_u(k-\tau-1)] \tag{5.15}$$

式中，$\Delta Y(k)$ 为输出增量；$\Delta e_u(k)$ 为控制量增量；τ 为纯时延步数。

由增量模型可计算出控制量的修正量 $\Delta e_u(k-\tau-1)$，从存储器中取出 $e_u(k-\tau-1)$，则控制量修正为 $e_u(k-\tau-1)+\Delta e_u(k-\tau-1)$，将它转变成模糊量 A_u。再取出 $\tau+1$ 步前的测量值并转换成相应的模糊量 $A_1,A_2,\cdots,A_k$，由此构成一条新的控制规则

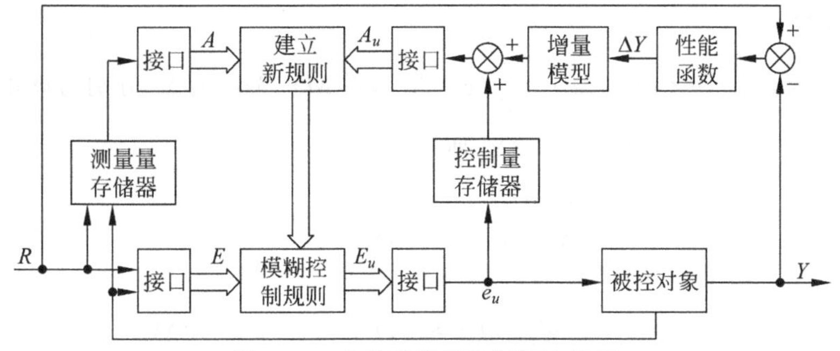

图 5.15　自学习模糊控制算法原理

$$E_u^i = mmf[(E_1 \wedge A_1)\times(E_2 \wedge A_2)\times\cdots\times(E_k \wedge A_k)]\cdot A_u \tag{5.16}$$

其中，$mmf(A)=\max \mu_A(e)$定义一个模糊子集 A 的高度，A 的高度即是论域 U 上元素 e 的隶属度最大值。

如果存储器中有以 $A_1, A_2, \cdots, A_k$ 为条件的规则，则以新规则替换，否则把新规则写入存储器。这就完成了一步学习控制，每一步都重复这种操作，控制规则便不断完善。

自学习控制算法中的增量模型 M 并不要求很精确，只是模型越精确，自学习过程的收敛速度也越快。

2. 自学习控制算法举例

设一单输入单输出过程，只能测量其输出 $Y(k)$。以误差 e 和误差变化 Δe 为控制器的输入变量。对误差和误差变化量进行归一化处理，先选定它们的单位尺度分别为 e^* 和 Δe^*，则有

$$e=\begin{cases} e/e^*, & |e|\leqslant e^* \\ 1, & |e|>e^* \end{cases} \tag{5.17}$$

$$\Delta e=\begin{cases} \Delta e/\Delta e^*, & |\Delta e|\leqslant \Delta e^* \\ 1, & |\Delta e|>\Delta e^* \end{cases} \tag{5.18}$$

归一化的误差论域 G_e 和误差变化量论域 $G_{\Delta e}$ 均含有 6 个语言变量：NB，NM，NS，PS，PM，PB，它们的隶属函数都具有相同的对称形状，如图 5.16 所示。其中论域内的元素分别为 −1，−0.6，−0.2，0.2，0.6，1。

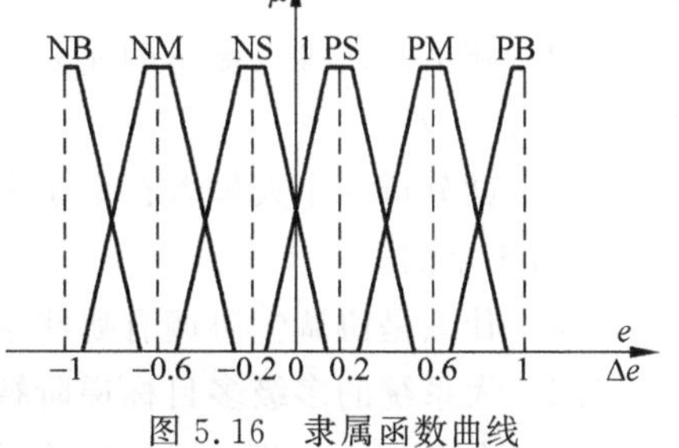

图 5.16　隶属函数曲线

控制规则用二维数组 $R(I,J)$表示，I、J 为 1，2，⋯，6，分别对应于误差论域和误差变化论域上的 NB，NM，⋯，PM，PB 等级。数组元素值代表了 A_u 的中心元素。假定 A_u 的隶属函数都具有相同的对称形状，$R(I,J)$可以写成一个 6×6 矩阵，称其为

控制器参数矩阵。

采用性能函数 $\Delta Y=pf(e,\Delta e)=\frac{1}{2}(e+\Delta e)$，设 MY、Me、$M\Delta e$ 分别为修正后的 Y、e 和 Δe，因为 $e(k)=R-Y(k)$，$MY=Y+\Delta Y$，所以

$$Me(k)=e(k)-\Delta Y \tag{5.19}$$

$$M\Delta e(k)\approx \Delta e(k)-\Delta Y \tag{5.20}$$

于是

$$Me(k)+M\Delta e(k)\approx e(k)+\Delta e(k)-2\Delta Y \tag{5.21}$$

因为 $\Delta Y=\frac{1}{2}(e+\Delta e)$，所以 $Me(k)+M\Delta e(k)\to 0$，可见用 ΔY 修正 Y 的结果使 ΔY 趋于零，导致系统的输出趋近于理想的响应。

通过对下述被控对象

$$G_1(s)=\frac{10\mathrm{e}^{-16s}}{s(s+1)} \tag{5.22}$$

$$G_2=\frac{(s^2+3s+5)\mathrm{e}^{-4s}}{s(s^2+s+2)} \tag{5.23}$$

进行自学习控制的计算机数字仿真结果表明，对第一种对象，当采样周期为 0.2s，加入方差 $\sigma^2=0.33$ 的测量噪声，其幅度为阶跃幅度的 10%。未学习前，阶跃响应出现振荡，学习 3 次后，阶跃响应品质已很好。对于第二种对象，采样周期为 1s，噪声参数同前。未学习前，由于控制器的初始参数设置不好，阶跃响应振荡较大，3 次学习后，阶跃响应明显得到改善。

启迪思考题

5.1　人们处理或管理一个大系统时，为什么往往分成 3 个级别(或层次)？如国家行政管理分为中央、省和市；大学分为校、院、系；萨里迪斯提出的递阶控制分为组织级、协调级、控制级等。

5.2　萨里迪斯等人提出的递阶智能控制系统是按照精度随着智能降低而提高的原理的本质是什么？

5.3　试分析一个人坐着在桌子上写字的情形，大脑、上肢和手是如何构成三级递阶智能控制写出字的。

5.4　什么是协调？协调有哪些基本原则？

5.5　大系统的多级多目标递阶智能控制具有什么特点？

5.6　在 5.4.3 节蒸汽锅炉递阶模糊控制中，尽管蒸汽锅炉动态模型有 18 个状态变量，

为什么最后控制系统设计为二级递阶模糊控制结构?

5.7 什么是学习?什么是学习控制?什么叫自学习控制?

5.8 什么是迭代学习控制?

5.9 什么是重复学习控制?它和迭代学习控制有何异同?

5.10 什么是异步学习控制?它和迭代学习控制及重复学习控制之间存在什么关系?

5.11 具有学习功能的自适应控制能否称为学习控制?为什么?

5.12 神经网络具有学习功能,神经网络控制能否归为学习控制?为什么?

5.13 基于模式识别的学习控制适合哪一类对象?为什么?

第6章

智能优化原理与算法

智能控制复杂对象为了获得最优的控制性能，需要对智能控制器的参数乃至结构进行实时优化。基于精确模型的传统优化方法难以应用，必须应用不依赖于精确模型的智能优化方法。本章在阐述智能优化算法的产生、种类、特点、原理的基础上，首先介绍作为智能化算法基础的遗传算法，然后介绍具有运行速度快的RBF神经网络优化算法、粒子群优化算法、免疫克隆选择算法、教学优化算法、正余弦优化算法、涡流搜索算法及阴-阳对优化算法。

6.1 智能优化算法概述

6.1.1 从人工智能到计算智能

传统人工智能(Artificial Intelligence，AI)的研究始于1956年，年轻的美国学者麦卡锡(McCarthy)、明斯基(Minsky)、洛彻斯特(Lochester)和香农(Shannon)共同发起，邀请莫尔(More)、塞缪尔(Samuel)、纽维尔(Newell)及西蒙(Simon)等在美国达特茅斯大学举办用机器模拟人类智能问题的长达2个月的研讨会，开启了人工智能研究的先河。

人类的智能主要表现在人脑的思维功能及人在和环境交互过程中的适应行为、学习行为、意识的能动性等。在人工智能的长期研究过程中，逐渐形成了用机器模拟人类智能的3种途径：符号主义、联结主义、行为主义。

1994年，IEEE在美国佛罗里达举办了模糊系统、神经网络和进化计算的首届计算智能大会，掀起了用计算机模拟生命、模拟自然等的计算智能研究热潮。

计算智能(Computational Intelligence，CI)是指用计算机通过某些优化算法来模拟生物及自然中蕴含的进化、优化机制而体现出的智能。这种智能是在优化算法的执行计算过程及优化结果中表现出来的，即这种智能是靠算法“计算”出来的，故称为计算智能，因此把这种优化算法也称为计算智能优化算法。“计算”是靠软件实现的，被扎德称为软计算。

人工智能和计算智能是两个密切相关又有区别的概念。相同点在于,它们都是用计算机模拟智能行为;不同点在于,人工智能侧重在模拟人类的智能行为,问题求解是传统人工智能的核心问题;计算智能着重模拟生物、动植物、自然现象等群体的适应、进化过程中的优化特性、灵性、智能性,问题优化是计算智能的核心问题。

从广义上讲,计算智能涵盖人工智能,但人类还是有别于自然界中其他生物、生命的高级生命,故本书将二者区别开来,这对于正确认识智能控制的学科交叉结构,以及提高设计智能控制系统的智能水平都是有益的。

智能控制中的智能包括人工智能和计算智能两部分,其中人工智能主要用于做智能控制决策,计算智能主要用于优化控制参数及控制结构等,二者相互配合可以提高智能控制系统的智能水平,以获得最优的控制性能。

6.1.2 智能优化算法的产生、种类及特点

基于精确模型的传统优化算法,当优化问题缺乏精确数学模型时,其应用就受到极大限制。然而,人们从自然界的各种生物、植物、动物的生长、竞争过程中,以及各种自然现象生生不息、周而复始的变化中,发现了许多隐含在其中的信息存储、处理、适应、组织、进化的机制,蕴含着优化的机理。于是,人们从中获得了优化思想的设计灵感。

1991年,意大利多里哥(Dorigo)博士创造性地提出了蚁群优化算法,模拟蚁群从蚁穴到食物源避过障碍选择一条最短路径,开辟了模拟群居昆虫觅食行为的群智能优化算法的设计新途径。以此为开端,新的智能优化算法雨后春笋般地涌现出来,据不完全统计,已多达百余种。根据对这些优化算法的视角不同,有着多种不同的称呼:软计算、元启发式优化算法、仿生计算、自然计算、智能计算、计算智能、智能优化算法等。本书将之统称为智能优化算法,并根据模拟途径不同,将它们划分为如下五大类[111]。

(1) 仿人智能优化算法:模拟人脑、人体系统、组织、细胞、基因、社会群体等智能行为。

(2) 进化算法:模拟生物生殖、繁衍过程中的遗传、变异、竞争、优胜劣汰的进化行为。

(3) 群智能优化算法:模拟群居昆虫、动物觅食、繁殖、捕猎、搜索策略的群智能行为。

(4) 植物生长算法:模拟花、草、树的向光性、根吸水性、种子繁殖、花朵授粉、杂草生长等。

(5) 仿自然优化算法:模拟风、雨、云,数、理、化定律,混沌现象、分形等的自然计算。

智能优化算法和传统的优化算法相比,具有如下优点:

(1) 不需要优化问题的精确数学模型。

(2) 一种智能优化算法往往可以用于多种问题求解,具有通用性。

(3) 采用启发式随机搜索能够获得全局最优解或准最优解,具有全局性。

(4) 适用于不同初始条件下进行寻优,具有适应性。

(5) 群智能优化算法更适合于复杂大系统问题的并行求解,具有并行性。

6.1.3 仿人智能优化算法

仿人智能优化算法包括模拟人脑思维、人体系统、组织、器官、细胞以及人类群体活动、团体竞争、国家竞争机制等相关的智能优化算法。

1. 模拟人脑结构与思维功能的优化算法

(1) 模糊逻辑算法

在符号水平上模拟智能,通过用模糊集合表示的“若……,则……”等规则形式表现人的经验、规则、知识,模拟大脑左半球模糊逻辑思维的形式和模糊推理功能,一个模糊系统能以任意精度逼近任意的非线性函数,因此模糊逻辑算法具有优化功能。

(2) 神经网络算法

在细胞水平上模拟智能,通过神经细胞组成的神经网络及其学习算法模拟人脑右半球神经系统的联结机制的结构及神经推理、学习功能。一个三层的BP网络可以完成从任意n维到m维的非线性映射,因而神经网络具有识别、优化等功能。

2. 模拟人体免疫、内分泌、代谢系统的优化算法

(1) 免疫算法

在免疫细胞的水平上模拟人体免疫系统信息处理过程中的识别、记忆、学习、正反馈、适应、负反馈、优化等功能的算法。免疫算法没有统一的形式,常用的有反向选择算法、克隆选择算法、免疫遗传算法、基于疫苗的免疫算法、基于网络的免疫算法等。

(2) 内分泌算法

模拟内分泌系统分泌多种激素,并通过内分泌系统具有的记忆、学习、放大、反馈机制来调节机体的生理功能,维持着机体内环境的相对稳定,进而影响生物体的行为。这里的相对稳定、平衡状态本身就是一种最优化。

(3) 人工代谢算法

模拟包括人在内的生物体新陈代谢机理,将待优化的目标函数看作代谢反应速率,酶的催化过程则视为对目标函数的优化过程。当反应观测达到平衡时,代谢速率取得稳态最大值,即目标函数取得最大值。

(4) 膜计算

模拟人体细胞膜内的物质新陈代谢或内部生物膜之间的物质交流机制,膜计算视细胞为具有计算功能的单元,是从细胞及细胞组成的组织和器官等细胞群之间物质交换中抽象出的一种形式化的分布式、并行计算模型,新陈代谢的平衡蕴含着优化的机理。

3. 模拟人的记忆和经验寻优的优化算法

(1) 禁忌搜索算法

模拟人类具有记忆功能的寻优特性,通过禁忌表技术标记并记忆已经搜索过的局部最优解,以尽量避免在后来的搜索中重复进行同样的搜索,以利于快速扩大搜索空间寻找到全局最优解,所以它是一种全局性的邻域搜索算法。

(2) 和声搜索算法

模拟音乐演奏中乐师们凭借自己的记忆,通过和声原理反复调整乐队中各种乐器的音调,最终达到一种美妙悦耳的最佳和声状态,类同于优化过程反复搜索目标函数值所决定的最优状态,因此,模拟音乐演奏和声原理可用于对函数优化问题求解。

4. 模拟人类群体活动的相互合作、影响、竞争机制的优化算法

(1) 脑风暴优化算法

模拟通过不同背景的人彼此合作,激发更多的人提出更多解决问题的想法。与个体之和相比,群体参与能够达到更高的创造性协同水平,通常能够产生意想不到的智能。脑风暴优化算法是模拟头脑风暴法创造性解决问题的优化算法。

(2) 教学优化算法

模拟教师工作对学生掌握知识的影响,学生从教师那里接受新知识,又通过学生相互之间学习提高自己的水平。一个优秀的教师,能够教出一班优秀的学生,为了提高优秀学生的水平,需要更优秀的新教师。如此循环下去,这就是一个最优化的过程。

(3) 帝国竞争算法

把社会群体中的个体称作“国家”,按照国家强弱分为“帝国”和“殖民地”。殖民地按一定准则分给不同帝国而形成“帝国集团”,通过帝国集团内部同化、更新及帝国集团间竞争的不断迭代,只剩下最后一个帝国时,即为最优解。

(4) 世界杯竞赛算法

模拟世界杯竞赛规则,比赛分组后,从第一轮开始。不同团队将开始与其对手竞争。取胜的队伍晋升到下一阶段竞争,高质量的团队将晋级到淘汰阶段,并将在下一轮中相互竞争。在一个赛季结束时,产生一个冠军,它相当于优化问题的最优解。

6.1.4 进化算法

自然界的生物处在不断生殖繁衍过程中,通过遗传和变异,优胜劣汰的自然选择法则,使优良品种得以保存,并比上一代的性状有所进化。生物在不断地进化中,体现了一种优化的思想。进化算法是指模拟生物进化机制求解优化问题的一类优化算法的总称,遗传算法则是进化计算的重要基础。

1. 遗传算法及以它为基础改进发展的进化算法

(1) 遗传算法

模拟生物进化与遗传机理用二进制字符串作为染色体表达问题,通过选择、交叉和变异3个遗传算子对字符串进行操作,逐步实现进化遗传对复杂问题优化求解。遗传算法是其他进化算法的基础,也成为后来发展起来的许多智能优化算法的重要基础。

(2) 遗传编程

遗传算法用定长的字符串表示问题,限制对问题的结构和大小的处理,遗传编程采用层次化结构,类似于计算机程序分行或分段描述问题。在遗传进化过程中个体不断动态变更结构及大小,自适应搜索寻找合适的广义计算机程序形式表达复杂问题。

(3) 进化规划

进化规划不用二进制字符串,而采用传统的十进制实数表达问题,突变是进化规划产生新群体的唯一方法,它不采用重组或交叉操作。在标准进化规划中,突变只是在旧个体上添加一个随机数,选择采用随机型的竞争法,通过反复迭代直至获得最优解。

(4) 进化策略

同进化规划类似,个体也采用传统十进制实数表达问题,有二元表达和三元表达两种方式。个体进化依靠突变、重组(相当于遗传算法的交叉)、选择等进化操作。与遗传算法不同,进化策略的进化顺序是先重组,再突变,最后选择。

(5) 分布估计算法

它是一种基于概率模型的遗传算法,通过对当前优秀个体集合建立概率分布函数产生新的个体并用来指导算法下一步的搜索。它没有交叉和变异操作,改变了遗传算法通过重组操作产生群体的途径,改善了基本遗传算法中存在的欺骗问题和连锁问题。

(6) 差分进化算法

它是特殊变异、交叉和选择且用实编码的遗传算法。变异是把两个个体加权的差向量加到第三个个体产生新个体;交叉是将变异向量参数与另外预定的目标向量参数混合产生子个体;选择是指由交叉产生新的个体,只有当它比种群中的目标个体优良时才对其进行替换。

2. 模拟DNA、基因、模因的进化算法

(1) DNA计算

利用DNA特殊的双螺旋结构和碱基互补配对规律进行信息编码,把要运算的对象映射成DNA分子链,在生物酶作用下生成各种数据池;按一定规则将原始问题的数据运算高度并行地映射成DNA分子链的可控生化过程;再用分子生物技术检测出求解的结果。

(2) 基因表达式编程算法

它继承遗传算法刚性,使用定长线性串的简单编码解决简单问题;又继承遗传编程柔

性,采用非线性树结构的复杂编码解决复杂问题。因此,它是刚柔相济,利用简单编码形式来解决复杂问题的进化算法。

(3) Memetic 算法

模拟生物进化与社会进化相结合过程,把基因和模因作为这两种进化的信息编码单元。利用模因的局部搜索有利于改善群体结构,增强局部搜索能力,提高求解速度及求解精度。这种算法可视为具有全局搜索的遗传算法和局部搜索相结合的进化算法。

(4) 文化算法

模拟人类社会文化进化过程,采用双层进化机制的两个独立进化空间:种群空间和获取经验与知识的信念空间,接收函数、更新函数,作为它们的沟通渠道。通过文化进化和种群进化的双重进化操作和性能评价,进行个体自身的反复迭代,最终获得最优解。

6.1.5 群智能优化算法

由一些相对简单、低级智能的昆虫或动物群体,通过聚集、协同、适应等行为能够表现出的个体所不具有的较高级智能行为,称为群体智能,又称群集智能、群聚智能。群智能优化算法是指模拟自然界群居昆虫的觅食、繁殖等行为以及动物群体的捕猎策略等对问题求解的优化算法。

1. 模拟陆地上昆虫或空中飞行的鸟类等群体智能行为的优化算法

(1) 蚁群优化算法

蚂蚁有能力在没有任何可见提示下找出从蚁穴到食物源的最短路径,并能随环境变化而自适应地搜索新的路径。蚁群优化算法模拟蚂蚁觅食过程的优化机理,对组合优化问题或函数优化问题进行求解。

(2) 粒子群优化算法

模拟鸟群飞行过程中每只鸟既要飞离最近的个体(防碰撞),又要飞向群体的中心(防离群),还要飞向目标(食物源、巢穴等),就要根据自身经历的最好位置及群体中所有的鸟经历过的最好位置校正它的飞行方向,实现对连续优化问题求解。

(3) 蜂群优化算法

① 人工蜂群算法(ABC):模拟蜂群采蜜机理,通过引领蜂、跟随蜂和侦察蜂的协作实现对食物源的优化搜索;

② 蜂群优化算法(BCO):模拟蜂群繁殖机理,由蜂王、雄蜂和工蜂组成蜂群,只有蜂王才能与不同雄蜂交配繁育后代,繁殖过程是蜂王不断更新的优化过程,最终的蜂王是优化过程中待求解问题的最优解。

(4) 萤火虫优化算法/萤火虫算法

萤火虫通过闪光吸引异性求偶和猎取食物,还有保护预警等用途。模拟萤火虫发光的生物学特性的萤火虫算法有两种形式：一种是源于蚁群优化算法的萤火虫优化算法(GSO)；另一种是源于粒子群优化算法的萤火虫算法(FA)。

(5) 候鸟优化算法

模拟候鸟采用V字形飞行编队迁徙行为的候鸟优化算法包括初始化、领飞鸟进化、跟飞鸟进化和领飞鸟替换4个阶段，每个个体的进化不仅在其邻域内搜索较优解，还可以利用前面个体产生的未使用的、较优的邻域解来更新个体，具有并行搜索特点。

(6) 布谷鸟搜索算法

模拟布谷鸟借巢生蛋和借鸟孵化繁殖行为以及寻巢中的莱维飞行策略，布谷鸟搜索算法对布谷鸟寻巢产蛋行为进行了简化、抽象，提出了3个理想化的假设条件，来模拟布谷鸟寻巢产蛋繁殖行为和寻巢过程莱维飞行策略，从而实现对优化问题求解。

(7) 飞蛾扑火优化算法

飞蛾扑火优化算法模拟飞蛾横向定位飞行方式，飞蛾在夜间与月亮保持固定角度长距离直线飞行。飞蛾遇灯光时，误认是“月光”，试图直线上与光保持类似角度，导致不停地绕灯光飞行并朝向光源会聚，最后“扑火”而死去，相当于算法获得最优解。

(8) 蝙蝠算法

蝙蝠具有惊人的回声定位能力，即使在完全黑暗的环境中，蝙蝠也能找到猎物并能区分不同种类的昆虫。蝙蝠算法模拟蝙蝠高级回声定位能力，通过对蝙蝠回声定位行为的公式化描述，从而实现对优化问题的求解。

2. 模拟水中鱼、虾等群体智能行为的优化算法

(1) 人工鱼群算法

鱼群算法将描述生物在复杂多变环境中自主产生自适应智能行为的动物自治体模型，同行为主义的人工智能方法相结合，模拟鱼群觅食、聚群、追尾、随机等行为，通过自下而上的寻优模式使人工鱼群算法具有良好的全局优化能力。

(2) 鲸鱼优化算法

模拟鲸鱼的泡泡网捕获食行为，先在水下潜水，然后围绕猎物螺旋形成泡泡向上游；通过珊瑚循环和捕获循环包围捕获猎物。鲸鱼优化算法通过收缩包围机制和螺旋更新位置，模拟鲸鱼群包围、追捕、捕食行为，实现对问题的优化求解。

3. 模拟凶猛的肉食动物群体捕猎、交配行为等的群智能优化算法

(1) 狼群算法

模拟狼群严密的组织系统和精妙协作的捕猎行为，抽象出游走、召唤、围攻3种智能行为，“胜者为王”的头狼产生规则和“强者生存”的狼群更新机制，构建包括头狼、贪狼和猛狼的人工狼群和猎物的分配原则，从而实现对复杂函数优化问题的求解。

(2) 灰狼优化算法

一个灰狼种群的社会等级分为 4 个等级：头狼(α 狼)、头狼的下属狼(β 狼)、普通狼(δ 狼)、底层狼(ω 狼)。灰狼优化算法通过灰狼群跟踪、包围、追捕、攻击猎物等过程来模拟灰狼群的捕猎行为，实现优化搜索目的，原理简单，易于实现。

(3) 狮子优化算法

模拟狮群的社会行为及在捕猎、交配、地域标记、防御和其他竞争过程。算法包括生成解空间、狩猎机制、向安全地方移动、漫游行为、交配。每个狮子被视为优化问题的一个可行解。狮子在狩猎、移动等活动中不断地更新位置以提高自身的捕猎能力。

4. 模拟相对高等群居动物捕食策略的群智能优化算法

(1) 捕食搜索算法

动物捕食策略先是在整个搜索空间进行全局搜索，直至找到一个较优解；然后在较优解附近的区域进行集中搜索，如果搜索很多次都没有找到更优解，则放弃局域搜索；再在整个搜索空间进行全局搜索，如此循环，直至找到最优解或近似最优解。

(2) 自由搜索算法

自由搜索算法是模拟生物界中相对高等的多种群居动物的觅食习性，采用蚂蚁的信息素指导其行动，借鉴马牛羊个体各异的嗅觉和机动性感知能力特征。提出了灵敏度和邻域搜索半径的概念，通过信息素和灵敏度的比较确定寻优目标。

6.1.6 仿自然优化算法

仿自然优化算法是指模拟自然现象的产生机理、生态系统的自组织演化、平衡机制以及模拟物理、化学、数学中规律等的所有优化算法的总称。

1. 模拟混沌、分形、自组织演化理论的优化算法

(1) 混沌优化算法

混沌具有伪随机性、规律性和遍历性等特点，能在一定范围内按其自身的规律不重复地遍历所有状态。混沌优化算法是将混沌状态引入到优化变量中，使搜索更加有效。通过变尺度改变混沌变量的搜索空间，可进一步提高混沌优化算法的搜索效率。

(2) 混沌黄金分割搜索算法

该算法使用混沌转换器作为全局搜索，将问题的搜索空间应用混沌映射转换为局部搜索空间，以满足黄金分割搜索作为局部搜索算法的单模条件，实现在 n 维的搜索空间上搜索到最优解，用于求解多/单模式非线性函数优化问题。

(3) 随机分形搜索算法

分形的自相似性反映了自然界中一类物质的局部与局部、局部与整体在形态、功能、信

息、时间与空间等方面的具有统计意义上的自相似性。随机分形搜索算法是基于扩散属性出现分形的原理,用于解决约束和无约束连续变量全局优化问题。

(4) 极值动力学优化算法

同一生态系统中的不同物种进化,每一步的演化都起因于最小适应度物种的变异,进而引起其最近邻居及其他物种的变异。极值动力学优化算法模拟生物演化模型,将自组织临界态类比为优化问题最优解,模拟组合优化问题的动态求解过程。

2. 模拟水滴、水循环、水波、涡流特性的优化算法

(1) 智能水滴优化算法

模拟河水受重力及河床作用导致流动形成的河道往往是最优的。流动的水滴有速度和携带泥土两个属性。该算法使用水滴群体构造路径,通过水滴速度、携带泥土量更新及位置概率选择的反复迭代运算,使得水滴群体构造出最优或接近最优路径。

(2) 水循环算法

水从陆地、江河湖海等蒸发到天空,先成云后成雨,再返回陆地和海洋的循环过程总是保持地球的水平衡相当稳定。水尽可能消耗最小能量经最短路径从高向低处流动。水循环算法将雨滴作为个体,通过降雨、汇流、蒸发等操作模拟水循环过程的优化机理。

(3) 水波优化算法

模拟水波的传播、折射和碎浪现象,将海床、水波视为搜索空间、可行解。距海平面越近的点对应的解越优,相应的水波能量越高。较优的解在较小范围内搜索,而较差的解在较大范围内搜索,促进整个种群向更优的目标进化,进而达到最优化的目的。

(4) 涡流搜索算法

涡流搜索算法模拟液体产生旋涡的模式,通过多嵌套的环来建模,最外环的中心作为初始解,在其周围高斯分布随机产生候选解,通过对当前解的更新,采用根据迭代次数自适应调整搜索半径的策略,不断缩减半径进行搜索,直到获得问题的最优解。

3. 模拟宇宙万有引力相关的优化算法

(1) 宇宙大爆炸算法

模拟宇宙进化的持续大爆炸和大收缩过程,在大爆炸阶段,在待优化问题的目标函数解空间中随机产生多个候选解(碎片解);在大收缩阶段,将大爆炸中产生的"碎片解"收缩到一个候选解(原子解)。持续上述爆炸和收缩过程直到找到最优化解。

(2) 中心引力优化算法

三维空间中的小天体往往都是在大质量天体的轨道周围聚集,这与寻找目标函数的最大值相似。算法把优化问题的解看成空间中带有质量的质子,质子的质量是根据质子位置变化由用户定义的目标函数值,算法用于多维函数的全局优化。

(3) 引力搜索算法

通过把从可行域中随机产生的一组初始解看成是带有一定质量的粒子,质量大小决定了粒子对其他粒子吸引力的强弱,求出合力及加速度再对粒子进行速度及位置更新。个体之间通过引力作用相互吸引,朝着质量最大的物体移动,从而逐渐逼近最优解。

4. 模拟物理学、化学、数学相关规律的优化算法

(1) 模拟退火算法

模拟金属材料高温退火过程最终进入能量最低结晶状态,与组合优化求解最小问题过程相对应。算法通过热静力学操作降温,随机张弛操作搜索特定温度下平衡态,以一定概率"爬山"及"突跳性搜索"避免陷入局部最优,并最终趋于全局最优解。

(2) 量子搜索算法

量子搜索算法用量子态向量表示信息,用量子位的概率幅表示染色体编码,一个染色体表示成多个量子态的叠加,使量子计算更具并行性,采用量子位编码使种群更具多样性。量子搜索可对经典搜索算法进行加速,提高了原算法的收敛速度。

(3) 类电磁机制算法

模拟电磁场带电粒子间吸引-排斥机制,该算法利用电磁场中合力的计算公式,给粒子所带电荷量赋予新的意义,依据吸引-排斥机制,并吸取了传统优化方法以及随机优化方法的优点,用于求解无约束优化问题。

(4) 热传递搜索算法

该算法模拟热力学和热传递定律,通过传导、对流和辐射过程实现热平衡。热传递过程的分子簇作为群体,个体是分子。引入传导因子、对流因子和辐射因子来控制所有3种搜索过程中的勘探和开发之间的适当平衡,实现对约束优化问题的求解。

(5) 闪电搜索算法

模拟雷电自然现象,认为放电体的快速粒子参与梯级先导的二叉树结构的形成及在交叉点处同时形成两个先导尖端。通过过渡放电体、空间放电体和引导放电体的放电概率特性和曲折特征,来创建随机分布函数对约束优化问题进行求解。

(6) 化学反应优化算法

模拟化学反应中分子之间的各种反应而引起分子间的碰撞和能量转化过程的相互作用,应用代码不断进行迭代和数值比较来寻找确定代码中规定的最小系统势能,通过最小系统势能的确定可以解决许多寻求最优解的问题。

(7) 正弦余弦算法

正弦余弦算法利用正弦函数和余弦函数具有不同的周期循环变化规律的数学性质,以及通过自适应改变正弦和余弦函数的振幅的两方面配合来寻找搜索过程中全局探索和局部开发之间平衡,并最终找到全局最优解。

6.1.7 仿植物生长算法

仿植物生长算法是指从不同角度或某些方面来模拟种子、花、草、树木、森林等植物在生长过程中的向光性机理、光合作用、根吸水性、种子繁殖、花朵授粉等表现出的自适应、竞争、优胜劣汰、不断进化,进而实现优化的行为过程。这类优化算法包括小树生长算法、根树优化算法、自然树生长竞争算法、森林优化算法、入侵草优化算法、种子优化算法、花朵授粉算法等。由于植物生长周期较长,算法相对较复杂,因此应用不是太广泛。

6.2 智能优化算法的理论基础

6.2.1 系统科学

系统科学和复杂适应系统理论是深入研究智能优化算法的理论基础。系统科学是研究系统的结构、状态、特性、行为、功能及其在特定环境和外部作用下演化规律的科学。

1968年,现代系统论开创者贝塔朗菲(L. von. Bertalanffy)把系统定义为相互作用的多元素的复合体。我国著名科学家钱学森把系统定义为,由相互作用和相互依赖的若干组成部分结合成的具有特定功能的有机体。不难看出,一个系统包括以下3个要素:

(1) 多元性。系统由两个或两个以上的部分组成,这些部分又称为元素、单元、基元、组分、部件、成员、子系统等。各种组分形成了多元性,而具有不同性质各异的组分又形成了多样性。

(2) 相关性/相干性。组成系统的各部分之间存在着直接或间接的相互联系、相互作用、相互影响、相互制约。线性系统中的元素间的相互作用称为相关性,而非线性系统中元素间的相互作用称为相干性。

(3) 整体性。组成系统的各部分作为一个整体具有某种功能,这一要素表明系统作为一个整体,具有整体结构、整体状态、整体特性、整体行为、整体功能,系统整体性是和其功能性统一的。系统科学将整体具有而部分不具有的特性称为整体涌现性。

从系统具有线性、非线性、复杂性的角度分为线性系统、非线性系统、复杂系统。线性系统的整体功能等于各部分功能之和,即 $1+1=2$;非线性系统的整体功能不等于局部功能之和,即 $1+1\neq 2$;复杂系统的整体功能大于局部功能之和,即 $1+1>2$。

6.2.2 复杂适应系统理论

霍兰基于对自然、生物、社会等领域存在的大量复杂系统演化规律的探索和对复杂性产生机制的研究，于 1994 年在圣菲研究所成立十周年的报告会上，首次提出了复杂适应系统比较完整的理论。1995 年，他在专著《隐秩序——适应性造就复杂性》中，系统地论述了复杂适应系统(Complex Adaptive System ,CAS)理论。

复杂适应系统理论把系统中的个体(成员)称为具有适应性的主体(adaptive agent)，简称为主体(agent)，或智能体。这里的适应性指主体与其他主体之间、与环境之间能够进行"信息"交流，并在这种不断反复的交流过程中逐渐地"学习"或"积累经验"，又根据学到的经验改变自身的结构和行为方式，提高主体自身和其他主体的协调性及对环境的适应性。从而推动系统不断演化，并能在不断的演化过程中使系统的整体性能得以不断进化，最终使系统整体涌现出新的功能。

霍兰为了描述主体在适应和演化过程中的行为特征，定义了 4 个特性和 3 个机制构成的 7 个基本概念。

1. 聚集

聚集是指主体通过"黏合"形成较大的更高一级的主体——介主体，它是简化复杂系统的一种标准方法。聚集不是对简单个体的合并，也不是对某些个体的吞并，而是较小的、较低层次的个体，在一定的条件下，通过某种特定的聚集形成较大、较高层次上的新型个体。

较为简单的主体的聚集相互作用，必然会涌现出复杂的大尺度行为。如蚂蚁、蜜蜂的个体行为简单，环境一变就只有死路一条。但蚂蚁、蜜蜂的聚集形成的蚁群构筑的蚁巢、蜂巢的适应性极强，可以在各种恶劣的环境下生存很长一段时间。此外，还有大量相互联结的神经元表现出的智能，各种抗体组成的免疫系统所具有的奇妙特性等。复杂适应系统理论就是要识别出使简单个体形成具有高度适应性的聚集体的机制。

2. 标识

在聚集体形成过程中，有一种机制始终在起着区别于主体的作用，称为标识。它的作用如同商标、标识语和图标一样，它让主体通过标识去选择一些不易分辨的主体或目标。标识能够促进选择性的相互作用。总之，标识是隐含在 CAS 中具有共性的层次组织机构背后的机制。

3. 非线性

非线性指个体自身行为、特性的变化以及个体间的相互作用并非遵循简单的线性关系，特别是个体主动地适应环境及与其他个体反复交互的作用中，非线性更为突出。在智能优化算法中，反复的交互作用是通过程序迭代运算实现的，而迭代常常把非线性通过反馈加以放大，使系统的演化、进化过程变得曲折、复杂。

CAS 理论认为非线性来源于主体的主动性和适应性，主体行为的非线性是产生系统复杂性的内在根源。非线性有助于加快复杂适应系统的演化进程。

4. 流

在个体与个体、个体与环境之间存在物质、能量和信息的交换,这种交换过程类似流的特性。在CAS中,用{结点,连接者,资源}三元组对这种流加以描述。Internet上的众多结点把供应商、信息源与消费者、用户连接在一起,信息和资源通过结点在网络上流动。

乘数效应是流和网的主要特征,即通过传递后的效应会递增;再循环效应是流和网络的另一个重要特性。相同的信息或材料资源输入,再循环会使每个结点产生更多的资源,因而增加了输出。

5. 多样性

CAS理论认为,任何单个主体的持存都依赖于其他主体提供的完善、协调的生态环境。当从系统中移走一个主体,会产生一个"空位",系统就会经过一系列的反应产生一个新的主体来补充空位。新的主体占据被移走主体的相同生态位,并提供大部分失去的相互作用。当主体的蔓延开辟了新的生态位,产生了可以被其他主体通过调整加以利用新的相互作用的机会时,多样性就产生了。

产生多样性的原因在于主体不断的适应过程是一种动态模式,每一次适应都为进一步的相互作用和新的生态位提供了可能性。多样性的形成还与"流"有密切的关系。自然界"优胜劣汰"的自然选择过程,就是通过"流"增加再循环,导致增加多样性的过程。

6. 内部模型

主体的内部模型是指用规则描述内部结构的变化,用来代表主体实现预知的内部机制。主体在接受外部刺激,作出适应性反应的过程中能合理地调整自身内部结构的变化,使主体预知再次遇到这种情况或类似情形时会随之产生的后果。因此,主体复杂的内部模型(内部规则)是主体适应性的内部机制的精髓,它是主体在适应过程中逐步建立的。

7. 积木块

CAS理论把复杂适应系统内部模型通过搭积木的方法用已测试过的规则进行组合,从而产生处理新问题的规则。霍兰将已有的规则称为积木块,也可理解为模块。

当我们把某个层次的积木块还原为下一层次积木块的相互作用和组合时,就会发现其内部的规律。霍兰提出内部模型和积木机制的目的在于强调层次的概念,当超越层次的时候,就会有新的规律和特征产生。

6.2.3 复杂适应系统的运行机制

在上述7个基本概念的基础上,霍兰提出了建立主体适应和学习行为的基本模型分为以下3个步骤。

1. 建立描述系统行为特征的规则模型

基于规则对适应性主体行为描述是最基本的形式。最简单一类规则为

IF(条件为真)THEN (执行动作)

即刺激→反应模型。如果将每个规则想象成某种微主体,就可以把基于规则的对信息输入输出作用扩展到主体间的相互作用上去。如果主体被描述为一组信息处理规则的形式为

IF(有合适信息)THEN (发出指定的信息)

那么,使用IF-THEN规则描述主体有关的信息输入和输出,便能处理主体规则间的相互作用。

使用规则描述适应性主体的行为特征,使用探测器描述主体过滤环境信息的方式,再用效应器作为适应性主体输出的描述工具。这3部分构成了执行系统的模型。

2. 建立适应度确认和修改机制

上述描述系统行为特征的规则模型给出了主体在某个时刻的性能,但还没有表现出主体的适应能力,必须考察主体获得经验时改变系统的行为方式。为此,对每一个规则的信用程度要确定一个数值,称为适应度,用来表征该规则适应环境的能力。这一过程实际上是向系统提供评价和比较规则的机制。每次应用规则后,个体将根据应用的结果修改适应度,这实际上就是"学习"或"积累经验"。

3. 提供发现或产生新规则的机制

为了发现新规则,最直接的方法就是找到新规则的积木,利用规则串中选定的位置上的值作为潜在的积木。这种方法类似于用传统的手段评价染色体上单个基因的作用,就是要确定不同位置上的各种可选择基因的作用,通过确定每种基因和等位基因(每个基因有几种可选择的形式)的贡献来评价它们。通常要为染色体赋一个数值,称为适应度,用来表示其可生存后代的能力。从规则发现的观点看,等位基因集合的重组更有意义。

产生新规则采用如下3个步骤。

(1) 选择:从现存的群体中选择字符串适应度大的作为父母。

(2) 重组:对父母串配对、交换和突变以产生后代串。

(3) 取代:后代串随机取代现存群体中的选定串。

循环重复多次,连续产生许多后代,随着世代的增加,群体和个体都在不断进化。上述的遗传算法利用交换和突变可以进一步创造出新规则,在微观层次上遗传算法是复杂适应系统理论的基础。

6.2.4 复杂适应系统理论的特点

复杂适应系统理论具有以下特点：

(1) 复杂适应系统中的主体是具有主动性、适应性的“活的”实体。这个特点特别适合于经济系统、社会系统、生物系统、生态系统等复杂系统建模。这里的“活的”个体并非是生物意义上的活的个体，它是对主体的主动性和适应性这一泛指的、抽象概念的升华，这样就把个体的主动性、适应性提高到了系统进化的基本动因的位置，从而有利于考察和研究系统的演化、进化，同时也有利于个体的生存和发展。

(2) CAS理论认为，主体之间、主体与环境之间的相互作用和相互影响是系统演化和进化的主要动力。在CAS中的个体属性差异可能很大，它完全不同于物理系统中微观粒子的同质性。正因为这一点使得CAS中的个体之间的相互作用关系变得更复杂化。另一方面，CAS中的一些个体能够聚集成更大的聚集体，这样使得CAS的结构多样化。“整体作用大于部分之和”的含义指的正是这种个体和(或)聚集体之间相互作用的“增值”，这种相互作用越强，越增值，就导致系统的演化过程越发复杂多变，进化过程越发丰富多彩。

(3) CAS理论给主体赋予了聚集特性，能使简单主体形成具有高度适应性的聚集体主体的聚集效应隐含着一种正反馈机制，极大地加速了演化的进程。因此，可以说没有主体的聚集，就不会有自组织，也就没有系统的演化和进化，更不会出现系统整体功能的涌现。从个体间的相互作用到形成聚集体，再到系统整体功能的涌现，这是一个从量变到质变的飞跃。

(4) CAS理论把宏观和微观有机地联系起来，这一思想体现在主体和环境的相互作用中，即把个体的适应性变化融入整个系统的演化中统一加以考察。微观上大量主体不断地相互作用、相互影响，导致系统宏观的演化和进化，直到系统整体功能的涌现，反映了大量主体相互作用的结果。CAS理论很好地体现了微观和宏观二者之间的对立统一的关系。

(5) 在CAS理论中引进了竞争机制和随机机制，从而增加了复杂适应系统中个体的主动和适应能力。

6.2.5 智能优化算法的原理

人们提出的多种智能优化算法都属于软计算智能系统，因为每种智能优化算法都有个体、群体，都存在个体与个体、个体与群体、群体与群体间的相互作用、相互影响等，这种相互作用都存在着非线性、随机性、适应性及存在着仿生的智能性等特点，因此，智能优化算法本质上属于人工复杂适应性系统。

人工复杂适应性系统旨在使系统中的个体以及由个体组成的群体具有主动性和适应性，这种主动性和适应性使该系统在不断演化中得以进化，而又在不断进化中逐渐提高适应性以达到优化的最终结果。从而使这样的系统能够以足够的精度去逼近待优化复杂问题的解。因此，本书认为具有智能模拟求解和智能逼近的特点是智能优化算法的本质特征，这也正体出现复杂适应系统理论的精髓——适应性造就了复杂性。

为了更好地研究、设计和应用各种智能优化算法求解工程优化问题，通常需要解决好如下的共性问题：

(1) 把待优化的工程问题通过适当的变换，转化为适合于某种具体智能优化算法的模型，以便应用具体优化算法进行求解。

(2) 设计智能优化算法中的个体、群体的描述，建立个体与个体、个体与群体、群体与群体之间相互作用的关系，确定描述个体行为在演化过程中适应性的性能指标。由于各种优化算法存在差异，因此这里所指的个体和群体的概念是泛指的、广义的。从系统科学的角度，就是系统的三要素：个体；由许多个体构成相互作用的群体；不断相互作用的群体在一定的条件下涌现出整体的优化功能。

(3) 在智能优化算法的设计中，要解决好全局搜索与局部搜索的辩证关系。如果注重局部搜索而轻视全局搜索，易于使算法陷于局部极值而得不到全局最优解；如果注重全局搜索而轻视局部搜索，易导致长时间、大范围搜索却接近不了全局最优解。为此，需要处理好确定性搜索与概率搜索之间的关系。在一定的意义上，可以认为确定性搜索有利于全局搜索，而概率搜索有利于局部搜索。这二者之间是相互引用，相互影响的，因此，必须处理好二者之间的关系。

本书从设计智能控制系统的需要出发，着重介绍几种在智能控制系统中常用的快速智能优化算法，其中包括 RBF 神经网络优化算法、遗传算法、粒子群优化算法、免疫优化算法。

6.3 遗传算法

6.3.1 生物的进化与遗传

地球上的生物都是经过长期进化而发展起来的，根据达尔文的自然选择学说，地球上的生物具有很强的繁殖能力，在繁殖过程中大多数通过遗传使物种保持相似的后代，部分由于变异产生新物种。由于大量繁殖，生物数目急剧增加，但自然界资源有限，为了生存，生物间展开竞争，适应环境且竞争能力强的生物就生存下来，不适应者就消亡，通过不断竞争和优胜劣汰，生物在不断地进化。

构成生物体的最小结构与功能单位是细胞。细胞是由细胞膜、细胞质和细胞核组成。细胞核由核质、染色质、核液三者组成。细胞核位于细胞的最内层，它内部的染色质在细胞分裂时，在光谱显微镜下可以看到产生的染色体。染色体主要由蛋白质和脱氧核糖核酸(DNA)组成，它是一种高分子化合物，脱氧核糖核酸是组成的基本单位。由于大部分在染色体上,可以传递遗传物质,因此,染色体是遗传物质的主要载体。

控制生物遗传的物质单位称为基因,它是有遗传效应的片段。每个基因含有成百上千个脱氧核苷酸,它们在染色体上呈线性排列,这种有序排列代表了遗传信息。生物在遗传过程中,父代的遗传物质(分子)通过复制方式给子代传递遗传信息。此外,在遗传过程中还会发生3种形式的变异:基因重组、基因突变和染色体变异。基因重组指控制物种性状的基因发生了重新组合,基因突变指基因分子结构的改变,染色体变异指染色体结构或数目上的变化。

6.3.2 遗传算法的基本概念

遗传算法中主要有以下基本概念:

(1) 染色体。遗传物质的主要载体,是多个遗传因子的集合。

(2) 基因。遗传操作的最小单元,基因以一定排列方式构成染色体。

(3) 个体。染色体带有特征的实体称为个体。

(4) 种群。多个个体组成群体,进化之初的原始群体称为初始种群。

(5) 适应度。用于估计个体好坏程度的解的目标函数值。

(6) 编码。用二进制码字符串表达所研究的问题的过程称为编码(除二进制编码外,还有浮点数编码等)。

(7) 解码。将二进制码字符串还原成实际问题解的过程称为解码。

(8) 选择。以一定的概率从种群中选择若干对个体的操作称为选择。

(9) 交叉。把两个染色体换组的操作称为交叉,又称重组。

(10) 变异。让遗传因子以一定的概率变化的操作称为变异。

6.3.3 遗传算法的基本操作

遗传算法的基本操作过程如图6.1所示。

1. 选择

选择又称复制,即从种群中按一定标准选定适合作亲本的个体,通过交配后复制出子代来。选择首先要计算个体的适应度,然后根据适应度不同,有多种选择方法:

(1) 适应度比例法。利用比例于各个个体适应度的概率决定于其子孙遗留的可能性。

(2) 期望值法。计算各个个体遗留后代的期望值,然后再减去0.5。

(3) 排位次法。按个体适应度排序,对各位次预先已被确定的概率决定遗留为后代。

(4) 精华保存法。无条件保留适应度大的个体不受交叉和变异的影响。

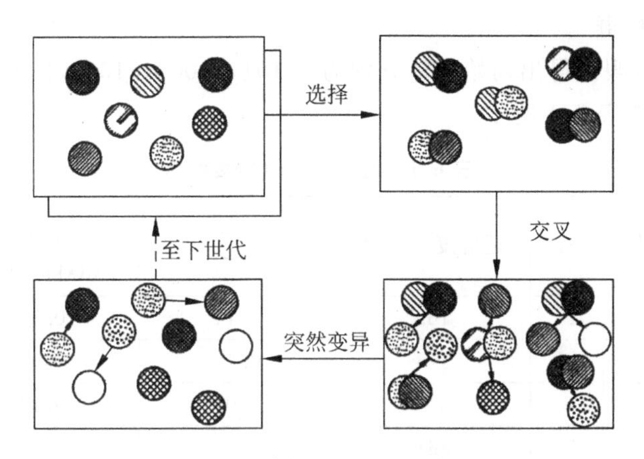

图6.1 遗传算法的基本操作过程

(5) 轮盘赌法。类似于博采中轮盘赌，按个体的适应度比例转化为选中的概率。

2. 交叉

交叉是把两个染色体换组(重组)的操作，交叉有多种方法：单点交叉、多点交叉、部分映射交叉、顺序交叉、循环交叉、基于位置的交叉、基于顺序的交叉和启发式交叉等。

3. 变异

基因以一定的概率将0变为1、1变为0的操作称为变异。变异有局部随机搜索的功能，相对而言，交叉具有全局随机搜索的功能。交叉和变异操作有利于保持群体的多样性，避免搜索初期陷于局部极值。

在选择、交叉和变异3个基本操作中，选择体现了优胜劣汰的竞争进化思想，而优秀个体从何而来，要靠交叉和突然变异操作获得，交叉和变异实质上都是交叉。

6.3.4 遗传算法实现步骤

下面通过一个求解二次函数最大值的例子来说明遗传算法的具体步骤。

例6.1 利用遗传算法求解求二次函数 $f(x)=x^2$ 的最大值，设 $x\in[0,31]$。此问题的解显然为 $x=31$，下面介绍利用遗传算法的求解步骤。

(1) 编码

用二进制码字符串表达所研究的问题称为编码，每个字符串称为个体。相当于遗传学中的染色体，每一遗传代次中个体的组合称为群体。由于 x 的最大值为31，只需5位二进制数组成个体。

(2) 产生初始种群

采用随机方法,假设得出初始群体分别为01101,11000,01000,10011,其中 x 值分别对应为13,24,8,19,如表6.1所示。

表6.1　遗传算法的初始群体

个体编号	初始群体	x_i	适应度 $f(x_i)$	$f(x_i)/\sum f(x_i)$	$f(x_i)/\bar{f}$ (相对适应度)	下代个体数目
1	01101	13	169	0.14	0.58	1
2	11000	24	576	0.49	1.97	2
3	01000	8	64	0.06	0.22	0
4	10011	19	361	0.31	1.23	1
适应度总和 $\sum f(x_i)=1170$,适应度平均值 $\bar{f}=293$,$f_{\max}=576$,$f_{\min}=64$						

(3) 计算适应度

为了衡量个体(字符串,染色体)的好坏,采用适应度(fitness)作为指标(目标函数)。

本例中用 x^2 计算适应度,对于不同 x 的适应度值如表6.1中 $f(x_i)$ 所示。

适应度总和 $\sum f(x_i)=f(x_1)+f(x_2)+f(x_3)+f(x_4)=1170$。

平均适应度 $\bar{f}=\sum f(x_i)/4=293$ 反映群体整体平均适应能力。

相对适应度 $f(x_i)/\bar{f}$ 反映个体之间优劣性。

因第2号个体相对适应度值最高显然为优良个体,而3号个体为不良个体。

(4) 选择

从已有群体中选择出适应度高的优良个体进入下一代,使其繁殖,删掉适应度小的个体。

本例中,2号个体最优,在下一代中占2个,3号个体最差被删除,1号与4号个体各保留1个,新群体分别为01101,11000,11000,10011。对新群体适应度的计算如表6.2所示。

表6.2　遗传算法的复制与交换

个体编号	复制初始群体	x_i	复制后适应度	交换对象	交换位置	交换后的群体	交换后适应度
1	01101	13	169	2号	4	01100	144
2	11000	24	576	1号	4	11001	625
3	11000	24	576	4号	3	11011	729
4	10011	19	361	3号	3	10000	256

续表

个体编号	复制初始群体	x_i	复制后适应度	交换对象	交换位置	交换后的群体	交换后适应度
适应度总和 $\sum(x_i)$			1682		—		1754
适应度平均值 $\bar{f}(x_i)$			421		—		439
适应度最大值 $f_{\max}$			576		—		729
适应度最小值 $f_{\min}$			169		—		256

由表6.2可以看出,复制后淘汰了最差个体(3号),增加了优良个体(2号),使个体的平均适应度得以增加。复制过程体现优胜劣汰原则,使群体的素质不断得到改善。

(5) 交叉

交叉又称为交换或杂交。复制过程虽然平均适应度提高,但却不能产生新的个体,模仿生物中杂交产生新品种的方法,对字符串(染色体)的某些部分进行交叉换位。对个体利用随机配对方法决定父代,如1号和2号配对;3号和4号配对。

以3号和4号交叉为例,经交叉后出现的新个体3号,其适应度高达729,高于交换前的最大值576,同样1号与2号交叉后产生的新个体2号的适应度由576增加为625,如表6.2所示。此外,平均适应度也从原来的421提高到439,表明交叉后的群体正朝着优良方向发展。

(6) 突变

突变又称为变异、突然变异。在遗传算法中模仿生物基因突变的方法,将表示个体的字符串某位由1变为0,或由0变为1。例如,将个体10000的左侧第3位由0突变为1,则得到新个体为10100。

在遗传算法中,以什么方式突变由事先确定的概率决定,突变概率一般取为0.01左右。

(7) 反复上述第(3)~(6)步,直到得到满意的最优解为止。

从上述用遗传算法求解函数极值的过程可以看出,遗传算法仿效生物进化和遗传的过程,从随机生成的初始可行解出发,利用选择、交叉、变异操作,遵循优胜劣汰的原则,不断循环执行,逐渐逼近全局最优解。

实际上给出具有极值的函数,可以用传统的优化方法进行求解,当用传统的优化方法难以求解,甚至不存在解析表达隐函数不能求解的情况下,用遗传算法优化求解就显示出巨大的潜力。

6.3.5 遗传算法用于函数优化

1989年,戈德堡(Goldberg)总结出的遗传算法称为基本遗传算法,或称简单的GA,它的构成要素如下。

(1) 染色体编码方法：采用固定长度二进制符号串表示个体，初始群体个体的基因值由均匀分布的随机数产生。

(2) 个体适应度评价：采用与个体适应度成正比例的概率来决定当前群体中个体遗传下一代群体的机会多少。

(3) 基本遗传操作：选择、交叉、变异(3种遗传算子)。

(4) 基本运行参数：M 为群体的大小，所包含个体数量为20～100；T 为进化代数，一般取10～500；p_c 为交叉概率，一般取0.4～0.99；p_m 为变异概率，一般取0.0001～0.1；l 为编码长度，当用二进制编码时长度取决于问题要求的精度；G 为代沟，表示各群体间个体重叠程度的一个参数，即表示一代群体中被换掉个体占全部个体的百分率。

例6.2 利用基本遗传算法求Rosenbrock函数全局最大值。

$$\max f(x_1,x_2)=100(x_1^2+x_2)^2+(1-x_1)^2$$
$$\text{s.t.}\quad -2.048\leqslant x_i\leqslant 2.048\quad (i=1,2) \tag{6.1}$$

第一步，确定决策过程和约束条件。式(6.1)给出了决策变量及约束条件建立的优化模型。

第二步，式(6.1)给出问题模型，为Rosenbrock函数求极大值。

第三步，确定编码方法。用10位二进制码串分别表示两个决策变量 x_1 和 x_2，将 x_1 和 x_2 的定义域离散化为1023个均等区域(因为10位二进制码可表示0～1023的1024个不同数)，从离散点-2.048到2.048依次对应0000000000～1111111111的二进制码，再将分别表示 x_1 和 x_2 的两个10位长码串联在一起组成20位长二进制码串，这就构成了函数优化问题的染色体编码方法。这样，解空间和遗传算法的搜索空间具有一一对应关系，如：

$$\underbrace{0000110111}_{x_1}\underbrace{1101110001}_{x_2}$$

表示一个个体的基因型。

第四步，确定解码方法。解码时将20位长二进制码切断成两个10位长二进制码串，再分别变换成十进制整数代码，记为 y_1,y_2。本例中代码 y_i 转换为 x_i 的解码公式为

$$x_i=4.096\times\frac{y_i}{1023}-2.048\quad (i=1,2)$$

如 X：0000110111　　1101110001

$y_1=55$　　$y_2=881$

由 y_1 和 y_2 可求得 $x_1=-1.828,x_2=1.476$。

第五步，确定个体评价方法。因为给定函数的值域总是非负的，故将个体适应度直接取对应的目标函数

$$F(x)=f(x_1,x_2) \tag{6.2}$$

第六步，设计遗传算子。选择使用比例选择算子，交叉使用单点交叉，变异使用基本位

变异。

第七步，确定GA运行参数。群体大小$M=80$；终止代数$T=200$；交叉概率$p_c=0.6$，变异概率$p_m=0.001$。通过上述7个步骤，可以实现用遗传算法对函数优化问题的求解。

6.3.6 遗传算法和模糊逻辑及神经网络的融合

1. 遗传算法在模糊推理中的应用

模糊推理虽然是一种善于表现推理对象知识的推理方法，但它本质上没有获取知识和学习能力。将遗传算法和模糊推理相融合，能赋予模糊推理知识获取能力。

遗传算法应用于模糊推理时可分为3种情况：应用在推理规则的前件；应用在推理规则的后件；应用在推理规则的前件及后件。下面只介绍应用在推理规则的前件的情况。

在模糊推理规则中，以后件用实数表示形式为例，设每条推理规则形式为

$$\text{Rule } i: \text{If } x_1 \text{ is } A_{i1} \text{ and} \cdots \text{and } x_m \text{ is } A_{im} \text{ then } y \text{ is } w_i \quad (i=1,2,\cdots,n) \tag{6.3}$$

其中，w_i是后件实数值，且推理结果可求得

$$\mu_i=\prod A_{ij}(x_i) \tag{6.4}$$

$$y=\frac{\sum \mu_i \cdot w_i}{\sum \mu_i} \tag{6.5}$$

其中，μ_i表示推理规则的适应度。

可以采用遗传算法来决定模糊推理规则数及前件模糊变量的隶属函数。前件隶属函数用如图6.2所示的三角形隶属函数，它可以用图中0、1的二进制字符串表示，其中1对应三角形的顶点位置。对于每个输入变量x_i其字符串表示为

$$L_{i1}L_{i2}L_{i3}\cdots L_{im} \quad (i=1,2,\cdots,n) \tag{6.6}$$

其中，$L_{ir}(i=1,2,\cdots,m)$是取0或1的二值变量。于是，推理规则前件模糊变量的隶属函数就可用$n\times m$个二进制码链表示为

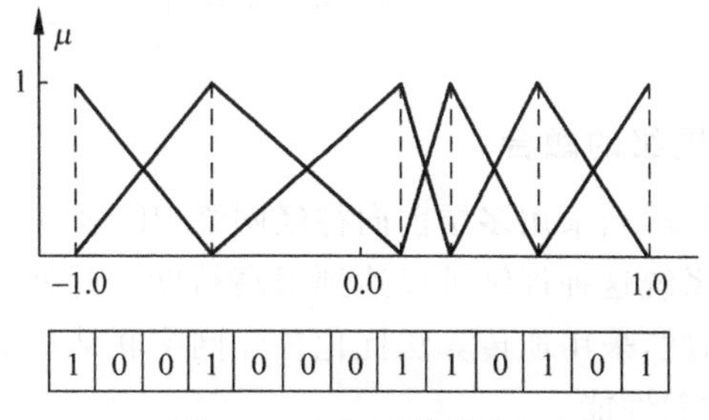

图6.2 隶属函数及编码

$$L_{i1}\cdots L_{im}L_{21}\cdots L_{2m}\cdots L_{n1}\cdots L_{nm} \tag{6.7}$$

把上述二进制码链作为遗传算法中的个体(染色体),它表示对输入空间的模糊分割。

在遗传算法中为了评价由染色体(字符串)生成表现型的适应度,为此采用下述AIC(Akaike's Information Criterion)信息量准则:

$$\text{AIC}=N\cdot\log\left[\frac{\sum(y^p-y^{rp})}{p}\right]^2+2\left[\sum(N_i-2)+\prod N_i\right] \tag{6.8}$$

其中,p 表示学习用数据;y^p 为推理结果;y^{rp} 为输出数据;N_i 表示对应各输入变量 x_i 所分配的隶属函数的总数。于是,遗传算法中计算个体 s_r 的适应度 E_s 为

$$E_s=\text{AIC}_{\max}-\text{AIC}(s_r) \tag{6.9}$$

其中,$\text{AIC}_{\max}=\max\text{AIC}(s_r)$。

通过选择适应度高的个体再组成新的群体(入口),再进入下世代遗传操作,遗传算法的直观示意如图6.3所示。通过若干世代遗传操作,可以获得达到要求的隶属函数优化参数,这正是通过遗传算法获取模糊推理知识的过程。

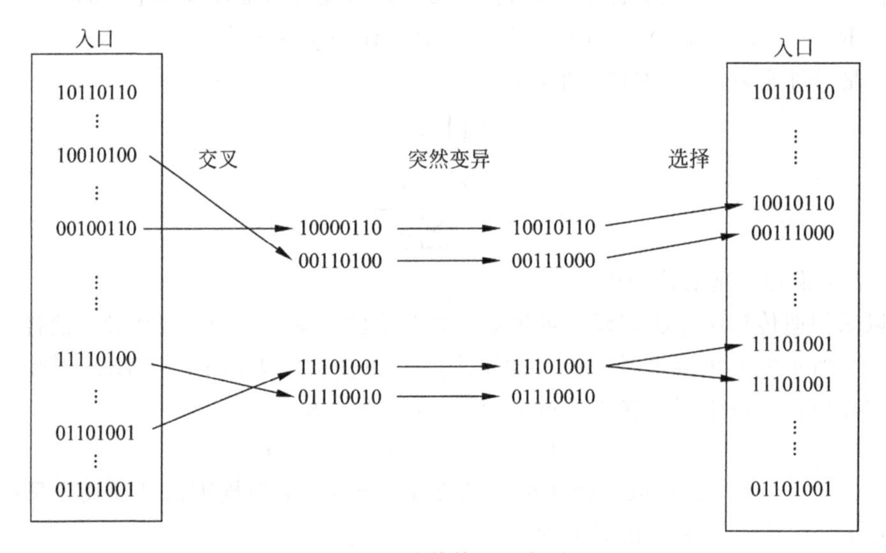

图6.3 遗传算法示意图

2. 遗传算法和神经网络的融合

神经网络用于控制系统,当采用多层前向神经网络BP学习算法时,由于需要提供教师信号对网络训练,对时变系统这种训练难以达到很高精度。此外,由于BP算法采用梯度法易出现局部极小问题。为此,采用遗传算法优化神经网络联结权不仅使网络增强学习功能,而且能使网络具有快速收敛性能。

设神经网络控制器是由一个多层前馈网络构成,为了用遗传算法学习整定前馈网

络的联结权，首先将网络各联结权编码构成二进制字符串形式。假定网络的联结权预先已定义并限定变化范围，则网络各联结权的字符串表示的值和实际权重之间有如下关系：

$$W_t(i,j,k)=W_{\min}(i,j,k)+\frac{\text{binrep}(t)}{2^l-1}[W_{\max}(i,j,k)-W_{\min}(i,j,k)] \quad (6.10)$$

其中，binrep(t)是由 l 位字符串所表示的二进制整数；$[W_{\max}(i,j,k)-W_{\min}(i,j,k)]$为各联结权的变化范围。

遗传算法优化神经网络联结权的学习步骤如下：

第一步，随机产生一组二进制字符串，每一个字符串表示网络联结权的一个集合。

第二步，将各二进制字符串根据式(6.10)译码成网络的各个联结权重，通过运行网络来评价网络的性能，可按下式概率值选择网络个体

$$P_s=f_i^l\Big/\sum_{i=1}^{N}f_i^l \quad (6.11)$$

其中，f_i^l 为 l 位二进制码表示的个体 i 的适应度，它由具体问题决定。

第三步，对被选择的网络以预先确定的概率值 p_c、p_m 进行交叉、突然变异等遗传组合，产生下一世代网络。

重复第二步和第三步两步操作，直到网络被遗传优化，并达到所要求的性能为止。

应该指出，只要突然变异概率 p_m 不等于零，遗传算法最终必能搜索到满足要求的网络，这是因为突然变异赋予了遗传算法全局收敛性能。

6.4 RBF 神经网络优化算法

6.4.1 RBF 神经网络

1989 年，穆迪(Moody)和达肯(Darken)提出了一种径向基函数神经网络(RBFNN)。同年，杰克(Jack)论证了径向基函数网络对非线性连续函数的一致逼近性能。

RBF 网络是一种性能良好的前馈网络，具有下述特点：

(1) 不依赖精确的数学模型，具有广泛的从输入到输出的任意非线性映射能力，能以任意精度逼近任意非线性特性的局部逼近网络；

(2) 分布式信息存储，大量数据单元同时高速并行处理，有很强的鲁棒性；

(3) 信息分布地存储于处理单元的阈值和它们的联结权中，具有很强的容错能力，个别处理单元不正常不会引起整个系统出错；

(4) 应用多种调整权重和阈值的学习算法，具有类似人脑的自适应和自组织学习功能。

考虑 n 输入单输出具有 m 个隐单元的 RBF 网络结构如图 6.4 所示。

这是一种前馈网络的拓扑结构，隐层的单元是感受野单元，每个感受野单元输出为

$$w = R_i(\boldsymbol{X}) = R_i(\|\boldsymbol{X} - \boldsymbol{c}_i\| / \sigma_i), \quad i = 1,2,\cdots,n \tag{6.12}$$

其中，$\boldsymbol{X}$ 是 n 维输入向量；$\boldsymbol{c}_i$ 是与 $\boldsymbol{X}$ 同维数的向量；$R_i(\cdot)$具有局部感受的特点，例如，$R_i(\cdot)$取高斯函数，即 $R_i(\boldsymbol{X}) = \exp(-\|\boldsymbol{X}-\boldsymbol{c}_i\|^2/\sigma_i^2)$，$R_i(\cdot)$只有在 $\boldsymbol{c}_i$ 周围的一部分区域内有较强的反应，这正体现了大脑皮质层的反应特点。RBF 神经网络不仅具有上述的生物学背景，而且还有数学理论的支持。

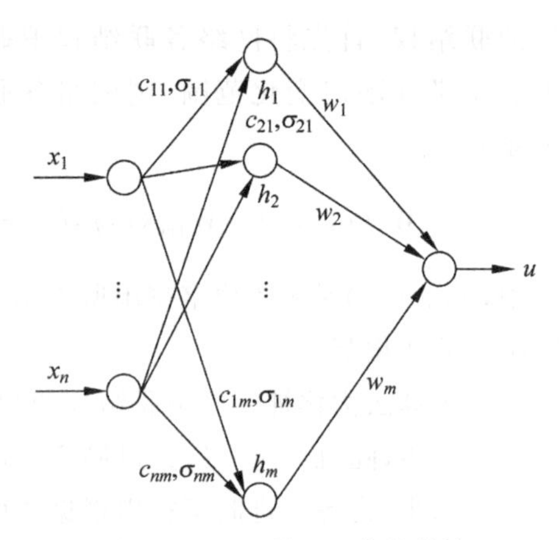

图 6.4 RBF 神经网络的结构

通过径向基函数可以更确切地描述人类神经元的活动特性。在中心附近的区域内网络的输出最大，随着与中心距离的增大，逐渐变小，而这一过程的快慢则由 σ 参数来决定，σ 越大则函数输出曲线越平缓，对输入的变化越不敏感，可以通过调节它来模拟人类神经元。

进一步分析可以看到，输入向量与中心 $\boldsymbol{c}_i$ 之间的距离决定了网络输出的大小，所以距离相等或相近的输入向量可以归为一类，相当于把输入向量按照与中心之间的距离进行了空间划分。根据输入向量与中心 $\boldsymbol{c}_i$ 之间的距离把输入向量空间通过径向基函数非线性映射到了隐层空间，之后，又通过线性变换映射到输出空间去。由模式识别理论可知，在低维空间非线性可分的问题总可以映射到一个高维空间，并使其在此高维空间中线性可分。这样，如果选定了合理的隐结点数，并把输入向量空间映射到隐层空间后，则一定存在一个线性映射过程，把隐层空间进一步映射到线性输出空间去。

6.4.2 RBF 网络学习算法

由 RBF 网络的结构可知，确定一个 RBF 网络主要应有两个方面参数——中心和权重，目前对 RBF 网络的各种改进也正是围绕这两方面展开的。

RBF 网络的学习算法主要有梯度下降法、基于反复迭代的 RBF 学习方法、基于 K-均值聚类的 RBF 学习方法。以下仅介绍梯度下降法。

BP 网络的最常用训练就是选定某种性能指标，用梯度下降法来校正网络参数，使该性能指标取最优值，RBF 网络的训练亦可以采用同样的方法。这样 RBF 网络的学习实际上就转化为一个最优化问题。下面简要介绍基于梯度下降法的 RBF 神经网络训练过程。

对一般 RBF 网络结构，取性能指标

$$J=\frac{1}{2}\sum_{i=1}^{M}(y_i-\hat{y}_i)^2 \tag{6.13}$$

其中，$\hat{y}_i$ 为网络输出；$\hat{y}_i=\sum_{j=1}^{p}w_{ij}h_j$；$h_j=\exp\left(-\frac{\|\boldsymbol{X}_i-\boldsymbol{C}_j\|^2}{\sigma_j^2}\right)$。

不难看出，J 是关于 C_j，w_{ij}，σ_j 的函数。网络训练的过程就是调整以上 3 个参数，使 J 趋于最小。求取 J 对于各网络参数 $C_t^{(q)}$，w_{ts}，σ_t 的偏导数可得到参数的校正方法，由此得到以下 RBF 神经网络的梯度下降训练算法。

权重 w_{is} 的校正方向为

$$S_{w_{is}}=-\frac{\partial J}{\partial w_{ts}}=(y_s-\hat{y}_s)h_t=e_sh_t \tag{6.14}$$

中心 $C_i^{(q)}$ 的校正方向为

$$\begin{aligned}S_{C_t^{(q)}}&=\frac{\partial J}{\partial C_t^{(q)}}=\frac{2h_t(x^{(q)}-C_t^{(q)})}{\sigma_t^2}\sum_{t=1}^{M}(y_t-\hat{y}_t)w_{ts}\\&=\frac{2h_t(x^{(q)}-C_t^{(q)})}{\sigma_t^2}\sum_{i=1}^{M}w_{ts}e_t\end{aligned} \tag{6.15}$$

宽度 σ_i 的校正方向为

$$\begin{aligned}S_{\sigma_t}&=-\frac{\partial J}{\sigma_t}=\frac{2\|\boldsymbol{X}-\boldsymbol{C}_t\|^2}{\sigma_t^3}h_t\sum_{t=1}^{M}(y_t-\hat{y}_t)w_{ts}\\&=\frac{2\|\boldsymbol{X}-\boldsymbol{C}_t\|^2}{\sigma_t^3}h_t\sum_{t=1}^{M}w_{ts}e_t\end{aligned} \tag{6.16}$$

由此可得 RBF 网络的梯度下降法校正公式为

$$w_{ts}(n+1)=w_{ts}(n)+\lambda S_{w_{ts}}+\alpha(w_{ts}(n-1)-w_{ts}(n-2)) \tag{6.17}$$

$$C_t^{(q)}(n+1)=C_t^{(q)}(n)+\lambda S_{C_t^{(q)}}+\alpha(C_t^{(q)}(n-1)-C_t^{(q)}(n-2)) \tag{6.18}$$

$$\sigma_t(n+1)=\sigma_t(n)+\lambda S_{\sigma_t}+\alpha(\sigma_t(n-1)-\sigma_t(n-2)) \tag{6.19}$$

其中，$1\leqslant t\leqslant P$，$1\leqslant s\leqslant M$，$1\leqslant q\leqslant N$；P 为隐单元数，M 为输出维数，N 为输入维数；λ 为步长，α 为动量因子，λ、$\alpha\in[0,1]$。

上述的 RBF 网络学习算法运算过程简单，采用梯度下降来修正网络的中心，通过 LMS 算法来修正权重。但是，该方法要求所给定的隐结点数必须与输入样本空间的聚类数相差不要很多，如果隐结点数大于输入样本空间的聚类数，则一方面会降低网络的学习速度，另一方面因为过多的隐结点带来的计算误差而使 RBF 网络的收敛精度下降；如果隐结点数小于输入样本空间的聚类数，则无论网络学习多少次，最终的精度都不能达到很高。这一点正是固定隐结点数的一类算法的通病。

另外,RBF 网络的中心宽度 σ 的值只是改变曲线的形状,对结果的影响不大,其作用完全可以由中心和权重的作用来补偿。因此,有的文献令它的值为常数 1,这样可以减小计算量,而且对精度的影响不大。

6.4.3 RBF 神经网络在控制中的应用

RBF 网络在控制中主要用于控制参数优化、系统辨识等方面。RBF 网络在控制参数优化的应用将在第 7 章中给出,下面介绍 RBF 网络用于系统辨识的原理与步骤。

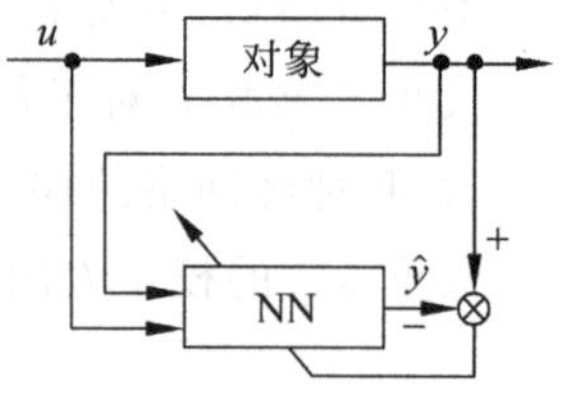

图 6.5 前馈网络辨识系统

前馈网络用于系统辨识的原理如图 6.5 所示。基于系统输入、输出数据可以完成对系统的辨识。因此有

$$\hat{y}(k+1)=\mathrm{NN}[y(k),y(k-1),\cdots,y(k-l+1),u(k),u(k-1),\cdots,u(k-m+1)] \tag{6.20}$$

$$\begin{cases} x(k+1)=f(x(k),u(k)) \\ y(k)=h(x(k)) \end{cases} \tag{6.21}$$

完成这样一个系统的辨识通常作以下假设:

(1) f,h 是光滑的;

(2) 系统是状态可逆的;

(3) 系统阶次的上界可知。

全局的输入输出模型对一般可观性系统都存在,而并不要求系统的强可观性。这说明 RBF 网络可以对几乎所有的系统进行辨识和建模。RBF 网络用于非线性系统辨识主要优势在于,它可以避开复杂的算法而较为准确的完成辨识任务。

RBF 网络用于非线性系统辨识和系统建模一般分为以下几个步骤。

(1) 恰当选择学习样本。在许多文献中,系统辨识的学习数据都用伪随机码激励系统得到,在过程控制中,这是不适用的。无论采用什么方法得到学习数据都必须遵循一条原则,即学习样本必须充分体现系统的工作状况。

(2) 学习样本数据的处理。一般来说,学习数据都应做归一化处理,同时由于在实时控制中采集到的数据含有噪声,因此需要有滤波的处理过程。

(3) 确定模型的阶次。这可以应用被建模系统的先验知识来确定,也可通过数据分析得到。

(4) 采用恰当的学习算法完成 RBF 网络的离线学习。

(5) 如果系统是时变的,必须用递推算法对 RBF 网络进行在线校正。

6.5 粒子群优化算法

6.5.1 粒子群优化的基本思想

粒子群优化(Particle Swarm Optimization,PSO)算法又称微粒群算法。PSO算法是1995年由美国社会心理学家肯尼迪(J. Kennedy)和电气工程师埃伯哈特(R. C. Eberhart)共同提出的,其基本思想是利用生物学家赫普纳(F. Heppner)的生物群体模型,模拟鸟类、鱼类等群体智能行为的进化算法。

自然界中许多生物体都具有群聚生存、活动行为,以利于它们捕食及逃避追捕。因此,通过仿真研究鸟类群体行为时,要考虑以下3条基本规则:

(1) 飞离最近的个体,以避免碰撞。

(2) 飞向目标(食物源、栖息地、巢穴等)。

(3) 飞向群体的中心,以避免离群。

鸟类在飞行过程中是相互影响的,当一只鸟飞离鸟群而飞向栖息地时,将影响其他鸟也飞向栖息地。鸟类寻找栖息地的过程与对一个特定问题寻找解的过程相似。鸟的个体要向周围同类其他个体比较,模仿优秀个体的行为。因此要利用其解决优化问题,关键要处理好探索一个好解与利用一个好解之间的平衡关系,以解决优化问题的全局快速收敛问题。

这样就要求鸟的个体具有个性,鸟不互相碰撞,又要求鸟的个体要知道找到好解的其他鸟并向它们学习。同样,人类的决策过程一方面要根据自己的经验,另一方面也要汲取他人的经验,这样有助于提高决策的科学性。

6.5.2 粒子群优化算法原理

PSO算法的基本思想是模拟鸟类的捕食行为。假设一群鸟在只有一块食物的区域内随机捕索食物,所有鸟都不知道食物的位置,但它们知道当前位置与食物的距离,最为简单而有效的方法是搜寻目前离食物最近的鸟所在区域。PSO算法从这种思想得到启发,将其用于解决优化问题。

设每个优化问题的解都是搜索空间中的一只鸟,把鸟视为空间中的一个没有重量和体积的理想化"质点",称其中"微粒"或"粒子",每个粒子都有一个由被优化函数所决定的适应度值,还有一个速度决定它们的飞行方向和距离。然后粒子们以追随当前的最优粒子在解空间中搜索最优解。

设 n 维搜索空间中粒子 i 的当前位置 X_i，当前飞行速度 V_i 及所经历的最好位置 P_i(即具有最好适应度值的位置)分别表示为

$$X_i=(x_{i1},x_{i2},\cdots,x_{in}) \tag{6.22}$$

$$V_i=(v_{i1},v_{i2},\cdots,v_{in}) \tag{6.23}$$

$$P_i=(p_{i1},p_{i2},\cdots,p_{in}) \tag{6.24}$$

对于最小化问题，若 $f(X)$ 为最小化的目标函数，则粒子 i 的当前最好位置确定为

$$P_i(t+1)=\begin{cases}P_i(t), & f(X_i(t+1))\geqslant f(P_i(t))\\ X_i(t+1), & f(X_i(t+1))<f(P_i(t))\end{cases} \tag{6.25}$$

设群体中的粒子数为 S，群体中所有粒子所经历过的最好位置为 $P_g(t)$ 称为全局最好位置，即为

$$f(P_g(t))=\min\{f(P_1(t)),f(P_2(t)),\cdots,f(P_S(t))\},P_g(t)\in\{P_1(t),P_2(t),\cdots,P_S(t)\} \tag{6.26}$$

基本粒子群算法粒子 i 的进化方程可描述为

$$v_{ij}(t+1)=v_{ij}(t)+c_1r_{1j}(t)(P_{ij}(t)-x_{ij}(t))+c_2r_{2j}(t)(P_{gj}(t)-x_{ij}(t)) \tag{6.27}$$

$$x_{ij}(t+1)=x_{ij}(t)+v_{ij}(t+1) \tag{6.28}$$

其中，$v_{ij}(t)$ 表示粒子 i 第 j 维第 t 代的运动速度；c_1,c_2 均为加速度常数；r_{1j},r_{2j} 分别为两个相互独立的随机数；$P_g(t)$ 为全局最好粒子的位置。

式(6.27)描述了粒子 i 在搜索空间中以一定的速度飞行，这个速度要根据本身的飞行经历(式(6.27)中右边第2项)和同伴的飞行经历(式(6.27)中右边第3项)进行动态调整。

6.5.3 PSO 算法步骤

PSO 算法以研究连续变量最优化问题为背景提出的。在问题求解中，每个粒子以其几何位置与速度向量表示，每个粒子参考自身所经历的最优方向和整个鸟群所公共认识的最优方向来决定自己的飞行。

每个粒子 X 可标识为

$$X=\langle p,v\rangle=\langle \text{几何位置},\text{速度向量}\rangle \tag{6.29}$$

PSO 算法步骤如下：

(1) 构造初始粒子群体，随机产生 n 个粒子 $X_i=\langle p_i,v_i\rangle$，$i=1,2,\cdots,n$

$$\begin{aligned}X(0)&=(X_1(0),X_2(0),\cdots,X_n(0))\\&=(\langle p_1(0),v_1(0)\rangle,\langle p_2(0),v_2(0)\rangle,\cdots,\langle p_n(0),v_n(0)\rangle)\end{aligned} \tag{6.30}$$

置 $t:=0$。

(2) 选择。

① 假定以概率1选择 $X(t)$ 每一个体。

② 求出每个粒子 i 到目前为止所找到的最优粒子 $X_{ib}(t)=<P_{ib}(t),v_{ib}(t)>$。

③ 求出当前种群 $X(t)$ 到目前为止所找到的最优粒子 $X_{gb}(t)=<P_{gb}(t),v_{gb}(t)>$。

(3) 繁殖，对每个粒子 $X_i(t)=<p_i(t),v_i(t)>$，令

$$p_i(t+1)=p_i(t)+v_i(t+1) \tag{6.31}$$

$$v_i(t+1)=c_1v_i(t)+c_2r_1(0,1)[P_{ib}(t)-P_i(t)]+c_3r_2(0,1)[P_{gb}(t)-P_i(t)] \tag{6.32}$$

由此形成第 $t+1$ 代粒子群。

$$\begin{aligned} X(t+1) &= (X_1(t+1),X_2(t+1),\cdots,X_n(t+1)) \\ &= (<p_1(t+1),v_1(t+1)>,<p_2(t+1),v_2(t+1)>,\cdots,<p_n(t+1),v_n(t+1)>) \end{aligned} \tag{6.33}$$

(4) 终止检验，如 $X(t+1)$ 已产生满足精度的近似解或达到进化代数要求，停止计算并输出 $X(t+1)$ 最佳个体为近似解。否则对于 $t:=t+1$ 转入第(2)步。

在式(6.32)中，$r_1(0,1)$ 及 $r_2(0,1)$ 分别表示(0,1)中的随机数，C_1 称为惯性系数，C_2 称为认知系数，C_3 称为社会学习系数，一般 C_2、C_3 为 0～2 的数值，C_1 为 0～1 的数值。

PSO算法中粒子飞行方向校正示意如图6.6所示，图中 $P_i(t)$ 是粒子 i 当前所处位置，$P_{ib}(t)$ 是粒子 i 到目前为止找到的最优粒子位置，$P_{gb}(t)$ 是当前种群 $X(t)$ 到目前为止找到的最优位置；$v_i(t)$ 是粒子 i 当前飞行速度。$P_i(t+1)$ 就是粒子 i 下一时刻的位置。

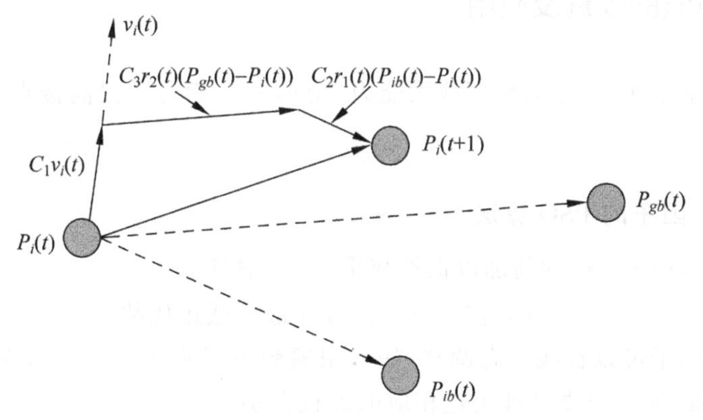

图6.6 PSO算法中粒子 i 飞行方向校正图

一个基本粒子群算法流程如图6.7所示。

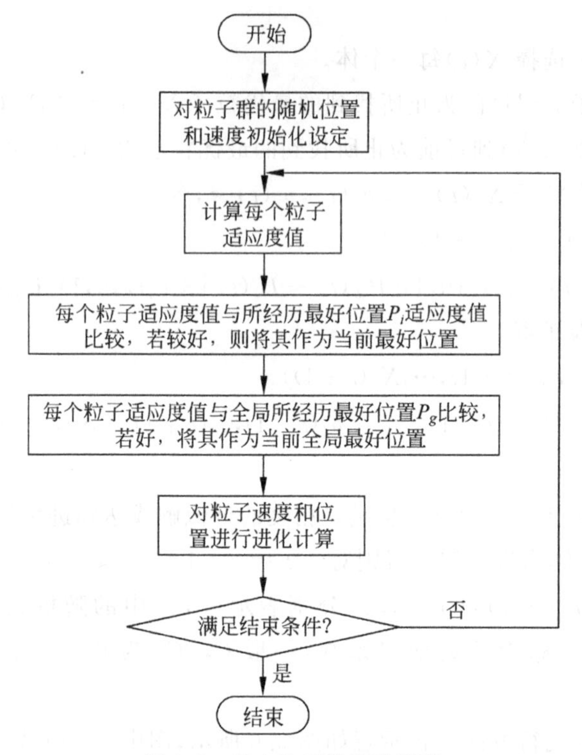

图6.7 基本粒子群算法流程

6.5.4 PSO算法的改进及应用

为了提高基本PSO算法的局部搜索能力、全局搜索能力和提高搜索速度，已提出了许多改进方法。

1. 带有惯性因子的PSO算法

对于式(6.27)中$v_{ij}(t)$项前加以惯性权重w，一般选取

$$w(t)=(0.9\sim 0.5)t/[\text{最大截止代数}] \tag{6.34}$$

此外对惯性因子可以在线动态调整，如采用模糊逻辑将$v_{ij}(t)$表示成[低]、[中]、[高]3个模糊语言变量，通过模糊推理决定相应的加权大小。

2. 带有收缩因子的PSO算法

$$v_{ij}(t+1)=\mu v_{ij}(t)+c_1 r_{1,j}(t)[P_{ij}(t)-x_{ij}(t)]+c_2 r_{2,j}(t)[P_{gj}(t)-x_{ij}(t)] \tag{6.35}$$

$$\mu=\frac{2}{\left|2-l-\sqrt{l^{2}-4l}\right|} \tag{6.36}$$

其中，μ 为收缩因子；$l=C_1+C_2$；$l>4$。

此外，通过将遗传算法中选择、交叉操作引入 PSO 以及基于动态邻域（小生境）等方法加以改进。

虽然 PSO 算法是针对连续优化问题而提出的，但通过二进制编码可以得到离散变量的 PSO 形式，因此它也可以用于离散系统的组合优化问题求解，如用于求解 TSP 问题等。PSO 还可以用于求解多目标优化问题，以及带约束优化问题、多峰函数优化、整数规则等问题。

6.6 免疫优化算法

6.6.1 免疫学的基本概念

生物免疫系统的主要功能是识别“自己”与“非己”成分，并能破坏和排斥“非己”成分，而对“自己”成分则能免疫耐受，不发生排斥反应，以维持机体的自身免疫稳定。在介绍免疫系统组成和功能之前，先给出免疫学中的有关基本概念。

免疫应答：免疫系统识别并消灭侵入机体病原体的过程。

抗原：指能够诱导免疫系统发生免疫应答，并能与免疫应答的产物在体内或体外发生特异性反应的物质。抗原具备免疫原性和抗原性：抗原的免疫原性是指抗原分子能诱导免疫应答的特性；抗原的抗原性是指抗原分子能与免疫应答产物发生特异反应的特性。

表位：指抗原分子表面的决定抗原特异性的特殊化学基团，又称为抗原决定簇。

淋巴细胞：指能够特异性识别和区分不同抗原决定簇的细胞，主要包括 T 细胞和 B 细胞两种。

受体：指位于 B 细胞表面的可以识别特异性抗原表位的免疫球蛋白。

抗体：免疫系统受到抗原刺激后，识别该抗原的 B 细胞转化为浆细胞并合成和分泌可以与抗原发生特异性结合的免疫球蛋白。

匹配：抗原表位与抗体或 B 细胞受体形状的互补程度。

亲和力：抗原表位与抗体或 B 细胞受体之间的结合力，抗原表位与抗体或 B 细胞受体越匹配，二者间的亲和力越大。

免疫耐受：免疫活性细胞接触抗原性物质时所表现的特异性无应答状态。

免疫应答成熟：记忆淋巴细胞比初次应答的淋巴细胞具有更高亲和力的现象。

6.6.2　免疫系统的组织结构

免疫器官是免疫细胞发生、发育和产生效应的部位，主要包括胸腺、腔上囊或类囊器官、骨髓、淋巴结、扁桃体及肠道淋巴组织。根据免疫器官作用的不同，可分为中枢免疫器官和外围免疫器官。

中枢免疫器官是T淋巴细胞和B淋巴细胞发生、发育和成熟的部位，包括骨髓和胸腺。骨髓是一切淋巴细胞的发源地，胸腺是T细胞发育和成熟的场所。外围免疫器官是成熟淋巴细胞受抗原刺激后进一步分裂和分化的场所，主要包括脾脏和淋巴结，成熟B细胞在其中受抗原刺激而分化，从而合成抗原特异性抗体。

免疫细胞主要在骨髓和胸腺中产生，从其产生到成熟并进入免疫循环，需要经历一系列复杂变化。免疫细胞主要包括淋巴细胞、吞噬细胞，淋巴细胞又可分为B淋巴细胞和T淋巴细胞。

B淋巴细胞是由骨髓产生的有抗体生成能力的细胞。B淋巴细胞的受体是膜结合抗体，抗原与这些膜抗体分子相互作用可引起B细胞活化、增殖，最终分化成浆细胞以分泌抗体。

T淋巴细胞产生于骨髓，然后迁移到胸腺并分化成熟。T细胞可分为辅助性T细胞(Th)和细胞毒性T_k细胞(CyTotoxic Cell,CTL)，它们只识别暴露于细胞表面并与主要组织相容性复合体(MHC)相结合的抗原肽链，并进行应答。在对抗原刺激的应答中，Th细胞分泌细胞因子(Cytokine)，促进B细胞的增殖与分化，而CTL则直接攻击和杀死内部带有抗原的细胞。

吞噬细胞起源于骨髓，它在成熟和活化后，产生形态各异的细胞类型，能够吞噬外来颗粒，如微生物、大分子，甚至损伤或死亡的自身组织。这类细胞在先天性免疫中起着重要的作用。

免疫分子包括免疫细胞膜分子，如抗体识别受体分子、分化抗原分子、主要组织相容性分子以及一些其他受体分子等，也包括由免疫细胞分泌的分子，如免疫球蛋白分子、补体分子以及细胞因子等。

6.6.3　免疫机制与克隆选择理论

免疫系统的功能本质上是免疫细胞对内外环境的抗原信号的反应，即免疫应答。免疫应答是指免疫活性细胞对抗原分子的识别、活化、增殖、分化，以及最终发生免疫效应的一系列复杂的生物学反应过程，包括先天性免疫应答和适应性免疫应答两种。

先天性免疫应答是生物在种系发展和进化过程中逐渐形成天然防御机制，它可以遗传给后代，受基因控制，具有相对的稳定性。先天性免疫应答的防御机制主要包括吞噬细胞对侵入机体的细菌和微生物的吞噬作用，以及皮肤、机体内表皮等生理屏障。

适应性免疫不是天生就有的，而是个体在发育过程中接触抗原后发展而成的免疫力，包括体液免疫和细胞免疫。这种免疫作用有明显的针对性，即机体受到某一抗原的刺激后，通过适应性免疫应答获得免疫力。这种免疫力只对该特异抗原有作用，而对其他抗原不起作用。

20世纪50年代，著名的免疫学家伯内特(Burnet)提出了关于抗体形成的克隆选择学说，该学说得到了大量的实验证明，合理地解释了适应性免疫应答机理。

克隆选择理论认为抗原的识别能够刺激淋巴细胞增殖并分化为效应细胞。受抗原刺激的淋巴细胞的增殖过程称为克隆扩增。B细胞和T细胞都能进行克隆扩增，不同的是B细胞在克隆扩增中要发生超突变，即B细胞受体发生高频变异，并且其效应细胞产生抗体，而T淋巴细胞不发生超突变，其效应细胞是淋巴因子、T_K 或 T_H 细胞。B淋巴细胞的超突变能够产生B细胞的多样性，同时也可以产生与抗原亲和力更高的B细胞。B细胞在克隆选择过程中的选择和变异导致了B细胞的免疫应答具有进化和自适应的性质，下面介绍B细胞的克隆选择过程。

免疫系统中有大量B细胞，每个B细胞表面都有许多形状相同的受体，不同B细胞的受体各不相同。受体是B细胞表面上的抗体，它与抗原一样具有复杂的三维结构。这些B细胞由骨髓产生，若产生的B细胞识别自身抗原，则该B细胞在其早期就被删除，因此免疫系统中没有与自身抗原反应的成熟B细胞，这就是免疫系统的反向选择原理。

B细胞的克隆选择过程如图6.8所示。当抗原侵入机体时，B细胞的适应性免疫应答能够产生抗体。如果抗原表位与某一B细胞受体的形状互补，则二者间产生亲和力而相互结合，在 T_H 细胞发出的第二信号作用下，该B细胞被活化。活化的B细胞进行增殖(分裂)，增殖B细胞要发生超突变，这一方面产生了B细胞的多样性，另一方面也可以产生与抗原亲和力更高的B细胞。免疫系统通过若干世代的选择和变化来提高B细胞与抗原的

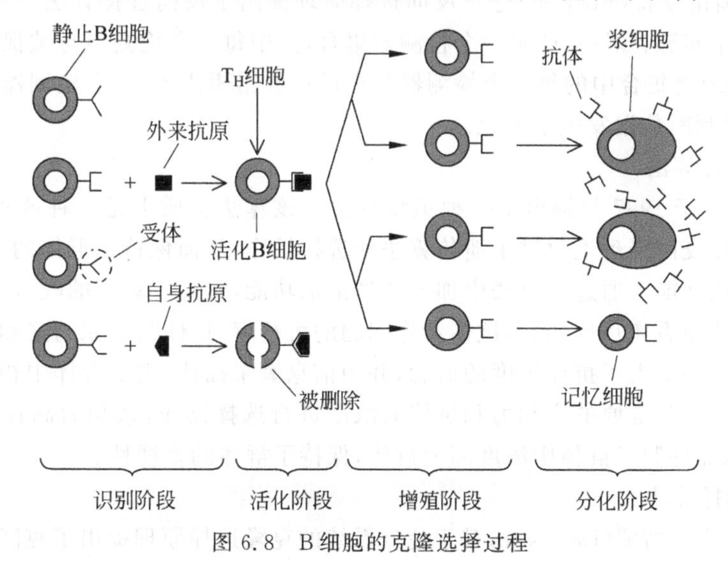

图6.8 B细胞的克隆选择过程

亲和力。产生的高亲和力B细胞进一步分化为抗体分泌细胞,即浆细胞,浆细胞产生大量的活性抗体用以消灭抗原。同时,高亲和力B细胞也分化为长期存在的记忆细胞。记忆细胞在血液和组织中循环但不产生抗体,当与该抗原类似的抗原再次侵入机体时,记忆细胞能够快速分化为浆细胞以产生高亲和力的抗体。记忆细胞的亲和力要明显高于初始识别抗原的B细胞的亲和力,即发生免疫应答成熟。

6.6.4 人工免疫模型与免疫算法

1. 人工免疫模型

生物免疫系统的智能性和复杂性堪与大脑相比,有"第二大脑"之称,从信息处理的观点看,生物免疫系统是一个并行的分布自适应系统,具有多种信息处理机制,它能够识别自己和非己,通过学习、记忆解决识别、优化和分类等问题。人工免疫系统没有统一的模型和算法结构,主要包括独特型免疫网络模型、多值免疫网络模型和免疫联想记忆模型。后来又提出二进制模型及随机模型等。

2. 人工免疫算法

1) 反向选择算法

免疫系统中的T细胞在胸腺中发育,与自身蛋白质发生反应的未成熟T细胞被破坏掉,所以成熟的T细胞具有忍耐自身的性质,不对自身蛋白质发生反应,只对外来蛋白质产生反应,以此来识别自己和非己,这就是所谓的反向选择原理。

1994年,福雷斯特(Forrest)基于反向选择原理提出了反向选择算法用于异常检测,算法主要包括两个步骤:第一,产生一个检测器集合,其中每一个检测器与被保护的数据不匹配;第二,不断地将集合中的每一个检测器与被保护数据相比较,如果检测器与被保护数据相匹配,则据此判断数据发生了变化。

2) 免疫遗传算法

坎恩(Chun)于1997年提出了一种免疫算法。该算法实质上是一种改进的遗传算法,根据体细胞和免疫网络理论改进了遗传算法的选择操作,从而保持了群体的多样性,提高了算法的全局寻优性能。通过在算法中加入免疫记忆功能,提高了算法的收敛速度。

该算法把抗原看作目标函数,抗体看作问题的可行解,抗体与抗原的亲和力看作可行解的评价值。算法中引入了抗体浓度的概念,并用信息熵来描述,表示群体中相似可行解的多少。算法根据抗体与抗原的亲和力和抗体的浓度进行选择操作,亲和力高且浓度小的抗体选择概率大,从而抑制了群体中浓度高的抗体,保持了群体的多样性。

3) 克隆选择算法

2000年,德卡斯特罗(De castro)基于免疫系统的克隆选择原理提出了克隆选择算法。免疫系统通过克隆选择过程产生抗体。当抗原侵入机体,被一些与之匹配的B细胞识别,这些B

细胞分裂,产生的子B细胞在母细胞的基础上发生变化,以寻求与抗原匹配更好的B细胞,与抗原匹配更好的子B细胞再分裂。如此循环往复,最终找到与抗原完全匹配的B细胞,这些B细胞变成浆细胞以产生抗体,这一过程就是克隆选择过程。克隆选择算法模拟这一过程进行优化计算。

4）基于免疫网络的免疫算法

1998年,托玛(Toma)基于MHC(主要组织相溶性复合体)和免疫网络理论提出了一种免疫算法,它是一种自适应优化算法,用来解决多智能体中每个智能体的工作域分配问题。算法主要分两步：一是MHC区别自己和非己,消除智能体中的竞争状态；二是用免疫网络产生智能体的自适应行为。N-TSP问题的仿真表明,该算法具有自适应能力,并比遗传算法具有更高的搜索效率。

5）基于疫苗的免疫算法

2000年,焦李成、王磊等基于免疫系统的概念和理论提出了一种免疫算法,该算法是在遗传算法中加入免疫算子,以提高算法的收敛速度和防止群体退化。免疫算子包括接种疫苗和免疫选择两个部分,前者为了提高适应度,后者为了防止种群退化。

6.6.5 免疫应答中的学习与优化

在B细胞的适应性免疫应答中,通过选择和变化过程提高B细胞的亲和力,并进一步分化为浆细胞以产生高亲和力的抗体。克隆选择原理表明,B细胞亲和力的提高本质上是一个达尔文进化过程。下面阐述这一进化过程中的学习和优化机理。

1. 免疫应答中的学习机理

免疫系统中的每个B细胞的特性由其表面的受体形状唯一的决定。体内B细胞的多样性极其巨大,可以达到$10^7 \sim 10^8$数量级。若B细胞的受体与抗原结合点的形状可用L个参数来描述,则每个B细胞可表示为L维空间中的一点,整个B细胞都分布在这L维空间中,称此空间为形状空间,如图6.9所示。抗原在形状空间中用其表位的互补形状来描述。

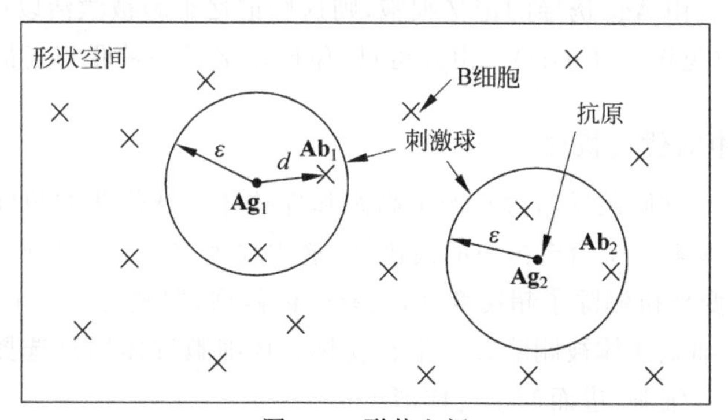

图6.9 形状空间

利用形状空间的概念可以定量描述 B 细胞、抗体与抗原之间相互作用力的大小。B 细胞与抗原的亲和力可用它们间的距离来定量表达,B 细胞与抗原距离越近,B 细胞受体与抗原表位形状的互补程度越大,二者间的亲和力越高。对于某一侵入机体的抗原(如图 6.9 中抗原 $\mathbf{Ag}_1$ 与 $\mathbf{Ag}_2$),当体内的 B 细胞与它们的亲和力达到某一门限时才能被激活,被激活的 B 细胞大约为 B 细胞总数的 $10^{-4} \sim 10^{-5}$。这些被激活的 B 细胞分布在以抗原为中心,以 ε 为半径的球形区域内,称之为该抗原的刺激球。

根据 B 细胞和抗原的表达方式的不同,形状空间可分为 Euclidean 形状空间和 Hamming 形状空间。假设抗原 $\mathbf{Ag}_1$ 与 B 细胞 $\mathbf{Ab}_1$ 分别用向量($\mathrm{ag}_1, \mathrm{ag}_2, \cdots, \mathrm{ag}_L$)和($\mathrm{ab}_1, \mathrm{ab}_2, \cdots, \mathrm{ab}_L$)描述,若每个分量为实数,则所在的形状空间为 Euclidean 形状空间,抗原与 B 细胞间的亲和力可表示为

$$\mathrm{Affinity}(\mathbf{Ag}_1, \mathbf{Ab}_1) = \sqrt{\sum_{i=1}^{L} (ab_i - ag_i)^2} \tag{6.37}$$

若 B 细胞和抗原的每个分量为二进制数,则所在的形状空间为 Hamming 形状空间,B 细胞和抗原间的亲和力可表示为

$$\mathrm{Affinity}(\mathbf{Ag}_1, \mathbf{Ab}_1) = \sum_{i=1}^{L} \delta, \quad 其中\ \delta = \begin{cases} 1, & ab_i \neq ag_i \\ 0, & 其他 \end{cases} \tag{6.38}$$

生物适应性免疫应答中蕴含着学习与记忆原理,这可通过 B 细胞和抗原在形状空间中的相互作用来说明,如图 6.10 所示。对于侵入机体的抗原 $\mathbf{Ag}_1$,其刺激球内的 B 细胞 $\mathbf{Ab}_1$、$\mathbf{Ab}_2$ 被活化(见图 6.10(a))。被活化 B 细胞进行克隆扩增,产生的子 B 细胞发生变化以寻求亲和力更高的 B 细胞,经过若干代的选择和变化,产生了高亲和性 B 细胞,这些 B 细胞分化为浆细胞以产生抗体消灭抗原(见图 6.10(b))。当偏差在一个特殊个体的生命周期中发展,免疫学家称为学习。因此,B 细胞通过学习过程来提高其亲和力,这一过程是通过克隆选择原理实现的。抗原 $\mathbf{Ag}_1$ 被消灭后,一些高亲和性 B 细胞分化为记忆细胞,长期保存在体内(见图 6.10(c))。当抗原 $\mathbf{Ag}_1$ 再次侵入机体时,记忆细胞能够迅速分化为浆细胞,产生高亲和力的抗体来消灭抗原,称之为二次免疫应答。若侵入机体的抗原 $\mathbf{Ag}_2$ 与 $\mathbf{Ag}_1$ 相似,并且 $\mathbf{Ag}_2$ 的刺激球包含由 $\mathbf{Ag}_1$ 诱导的记忆细胞,则这些记忆细胞被激活以产生抗体,称这一过程为交叉反应应答(见图 6.10(d))。由此可见,免疫记忆是一种联想记忆。

2. 免疫应答中的优化机理

免疫系统通过 B 细胞的学习过程产生高亲和性抗体。从优化的角度来看,寻求高亲和性抗体过程相当于搜索对于给定抗原的最优解,这主要通过克隆选择原理的选择和变异机制实现。B 细胞的变异机制除了超突变外,还有受体修饰,即超突变产生的一些亲和力低的或与自身反应的 B 细胞受体被删除并产生新受体。B 细胞群体通过选择、超突变和受体修饰来搜索高亲和力 B 细胞,进而产生抗体消灭抗原。

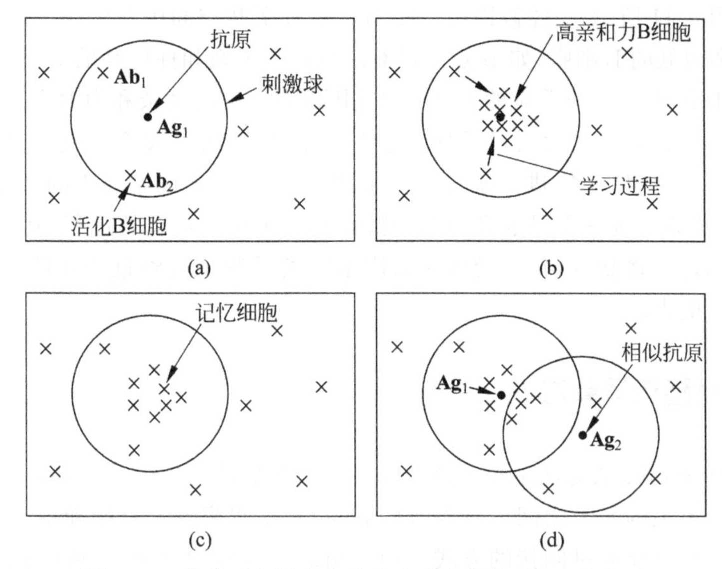

图 6.10 生物适应性免疫应答中蕴含的学习与记忆机理

为便于说明免疫应答中的优化机理,假设 B 细胞受体的形状只需一个参数描述,即形状空间为一维空间。图 6.11 中横坐标表示一维形状空间,所有 B 细胞均分布在横坐标上,纵坐标表示形状空间中 B 细胞的亲和力。在初始适应性免疫应答中,如果 B 细胞 A 与抗原的亲和力达到某一门限值而被活化,则该 B 细胞进行克隆扩增。在克隆扩增的同时 B 细胞发生超突变,使得子 B 细胞受体在母细胞的基础上发生变异,这相当于在形状空间中母细胞的附近寻求亲和力更高的 B 细胞。如果找到亲和力更高的 B 细胞,则该 B 细胞又被活化而进行克隆扩增。经过若干世代后,B 细胞向上爬山找到形状空间中局部亲和力最高点 A'。

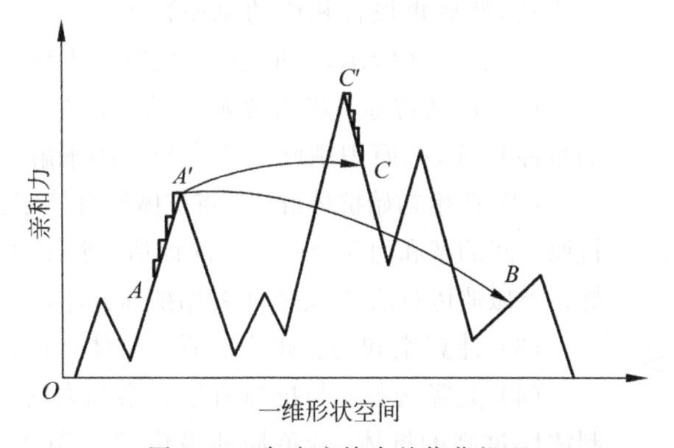

图 6.11 免疫应答中的优化机理

如果 B 细胞只有超突变这一变化机制,那么适应性免疫应答只能获得局部亲和力最高的抗体 A',而不能得到具有全局最高亲和力的抗体 C'。B 细胞的受体修饰可以有效避免以上情况的发生。如图6.11所示,受体修饰可以使B细胞在形状空间中发生较大的跳跃,在多数情况下产生了亲和力低的B细胞(如B点),但有时也产生了亲和性更高的B细胞(如C点)。产生的低亲和力B细胞与自身反应的B细胞被删除,而产生的高亲和力B细胞C则被活化而发生克隆扩增。经过若干世代后,B细胞从C点开始,通过超突变找到形状空间中亲和力最高的B细胞C'。B细胞C'进一步分化为浆细胞,产生大量高亲和力的抗体以消灭抗原。

因此,适应性免疫应答中寻求高亲和力抗体是一个优化搜索的过程,其中超突变用于在形状空间的局部进行贪婪搜索,而受体修饰用来脱离或避免搜索过程中陷入形状空间中的局部最高亲和力的点。

6.6.6 免疫克隆选择算法

免疫算法(Immune Algorithm,IA)可以分为基于群体的免疫算法和基于网络的免疫算法。前者构成系统中的元素之间没有直接的联系,系统组成元素直接和系统环境相互作用,它们之间若要联系只能通过间接的方式。而在由后者构成的系统中,恰恰相反,部分甚至是系统所有的元素都能够相互作用。

1. 免疫算法的基本流程

免疫算法大多将T细胞、B细胞、抗体等功能合为一体,统一抽象出检测器概念,主要模拟生物免疫系统中有关抗原处理的核心思想,包括抗体的产生、自体耐受、克隆扩增、免疫记忆等。

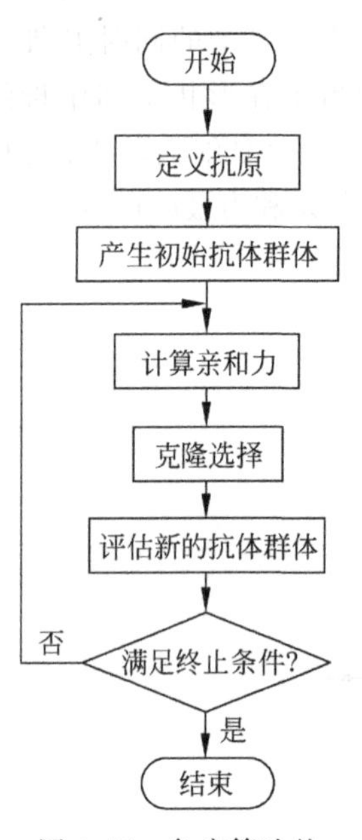

图6.12 免疫算法的基本流程

在用免疫算法解决具体问题时,首先需要将问题的有关描述与免疫系统的有关概念及免疫原理对应起来,定义免疫元素的数学表达,然后再设计相应的免疫算法。

如图6.12所示,一般地,免疫算法大致由以下几个步骤组成。

(1) 定义抗原:将需要解决的问题抽象成符合免疫系统处理的抗原形式,抗原识别则对应为问题的求解。

(2) 产生初始抗体群体:将抗体的群体定义为问题的解,抗体与抗原之间的亲和力对应问题解的评估:亲和力越高,说明解的质量越好。类似遗传算法,首先产生初始抗体群体,对应问题的一个随机解。

(3) 计算亲和力:计算抗原与抗体之间的亲和力。

(4) 克隆选择:与抗原有较大亲和力的抗体优先得到繁殖,抑制浓度过高的抗体(避免局部最优解),淘汰低亲和力的抗体。为获得多样性(追求最优解),抗体在克隆时经历变异(如高频变异等)。在克隆选择中,抗体促进和克隆删除对应优化解的促进与非优化解的删除等。

(5) 评估新的抗体群体：若不能满足终止条件，则转向第(3)步，重新开始；若满足终止条件，则当前的抗体群体为问题的最优解。

2. 免疫克隆选择算法的实现步骤

免疫克隆选择算法是基于生物免疫系统中的克隆选择原理来设计的。克隆选择原理是现代免疫学中解释生物适应性免疫应答现象的理论，其中体现了免疫细胞的进化的思想。

基于生物免疫系统克隆选择原理的克隆选择算法，模拟免疫系统的克隆选择过程进行优化与学习。该算法已用于函数优化、组合优化(解决 TSP 问题)以及应用于模式识别问题。该算法的流程图如图 6.13 所示。

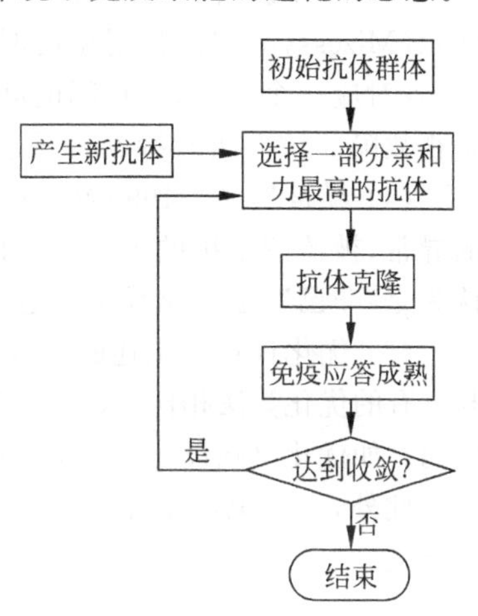

图 6.13 免疫克隆选择算法用于优化计算的流程图

免疫克隆选择算法的步骤如下：

(1) 随机产生一个包含 N 个抗体的初始群体。

(2) 计算群体中每个抗体(相当于一个可行解)的亲和力(即可行解的目标函数值)，根据抗体的亲和力，选出 n 个亲和力最高的抗体。

(3) 被选出的每个抗体均进行克隆，每个抗体克隆出若干个新抗体，抗体的亲和力越高，其克隆产生的抗体越多。这通过以下方法实现：将这些抗体按其亲和力的大小降序排列(假设有 n 个抗体)，则这 n 个抗体克隆产生的抗体的数目为

$$N_c = \sum_{i=1}^{n} \mathrm{round}\left(\frac{\beta \cdot N}{i}\right) \tag{6.39}$$

其中，N_c 是总共产生的克隆抗体的数目；β 为一个因子，用于控制抗体克隆数目的大小；N 为抗体的总数；round(·)表示取整操作。

(4) 这些新个体进行免疫应答成熟操作(即新个体发生变异以提升其亲和力)，这些变异后的抗体组成下一代群体。

(5) 从群体中选出一些亲和性最高的个体加入记忆集合，并用记忆集合中的一些个体替换群体中的一些个体。

(6) 用随机产生个体替换群体中一部分个体。

(7) 返回第(2)步循环计算，直到满足结束条件。

6.6.7 免疫优化算法的应用

免疫优化算法在很多领域得到广泛应用。

(1) 控制工程。生物免疫系统可以处理各种扰动和不确定性，这一性质为研究提高控制系统的自适应性、鲁棒性提供了新的思路。免疫网络模型的识别与学习等机理可用于机器人的行为决策。免疫网络模型中的免疫机理还可用于协调多个机器人的行为决策。

有关免疫克隆优化算法应用于模糊神经控制器的例子将在本书第7章中具体介绍。

(2) 计算机安全。免疫系统的防御机理可用于设计计算机安全系统。1994年,福特雷特(Forrest)基于免疫系统的自己非己识别机理,首先提出了反向选择算法,用于检测被保护数据的改变。Forrest于1996年用反向选择算法监控UNIX进程,检测计算机系统的有害侵入,这种方法通过辨识UNIX进程"自己"来监测非法侵入。

(3) 故障诊断。免疫网络理论和反向选择原理可用于设计故障诊断方法。1993年,米泽森(Mizessyn)用独特型免疫网络诊断热传感器的故障,网络中的每个结点代表一个传感器,各对应一个状态,结点间的联结权重表示各结点间的关系,根据结点的状态判断传感器是否故障。该方法的特点是通过传感器的相互识别来判断故障的传感器。

(4) 异常检测。1996年,达斯古普塔(Dasgupta)用反向选择算法检测时间序列数据中的异常,被监测系统的正常行为模式定义为"自己",观测数据中任何超过一定范围的变化被认为是"非己",也就是异常。这种方法需要足够多的正常行为模式数据来构造检测器集合。

(5) 优化计算。上述的免疫遗传算法、克隆选择算法等免疫学习算法可用于优化计算。与已有的优化算法相比,这些免疫优化算法各有其独特的优点,有些已在工程优化设计中得到应用。如优化电磁设备的外部形状以及同步电动机的参数,解决生产调度、电网规划等问题。

此外,人工免疫系统还被广泛用于模式识别、机器学习、数据挖掘、多智能体和数据分析等领域。

6.7 教学优化算法

教学优化(Teaching-Learning-Based Optimization,TLBO)算法是2011年由印度学者拉奥(R. V. Rao)等提出的一种仿人教学活动的优化算法[124],可用于求解非线性、多约束的多目标优化问题。TLBO算法对变量的初始值依赖度不高,使用一组解进而去搜索全局解,具有参数少、结构简单、易于实现、精度较高、收敛速度快等特点。

6.7.1 教学优化算法的原理

教学优化算法的设计思想源于教师对学生的影响。若有两个不同教师在两个不同班级对同等程度学生讲授同一门课的相同内容,教得好的教师所在班学生的学习成绩的平均值就高,反映教师的水平高。学生通过不断地从教师教学中和学生相互学习中提高知识水平。

一个优秀的教师会教出一班优秀的学生,为了提高优秀学生水平,需要更优秀的新教师。如此循环下去,这就是一个最优化的过程,也是教学优化算法的基本原理。

6.7.2 教学优化算法的数学描述

在TLBO算法中,教师和学生均为进化算法中的个体,总人数代表种群的规模;学生学习的科目数表示优化问题的决策变量，即搜索空间的维数；学生学习的结果视为优化问题的适应度，整个群体中适应度最好的为教师，代表最优解。该算法搜索过程分为教学阶段和学习阶段。

1. 教学阶段

教学阶段教师向学生传授知识提高整个班级的平均成绩。设 i 为迭代次数，M_i 为群体所有可行解的平均值，教师 T_i 要把 M_i 提高到新的平均值 M_{new} 和现有平均值的差为

$$\text{Difference\_Mean}_i = r_i(M_{\text{new}} - T_F M_i) \tag{6.40}$$

$$T_F = 1 + \text{rand}\{0,1\} \tag{6.41}$$

其中，Difference-Mean$_i$ 为新的和现有的平均值之差；r_i 为在[0,1]区间中的随机数；T_F 为教学因子，它决定改变平均值的程度，取值为 1 或 2 由式(6.41)随机地决定。

对已有解的更新为

$$X_{\text{new},i} = X_{\text{old},i} + \text{Difference\_Mean}_i \tag{6.42}$$

2. 学习阶段

学习阶段学生通过互相交流，从比自己知识多的学生那里获取新知识，提高自己的水平。随机选择两个学生 X_i 和 X_j，$i \neq j$，比较两个学生个体的适应度值，由式(6.43)确定通过相互学习学到新知识后的学生更新为

$$X_{\text{new},i} = \begin{cases} X_{\text{old},i} + r_i(X_i - X_j), & f(X_i) < f(X_j) \\ X_{\text{old},i} + r_i(X_j - X_i), & f(X_i) \geqslant f(X_j) \end{cases} \tag{6.43}$$

6.7.3 教学优化算法的实现步骤

(1) 初始化优化参数：种群大小 P_n，最大迭代次数 G_n，设计变量的数量 D_n 和设计变量的约束(U_L,L_L)。定义优化问题为使目标函数 $f(\boldsymbol{X})$最小化。$\boldsymbol{X}$ 是设计的变量向量，$X_i \in x_i = 1,2,\cdots,D_n$ 且满足 $L_{L,i} \leqslant x_i \leqslant L_{L,I}$。

(2) 根据种群大小随机生成种群和设计变量的数量，计算种群中所有个体的适应度，根据适应度确定最优解为教师。

(3) 教师阶段。通过式(6.42)用特定群体中的最好解更新已有最优解。

(4) 学习阶段。随机选择两个个体，适应度好的个体取代差的成为新的解，新的解若比现有解好，则接受为最优解，否则保留现有解。

(5) 如果达到最大迭代数则结束，否则转第(3)步。

上述步骤中没有涉及待优化问题的约束，TLBO 算法处理约束使用如下启发式规则。

(1) 如果一个解是可行的，而另一个不可行，则选择可行解。

(2) 如果两个解是可行的，那么优选适应度值更好的解。

(3) 如果两个解都不可行，那么违反约束最小的解是优选的。

将这些规则加在第(2)步和第(3)步的结尾,替代新的可行解,如果在第(2)步和第(3)步结束时给出更好的适应度值,则使用上述3个启发式规则来选择新的可行解。

教学优化算法的流程如图6.14所示。

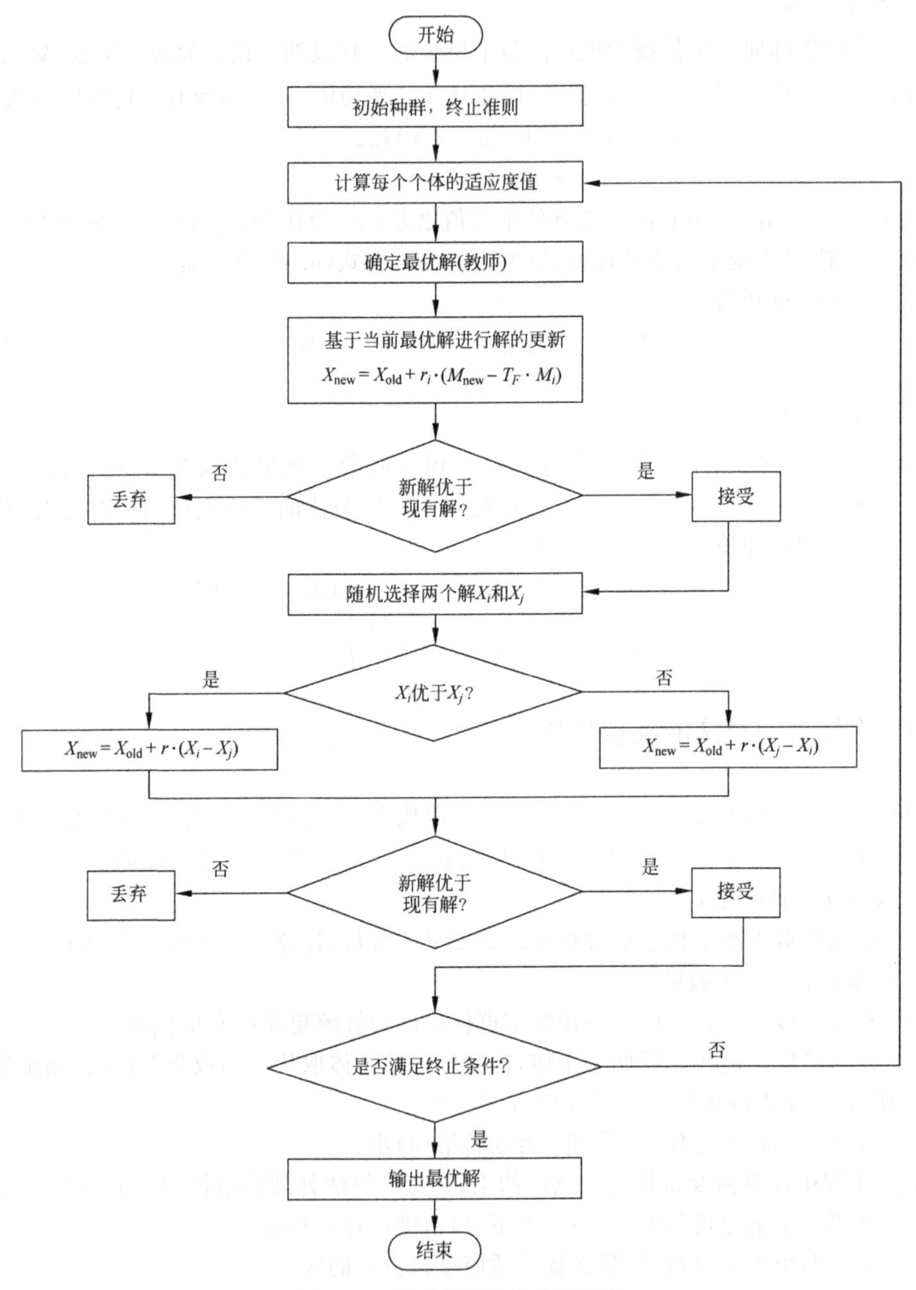

图6.14 教学优化算法的流程图

6.8 正弦余弦算法

正弦余弦算法(Sine Cosine Algorithm,SCA)是2016年由澳大利亚米尔贾利利(Mirjalili)提出的一种新型的仿自然优化算法[125]。SCA通过创建多个随机候选解,仅通过正弦余弦函数值的变化来实现优化搜索达到寻优目的。SCA具有参数设置少,容易实现,收敛精度高和收敛速度快等特点,可用于高效优化求解约束和未知搜索空间的工程问题。

6.8.1 正弦余弦算法的原理

正弦余弦算法利用正弦、余弦函数不同的周期循环变化规律,及其振幅可调整变化的特性,来协调全局探索和局部开发之间的平衡关系。

SCA在搜索空间中设每个个体位置对应一个可行解,在下一次迭代中,个体的位置更新是通过定义一个随机参数改变正弦和余弦函数的振幅来选择在两个位置之间或之外的位置。这种机制分别保证了正弦和余弦函数的振幅在某些范围内是探索阶段,而在其他范围内则是开发阶段。通过设置调整参数自适应改变正弦和余弦函数的振幅,在寻找可行解的过程中实现探索和开发之间的平衡,并最终找到全局最优解。

6.8.2 正弦余弦算法的数学描述

首先随机产生 m 个体的位置,设优化问题的每个解对应搜索空间中个体的位置,第 i 个体的位置 $\boldsymbol{X}_i=(X_{i1},X_{i2},\cdots,X_{in})^{\mathrm{T}}$,$i=1,2,\cdots,m$;$n$ 为个体的维度。当前所有个体经历的最好位置 $\boldsymbol{P}_b=(P_{b1},P_{b2},\cdots,P_{bn})^{\mathrm{T}}$。在下一次迭代中,第 i 个体的位置更新为

$$X_i^{t+1}=\begin{cases}X_i^t+r_1\times\sin(r_2)\times|r_3P_i^t-X_i^t|, & r_4<0.5\\ X_i^t+r_1\times\cos(r_2)\times|r_3P_i^t-X_{ii}^t|, & r_4\geqslant 0.5\end{cases}\tag{6.40}$$

其中,X_i^t 为当前解的第 i 维第 t 次迭代的空间位置;P_i^t 为第 i 维第 t 次迭代最优解的空间位置;r_1 为正余弦振幅调节参数,决定下一次迭代时第 i 个体的空间位置区域或移动方向;$r_2\in[0,2\pi]$的一个随机数,用于决定下一次迭代时的移动步长;$r_3\in[0,2]$的一个随机权重,用于加强($r_3>1$)或削弱($r_3<1$)对所定义距离对最优解的影响;$r_4\in[0,1]$的一个随机数,当 $r_4<0.5$ 或 $r_4\geqslant0.5$ 时分别按正弦或余弦形式对位置更新。

图6.15示出了正弦、余弦函数值在不同区间对搜索空间区域的影响情况:当正弦函数 $r_1\sin(r_2)$的值或余弦函数 $r_1\cos(r_2)$的值处于$(1,2]$或$[-2,-1)$时,算法进行全局探索;当正弦函数 $r_1\sin(r_2)$值或者余弦函数 $r_1\cos(r_2)$值处于$[-1,1]$时,算法进行局部开发。

从图 6.15 中可以看出,下一次迭代的位置更新是如何通过随机参数 r_2 在[−2,2]范围内改变正弦和余弦函数的振幅来选择两个位置之间或之外的区域。

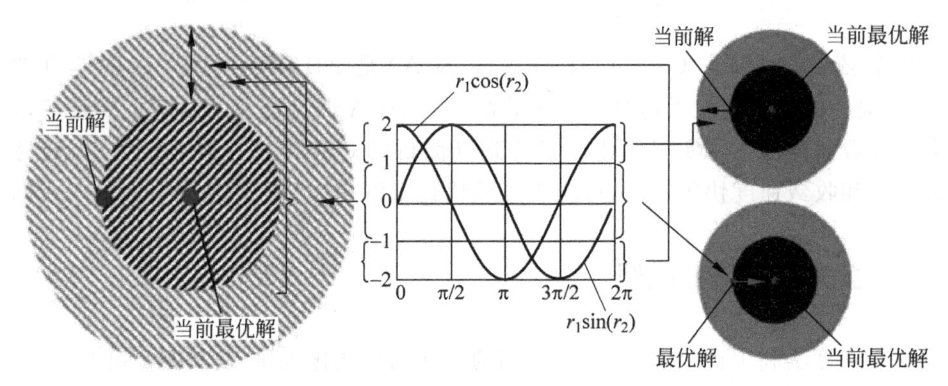

图 6.15 振幅在不同范围内的正弦和余弦函数对搜索空间区域影响的概念模型

为了实现探索和开发之间的平衡,正弦和余弦函数的振幅自适应更新为

$$r_1 = a - t\frac{a}{T} \tag{6.41}$$

其中,a 为常数;t 为目前迭代次数;T 为最大迭代次数。

图 6.16 显示出式(6.41)如何在迭代过程中正弦、余弦函数振幅递减的模式。

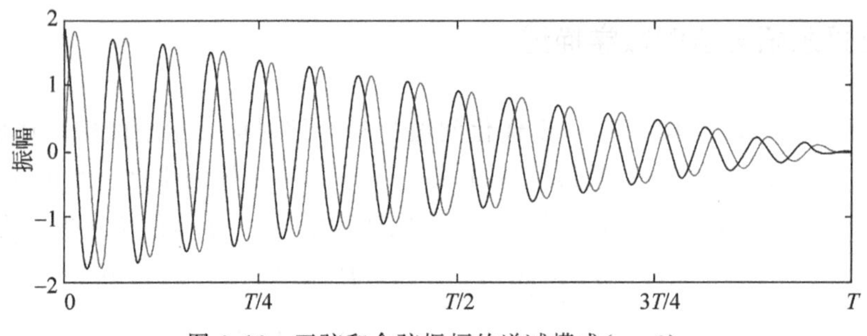

图 6.16 正弦和余弦振幅的递减模式($a=3$)

6.8.3 正弦余弦算法的实现步骤

SCA 算法的实现步骤如下。

(1) 初始化算法参数:种群规模 N,控制参数 a,最大迭代次数 T。

(2) 在解空间中,随机初始化 N 个个体组成初始种群。

(3) 计算每个个体的适应度值,并记录最优个体位置。

(4) 根据式(6.41)计算控制参数 r_1 的值。

(5) 在[0,1]区间内产生一个随机数 r_4。

(6) 若 $r_4<0.5$,则按式(6.40)中正弦函数形式更新位置,否则按余弦形式更新位置。

(7) 判断是否达到最大迭代次数,若是,算法结束,输出当前最优解;否则转第(3)步。

SCA 算法的流程如图 6.17 所示。

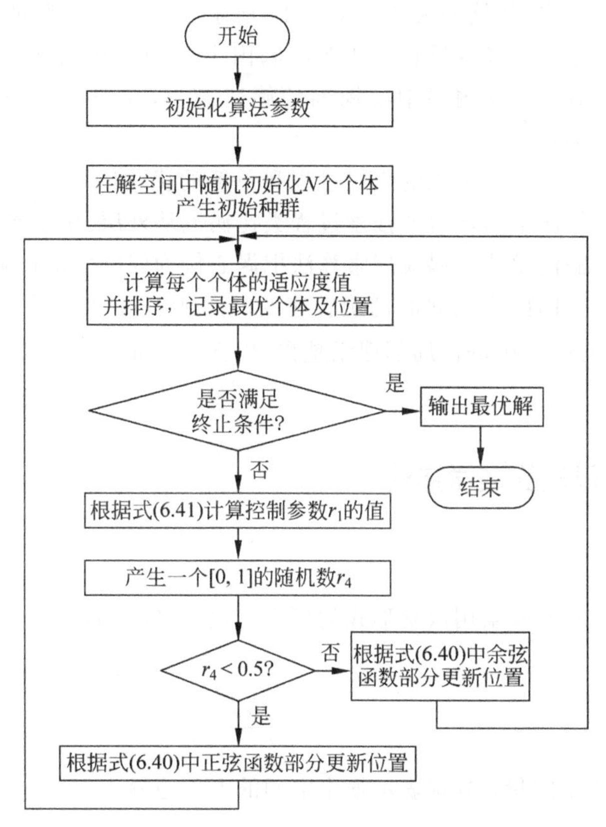

图 6.17 SCA 算法的流程图

6.9 涡流搜索算法

涡流搜索(Vortex Search, VS)算法是 2015 年由土耳其学者多甘(Dogan)和奥尔梅兹(Olmez)受搅拌液体时产生涡流模式的启发,而提出的一种基于单解的元启发式搜索算法[126]。涡流搜索算法采用一种根据迭代次数自适应调整搜索半径的策略,以达到在搜索过程中探索与开发之间的平衡,具有参数较少,迭代迅速,能够在较短的时间内找到最优解的特点。

6.9.1 涡流搜索算法的原理

涡流(Vortex)也称涡旋、旋涡,旋涡是一种自然现象,当水流遇低洼处所激成的螺旋形水涡,其旋涡模式如图 6.18 所示。水体处在旋涡外层的旋速最快,速度与半径成反比;处在旋涡内中层的旋速次之,旋速与半径成正比;处在旋涡内层中心周围的旋速最小,在涡流中心(涡心)处圆周速度为零。

图 6.18 旋涡模式

涡流现象的生成过程和单解的优化问题求解过程类似,涡流搜索算法把最优解的搜索过程类比涡流从外层、中层到内层,直至到涡心的涡流模式。涡流搜索算法把涡心作为问题的最优解。在产生的涡流从外向内直到涡心的旋转速度由大到小,相当于在单解搜索空间高效的全局搜索,越靠近涡心的区域进行局部搜索越慢,以搜索到最优解,体现了全局搜索和局部搜索很好的平衡。

6.9.2 涡流搜索算法的数学描述

1. 产生初始解

在 d 维空间中,涡流搜索用嵌套形式的环来建模,最外面的环定位在搜索空间的中心,最初的中心 c_0 为

$$c_0=\frac{\boldsymbol{V}_u+\boldsymbol{V}_l}{2} \tag{6.42}$$

其中,$\boldsymbol{V}_u$ 和 $\boldsymbol{V}_l$ 均为 d 维向量,分别表示搜索空间的上下边界。

2. 产生候选解

在初始中心 c_0 周围,使用高斯分布随机产生候选解集 $C_t(s)$,t 为迭代次数。当 $t=0$ 时,初始候选解集 $C_0(s)=\{s_1,s_2,\cdots,s_k\}$,$k=1,2,\cdots,n$,$n$ 为候选解集中解的个数。随机产生候选解二元高斯分布的一般形式为

$$p(\boldsymbol{x}\mid\boldsymbol{\mu},\boldsymbol{\Sigma})=\frac{1}{\sqrt{(2\pi)^d\mid\boldsymbol{\Sigma}\mid}}\exp\left\{-\frac{1}{2}(\boldsymbol{x}-\boldsymbol{\mu})^{\mathrm{T}}\boldsymbol{\Sigma}^{-1}(\boldsymbol{x}-\boldsymbol{\mu})\right\} \tag{6.43}$$

其中,$\boldsymbol{x}$ 为 $d\times1$ 维随机变量;$\boldsymbol{\mu}$ 为 $d\times1$ 维样本均值向量;$\boldsymbol{\Sigma}$ 为协方差矩阵。

假如 $\boldsymbol{\Sigma}$ 对角元素相等,而且非对角元素都为 0,涡流搜索采用球形高斯分布产生候选解,计算其协方差矩阵 $\boldsymbol{\Sigma}$ 的公式为

$$\boldsymbol{\Sigma}=\sigma^2\boldsymbol{I}_{d\times d} \tag{6.44}$$

其中,$\boldsymbol{\sigma}^2$ 为方差；$\boldsymbol{I}_{d\times d}$ 为 $d\times d$ 维单位矩阵；初始标准差的计算式为

$$\sigma_0=\frac{\max(\boldsymbol{V}_u)-\min(\boldsymbol{V}_l)}{2} \tag{6.45}$$

其中,初始均方差$\boldsymbol{\sigma}_0$ 也可以看作在二维优化问题中涡流外环的初始半径 r_0。

3. 更新当前解

在选择阶段,从 $C_0(s)$中选择一个最好的候选解 s'替换当前解,当候选解超出优化变量边界时按照式(6.46)进行越界处理,重新随机产生的当前解为

$$\boldsymbol{s}_k^i=\begin{cases}\boldsymbol{s}_k^i, & \boldsymbol{V}_l\leqslant \boldsymbol{s}_k^i\leqslant \boldsymbol{V}_u\\ \text{rand}\cdot(\boldsymbol{V}_u^i-\boldsymbol{V}_l)+\boldsymbol{V}_l, & \text{其他}\end{cases} \tag{6.46}$$

其中,$k=1,2,\cdots,n$；$i=1,2,\cdots,n$；rand 为一个均匀分布的随机数。

将最优解作为搜索空间的新中心,缩减新的圈半径 r_1,围绕新的中心周围产生新的候选解集 $C_1(s)$,在 $C_1(s)$中评价所选的最优解 $s'\in C_1(s)$。若最优解 s'优于到目前为止的最优解,则更新最优解。接着将最好候选解作为缩减半径后第 3 圈的中心,上述搜索过程如图 6.19 所示。重复上述过程直至满足终止条件,搜索结束后的旋涡结构如图 6.20 所示。

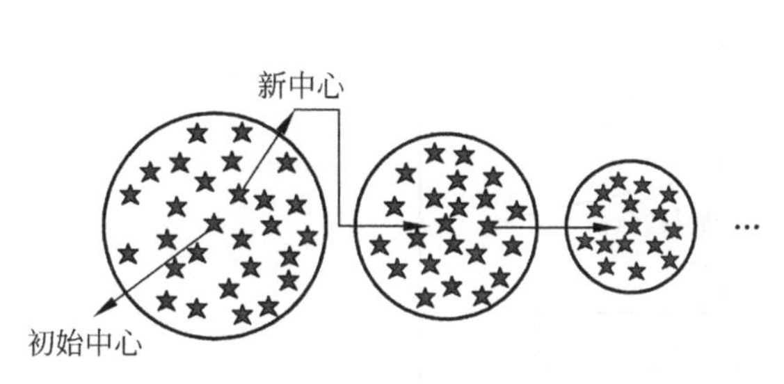

图 6.19 描述涡流算法搜索过程的示意图

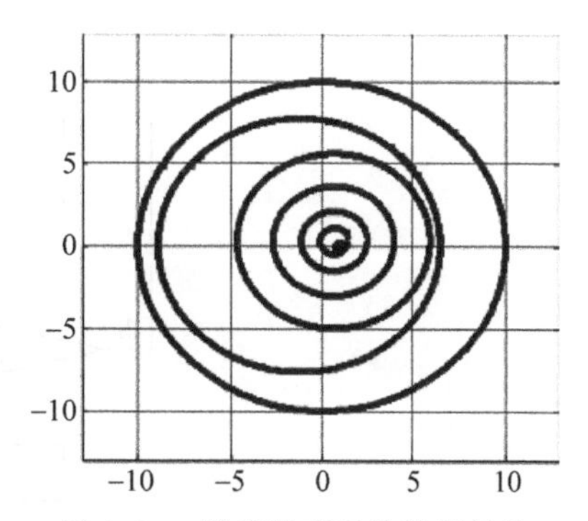

图 6.20 搜索结束后的旋涡结构

4. 搜索半径的更新

在涡流搜索算法中，每一步迭代采用不完全伽马函数的逆函数缩减半径的值为

$$\gamma(x,a)=\int_0^x \mathrm{e}^{-t}t^{a-1}\,\mathrm{d}t \tag{6.47}$$

其中,$x>0$ 为随机变量；$a>0$ 为分辨率参数，在搜索过程中逐代更新为

$$a_t=a_0-\frac{t}{L} \tag{6.48}$$

为确保在开始阶段覆盖所有搜索空间，选择 $a_0=1$,t 为当前步数,L 为最大迭代步数。

每一步迭代时搜索半径更新为

$$\sigma_t=\sigma_0(1/x)\gamma(x,a_t) \tag{6.49}$$

在搜索边界内,搜索半径减小,迭代次数反而增加。有研究表明,当搜索半径为0.1时,搜索性能最好。这种更新方法可使搜索半径在前半部分线性缩小,侧重于全局探索;后半部分指数缩小,侧重于局部开发,从而较好地实现了探索与开发之间的平衡。

6.9.3 涡流搜索算法的实现流程

基本涡流搜索算法的流程如图6.21所示。

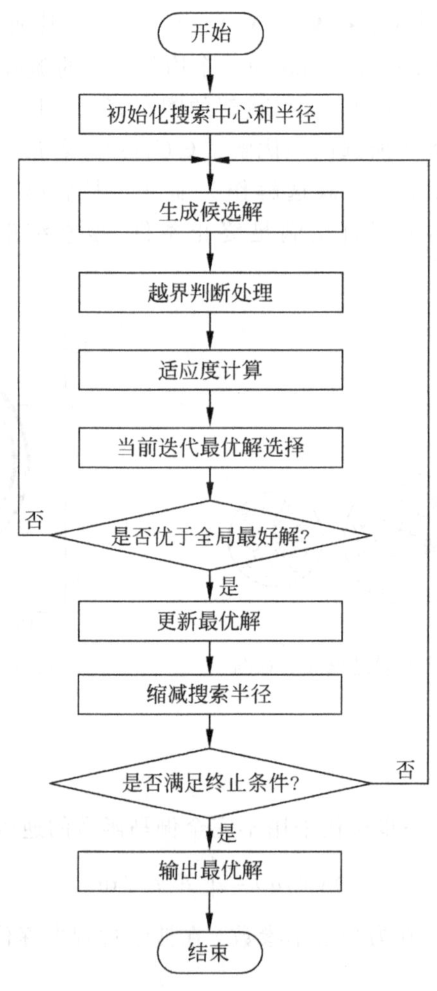

图6.21 基本涡流搜索算法的流程

6.10 阴-阳对优化算法

阴-阳对优化(Yin-Yang-Pair Optimization,YYPO)算法是 2016 年由印度学者瓦伦·潘纳他南(Varun Punnathanam)等提出的[127],它的最大特点不是模拟任何特定的物理现象、行为或机制,而是运用阴阳平衡的哲学思想保持进化中探索和开发之间的平衡,从而提高最优解的搜索效率。

阴-阳对优化算法决策变量为两个点,有 3 个参数,具有时间复杂度低的特点,测试结果表明其性能和多种其他智能优化算法相比具有较强的竞争力。

6.10.1 阴-阳对优化的哲学原理

阴阳是中国古代哲学的基本范畴。阴阳学说认为:宇宙中的许多事物都是受双重性的制约,都是处于两个相反状态的矛盾之中。这些双重性在中国哲学中被描绘为彼此互补和相互依存的阴和阳两个极端,如果没有一个,另一个就不会存在。一个方面逐渐改变到另一方面,这个周期不断地重复,这两个方面之间的平衡导致了和谐。

YYPO 算法是用阴阳学说寻求探索和开发之间的平衡,以有效提高最优解的搜索效率。

6.10.2 阴-阳对优化算法的描述

YYPO 算法把阴阳视为两个点:点 P_1 专注于局部搜索,点 P_2 侧重于全局搜索。它们分别为以 δ_1 和 δ_2 为半径探索可变空间的超球体的中心。δ_1 和 δ_2 具有自适应地周期性减小和增大的趋势,以模拟一对收敛发散的超球体。

设 D 为问题维度,在域$[0,1]^D$ 内随机生成两个点,该两点的连线中的一个点记为 P_1,另一个点记为 P_2,需要对决策变量在 0 到 1 之间进行归一化处理。新附加点始终在超球体的内部产生。

YYPO 算法利用分裂、存储两个阶段进行迭代更新来求解最优化问题。

1. 分裂阶段

分裂的目的是在超球面变化的方向上产生新的点,并保持一定程度的随机性。可以利用等概率来决定采用下述两种方法中的一种来实现分裂。

1) 单向分裂

将点 P 的 $2D$ 相同副本存储为 $\boldsymbol{S}$,其规模视为 $2D\times D$ 矩阵。$\boldsymbol{S}$ 中每个点用下式更新为

$$S_j^j = S^j + r\delta$$
$$S_{D+j}^j = S^j - r\delta \quad j = 1, 2, \cdots, D \tag{6.50}$$

其中，下标表示点号；上标表示正在被更新的决策变量号；δ 为搜索半径；r 表示 0 和 1 之间的随机数，$\boldsymbol{S}$ 中的每个修改都需要生成一个新的 r，总共需要 $2D$ 随机数。

2) D 向分裂

将点 P 的 $2D$ 相同副本存储为 $\boldsymbol{S}$，其规模视为 $2D \times D$ 矩阵。生成一个长度为 D 的 2 维随机二进制矩阵 $\boldsymbol{B}$，使得每个二进制字符串都是唯一的。对每个点的每个变量使用下式进行更新为

$$S_k^j = \begin{cases} S^j + r(\delta/\sqrt{2}), & B_k^j = 1 \\ S^j - r(\delta/\sqrt{2}), & B_k^j = 0 \end{cases} \tag{6.51}$$

其中，下标为点号(或行)，$k = 1, 2, \cdots, 2D$；上标为变量号(或列)，$j = 1, 2, \cdots, D$；r 表示 0 和 1 之间的随机数；$\boldsymbol{B}$ 是一个长度为 D 的二维随机二进制字符串矩阵。

在 $\boldsymbol{S}$ 中每个点的每个变量需要生成一个新的 r，总共需要 $2D \times D$ 随机数。可以通过随机选择 0 和 $2^D - 1$ 之间的唯一整数 $2D$，并转换成长度为 D 的二进制矩阵 $\boldsymbol{B}$。

2. 存储阶段

存储阶段是在满足所需要数量的存储更新之后启动，在存储该阶段包含的 $2I$ 点(I 为存储阶段的更新次数大小)，对应于在分裂阶段前每次更新添加的两个点 P_1 和 P_2。若存储中的最佳点比点 P_1 更合适，则它与 P_1 互换；随后，若存储中的最佳点比点 P_2 更合适，则它与 P_2 互换。如果点 P_1 已经与存档的一个点进行了交互，那么目前在存档中包含的前一点还被考虑替换点 P_2。

存储阶段目的是保持精英且确保算法的单调收敛，使得在任何迭代确定的测试点不会丢失。在存储阶段结束时，存储矩阵设置为空，并在指定的最小值 $I_{\min}$ 和最大值 $I_{\max}$ 范围内随机生成存储更新 I 的新值。之后，搜索半径 δ_1 和 δ_2 更新公式如下：

$$\begin{cases} \delta_1 = \delta_1 - (\delta_1/\alpha) \\ \delta_2 = \delta_2 - (\delta_2/\alpha) \end{cases} \tag{6.52}$$

其中，δ_1、δ_2 分别为 P_2、P_1 的搜索半径；α 为搜索半径的扩张/收缩因子。

存储阶段的完成即当前迭代结束，随后开始新一轮迭代，直到满足用户提供的终止标准。

6.10.3 阴-阳对优化算法实现步骤

阴-阳对优化算法实现的基本步骤如下。

(1) 设置算法参数：最大迭代次数 T，存储最小值 $I_{\min}$，最大值 $I_{\max}$，扩展/收缩因子 α，

初始搜索半径 $\delta_1=0.5,\delta_2=0.5$，当前迭代次数 $i=0$。

(2) 随机初始化两个点集：$P_1=\{P_1^1,P_1^2,\cdots,P_1^D\}$，$P_2=\{P_2^1,P_2^2,\cdots,P_2^D\}$，其中 D 为维数，且 $0\leqslant(P_1^j,P_2^j)\leqslant 1,j=1,2,\cdots,D$，在 $I_{\min}$ 和 $I_{\max}$ 之间随机生成 I。

(3) 利用目标函数计算点 P_1 和 P_2 的适应度值，若 P_1 优于 P_2，则 P_1 和 P_2 互换，δ_1 和 δ_2 互换；存储 P_1 和 P_2，并令 $i=i+1$。

(4) 利用式(6.50)或式(6.51)分别执行 P_1、P_2 分裂和存储操作，并获得更新的 P_1、P_2 以及对应的适应度值；若存档中的最佳点比点 P_1、P_2 更合适，则与点 P_1、P_2 交换。

(5) 利用式(6.52)更新点 P_1、P_2 的搜索半径 δ_1、δ_2。

(6) 存储矩阵设置为空，并在其指定范围 $I_{\min}$ 和 $I_{\max}$ 内随机生成存储更新 I 的新值，存储阶段结束。

(7) 判断是否达到最大迭代次数 T，若是，则输出最优解，算法结束；否则转到第(2)步。

启迪思考题

6.1 什么是智能优化算法？它与传统基于精确数学模型的优化算法有何本质不同？

6.2 模糊计算和神经计算分别是模拟人脑左、右半球的模糊逻辑思维功能、形象思维功能，模糊逻辑系统和神经网络系统都能以任意精度逼近任意的连续函数。如何理解这种逼近特性使得模糊计算和神经计算都能用于优化计算？

6.3 什么是遗传算法？为什么把遗传算法作为其他多种智能优化算法的基础？

6.4 什么是群智能？举例说明群智能优化算法中个体与个体、个体与群体、群体与群体之间是什么关系。

6.5 试说明在复杂自适应系统中，系统的演化、进化与优化之间的关系。

6.6 怎样理解遗传算法之父霍兰在他的著作中提出的“适应性造就复杂性”的深刻含义？

6.7 复杂适应系统理论具有什么特点？怎样理解复杂适应系统理论是智能优化算法的理论基础？

6.8 在智能优化算法中，你认为应如何处理好局部搜索与全局搜索之间的关系？

6.9 人类的决策过程一方面要根据自己的经验，另一方面也要汲取他人的经验，这样有助于提高决策的科学性。在粒子群优化算法中，具体说明是如何体现上述思想的。

6.10 免疫克隆选择理论合理的解释了免疫应答机理，请具体叙述生物适应性免疫应答中蕴含的识别、学习、记忆、优化、正反馈、负反馈是如何体现出来的。

6.11 有许多社会性昆虫，如蚂蚁、蜜蜂，还有鸟类、鱼类等，尽管它们的个体并不是很“聪明”，但是它们个体之间彼此分工、相互协作，却能使群体整体上呈现出智能行为，试以粒子群算法为例，分析鸟群智能是如何产生的。

6.12　线性系统的三要素是多元性、相关性、整体性，可用 $1+1=2$ 来表示；非线性系统的三要素是多元性、相干性、整体性，可用 $1+1\neq 2$ 表示；复杂适应系统的通用特性是多元性、多样性、聚集性、非线性、流特性、标识性、适应性、整体涌现性，可用 $1+1>2$ 表示。试分析智能优化算法是属于线性系统、非线性系统，还是复杂适应系统，为什么？

6.13　说明人工智能和计算智能是如何定义的以及二者之间的区别和联系。

6.14　比较一下教学优化算法、正弦余弦算法及涡流搜索算法都有什么特点。为什么它们被称为快速智能优化算法？

6.15　阴-阳对优化算法在设计思想上有什么独到之处？在寻优过程中是如何处理全局搜索与局部搜索二者之间的平衡关系的？

第7章

最优智能控制原理与设计

智能控制的对象多半具有非线性、时变性、不确定性等复杂特性，难以建立精确的数学模型。对这类对象设计智能控制系统时，不仅要设计多模、变结构、自适应的智能控制策略、控制规律、控制算法，还要考虑根据被控动态特性的需要设计快速智能优化算法实时地优化必要的控制结构及控制参数，以获得最优的控制性能指标。这样的智能控制称最优智能控制。本章阐述最优智能控制的基本结构、原理、类型、设计及实现等内容。

7.1 最优智能控制的原理与结构

7.1.1 最优智能控制的原理

哈佛大学著名自动控制专家何毓琦(Yu-Chi Ho)教授曾指出："任何控制与决策问题本质均可以归结为优化问题"。不难看出，控制问题和优化问题的目标是一致的，本质上是统一的。原因在于，控制问题相当于数学问题求解，优化问题相当于求极值。在数学中，问题求解和求极值是一个问题的两个方面，本质上是统一的；在控制中，控制决策是为了获得期望的控制规律，而优化是为了使控制性能达到最优，二者的目标是一致的。

智能控制要模拟人的智能决策行为，这是因为人是地球上智能水平最高，大脑发育最完善的高级生命，因此智能控制中的控制决策行为必须模拟具有丰富知识、经验、规则等人脑的智能决策行为，模拟人的智能是为了在智能控制决策层面上提高智能水平的问题。

智能控制系统的设计不仅要考虑控制决策层面，而且还要考虑控制决策执行过程的优化问题。优化问题也可以利用模拟人脑的模糊逻辑、神经网络的万能逼近的优化算法。然而，除人之外，模拟自然界中许多生物、动植物及各种自然现象等蕴含着多种多样的信息存储、处理、自适应、自学习、自组织、进化、优化的机理，形成了数以百计的优化算法。这些优化算法是通过"计算"的形式体现出生物与自然中蕴含的智慧性、智能性或灵性，故被称为计算智能,本书把这些计算智能优化算法简称为智能优化算法[111]。通过智能优化控制参数及控制结构来解决控制中优化层面的问题。

综上所述,最优智能控制系统在处于不断变化的环境中,在对具有不确定性等复杂对象进行控制过程中,具有模拟人脑记忆、学习、推理、自适应、自组织等智能决策行为,并能对控制策略、控制参数乃至控制结构进行自适应调整、优化,能以安全可靠的方式执行控制动作,从而达到预定的目标和获得最优的性能指标。

7.1.2 最优智能控制的结构

最优智能控制系统把模拟人脑的智能控制决策和模拟生物及自然的计算智能优化融合为一体,以达到预定的目标,并获得最优的性能指标。最优智能控制系统是指同时包含智能控制决策和智能优化算法两种功能,在广义上也可以将传统控制系统和智能优化结合的系统视为这类系统。最优智能控制由智能控制和计算智能优化融合的结构如图 7.1 所示。

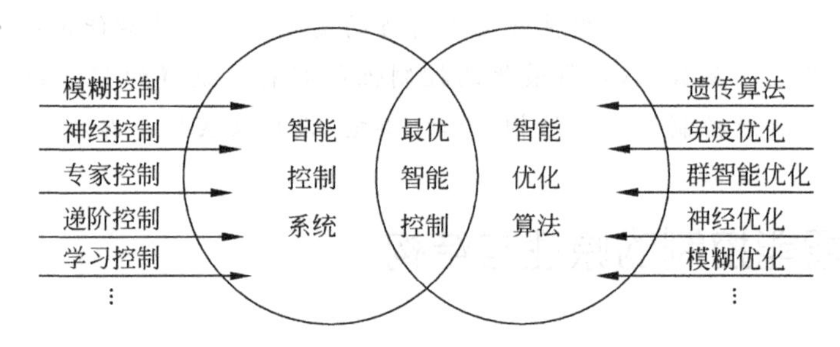

图 7.1 最优智能控制的结构

在图 7.1 中,左边的智能控制集合中包括模糊控制、神经控制、专家控制、递阶控制、学习控制等;右边的计算智能优化集合中包括遗传算法、免疫优化、群智能优化、神经优化、模糊优化等。原则上,两个不同子集的适当组合就构成一种最优智能控制形式。下面列举一些常用的实现最优智能控制的结构类型。

(1) 模糊逻辑和神经网络的融合。

模糊逻辑和神经网络分别模拟人的左脑逻辑思维、右脑的形象思维功能,将二者结合有助于从抽象和形象两方面综合模拟人的智能。但二者各自都具有万能逼近的优良特性,因此,它们既可以单独作智能控制器、模糊控制器、神经控制器,又可以用于智能优化。

模糊逻辑和神经网络的融合主要有以下形式。

① 在神经-模糊控制中,模糊逻辑作推理决策,神经网络通过学习算法在线优化模糊规则的隶属函数,或优化模糊控制器的控制参数;神经网络联想记忆模糊控制规则,或训练构造和发展模糊控制规则等。

② 在模糊-神经控制中,把模糊逻辑用于神经网络的学习,把神经网络变成 5 层模糊神经网络:输入层、模糊化层、模糊推理层、去模糊化层、输出层。

③ 模糊逻辑和神经网络完全融合：神经网络从对象的实际输入输出数据作为学习样本进行训练获得优化的模糊模型，神经网络产生的输入量为优化控制量。

(2) 模糊控制和智能优化算法融合，如遗传算法优化、粒子群优化模糊控制参数等。

(3) 神经网络控制和智能优化算法融合，如遗传算法优化模糊神经控制参数等。

(4) 专家控制和智能优化算法融合，如混沌优化专家控制系统等。

(5) 仿人智能控制和智能优化算法融合，如粒子群优化仿人智能控制参数等。

(6) 递阶控制和智能优化算融合，如RBF神经网络用于递阶控制等。

(7) 学习控制和智能优化算法融合，如粒子群优化、神经优化学习系统参数等。

7.2 最优智能控制中的快速智能优化算法

1997年，沃尔伯特(Wolpert)和麦克里迪(Macready)提出了用于优化分析的所谓无免费午餐定理(No Free Lunch Theorem，NFL)，其基本思想是，任何一种优化算法都不可能在所有优化性能指标上优于其他优化算法，并在理论上进行了严格论证。国内外有关智能优化算法研究及应用的大量结果也验证了无免费午餐定理的正确性。

智能优化算法现有的种类不仅繁多，而且新的算法还在不断地被开发出来。许多智能优化算法的优化时间相对较长，难以满足智能控制系统在线实时优化的要求。因此，需要从众多的智能优化算法中筛选出一些结构简单、参数较少、搜索速度快、收敛性好、优化精度高、易于实现的算法。相对其他优化算法，下面的算法具有上述的特点。

RBF神经网络学习算法(1988)、粒子群优化算法(1995)、免疫克隆选择算法(2000)、教学优化算法(2011)、正弦余弦算法(2016)、涡流搜索算法(2015)、阴-阳对(2016)等都属于快速的优化算法，它们在最优智能控制等领域中获得了广泛的应用。

上面列举的都是原始的基本算法，在应用中根据优化性能的不同需要，都有对基本算法的一些改进算法。改进途径有多种，如个体的变异、精英保留、群体更新策略、引进 K-均值聚类、自适应搜索机制、变步长以及两种优化算法的结合等。

应该指出，对于某些被控过程的参数慢时变情况，只要在对智能控制器参数优化过程中，能在被控系统控制周期内智能优化算法能够完成预定的优化任务，智能控制系统并能完成对参数等在线实时调整，就可以认为这种智能优化算法的优化过程是实时的。

在某些被控对象的情况下，对智能控制器的参数优化过程可分成两步走：首先进行粗优化，然后再精优化。可以根据实际需要，粗优化采用一种不需要优化速度太快的智能优化算法，而精优化采用另一种优化速度快的智能优化算法。

除了上述的选用快速智能优化算法外，根据被控动态特性的需要，优化方法还可以采用以下两种优化形式：一种是基于规则对形式；另一种是设计非线性自适应调整函数的形式，这样的优化过程不仅可以实现连续化调整，而且简单、便于实现、实时性好。

设计非线性自适应调整函数的优化形式,关键在于对被控动态过程特性的深刻认知分析,能够抽象出动态过程特征的形式并加以形式化数学描述,以满足自适应优化的要求。常选择以自然对数 e 的指数函数为主的组合形式,其指数部分的设计要和寻优的某些指标量挂钩。在设计过程中,除了必要的尺度变换或保证运算有意义的参数外,一个重要原则就是尽量不要人为设定参数,因为这些人为设定的参数很难满足寻优过程的需要。

控制论的创始人维纳曾指出:"目的性行为可以用反馈来代替",如何遵照这一思想,在优化过程中利用动态反馈信息等构造出能自动优化寻优过程的非线性函数是至关重要的。

7.3 基于粒子群算法的模糊控制器优化设计

为避免模糊控制器设计中参数的复杂调试过程并使其获得最佳控制性能,文献[86]中提出应用粒子群优化算法对模糊控制器参数进行优化设计。针对常规模糊控制器稳态精度欠佳的弱点,采用模糊控制与 PID 控制相结合的双模控制以有效消除静态偏差。通过对参数具有严重不确定性、多扰动以及大迟延的电厂主蒸汽温度被控对象的仿真研究,表明粒子群算法寻优速度快,计算量小,对模糊控制器参数的优化设计是非常有效的,使得主汽温控制系统在不同负荷下均获得了很好的调节品质。

7.3.1 PSO 算法

PSO 算法采用速度-位置搜索模型。优化问题的每一个可能解都被喻为搜索空间中的一只"鸟",在算法中称之为粒子,解的优劣程度由适应度函数决定。在每一次迭代中,粒子通过跟踪两个最优解来更新自己,最终达到从全空间搜索最优解的目的:一个是粒子自身所找到的最优解,称为个体最优解;另一个是整个群体目前找到的最优解,称为全局最优解。

PSO 算法中的每一个粒子都被赋予了一个随机速度并在整个问题空间中运动,粒子具有记忆功能和模仿功能,粒子的进化主要是通过粒子之间的合作与竞争来实现的。

假设 N 维搜索空间中有 m 个粒子,其中粒子 $i(i=1,2,\cdots,m)$ 的空间位置为 $\boldsymbol{X}_i=(x_{i1},x_{i2},\cdots,x_{iN})$,将 $\boldsymbol{X}_i$ 代入目标函数可以计算出其适应度值,根据适应度值的大小衡量 $\boldsymbol{X}_i$ 的优劣。粒子 i 所经历过的最优位置记为 $\boldsymbol{P}_i=(p_{i1},p_{i2},\cdots,p_{iN})$,相应的适应度值称为个体最优解 $\boldsymbol{P}_{\mathrm{best}i}$,整个粒子群经历过的最优位置记作 $\boldsymbol{P}_g=(p_{g1},p_{g2},\cdots,p_{gN})$,其对应的适应度值称为全局最优解 g_{best}。粒子 i 的搜索速度表示为 $\boldsymbol{V}_i=(v_{i1},v_{i2},\cdots,v_{iN})$,则粒子根据式(7.1)来更新自己的速度和位置如下:

$$\begin{cases} v_{in}=wv_{i1}+c_1r_1(p_{in}-x_{in})+c_2r_2(p_{gn}-x_{gn}) \\ x_{in}=x_{in}+v_{in} \end{cases} \tag{7.1}$$

式中,$i=1,2,\cdots,m$;$n=1,2,\cdots,N$;w 为惯性因子,调整其大小可以改变粒子群搜索能力的强弱；c_1 和 c_2 为学习因子，非负常数，通常取值为2；r_1 和 r_2 是介于[0,1]区间的两个独立的随机数；$x_{in}\in[x_{\min n},x_{\max n}]$，根据实际问题来确定粒子的取值范围；$v_{in}\in[-v_{\min n},v_{\max n}]$，单步前进的最大值 $v_{\max n}$ 根据粒子的取值区间长度来确定，通常不大于区间长度的20%。群体规模 m 通常取20～40，便可以取得较好的效果，对于大规模问题可以取相对较大的群体。

由式(7.1)可知，粒子的飞行速度由3部分组成：

第一部分是粒子的惯性速度，反映了粒子具有记忆的特点，有扩展搜索空间的趋势。引入惯性因子 w 的作用就是来调整算法全局和局部搜索能力的平衡。较大的 w 值有利于跳出局部极小点，而较小的 w 值有利于算法收敛。因此，有研究人员提出了自适应调整的策略，即随着迭代的进行，线性地减小 w 的值。

第二部分是"自我认知"部分，反映粒子对自身的思考。如果没有"自我认知"，即 $c_1=0$，粒子群有能力到达新的搜索空间，但对复杂问题，更容易陷入局部最优值点。

第三部分是"社会信息"部分，反映粒子之间的信息共享和相互合作，粒子的自我认知被其他粒子所模仿。如果没有"社会信息"部分，即 $c_2=0$，则粒子之间没有交互信息，一个规模为 m 的群体等价于 m 个单个粒子的运行，因而得到最优解的概率非常小。PSO算法流程如图7.2所示。

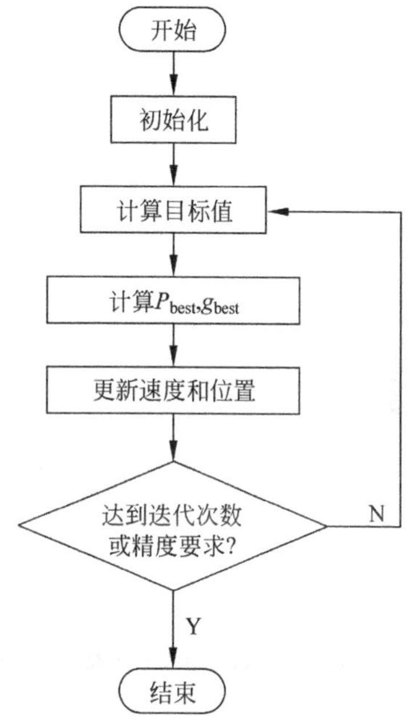

图7.2　PSO算法流程

7.3.2　模糊控制器的设计原理

模糊控制不依赖于系统精确的数学模型，特别适用于具有非线性、时变性等动态特性复杂对象的控制。设计模糊控制规则是人们的知识、经验、策略的集中体现。绝大多数模糊控制器都采用二维模糊变量的形式，输入选择系统误差 e 和误差变化率 $ec=de/dt$，根据 e 和 ec 产生合适的控制量 u，以便系统保持整体最佳的控制性能。

设 e、ec 和 u 分别为误差 E、误差变化 EC 和控制量 U 论域上所对应的模糊变量，它们的论域均取为[−6,−5,−4,−3,−2,−1,0,1,2,3,4,5,6]。模糊控制器的设计包括模糊化、模糊推理、去模糊化3个基本部分。

1. 模糊化

模糊化的作用是将精确量 e 和 ec 分别转化到相应论域的模糊变量，引入量化因子 k_e 和 k_{ec}，令

$$e\leftarrow e/k_e$$

$$\mathrm{ec} \leftarrow \mathrm{ec}/k_{\mathrm{ec}} \tag{7.2}$$

采用论域非等距离离散方法,将量化后的 e 和 ec 划分为如式(7.3)及式(7.4)所示的若干等级:

$$|E|=\begin{cases}0 & |e| \leqslant p_1 \\ 1\mathrm{sgn}(e) & p_1<|e| \leqslant p_2 \\ 2\mathrm{sgn}(e) & p_2<|e| \leqslant p_3 \\ 3\mathrm{sgn}(e) & p_3<|e| \leqslant p_4 \\ 4\mathrm{sgn}(e) & p_4<|e| \leqslant p_5 \\ 5\mathrm{sgn}(e) & p_5<|e| \leqslant p_6 \\ 6\mathrm{sgn}(e) & |e|>p_6\end{cases} \tag{7.3}$$

$$|\mathrm{EC}|=\begin{cases}0 & |\mathrm{ec}| \leqslant q_1 \\ 1\mathrm{sgn}(\mathrm{ec}) & q_1<|\mathrm{ec}| \leqslant q_2 \\ 2\mathrm{sgn}(\mathrm{ec}) & q_2<|\mathrm{ec}| \leqslant q_3 \\ 3\mathrm{sgn}(\mathrm{ec}) & q_3<|\mathrm{ec}| \leqslant q_4 \\ 4\mathrm{sgn}(\mathrm{ec}) & q_4<|\mathrm{ec}| \leqslant q_5 \\ 5\mathrm{sgn}(\mathrm{ec}) & q_5<|\mathrm{ec}| \leqslant q_6 \\ 6\mathrm{sgn}(\mathrm{ec}) & |\mathrm{ec}|>q_6\end{cases} \tag{7.4}$$

其中,符号函数 sgn(·)表示 E 和 e 同号,EC 和 ec 同号。

2. 模糊推理

模糊控制器的性能在很大程度上取决于模糊控制规则确定的合理性及可调整性。为便于调整,对每个误差等级都各自引入一个加权因子,就构成了如式(7.5)所示的带多个加权因子的模糊控制规则,这样有利于满足系统在不同被控状态下对加权因子的不同要求。

$$\Delta U=\begin{cases}\langle\alpha_0 E+(1-\alpha_0)\mathrm{EC}\rangle, & E=0 \\ \langle\alpha_1 E+(1-\alpha_1)\mathrm{EC}\rangle, & E=\pm 1 \\ \langle\alpha_2 E+(1-\alpha_2)\mathrm{EC}\rangle, & E=\pm 2 \\ \langle\alpha_3 E+(1-\alpha_3)\mathrm{EC}\rangle, & E=\pm 3 \\ \langle\alpha_4 E+(1-\alpha_4)\mathrm{EC}\rangle, & E=\pm 4 \\ \langle\alpha_5 E+(1-\alpha_5)\mathrm{EC}\rangle, & E=\pm 5 \\ \langle\alpha_6 E+(1-\alpha_6)\mathrm{EC}\rangle, & E=\pm 6\end{cases} \tag{7.5}$$

式中,$<\cdot>$为取整运算符;$\alpha_0,\alpha_1,\cdots,\alpha_6$ 是根据需要确定的权重,它们的大小体现了对误差和误差变化的不同加权程度,不同的误差等级引入不同的加权因子以实现对模糊控制规则的自调整。

3. 去模糊化

去模糊化的作用是将模糊控制量 ΔU 转化为精确控制量 Δu，引入比例因子 k_u，于是有

$$\begin{cases}\Delta u = k_u \cdot \Delta U \\ u = u_0 + \Delta u\end{cases} \tag{7.6}$$

将每次采样值 e 和 ec 依次执行式(7.2)～式(7.6)，即可得到控制量 u，按上述方案设计的模糊控制器的性能由参数 $\{k_e, k_{ec}, k_u, p_1 \sim p_6, q_1 \sim q_6, \alpha_0 \sim \alpha_6\}$ 决定，对模糊控制器的设计即转化为求取上述参数的适当值以使控制性能指标满足给定要求的优化问题。

7.3.3 PSO 优化的模糊控制器在主汽温控制中的应用

1. 主汽温对象的动态特性

主汽温对象的控制通道具有大迟延、大惯性和时变性。影响主汽温对象动态特性的工况参数主要有主蒸汽流量、主蒸汽压力及主蒸汽温度，其中主蒸汽流量(负荷)的影响最为明显。随着主蒸汽流量(负荷)的变化，主蒸汽对象模型参数变化明显，特别是惰性区的时间常数以及导前区的静态增益，主蒸汽温度还具有分布参数和多扰动的特点。因此，常规 PID 控制很难达到预期的效果。为此采用主汽温串级模糊控制方案，如图 7.3 所示。

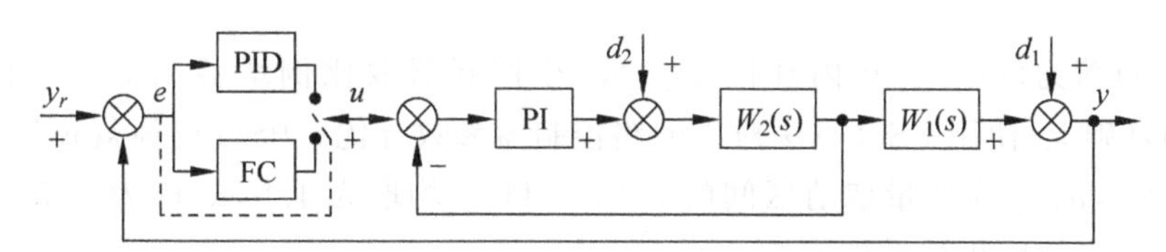

图 7.3　串级主汽温控制系统框图

图 7.3 中，$W_1(s)$ 为惰性区传递函数，$W_2(s)$ 为导前区传递函数；PI 为内回路比例积分控制器，FC/PID 为外回路模糊和 PID 双模控制器；d_1 为输出测量干扰，d_2 为控制量干扰；y_r 为给定值，y 为输出测量值。

2. PSO 模糊控制和 PID 双模控制

采用前述的模糊控制器的控制性能取决于 22 个参数 $\{k_e, k_{ec}, k_u, p_1 \sim p_6, q_1 \sim q_6, \alpha_0 \sim \alpha_6\}$。由于模糊控制器中没有积分环节，因此系统稳态性能不好，在稳定值附近极易产生偏差和极限环振荡。为了改善模糊控制器的稳态性能，当系统误差 e 小于某设定值时无扰切换到 PID 控制，设定值根据实际情况决定。PID 控制器典型传递函数如下式描述：

$$u(t) = K_P + \frac{K_I}{s} + K_D s \tag{7.7}$$

PID参数整定本质上是基于一定目标函数的参数寻优问题。目标函数即适应度函数，这里采用能反映系统调节品质的绝对误差的一阶矩积分。用 Q 表示粒子当前的适应度值，则有

$$Q=C-\int_0^{\infty} t\,|e|\,\mathrm{d}t \tag{7.8}$$

其中，C 为一个较大的常数，从而 Q 值越大表示粒子的适应度值越高。

粒子群优化的模糊控制器和PID控制器参数的确定是基于目标函数 Q 对25个参数 $\{k_e,k_{ec},k_u,p_1\sim p_6,q_1\sim q_6,\alpha_0\sim\alpha_6,K_P,K_I,K_D\}$ 的寻优问题。

在系统调节过程中，为了避免模糊控制和PID控制切换时控制量的突变和抖动，PID的输出和模糊控制器的输出必须始终相互跟踪，实现无扰切换。

3. 主汽温模糊控制的系统仿真

某一超临界600MW直流锅炉高温过热器在3个典型负荷下主汽温对喷水扰动的动态特性如表7.1所示。

表7.1 典型负荷下主汽温的动态特性

负荷 $D/\mathrm{kg\cdot s^{-1}}$	导前区/℃·$\mathrm{kg^{-1}s}$	惰性区/℃·℃$^{-1}$
50%(D=242.2)	$-3.067/(1+25s)^2$	$1.119/(1+42.1s)^7$
75%(D=347.9)	$-1.657/(1+20s)^2$	$1.202/(1+27.1s)^7$
100%(D=527.8)	$-0.815/(1+18s)^2$	$1.276/(1+18.4s)^6$

以75%负荷为优化点，在内环固定参数PI控制器取比例增益 $K_P=10$ 和积分增益 $K_I=0.1$ 的基础上，使用PSO算法对外回路控制器参数寻优。PSO群体规模取20，最大迭代次数取1000，$v_{\max n}$ 为变量取值区间的5%，c_1 和 c_2 均取为1.5，w 取为0.73。系统采样时间取5s。相应的优化结果如表7.2所示。

表7.2 模糊控制器和PID控制器参数

k_e	k_{ec}	k_u	p_1	p_2	p_3	p_4	p_5	p_6	q_1	q_2	q_3	q_4
0.7000	0.0051	0.0032	0.0511	0.1658	0.3450	0.6500	0.8436	0.9500	0.0002	0.1764	0.3756	0.5489
q_5	q_6	α_0	α_1	α_2	α_3	α_4	α_5	α_6	K_P	K_I	K_D	
0.9000	0.9101	0.4673	0.5364	0.5540	0.6002	0.6818	0.7470	0.8000	1.0000	0.0071	70.03	

该系统在不同负荷下的单位阶跃响应曲线如图7.4～图7.6所示，图中实线为被控量响应曲线，虚线为给定值。从仿真结果可以看出，所优化的控制器具有很好的设定值跟踪能力，具有很强的负荷适应性和鲁棒性。

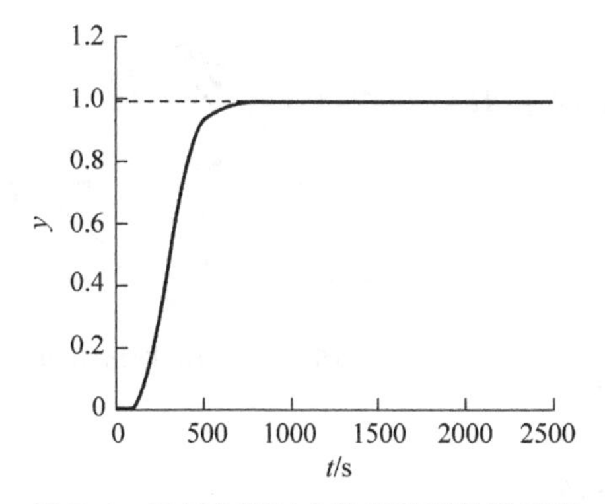

图 7.4　75%负荷时主汽温系统阶跃响应

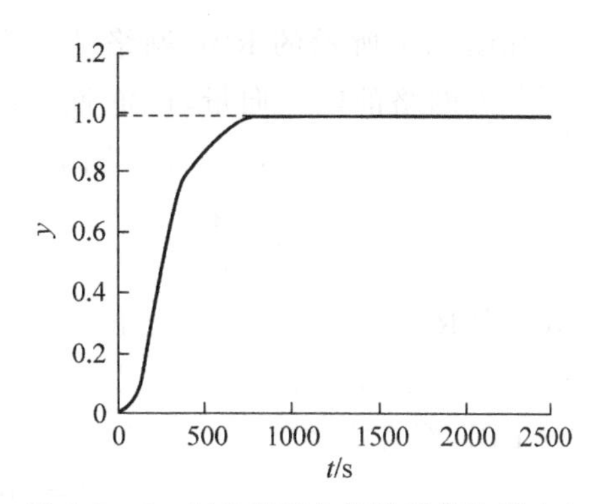

图 7.5　100%负荷时主汽温系统阶跃响应

图 7.6 给出了在干扰情况下主汽温系统在 75%负荷时控制仿真曲线。在 1500s 时加入了 5%输出端阶跃测量扰动,3000s 时加入了 100%的控制量阶跃测量干扰。由图 7.6 可见,系统稳定并且抗干扰能力很强。

仿真结果表明,利用 PSO 优化的主汽温串级控制系统的模糊和 PID 双模控制器的 25 个控制参数,使得系统各项控制品质均达到要求。系统控制性能良好,调整时间短,超调小。负荷大范围变动和扰动都具有较强的鲁棒性。

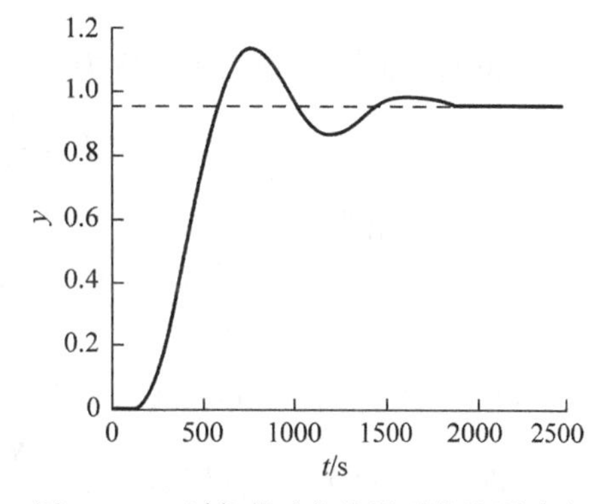

图 7.6　50%负荷时主汽温系统阶跃响应

7.4　基于 RBF 神经网络优化 PID 控制参数

为了应用 RBF 神经网络在线优化 PID 控制参数,首先要获取被控对象输出对控制输入的灵敏度信息,为此要对被控对象的 Jacobian 矩阵信息进行辨识。然后 RBF 神经网络通过梯度下降法优化 PID 的控制参数,不断地获得它们的调整增量。

7.4.1　RBF 神经网络对被控对象的辨识

RBF 网络是由输入层、隐层和输出层构成的三层前馈网络,输入层到隐层是非线性映射,但与 BP 网络不同的是,隐层至输出层是线性映射。正因为如此,它既能加快学习速度,又能避免局部极小问题。RBF 神经网络,在系统运行过程中,利用神经网络的学习能力,使网络的权重系数、基宽向量和中心向量进行自动调整,以获得最优输出。RBF 网络结构如图 7.7 所示。

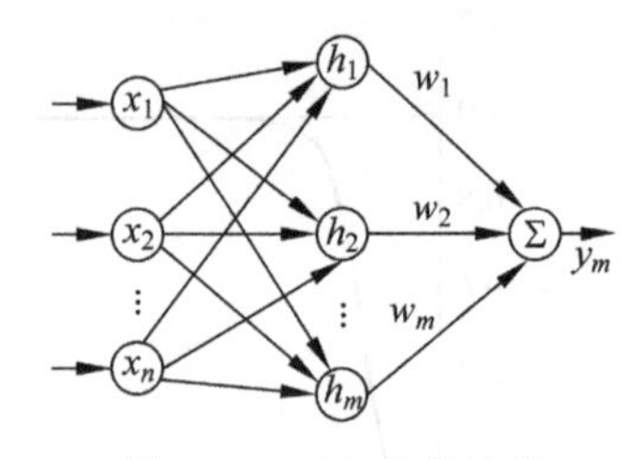

图 7.7 RBF 网络结构

在如图 7.7 所示的 RBF 网络结构中,设 $\boldsymbol{X}=[x_1,x_2,\cdots,x_n]^{\mathrm{T}}$ 为网络的输入向量,RBF 网络的径向基向量 $\boldsymbol{H}=[h_1,h_2,\cdots,h_j,\cdots,h_m]^{\mathrm{T}}$,其中 h_j 为高斯基函数

$$h_j=\exp\left(-\frac{\|\boldsymbol{X}-\boldsymbol{C}_j\|^2}{2b_j^2}\right),\quad j=1,2,\cdots,m \tag{7.9}$$

其中,$\boldsymbol{C}_j$ 为 RBF 网络第 j 个结点的中心向量,可表示为

$$\boldsymbol{C}_j=[c_{j1},c_{j2},\cdots,c_{ji},\cdots,c_{jn}]^{\mathrm{T}},\quad i=1,2,\cdots,n \tag{7.10}$$

设 RBF 网络核函数的基宽向量为

$$\boldsymbol{B}=[b_1,b_2,\cdots,b_m]^{\mathrm{T}} \tag{7.11}$$

其中,b_j 为结点 j 的基宽度参数。RBF 网络的权向量为

$$\boldsymbol{W}=[w_1,w_2,\cdots,w_j,\cdots,w_m]^{\mathrm{T}} \tag{7.11a}$$

辨识网络的性能指标函数取为

$$J=\frac{1}{2}(y(k)-y_m(k))^2 \tag{7.11b}$$

辨识网络的输出为

$$y_m(k)=w_1h_1+w_2h_2+\cdots+w_mh_m \tag{7.12}$$

应用梯度下降法,求取输出权、结点中心和结点基宽 3 个参数的迭代算法如下:

$$w_j(k)=w_j(k-1)+\eta(y(k)-y_m(k))h_j+\alpha(w_j(k-1)-w_j(k-2)) \tag{7.13}$$

$$\Delta b_j=(y(k)-y_m(k))w_jh_j\frac{\|\boldsymbol{X}-\boldsymbol{C}_j\|^2}{b_j^3}$$

$$b_j(k)=b_j(k-1)+\eta\Delta b_j+\alpha(b_j(k-1)-b_j(k-2)) \tag{7.14}$$

$$\Delta c_{ji}=(y(k)-y_m(k))w_j\frac{x_j-c_{ji}}{b_j^2} \tag{7.15}$$

$$c_{ji}(k)=c_{ji}(k-1)+\eta\Delta c_{ji}+\alpha(c_{ji}(k-1)-c_{ji}(k-2)) \tag{7.16}$$

其中,η 为学习速率;α 为动量因子。

Jacobian 矩阵算法为

$$\frac{\partial y(k)}{\partial\Delta u(k)}\approx\frac{\partial y_m(k)}{\partial\Delta u(k)}=\sum_{j=1}^{m}w_jh_j\frac{c_{ji}-x_1}{b_j^2} \tag{7.17}$$

其中,$x_1=u(k)$。

7.4.2 RBF 网络优化 PID 控制参数的算法实现

在 PID 控制中,比例、积分和微分 3 种控制作用如果是简单的线性组合,一般难以达到期望的控制效果。这就需要调整好 3 种控制作用的关系,使这三者相互配合又相互制约。因此,可以利用 RBF 神经网络通过学习来优化 PID 控制参数 k_p、k_i 和 k_d。

RBF 网络优化 PID 控制系统的原理如图 7.8 所示，其中 PID 控制器采用增量式。

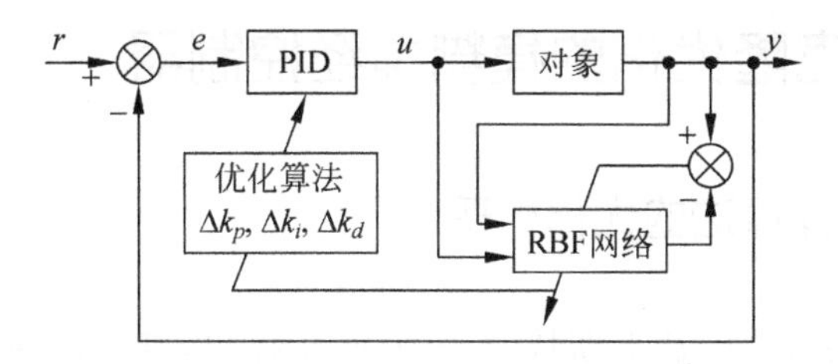

图 7.8　RBF 优化 PID 控制系统的原理

PID 控制系统输出误差为

$$e(k)=r(k)-y(k) \tag{7.18}$$

PID 3 种控制作用的输入分别为

$$\mathrm{xc}(1)=e(k)-e(k-1) \tag{7.19}$$

$$\mathrm{xc}(2)=e(k) \tag{7.20}$$

$$\mathrm{xc}(3)=e(k)-2e(k-1)+e(k-2) \tag{7.21}$$

系统控制量为

$$u(k)=u(k-1)+\Delta u(k) \tag{7.22}$$

控制量的增量为

$$\Delta u(k)=k_p(e(k)-e(k-1))+k_ie(k)+k_d(e(k)-2e(k-1)+e(k-2)) \tag{7.23}$$

神经网络优化的指标为

$$E(k)=\frac{1}{2}e(k)^2 \tag{7.24}$$

采用梯度下降法优化 k_p、k_i 和 k_d，获得它们的增量分别为

$$\Delta k_p=-\eta\frac{\partial E}{\partial k_p}=-\eta\frac{\partial E}{\partial y}\frac{\partial y}{\partial \Delta u}\frac{\partial \Delta u}{\partial k_p}=\eta e(k)\frac{\partial y}{\partial \Delta u}\mathrm{xc}(1) \tag{7.25}$$

$$\Delta k_i=-\eta\frac{\partial E}{\partial k_i}=-\eta\frac{\partial E}{\partial y}\frac{\partial y}{\partial \Delta u}\frac{\partial \Delta u}{\partial k_i}=\eta e(k)\frac{\partial y}{\partial \Delta u}\mathrm{xc}(2) \tag{7.26}$$

$$\Delta k_d=-\eta\frac{\partial E}{\partial k_d}=-\eta\frac{\partial E}{\partial y}\frac{\partial y}{\partial \Delta u}\frac{\partial \Delta u}{\partial k_d}=\eta e(k)\frac{\partial y}{\partial \Delta u}\mathrm{xc}(3) \tag{7.27}$$

其中，$\frac{\partial y}{\partial \Delta u}$为被控对象的 Jacobian 矩阵信息，可通过 RBF 神经网络的辨识求得。

应用 RBF 神经网络优化 PID 控制参数的流程如图 7.9 所示。

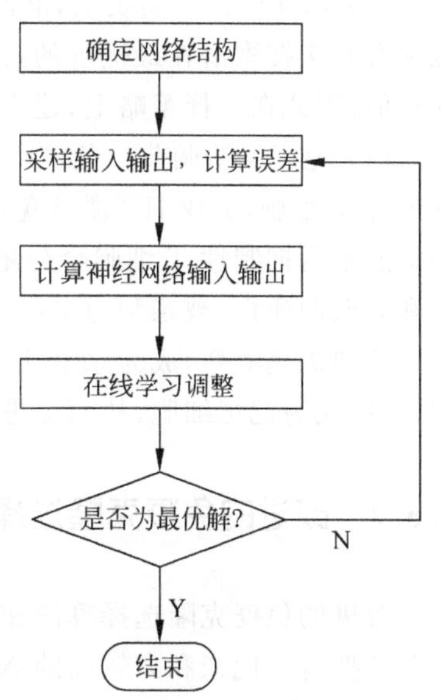

图 7.9　RBF 整定 PID 参数流程图

7.5 基于免疫克隆优化的模糊神经控制器

7.5.1 免疫克隆选择算法的优化机理

免疫克隆选择算法最先由德卡斯特罗于2000年提出，其算法流程如图6.13所示。人工免疫应答机制实质上是抗体不断克隆分裂、复制、发展、成熟的过程。与抗原亲和力大的抗体受到克隆的机会就大，并通过不断变异、选择使得抗体不断成熟。同时，免疫系统的自我调节机制使群体的规模保持在一定的范围内。生物体主要的免疫细胞是B细胞和T细胞，抗原进入体内以后，被B细胞和T细胞识别并刺激B细胞和T细胞进行特异性应答。一方面，T细胞复制并激活杀伤性T细胞，杀死被抗原感染的细胞；另一方面，通过辅助性T细胞激活B细胞，并使B细胞迅速克隆扩增分化为浆细胞形成抗体。经过不断变异选择，最后发展成为亲和力更高的免疫记忆细胞。可以把抗体的成熟过程蕴含的优化机理分为以下4个步骤。

(1) 克隆裂变。抗体生成后迅速与抗原结合，受抗原和免疫细胞活化后，与抗原亲和力高的抗体迅速克隆扩增，亲和力低的抗体被选择克隆的机会相对就少，同时随着抗体的不断进化它们的基因开始发生小幅变化，生成未成熟的抗体子群。

(2) 高频变异成熟。抗体的基因分量发生小幅高频变异，不断扩出新的子个体，局部区域的这些子群体中亲和力最高的个体保留下来成为成熟个体。

(3) 选择操作。实质上，淋巴细胞除了扩增或分化成浆细胞外，一些适应度(亲和力)较强又有利于搜索潜在最优解的抗体被选择的机会就大。克隆选择操作实质上是基于抗体的评价值，因此在选择策略上，建立抗体的评价值函数是至关重要的。

(4) 免疫反馈调节。免疫细胞受抗原刺激反应后，抗原提呈细胞将抗原的信息传递给辅助性T细胞，分泌IL^+激活免疫反应，从而刺激B细胞产生更多的抗体；当抗体浓度达到一定的量后抑制性T细胞会分泌IL^-抑制B细胞克隆扩增。在这个过程中，有些抗体由于亲和力低而死亡，被亲和力更高的抗体所取代。群体中亲和力较高的个体保留下来，并进入下一轮的进化演变，成为亲和力更高的个体。如此反复，直到搜索到满足亲和力要求的抗体，发展成为记忆细胞，从而促进免疫细胞杀灭抗原体。

7.5.2 改进的免疫克隆选择算法

改进的免疫克隆选择算法在克隆策略上采用克隆算子，减少一些常数的确定。同时通过分类把每一代亲和力较高的N_c个抗体用于更新记忆抗体群M。还根据免疫系统分布式性质，对于每个抗体分别在其局部区域进行搜索。在选择策略上结合抗体正负反馈调节机制，把抗体在搜索空间的概率密度分布函数和适应度加权作为抗体的选择评价值。由此，抗体被选择进入下一代，不但取决于它在空间分布是否有利于搜索潜在的最优解，而且还取决于其适应度。具体改进的免疫克隆选择算法流程如图 7.10 所示。

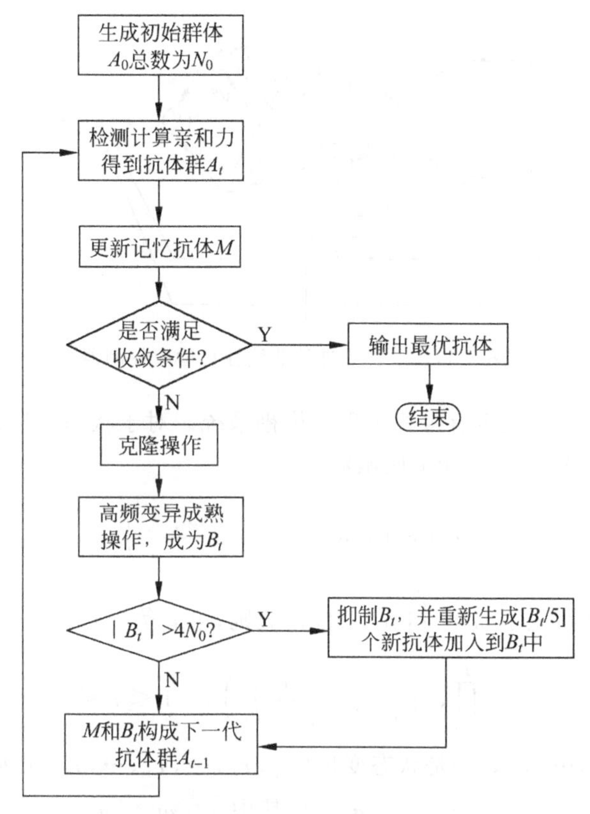

图 7.10　改进的免疫克隆选择算法流程

改进的免疫克隆算法在克隆操作的基础上由于引入高频变异操作，同时在选择策略上引入熵作为估算个体对搜索潜在的最优解作用的评价值，并以此作为选择抗体进入下一代的依据，更能充分利用当前抗体群的信息进一步搜索更优解，使算法性能得到了一定程度的改善。

7.5.3　基于免疫克隆选择算法的模糊神经控制器优化设计

模糊神经网络控制器的优化设计问题可以归结为一个高维空间的搜索问题，规则库、神经网络基函数参数、对应模糊神经网络的权重可以映射成为高维空间的一个点。应用模糊神经网络设计带有误差补偿的 FNN 控制器。对于具有 n 个输入控制系统，首先将输入量进行分类，把用于重要参考的 k 个输入误差状态变量 $\boldsymbol{x}_1=(x_1,x_2,\cdots,x_k)^{\mathrm{T}}$ 作为模糊神经网络控制器的输入端，另外的 $n-k$ 个反应误差变化率的状态变量 $\boldsymbol{x}_2=(x_{k+1},x_{k+2},\cdots,x_n)^{\mathrm{T}}$ 直接通过线性反馈 $(K_1,K_2,\cdots,K_{n-k})$ 与模糊神经网络的输出量相加，最后得到控制器的输出，如图7.11所示，这已成为一种非线自适应控制器。

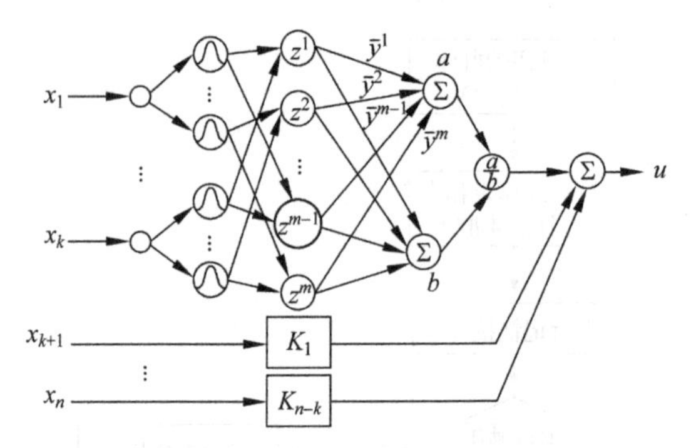

图7.11 一种改进的非线性自适应控制器

模糊神经网络实质上是带有乘积推理的模糊系统。对于状态变量 x_i 的 n_i 个模糊集合记为 $\underset{\sim}{A}_{i1},\cdots,\underset{\sim}{A}_{ij},\cdots,\underset{\sim}{A}_{in_i}$，其高斯隶属函数记为

$$\mu_{ij}(x_i)=\exp\left(\frac{-(x_i-\bar{x}_{ij})^2}{\sigma_{ij}^2}\right) \tag{7.28}$$

由此 k 个状态变量共组成了 $m=\prod_{i=1}^{k}n_i$ 条模糊规则，第 l 条规则对应的乘积高斯算子为

$$z^l=\prod_{i=1}^{k}\exp\left(-\left(\frac{x_i-\bar{x}_i^l}{\sigma_i^l}\right)^2\right),\quad 1\leqslant l\leqslant m \tag{7.29}$$

其中，$(\bar{x}_1^l,\sigma_1^l,\bar{x}_2^l,\sigma_2^l,\cdots,\bar{x}_k^l,\sigma_k^l)$ 是状态变量 $(x_1,x_2,\cdots,x_i,\cdots,x_k)$ 分别对应的高斯隶属函数参数 $(\bar{x}_{1m_1},\sigma_{1m_1},\bar{x}_{2m_2},\sigma_{2m_2},\cdots,\bar{x}_{km_k},\sigma_{km_k})$，其中 $1\leqslant m_1\leqslant n_1,\cdots,1\leqslant m_k\leqslant n_k$，并由 $m_1,m_2,\cdots,m_k$ 分别在其取值范围内随机取一整数值而选择得到的一组值，共有 m 组序列，由此可以方便地用式(7.29)来表示高斯算子。由模糊神经网络的输出

$$f=\frac{\sum_{l=1}^{m}\bar{y}^l\left[\prod_{i=1}^{k}\exp\left(-\left(\frac{x_i-\bar{x}_i^l}{\sigma_i^l}\right)^2\right)\right]}{\sum_{l=1}^{m}\left[\prod_{i=1}^{k}\exp\left(-\left(\frac{x_i-\bar{x}_i^l}{\sigma_i^l}\right)^2\right)\right]} \tag{7.30}$$

加入线性反馈后，得到具有 n 输入端的控制器输出

$$u=\sum_{l=1}^{m}\bar{y}^lz^l\Big/\sum_{l=1}^{m}z^l+K_1x_{k+1}+\cdots+K_{n-k}x_n \tag{7.31}$$

设控制器作为模糊神经网络输入端的状态变量为 $\boldsymbol{x}_1=(x_1,x_2,\cdots,x_k)^{\mathrm{T}}$，它的每个变量 x_i 对应的模糊集合数 n_i 是一定的；用改进的免疫克隆选择算法优化这些参数时，抗原对应要优化的问题，B细胞产生的抗体及其亲和力分别对应控制器参数的解空间及评价参

数的指标函数。

7.5.4　仿真结果及结论

基于改进克隆选择算法优化设计的模糊神经网络控制器不需要量化输入状态变量，和传统的模糊控制器结构不完全相同，还要将误差变化率的状态变量线性反馈到输入端。应用改进克隆选择算法优化的模糊神经控制器对倒立摆控制的仿真系统原理如图 7.12 所示。

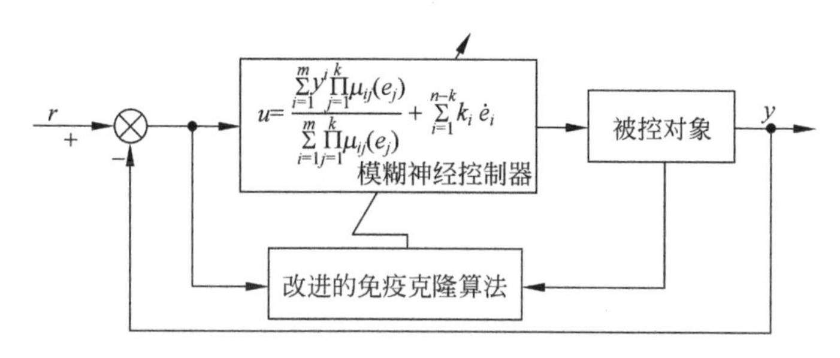

图 7.12　应用改进克隆选择算法优化参数的模糊神经控制器

运用所改进的免疫克隆算法，在搜索非线性控制器最优参数时引入检测方法，减少了不必要的指标函数计算，大大提高了搜索效率。这种改进算法基于模糊神经网络，结合误差线性反馈，将误差的变化率作为补偿输入到控制器的另外输入端，所设计的模糊神经控制器通过对倒立摆控制系统的仿真表明，确定最优参数后，所设计控制器具有很强的鲁棒性和非线性适应能力，而且不需要量化输入的状态变量，调节参数较容易。

以上介绍的智能优化算法与智能控制融合设计的 3 个例子中，选用的粒子群优化算法、径向基神经网络优化算法和免疫克隆选择算法都具有优化速度快的特点。因此，它们在实时控制器参数优化中获得了广泛应用。

启迪思考题

7.1　运筹学中的优化方法与智能优化方法有何相同之处？又什么本质的区别？

7.2　智能控制有哪些场合需要与智能优化融合？智能控制和运筹学融合不好吗？

7.3　优化智能控制器的结构及参数为什么要选用快速智能优化算法？

7.4　PSO 优化的模糊控制器设计(见 7.3 节)，为什么采用主汽温串级模糊控制方案？它和第 5 章介绍的蒸汽锅炉递阶模糊控制方案有何区别？

7.5　基于 RBF 神经网络优化 PID 控制(本书 7.4 节)需要分几个步骤进行？

7.6　克隆选择算法把抗体成熟过程概括为 4 个步骤：克隆裂变；高频变异成熟；选择

操作；免疫反馈调节。请对每一步骤具体加以说明。

7.7 改进的免疫克隆选择算法在克隆策略上和选择策略上是如何改进的?

7.8 说明最优智能控制和传统控制理论中的最优控制有什么本质区别。

7.9 如何理解“如何控制与决策”问题本质上都可以归结为优化问题。

7.10 说明最优智能控制系统中3个关键词“最优、智能、控制”各指什么意思,三者之间如何配合才能实现最优智能控制。

第8章

智能控制的工程应用实例

本章通过介绍基于神经网络推理的加热炉温度模糊控制、车底炉燃烧神经网络控制、静电除尘器电源专家控制、数控凸轮轴磨床的学习控制、加热炉温度的仿人智能控制和计算机围棋的深度强化学习的实际应用例子，进一步加深理解智能控制理论在工程应用中的具体方法、实现技术等问题，以便提高读者应用智能控制理论解决复杂对象控制问题的能力。

8.1 基于神经网络推理的加热炉温度模糊控制

目前加热炉控制方式多数是燃烧通过计算机控制来实现的，例如空燃比控制、燃料流量和助燃空气流量的双交叉限幅控制等，达到燃料的最佳燃烧效果，从而获得较为稳定的炉子工况。针对加热炉计算机控制中对象数学模型难以精确反映生产实际，造成实际使用中控制效果滞后、难以达到预期效果的问题。文献[48]通过对某加热炉的工艺及燃烧情况的研究，分析了影响加热炉控制的诸多因素，提出了将模糊控制和神经网络相结合，应用神经网络的学习功能获得隶属函数并驱动模糊推理，进而达到求精加热炉温模糊控制规则的目的。设计了基于神经网络推理的模糊控制器，该控制器既能处理加热炉生产过程中的模糊和不确定因素，又能对加热炉控制过程中的非线性、时变性和滞后性具有较好的适应能力。

8.1.1 基于神经网络推理的模糊控制

由于加热炉温度控制过程中有大量的不确定性参数，所以引入了模糊推理模型，把传统专家系统知识库中的模糊规则转换到神经网络中，然后靠神经网络的自学习功能，利用给定的输入、输出样本对网络进行训练，驱动神经网络推理，不断地对隶属函数进行学习，进而对模糊规则进行求精。图 8.1 给出了基于神经网络推理的模糊控制系统。

下面设计模糊控制器的结构及控制规则。模糊制器的设计包括以下内容：

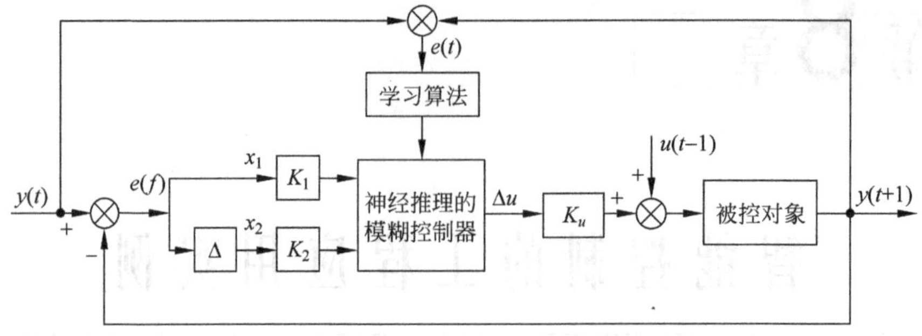

图 8.1　基于神经网络推理的模糊控制系统

(1) 确定模糊控制器的输入输出变量(即控制量)。以温度的误差 x_1 和温度误差的变化 x_2 作为输入量,以燃料流量的变化 u 作为输出量,从而构成了一个二维模糊控制器。

(2) 确定模糊集的隶属函数和模糊控制规则。误差和控制量分别包括 7 个语言变量{NB,NM,NS,Z,PS,PM,PB};误差的变化量包括 8 个语言变量{NB,NM,NS,NZ,PZ,PS,PM,PB}。隶属函数选用正态型函数

$$U(x)=\exp\left[-\left(\frac{x-a}{b}\right)^2\right] \tag{8.1}$$

式中,a 为正态型函数的中心值;b 为正态型函数的分布参数。

模糊控制规则设计为如下形式:

R1: If x_1 is Z and x_2 is NB then u is PB;

R2: If x_1 is PS and x_2 is PZ then u is NS;

…

若将控制规则汇总成表,则可得到表 8.1 的模糊控制规则。

表 8.1　模糊控制规则表

x_2	u						
	x_1=NB	x_1=NM	x_1=NS	$x_1=Z$	x_1=PS	x_1=PM	x_1=PB
NB	PB	PB	PB	PB	PM	Z	Z
NM	PB	PB	PB	PB	PM	Z	Z
NS	PM	PM	PM	PM	Z	NS	NS
NZ	PM	PM	PS	Z	NS	NM	NM
PZ	PM	PM	PS	Z	NS	NM	NM
PS	PS	PS	Z	NS	NM	NM	NM
PM	Z	Z	NM	NB	NB	NB	NB
PB	Z	Z	NM	NB	NB	NB	NB

(3) 确立模糊化和去模糊的方法,确定控制器的参数量化因子、比例因子,并选用 MIN-MAX-重心推理法。

8.1.2　模糊控制器的神经网络实现

对于均热段温度偏低的工况，以它的子神经网络为例来进行说明，图 8.2 给出了实现模糊控制器的神经网络结构。规则层中的神经元个数与模糊规则的个数相等。

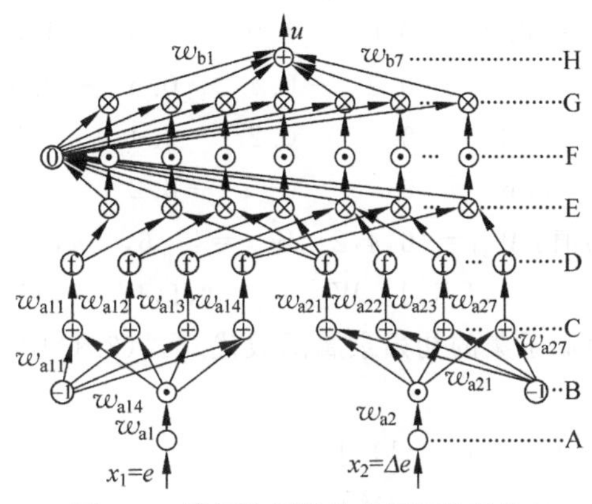

图 8.2　模糊控制器的神经网络结构

设模糊神经网络的第 $L(L=\mathrm{A},\mathrm{B},\cdots,\mathrm{H})$ 层的第 j 个结点的输入表示为 I_j^L，输出表示为 O_j^L，则各层之间输入输出之间关系表示如下：

A 层：$I_j^{\mathrm{A}}=x_i, O_j^{\mathrm{A}}=I_j^{\mathrm{A}};\ i=1,2$

B 层：$I_j^{\mathrm{B}}=w_{bij}O_j^{\mathrm{A}}, O_j^{\mathrm{B}}=I_j^{\mathrm{B}}$

C 层：$I_{ij}^{\mathrm{C}}=O_j^{\mathrm{B}}-w_{cij}, O_{ij}^{\mathrm{C}}=I_{ij}^{\mathrm{C}}$

D 层：$I_{ij}^{\mathrm{D}}=O_{ij}^{\mathrm{C}}w_{dij}, O_{ij}^{\mathrm{D}}=e^{-(I_{ij}^{\mathrm{D}})^2}$

E 层：$I_{ij}^{\mathrm{E}}=O_{1j}^{\mathrm{D}}O_{2j}^{\mathrm{D}}, O_k^{\mathrm{E}}=(I^{\mathrm{E}})_{i1\cdot j2}$

F 层：(0 号结点) $I_0^{\mathrm{F}}=\sum_{k=1}^{28}O_k^{\mathrm{E}}, O_0^{\mathrm{F}}=\dfrac{1}{I_0^{\mathrm{F}}}$

(其他结点) $I_k^{\mathrm{F}}=O_k^{\mathrm{E}}, O_k^{\mathrm{F}}=I_k^{\mathrm{F}}, k=1,2,3,\cdots,28$

G 层：$I_k^{\mathrm{G}}=O_k^{\mathrm{F}}O_0^{\mathrm{F}}, O_k^{\mathrm{G}}=I_k^{\mathrm{G}}$

H 层：$I_k^{\mathrm{H}}=O_k^{\mathrm{G}}w_{bk}, O^{\mathrm{H}}=\sum_{k=1}^{28}I_k^{\mathrm{E}}$

根据上述推导，模糊神经网络的输出为

$$u=\frac{\sum_{k=1}^{28}\left(\prod_{i=1}^{2}v_{\mathrm{A}_i}^{K}(x_i)\right)w_{bk}}{\sum_{k=1}^{28}\left(\prod_{i=1}^{2}v_{\mathrm{A}_i}^{K}(x_i)\right)} \tag{8.2}$$

利用误差反向传播算法对样本不断学习，并调整相应的权重，计算输出值与给定值之间的

误差,直到小于给定的误差限制。根据以上算法,对控制器进行训练,各变量的论域分别为

$$x_1=[-E,+E]=[-40,+40]$$

$$x_2=[-E^K,+E^K]=[-20,+20]$$

$$u=[-200,+200]$$

选取输出比例因子 $K_3=200$,学习率 $\eta=0.2$,平滑因子 $\alpha=0.5$,则初始权重为

$$\boldsymbol{W}_b=\begin{bmatrix} 0 & -0.2 & -0.6 & -1.0 & -1.0 & -1.0 & -1.0 \\ 0 & 0 & -0.2 & -0.4 & -0.6 & -0.8 & -1.0 \\ 0.4 & 0.2 & 0 & -0.2 & -0.4 & -0.7 & -1.0 \\ 0.8 & 0.6 & 0 & 0 & -0.2 & -0.5 & -0.8 \end{bmatrix}$$

隶属函数中心值的初值:$W_{c1}=\{6,4,2\}$,$W_{c2}=\{-6,-4,-2,0,+2,+4,+6\}$。隶属函数分布参数的初值:$W_{d1}=\{1,1,1,1\}$,$W_{d2}=\{1,1,1,1,1,1,1\}$。

将对应各语言变量模糊子集的初始隶属函数代入式(8.1)中,得到温度误差 x_1 的初始隶属函数分别为

PZ:$\mu_{PZ}(x_1)=\exp[-(0.15x_1-1)^2]$

PS:$\mu_{PS}(x_1)=\exp[-(0.15x_1-2)^2]$

PM:$\mu_{PM}(x_1)=\exp[-(0.15x_1-4)^2]$

PB:$\mu_{PB}(x_1)=\exp[-(0.15x_1-6)^2]$

温度误差的变化 x_2 的隶属函数分别为

NB:$\mu_{NB}(x_2)=\exp[-(0.3x_2+6)^2]$

NM:$\mu_{NM}(x_2)=\exp[-(0.3x_2+4)^2]$

NS:$\mu_{NS}(x_2)=\exp[-(0.3x_2+2)^2]$

Z:$\mu_Z(x_2)=\exp[-(0.3x_2)^2]$

PS:$\mu_{PS}(x_2)=\exp[-(0.3x_2-2)^2]$

PM:$\mu_{PM}(x_2)=\exp[-(0.3x_2-4)^2]$

PB:$\mu_{PB}(x_2)=\exp[-(0.3x_2-6)^2]$

8.1.3 现场运行效果

经过前期试验和在线调试,该系统已经正式投入运行。在工业试验运行期间,炉况稳定,燃烧效果和炉温稳定性均较好,均能较好地满足轧制要求。

图 8.3 所示工业试验运行期间炉温模糊控制器投入以前的均热段温度趋势图。炉温调节是操作人员通过手动调节空气和燃气的阀门开口程度来实现的。图中实线是加热炉的实际温度,虚线是加热炉的设定温度。可以看出,炉温波动较大,偏差大时达到 80℃,不能满足生产要求。

图8.4所示为神经网络推理的模糊控制系统投入运行后的均热段温度曲线，其生产钢种和规格与图8.3相同，因此具有可比性。可以看出，在自动控制下，炉温波动得到了有效的控制，炉温的偏差控制在20℃以内，满足了板坯轧制对加热温度的要求。由此可见，基于神经推理的模糊控制在加热炉中的应用获得了较好的效果。

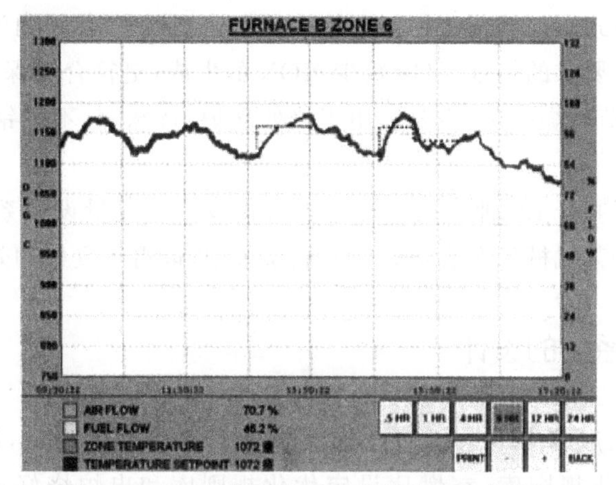

图8.3 自动控制投入运行前均热段温度曲线

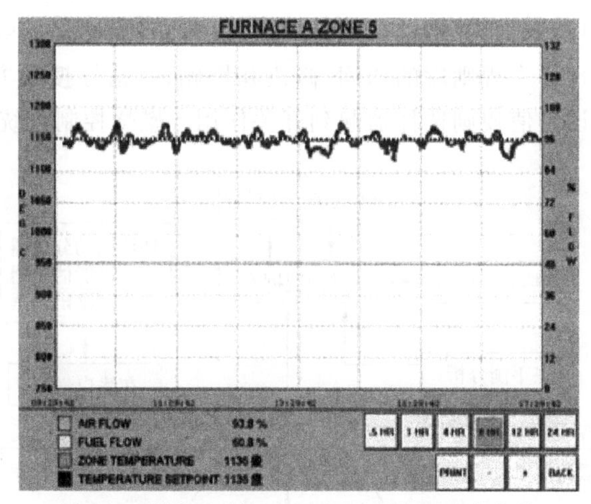

图8.4 模糊控制投入运行后均热段温度曲线

8.2 神经网络在车底炉燃烧控制中的应用

车底加热炉(车底炉)主要用于大钢锭在锻压前的加热。车底炉的主要特点是要求物料加热时不移动，炉内不分段，炉内各处温度均匀。大钢锭加热要求炉温分布均匀，因此车底式加热炉常采用分散供热,即烧嘴分散布置在炉子侧墙上。车底炉燃烧控制有常规连续燃烧控制和脉冲燃烧控制两种模式。常规连续燃烧控制采用温度前馈型双交叉限幅燃烧技术,通过控制燃料、助燃空气流量大小的方式实现炉内温度的控制。脉冲燃烧控制根据温度调节 PID 输出的负荷,采用间断燃烧脉宽调制技术,通过调节控制阀的通断比实现炉内温度的控制。这种间断式燃烧的优势在于既能降低氧化烧损率,使炉内温度场的均匀性更好,并达到热处理炉工艺要求的精度,又能减少 NOX 的生成,更符合环保要求。这种燃烧模式能实现小流量、低负荷燃烧控制,主要应用于热处理炉、特殊钢(不锈钢)加热炉的燃烧控制系统中。

文献[49]建立了基于 BP 神经网络的燃料流量及空气流量设定系统的燃烧控制模型,并将该模型首次用于某机械厂车底炉燃烧控制系统中,取得了良好的效果。

8.2.1 燃烧控制系统的设计

该系统不同于一般的专家系统,它的知识库由 4 个规则库组成,即炉温设定优化规则库,燃料流量设定优化规则库,空燃比设定优化规则库和出炉烧好预报规则库。规则库由产生式规则构成。推理机制对于炉温设定值和烧好预报规则库采用空间剖分-启发式匹配搜索算法,对于燃料流量设定和空燃比设定规则库采用压缩采样匹配搜索算法。启发式规则库为了协调和管理 3 个规则库的访问、修改和增删,并指导搜索方向,启发式规则库由一些“元规则”构成。设定值规则选择器起到开关作用。燃烧控制系统图如图 8.5 所示。

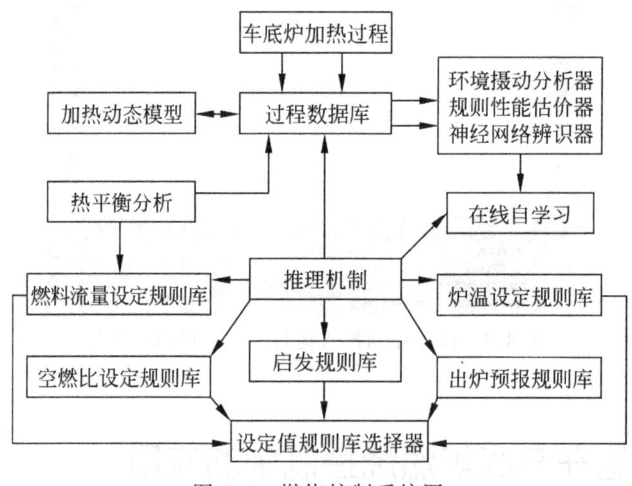

图 8.5 燃烧控制系统图

8.2.2 神经网络模型的建立

1. BP 神经网络及学习算法

BP 神经网络采用多层结构，由一个输入层、一个或多个隐层、输出层构成，邻层之间神经元实现全连接，同层神经元之间实现无连接。其过程分为样本数据信号正向传播和误差反向传播两个阶段。在网络训练阶段用准备好的样本数据依次通过输入层、隐层和输出层，比较输出结果和期望值，若没有达到要求的误差程度或训练次数，误差经过输出层、隐层和输入层反向传播，不断地调节权重以使网络成为具有一定适应能力的燃烧过程的模型。

BP 神经网络最常用的学习算法是基于梯度下降法，训练网络的联结权重，使实际输出值同期望值之间的均方误差达到最小。BP 算法的具体学习步骤如下：

(1) 初始化 BP 网络权重，一般在[0,1]区间取值，确定含有 p 个元素的训练样本集：

$(x_1^{(1)},x_2^{(1)},\cdots,x_n^{(1)},t^{(1)}),(x_1^{(2)},x_2^{(2)},\cdots,x_n^{(2)},t^{(2)}),\cdots,(x_1^{(p)},x_2^{(p)},\cdots,x_n^{(p)},t^{(p)})$

(2) 利用公式计算各单元输出 o_j

$$\mathrm{net}_j=\sum_i w_{ij}o_j+\theta_j,o_j=\frac{1}{1-\mathrm{e}^{-\mathrm{net}_j}} \tag{8.3}$$

其中，net_j 是第 j 层输入；o_j 为本层的输出；w_{ij} 表示从 i 到 j 的联结权重。

(3) 计算输出层误差变化 δ_k

$$\delta_k=o_k(t_k-o_k)(1-o_k) \tag{8.4}$$

其中，o_k 为输出单元 k 的输出；t_k 是基于样本的实际输出。

(4) 计算各隐层误差变化 δ_j

$$\delta_j=o_j(1-o_k)\sum_{k=1}^{m}w_{jk}\delta_k \tag{8.5}$$

其中，w_{jk} 是隐层到输出层的联结权重。

(5) 计算各权重和阈值修正值

$$\Delta w_{ij}(t)=-\eta\delta_j o_i,\quad \Delta\sigma_j(t)=\eta\delta_j \tag{8.6}$$

(6) 修正权重

$$w_{ij}(t+1)=w_{ij}(t)+\Delta w_{ij}(t),\quad \theta_j(t+1)=\theta_j(t)+\Delta\theta_j(t) \tag{8.7}$$

(7) 利用新的权重和阈值计算网络的输出值和目标值之差，若达到预先设定的误差范围或学习次数，则停止学习；否则继续训练网络。

2. BP 神经网络结构的确定

根据赫希特-尼尔森(Hecht-Nielsen)的证明：对任意 L_2 上的[0,1]到 R 的映射 G，都存在一个三层前馈网络实现对 G 的任意逼近。因此，为简单易于实现选择了三层 BP 神经网络。

在特征参数确定之后，可以将所有的输入作为网络的输入，所有的输出作为网络的输出,通过一个 BP 网络实现多目标输出;另一个方法是利用多个 BP 网络来实现,每个只有一个输出参数,所有这些网络的输入特征都相同,所有这些网络总的输出作为输出结果。对以上两种选择,经离线仿真计算表明后一种选择收敛性好,且需要隐结点数量少。

初始流量设定每一个炉号采用两个三层 BP 网络,两个网络的输入均为炉号、炉温偏差、烟温偏差、热风温度偏差。一个网络的输出为空气流量,一个网络的输出为煤气流量。为了节省网络训练时间,将加热期分为 3 个阶段:加热初期、加热中期、加热末期。加热过程流量设定每个加热期选用两个三层 BP 网络,一个网络的输出为煤气流量,一个网络的输出为空气流量,它们的输入均相同。

在燃料流量及空气流量神经网络设定系统中,共选择了 8 个三层 BP 神经网络。初始流量设定网络输入参数为 4。加热过程 6 个网络输入结点为 7,输出结点均为 1。

一些用于控制的神经网络隐结点数的确定以经验为主,这里采用计算机仿真的方法先初选,然后采用计算方法进行合并处理。

一般来说,$n+1$ 个隐结点能够准确记忆 n 条规则,隐结点的选择先按照学习规则的条数给出相应的隐结点数,再利用自组织自学习算法删除合并无用的冗余结点。其算法如下:

(1) 隐结点 i 的离散度为

$$d_i=\frac{1}{m}\sum_{k=1}^{m}o_{ik}^2-(h_i)^2 \tag{8.8}$$

(2) 隐结点 i,j 的相关系数为

$$R_{ij}=\frac{\frac{1}{m}\sum_{k=1}^{m}o_{ik}^2 o_{jk}-h_i h_j}{(d_i d_j)^{0.5}} \tag{8.9}$$

其中,h_i 表示隐结点;o_{ik} 表示与 h_i 相关的输出结点;h_i 是 o_{ik} 的均值。

(3) 若 $R_{ij}>0.8$ 且 $|h_i|\geqslant 0.006$,则隐结点 i,j 可合并为一个,用 $w_{ik}+R_{ij}w_{jk}$ 代替 w_{ik},用 $\theta_k+(R_{ij}h_i)$ 代替 θ_k,并删除第 i 个隐结点。这里 θ_k 表示阈值,w_{ik} 表示第 i 个隐结点与第 k 个输出结点的联结权重。

3. 神经元激励函数的确定

选取神经元的激励函数的形式为

$$f(x)=\frac{1-\mathrm{e}^{-x}}{1+\mathrm{e}^{-x}} \tag{8.10}$$

4. 神经网络学习参数的确定

在标准的 BP 算法中,学习参数 η 一般取 0.2~0.9 的常量。虽然可以收敛,但需要很长时间,下面给出了一种自适应学习方法。

设 e_k 和 e_{k-1} 分别是两次循环的误差,若

(1) 若 $e_k < e_{k-1}$，则 $\eta_{k+1}=\begin{cases}0.9, & \eta'_{k+1}\geqslant 0.9\\ 1.1\eta_k, & \eta'_{k+1}<0.9\end{cases}$

(2) 若 $e_k > e_{k-1}$，则 $\eta_{k+1}=\begin{cases}0.2, & \eta''_{k+1}< 0.2\\ 0.8\eta_k, & \eta''_{k+1}>0.2\end{cases}$

其中，$\eta'_{k+1}=1.1\eta_k$；$\eta''_{k+1}=0.8\eta_k$。

8.2.3 神经网络的训练过程

在进行对神经网络的训练及应用训练好的网络实施控制时，都必须将系统的输入、输出转化为神经网络可接受的[0,1]区间内的数值，这种转化由系统内部自动完成。

网络训练以加热过程为例，与其他网络训练类似。神经网络的训练过程就是网络的权重或阈值的调整过程，燃料流量及风量神经网络设定系统是由成功的控制实例来进行训练的，训练时可采用逐个网络进行训练，也可采用两个网络同时训练的办法。

BP 网络是一种 I/O 映射前馈网络，其学习训练算法采用反向传播算法。

设输入层为 $O_1^1(t)=e_1(t)$（炉温偏差）；$O_2^1(t)=e'_1(t)$（炉温偏差变化率）；$O_3^1(t)=e_2(t)$（烟温偏差）；$O_4^1(t)=e'_2(t)$（烟温偏差变化率）；$O_5^1(t)=e_3(t)$（热风温度偏差）；$O_6^1(t)=e'_3(t)$（热风温度偏差变化率）；$O_7^1(t)=e_4(t)$（炉压偏差）。

网络的隐层为

$$\mathrm{net}_{ki}(t)=\sum_{j=1}^{m}W_{kij}O_j^1(t)+\theta_{ki}(t)；O_{kj}^2(t)=f(\mathrm{net}_{ki}(t)) \tag{8.11}$$

网络的输出层为

$$Y_k(t+1)=\sum_i W_{ki}O_{ki}^2(t)+\gamma_k(t) \tag{8.12}$$

当 $k=1$ 时，$y_1(t+1)=O_g(t+1)$；当 $k=2$ 时，$y_2(t+1)=O_\alpha(t+1)$。

其中，W_{kij} 和 W_{ki} 是权重。γ_k 是阈值。利用反向传播学习算法使 $J_k=\frac{1}{2}(y_k-Y_k)^2$ 取最小值，可得如下权重修正及阈值的学习规律：

$$\Delta W_{ki}(t)=\alpha(y_k(t+1)-Y_k(t+1))O_{ki}^2+\beta\Delta W_{ki}(t-1) \tag{8.13}$$

$$\Delta\gamma_k(t)=\alpha(y_k(t+1)-Y_k(t+1))+\beta\Delta\gamma_k(t-1) \tag{8.14}$$

$$\Delta W_{kj}(t)=\alpha[y_k(t+1)-Y_k(t+1)]f'(\mathrm{net}_{ki}(t))W_{ki}(t)O_i^1(t)+\beta\Delta W_{kij}(t-1) \tag{8.15}$$

$$\Delta\theta_{ki}(t)=\alpha[y_k(t+1)-Y_k(t+1)]f'(\mathrm{net}_{ki}(t))W_{ki}(t)+\beta\Delta\theta_{ki}(t-1) \tag{8.16}$$

其中，$\Delta X(t-1)=X(t)-X(t-1)$；$\alpha,\beta$ 分别为学习系数；Y_k 为实际过程中的煤气流量、空气流量。

利用 BP 神经网络辨识系统的模型是在离线情况下进行的，选用一些典型工况样本点，使其记忆这些典型工况就是对神经网络训练的过程，具体算法如下。

(1) 对BP神经网络的所有权重W_{ki}、W_{kij}以及阈值θ_{ki}、γ_k用[0,1]区间的随机值来初始化。

(2) 从生产过程抽取典型工况样本点对其训练，按照典型样本点个数初选隐结点的数目。确定隐结点数目的具体步骤如下：

① 利用$f(x)$计算隐层的输出值；

② 利用$f(x)$计算输出层的输出值；

③ 计算网络输出与实际输出误差；

④ 调节隐层到输出层之间的权重；

⑤ 计算隐结点的误差；

⑥ 调节输入层到隐结点的误差；

⑦ 调节输出层结点的阈值；

⑧ 调节隐结点的阈值；

⑨ 若误差满足要求，则停止训练，否则转向③；

⑩ 合并，删除多余隐结点。

8.2.4 神经网络在车底炉燃烧控制中的应用实例

利用已经训练过的人工神经网络系统进行燃料流量及空气流量的设定，要比利用专家系统进行流量设定迅速得多。神经网络的"推理"过程是一个数值计算过程，不需要进行规则的搜索匹配，所需时间较短。利用神经网络进行控制时，系统内部将自动完成不同控制时期的网络之间的转化。例如，某机械厂车底炉，对初始状态进行设定：炉温偏差550℃；烟温偏差815℃；热风温度偏差290℃。

第一步，系统自动将这些参数转化为[0,1]区间实数组成的输入向量。

第二步，调用初始流量设定网络。

第三步，根据输入向量依次计算出网络的输出向量。

第四步，依次把各网络的输出向量转化为对应的空气流量，煤气设定值。神经网络根据以上条件的输出结果：煤气流量$3200m^3/h$；空气流量$9400m^3/h$。

选择的结果直接用于控制，取得了良好的效果。图8.6是利用经训练后的神经网络进行燃烧控制的流程图。下面具体对比一下使用神经网络对车底炉进行燃烧控制前后的技术指标。

1. 未使用神经网络对车底炉进行燃烧控制时实测的有关技术指标

1) 炉膛热效率

$$\begin{aligned}\eta_{炉膛} &= (Q'_1 + Q'_6 - Q_4)\Big/\left(\sum Q - Q_4\right) \times 100\% \\ &= (80.31 + 1.95 - 54.66)/(201.23 - 54.66) \times 100\% \\ &= 18.83\%\end{aligned}$$

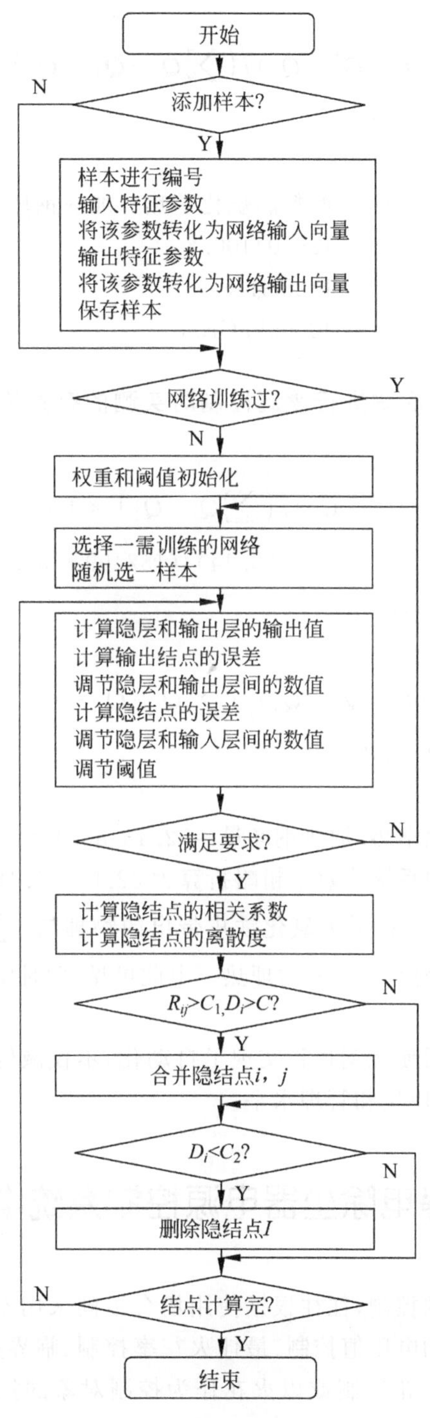
开始
添加样本?
N
Y
样本进行编号
输入特征参数
将该参数转化为网络输入向量
输出特征参数
将该参数转化为网络输出向量
保存样本
网络训练过?
Y
N
权重和阈值初始化
选择一需训练的网络
随机选一样本
计算隐层和输出层的输出值
计算输出结点的误差
调节隐层和输出层间的数值
计算隐结点的误差
调节隐层和输入层间的数值
调节阈值
满足要求?
N
Y
计算隐结点的相关系数
计算隐结点的离散度
$R_{ij}>C_1, D_i>C$?
N
Y
合并隐结点i，j
$D_i<C_2$?
N
Y
删除隐结点I
结点计算完?
N
Y
结束

图 8.6　燃烧控制流程图

2）炉系统热效率

$$\eta_{系统} = (Q_1' + Q_6' - Q_4) \Big/ \left(\sum Q - Q_4 - Q_2\right) \times 100\%$$
$$= 20.69\%$$

3）车底炉燃耗

$$\begin{aligned}炉燃耗 &= 燃料燃烧化学热 / 加热钢坯量 \\ &= 126.0/100.8 \\ &= 1.25\text{GJ/t} \\ &= 42.66\text{kgCE/t}\end{aligned}$$

2. 利用神经网络对车底炉进行燃烧控制时实测的有关技术指标

1）炉膛热效率

$$\eta_{炉膛} = (Q_1' + Q_6 - Q_4) \Big/ \left(\sum Q - Q_4\right) \times 100\%$$
$$= (71.85 + 1.41 - 55.14)/(152.99 - 55.14) \times 100\%$$
$$= 18.52\%$$

2）炉系统热效率

$$\eta_{系统} = (Q_1' + Q_6' - Q_4) \Big/ \left(\sum Q - Q_4 - Q_2\right) \times 100\%$$
$$= 20.68\%$$

3）车底炉燃耗

炉燃耗＝燃料燃烧化学热/加热钢坯量＝82.43/86.49＝0.953GJ/t＝32.52kgCE/t

根据炉膛热效率和炉系统热效率粗略折算为 32.52×1.1608＝37.74kgCE/t

其中，Q_1'为加热钢坯所需热量；Q_6'为氧化铁皮带出的物理热；$\sum Q$ 为总热量；Q_2 为助燃空气带入的物理热；Q_4 为钢坯带入的物理热。由此可见，两种情况下加热每吨钢坯所消耗的燃料相差悬殊。

某机械厂应用该系统后使烧钢过程实现了自动化，不仅减轻了劳动强度，节约了能源，而且提高了烧钢能力、烧钢质量和管理水平。

8.3 专家控制在静电除尘器电源控制系统中的应用

对高压静电除尘电源的控制，往往根据使用场合不同采用不同的运行控制方式。国内流行的控制方式有最高平均电压值控制、最佳火花率控制、临界火花跟踪控制、无火花控制和间隙脉冲供电等。其中火花控制或以火花作为控制对象的控制方法有较成熟的控制方法。无火花控制较之火花跟踪控制技术上要困难一些。在无火花控制电除尘器中由于生产过程中粉尘的阵发性经常引发电除尘器工作的不稳定。通常由于出口粉尘浓度数据的获得相比电场控制的施加有一个10s左右的滞后,所以用粉尘浓度作为控制对象则整个控制系统属于大滞后的控制问题。另外,除尘器的除尘效率与其内部产生的电场有关,烟尘进入除尘器后环境温度、湿度均可能使电场发生畸变。因此,除尘器电源的最优调节如果采用常规的控制方法将很难解决。

文献[60]设计并研制出以TI公司TMS320LF2407A芯片为核心的静电除尘电源控制器,将专家控制方法用于电场电压的控制。根据粉尘浓度的变化采用专家控制方法,将电场电压控制在一个最佳水平运行。经过现场应用,表明达到了设计目标,实现了既符合排放标准又节能的目的。

8.3.1 高压直流静电除尘电源控制系统

电除尘电源控制器的系统结构如图8.7所示。其中DSP控制器采用TI公司的TMS320LF2407A作为核心芯片,该芯片有高达32KB的FLASH程序存储器,高性能的10位模数转换器的转换时间为500ns,提供多达16路的模拟输入。其主要功能是接收用户参数设置,采样电场现场信号,根据设定参数采用PID算法对电场可控硅晶闸管触发角进行调节,完成卸灰、振打等工序。根据电场情况采用专家控制算法调整电场电压设置值,并与上位机通信,从而达到最优控制电场的目的。

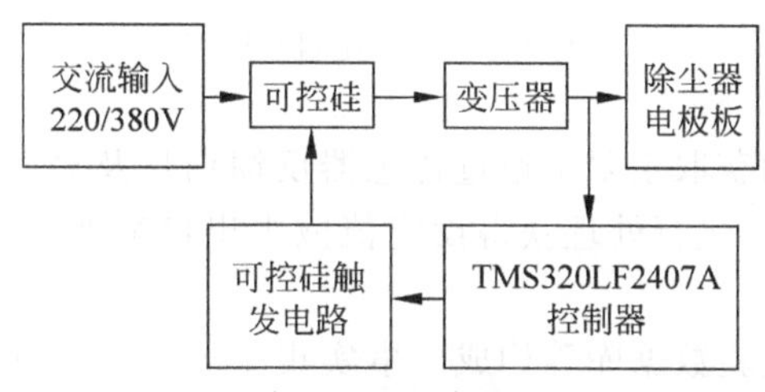

图8.7 电除尘电源控制器的系统结构

8.3.2 专家控制系统控制器设计

专家控制系统采用专家控制器间接预整定PID控制的结构,原理如图8.8所示。系统的最底层采用PID控制完成具体调节可控硅触发角的调节过程,专家系统部分完成电场电压预设定值的调节。

专家控制器硬件以DSP微处理器为核心,包括信息获取与处理、知识库、推理机和控制规则集4部分,如图8.9所示。粉尘传感器、温湿度传感器分别检测静电除尘系统的进出口粉尘浓度、湿度和温度数据,把这些数据和设定值减去出口粉尘浓度的差值以及控制规则集的输出一起送入信息获取与处理模块。信息获取与处理模块对这些数据进行处理获得设定值减去出口粉尘浓度值的差值 e 及其变化 $\dot{e}$ 等信息,然后送入推理机,推理机利用知识库中的知识,并根据控制规则集的内容进行推理。由于专家控制器的控制决策完全依赖于输入数据的特点,所以该控制器采用以数据驱动的正向推理方法,逐次判别各种规则条件,满足则执行;否则继续搜索,直至得到一个合适的输出信号,去控制电除尘器的电场电压控制电路使得出口的粉尘浓度稳定在设定值上,从而实现在保证出口粉尘浓度达标的前提下减小能耗。

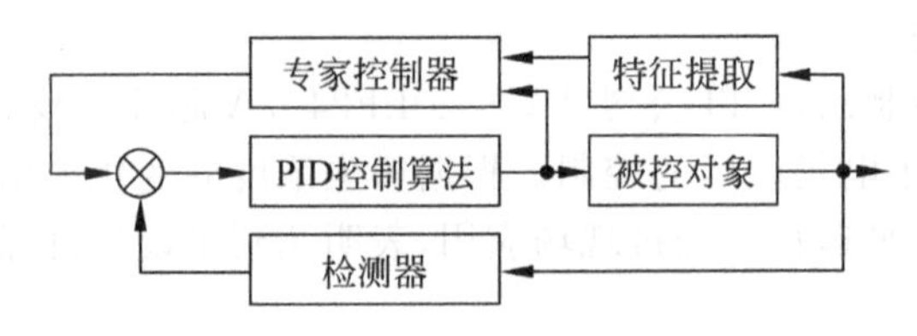

图 8.8 间接专家控制结构

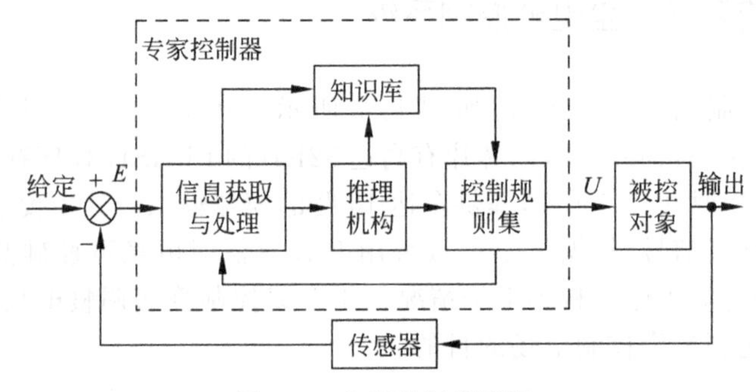

图 8.9 专家控制器原理

专家控制器中信息的获取主要是通过传感器反馈信息及输入信息,包括出入口粉尘浓度和环境温湿度等,对它们进行处理获得设定值减去出口浓度值得到的偏差 e 及其变化 $\dot{e}$ 等重要信息。

知识库由事实集和经验数据库等构成。事实集主要包括电除尘器的结构、类型及特征等有关知识,还包括控制规则的自适应及参数的自调整等规则。经验数据库的经验数据包括电除尘器的参数变化范围及其限幅值。知识的获取采用对话式与归纳式学习相结合的方法。知识库的表达方式采用了产生式规则,这种以过程性知识为中心的产生式表示法具有很强的模块性,每条规则可独立地增加、删除和修改,使知识库便于管理,具有较高的灵活性和扩展性。控制规则集包含根据电除尘器工作特点及专家的控制经验总结出的控制规则,它集中反映了专家在电除尘器控制中的专门知识及经验。控制规则采用产生式规则表达,其基本形式是:IF (条件) THEN (操作或结论)。

专家控制器的输出设定电压(U)跟设定值减去出口粉尘浓度得到的偏差 e 及其变化 $\dot{e}$ 有关,另外还与环境的温度(T)和湿度(H)有关。下面定义它们的语言变量的取值:

e:{偏差负较大(NB_e),偏差负较小(NS_e),偏差大于或等于零(P_e)}

$\dot{e}$:{偏差变化负较大($NB_{\dot{e}}$),偏差变化负较小($NS_{\dot{e}}$),偏差变化正较小或为零($PS_{\dot{e}}$),偏差变化正较大($PB_{\dot{e}}$)}

T:{温度较高(HT),温度较低(LT)}

H:{湿度较高(HH),湿度较低(LH)}

U:{最高,极高,很高,较高,略高,保持不变,略低,较低,很低,极低,为零}

在此基础上,根据专家经验建立控制规则集,如表 8.2 所示。

以上专家系统对电场要达到的电压设定值进行了确定,然而要使静电除尘器电场电压即变压器二次侧电压达到该设定值是通过调节晶闸管触发角来实现的。如何调节触发角关系到调节时的灵敏性、电压的稳定性及超调量。特别要注意超调量,在调节电压时如果超调量过大可能会造成火花,这在要求无火花的除尘器中是严格禁止的。为此,采用了增量式 PID

表 8.2 专家控制规则表

序号	条　件	输　出	序号	条　件	输　出
1	NB_e AND $NB_{\dot{e}}$	U 最高	16	NS_e AND $PB_{\dot{e}}$ AND HH AND LT	U 保持不变
2	NB_e AND $NS_{\dot{e}}$	U 最高	17	NS_e AND $PB_{\dot{e}}$ AND HH AND HT	U 略低
3	NB_e AND $PS_{\dot{e}}$ AND LH	U 极高	18	P_e AND $NB_{\dot{e}}$ AND LH AND LT	U 很高
4	NB_e AND $PS_{\dot{e}}$ AND HH AND LT	U 极高	19	P_e AND $NB_{\dot{e}}$ AND LH AND HT	U 较高
5	NB_e AND $PS_{\dot{e}}$ AND HH AND HT	U 很高	20	P_e AND $NB_{\dot{e}}$ AND HH AND LT	U 较高
6	NB_e AND $PB_{\dot{e}}$ AND LH AND LT	U 较高	21	P_e AND $NB_{\dot{e}}$ AND HH AND HT	U 略高
7	NB_e AND $PB_{\dot{e}}$ AND LH AND HT	U 略高	22	P_e AND $NS_{\dot{e}}$ AND LH AND LT	U 略高
8	NB_e AND $PB_{\dot{e}}$ AND HH	U 保持不变	23	P_e AND $NS_{\dot{e}}$ AND LH AND HT	U 保持不变
9	NS_e AND $NB_{\dot{e}}$	U 极高	24	P_e AND $NS_{\dot{e}}$ AND HH AND LT	U 保持不变
10	NS_e AND $NS_{\dot{e}}$	U 很高	25	P_e AND $NS_{\dot{e}}$ AND HH AND HT	U 略低
11	NS_e AND $PS_{\dot{e}}$ AND LH AND LT	U 较高	26	P_e AND $PS_{\dot{e}}$ AND LH AND LT	U 较低
12	NS_e AND $PS_{\dot{e}}$ AND LH AND HT	U 略高	27	P_e AND $PS_{\dot{e}}$ AND LH AND HT	U 很低
13	NS_e AND $PS_{\dot{e}}$ AND HH AND LT	U 略高	28	P_e AND $PS_{\dot{e}}$ AND HH AND LT	U 很低
14	NS_e AND $PS_{\dot{e}}$ AND HH AND HT	U 保持不变	29	P_e AND $PS_{\dot{e}}$ AND HH AND HT	U 极低
15	NSe AND $PB_{\dot{e}}$ AND LH	U 保持不变	30	P_e AND $PB_{\dot{e}}$	U 为零

控制算法计算导通角，计算公式如下：

$$\Delta u(k)=Ae(k)-Be(k-1)+Ce(k-2) \tag{8.17}$$

式中，$A=K_{p}\left(1+\frac{T}{T_{I}}+\frac{T_{D}}{T}\right)$，$B=K_{p}\left(1+2\frac{T_{D}}{T}\right)$，$C=K_{p}T_{D}/T$。它们都是与采样周期、比例系数、积分时间常数、微分时间常数有关的系数。选择合适的运行参数，电场电压的控制能快速准确地达到设定值。

8.3.3 控制结果及其分析

该控制系统已在某大型电厂投入使用，现场使用效果良好，具体数据如表8.3所示。

表8.3 除尘控制器现场数据

序号	一次电压/V	一次电流/A	二次电压/kV	二次电流/mA	除尘功率/W	入口粉尘/($g\cdot m^{-3}$)	出口粉尘/($mg\cdot m^{-3}$)
1	138.5	5.2	29.5	21	620	8.85	20.2
2	138.5	5.2	29.5	21	620	8.85	20.2
3	140.5	5.3	28.6	20.8	595	7.40	20.2
4	140.5	5.3	28.6	20.8	595	7.40	20.2
5	192.5	8.7	38.2	36.5	1394	19.90	20.2
6	192.5	8.7	38.2	36.5	1394	19.90	20.2
7	192.5	8.7	38.2	36.5	1394	19.90	20.2
8	206.4	8.9	38.3	35.2	1348	19.55	20.2
9	206.4	8.9	38.3	35.2	1348	19.55	20.2
10	206.4	8.9	38.3	35.2	1348	19.55	20.2

运行参数设置出口粉尘质量浓度阈值为20mg/m^3。从表8.3可见，除尘器出口粉尘质量浓度基本维持在20.2mg/m^3，而在入口粉尘质量浓度最高(19.90g/m^3)时，输入除尘功率为1.394kW；在入口粉尘质量浓度为7.40g/m^{3}时，输入除尘功率为0.595kW。对比两者数据如下：

节能率＝(最高输入除尘功率－实时输入除尘功率)/最高输入除尘功率

＝(1.394－0.595)/1.394≈0.573＝57.3%

与恒压运行模式相比则更节能。而两者的除尘效率分别为

表8.3中第5,6,7项除尘效率＝(入口粉尘质量浓度－出口粉尘质量浓度)/入口粉尘质量浓度

＝(19900－20.2)/19900

≈0.999＝99.9%

表8.3中第3,4项除尘效率＝(入口粉尘质量浓度－出口粉尘质量浓度)/入口粉尘质量浓度

＝(7400－20.2)/7400

＝0.997＝99.7%

可见除尘效率均大于99.5%，除尘效果良好。

不难看出，本系统在采用专家控制系统后，除尘器出口烟气含尘浓度完全达到排放标准，能耗显著降低。尽管燃煤电厂的粉尘浓度波动较大，专家控制方法仍能取得较好的控制效果，能明显缩短调压时间，较快地跟踪所设定的电场电压，减小了超调量，在保证除尘效率的同时达到节能的目的。

8.4 学习控制在数控凸轮轴磨床上的应用

为保证数控凸轮轴磨床中凸轮的轮廓精度，采用砂轮架随动的磨削方法，文献[71]针对凸轮轴具有重复运动及对动态精度要求高的特点，在FANUC数控系统中应用了学习控制，结果表明运用后不但提高了凸轮轴的轮廓精度，而且还提高了磨削表面的质量，能使机床的运动精度在原有的基础上得到进一步的提高。

8.4.1 FANUC数控系统学习控制功能

在高速加工中(如高速循环)，由于加工速度极高导致伺服滞后会产生很大的加工误差。而学习控制能够通过读取和比较误差值来修正加工指令，从而实现指令和加工结果的精确控制，极大地提高加工精度。学习控制系统的原理如图8.10所示。

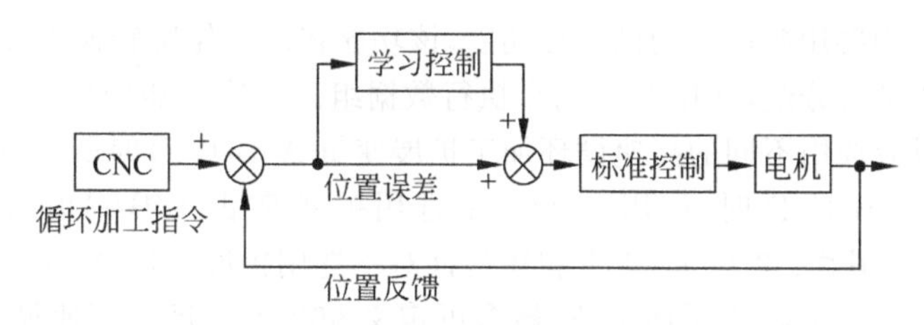

图8.10 学习控制系统的原理图

学习控制的工作过程如下：

(1) 学习控制器从第一个加工循环里取得位置误差，并且能给出补偿数据；

(2) 新的数据和在前一循环中采样得到的旧的数据进行比较；

(3) 新的数据取代旧的数据，从而减小位置误差；

(4) 和旧的数据一样，本周循环中新的数据保存在学习控制器的存储器中。

通过重复第(1)～(4)步的过程，学习控制器不断重复补偿数据以减少位置误差，保存在学习控制器的存储器中的数据称为“学习数据”。

8.4.2 学习控制的实现

1. 数控系统的配置要求

要实现学习控制功能，对于 FANUC 数控系统的配置除了要满足机床的常规配置外，还要针对学习控制功能作额外的配置。以 FANUC 31iA 数控系统为例，学习控制功能所需要的配置如下(括号中为订货号)：

学习控制用轴卡(A02B-0303-H088)

数字伺服软件(A02B-0303-H590#90D3/90E3)

学习控制功能(A02B-0307-J705)

高速循环加工(A02B-0307-J832)

高速循环加工扩展变量 A/B/C/D(A02B-0307-J745/J746/S640/R513)

用户宏执行器(A02B-0307-J888)

宏执行器存储容量(A02B-0307-J738#X)

学习控制功能需要使用专用轴卡和伺服软件，在一般情况下，学习控制功能将结合高速循环一起使用。高速循环变量规格有 4 种，区别在于变量的数量，可以根据加工的要求选择其中的一种规格。学习控制功能需要用到 P-CODE(NC 中的特定变量区)变量。因此，需要选择宏执行器及宏执行器的存储容量功能。

2. 高速切削循环

学习控制功能中要用到高速切削循环功能，该功能将加工轮廓转换为数据组，通过宏执行器以高速脉冲形式进行分配，使用 G05 指令执行数据组。宏执行器变量的数据结构如图 8.11 所示。括号中是对应选用不同的高速循环加工扩展变量 A/B/C/D 时所对应的变量号。例如，不选用扩展变量 A/B/C/D 时，使用#20000；选用扩展变量 A/B/C 时，使用#200000；选用扩展变量 D 时，使用#2000000。以下叙述是针对不选用扩展变量 A/B/C/D 时的情况。

变量#20000 定义了高速循环个数，最多可定义 999 个。每个高速循环使用 16 个变量(如#20000～#20016)来描述高速循环的属性，包括数据区的地址和数据个数等。在数据区中存放了由要加工的工件轮廓转换的数据。

执行时的指令格式为：

```
G05 P10001 L10
```

P10001 中的 001 代表调用第 1 个循环，取值范围是 001～999；

L10 中的 10 代表这个循环的循环次数，取值范围是 1～999。

3. 高速循环加工的学习控制

在高速循环加工时，要启动学习控制功能，需要设定以下参数。

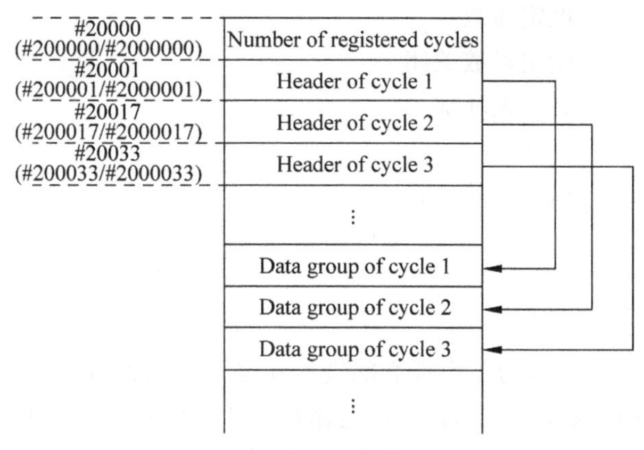

图 8.11 宏执行器变量的数据结构

(1) 设定学习控制轴：第 1,3,5,7 轴(伺服 90D3 软件)或第 1,5,9,13 轴(伺服 90E3 软件),通过设定参数 1023 及进行 FSSB(FANUC 串行伺服总线)高速设定来实现。

(2) 设定 C 轴和 X 轴为学习控制轴：P2019＃6 ＝ 1。

(3) 设定高增益参数(对所有轴)：P1825 ＝ 6000 位置增益；P2004 ＝ XX1X0001,“X”位不允许更改参数设定。

(4) 设定学习控制参数(仅对学习控制轴)

P2512＝200　　低通滤波器的频宽
P2526＝10　　GX 的最大命令值
P2528＝64　　响应系数 1
P2529＝－32　　响应系数 2
P2443＃6＝1　　补偿数据模式有效
P2510＝1　　加工外形的数量
P2511＝1　　加工第一个外形
P2516＝10　　学习控制生效的次数
P2517＝1600　　学习控制的时间设定值为一个加工循环的时间,单位为毫秒(ms)。

4. 编写凸轮轴磨削的学习控制加工程序

以下为磨削凸轮轴上一个凸轮的程序示例：

O0001
G10 L52　　设定参数开
N2510 P1 R1　　设定参数
N2511 P1 R1　　设定参数
N2516 P1 R10　　设定参数

N2517 P1 R1600	设定参数
G11	设定参数关闭
G05 P10001 L10	高速循环加工
G04 X5	暂停 5s
G00 X0 C0	返回初始位置
M02	

5. 高速叠加控制

在高速循环运行的同时,为了实现磨削进给还必须运行高速叠加控制功能。该功能将另一路径中任意独立的操作叠加到执行高速循环加工,或者高速二进制程序操作的一个轴上。是否叠加控制可通过参数 P8168#5 的设定。同时在循环操作路径中设定 PMC(可编程机床控制)信号 OVLN (G531.4 提前叠加信号)来启动叠加控制。图 8.12 所示是高速叠加控制示意图。

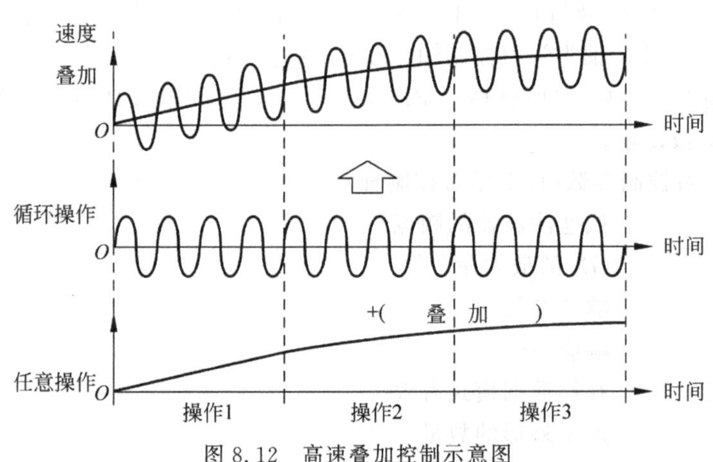

图 8.12 高速叠加控制示意图

高速叠加控制的特点是:

(1) 任意操作的路径与循环操作的路径是分开的;

(2) 在任意操作中的倍率是有效的;

(3) 在 NC 状态下叠加指令易于创建;

(4) 任意操作在独立于循环操作的路径的坐标系中指定。

8.4.3 学习控制效果

使用以上方法,在一台数控凸轮轴磨床上进行凸轮的磨削,如图 8.13 所示。

数控凸轮轴磨床的数控系统使用了 FANUC310i-A 系统。C 轴工件驱动使用了

图 8.13 凸轮轴磨床

FANUC 的力矩电动机直接驱动,X 轴砂轮架运动采用了 FANUC 的伺服电动机带动滚珠丝杠驱动的方式。

使用 SERVO GUIDE 软件对磨削过程进行采样。图 8.14 所示为没有运行学习控制功能时,X 轴的运动误差较大。图 8.15 所示为运行学习控制功能时,X 轴的运动误差逐渐收敛,最后可达到微米级。而工件实际的磨削精度(即轮廓误差)能控制在 15μm 以内,完全达到了轮廓误差要求的 30μm。

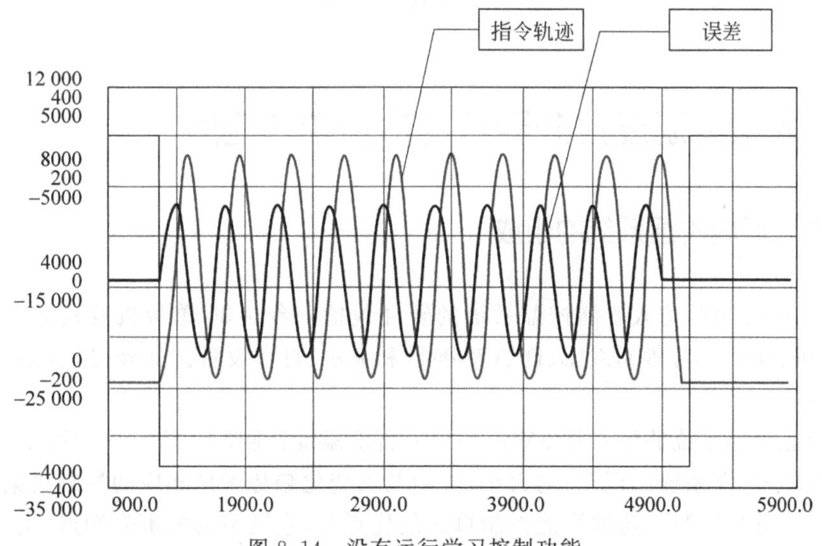

图 8.14 没有运行学习控制功能

在运行学习控制的过程中,由于机床的固有特性,有时会出现震荡现象,当机床产生震荡时,就需要对参数 P2526 和 P2527 进行调整(每次增大或减小这两个参数中的一个)后再运行高速循环学习控制,反复重复上述步骤,直到振荡消失为止。如果对机床的动态精度有更高的要求,也可使用上述方法,将学习控制的效果调整到最佳状态。

FANUC 数控系统的学习控制在机床的动态精度控制方面,不仅提高了凸轮轴的轮廓精度,而且提高了磨削表面的质量。

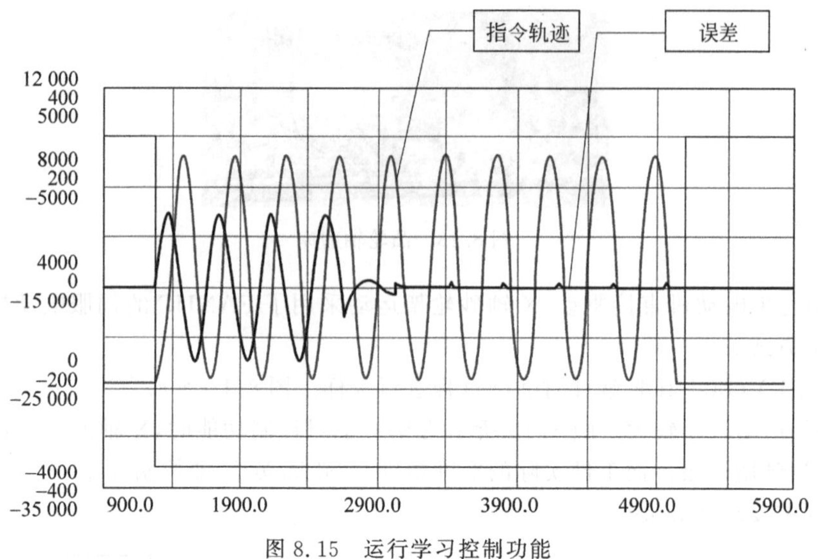

图 8.15 运行学习控制功能

8.5 仿人智能温度控制器在加热炉中的应用

8.5.1 仿人智能控温系统的组成

文献[106]提出的仿人智能控温系统的硬件包括一台 Z-80 单板机及其输入/输出接口(可用单片机、DSP 芯片等),A/D、D/A 转换器和显示、打印设备。此外,还有温度变送器和调温执行器。

仿人智能控温系统的核心是 FWK 型仿人智能温度控制器。仿人智能控制算法根据控制器的输入信号(即系统的误差)的大小、方向及其变化趋势做出相应的控制决策,以选择适当的控制模式进行控制。这种智能控制算法的优点是,它既不需要事先知道,也不需要在线辨识被控制对象的精确模型,就能够实现快速、高精度的控制,且具有极高的鲁棒性。上述控制算法已成功地用于 FWK 型仿人智能温度控制器。控制器还具有一定的故障自诊断功能,掉电程序保护功能,超限、断偶报警功能以及软、硬件相结合的抗干扰功能。

单板机除实现智能控制算法之外,还要完成全部管理工作和热电元件的线性化计算。

8.5.2 仿人智能温度控制算法

仿人智能温度控制算法采用 IF…THEN…的规则形式来描述,如表 8.4 所示。

表 8.4　仿人智能控制算法规则表

序号	如果下述条件成立				则输出 P_0 等于	模式名称
1	$\lvert e_n\rvert>M_1$				FFH 或 00H	开关
2	当	$e_n\cdot\Delta e_n>0$ 或 $\Delta e_n=0, e_n\neq 0$	且	$\lvert e_n\rvert\geqslant M_2$	$P_{0(n-1)}+K_1K_{\mathrm{pe}_n}$	比例
				$\lvert e_n\rvert<M_2$	$P_{0(n-1)}+K_{\mathrm{pe}_n}$	
3	$e_n\cdot\Delta e_n<0, \Delta e_n\cdot\Delta e_{n-1}>0$ 或 $e_n=0$				$P_{0(\mathrm{a})}=P_{0(n-1)}$	保持 1
4	当	$e_n\cdot\Delta e_n<0$ $\Delta e_n\cdot\Delta e_{n-1}<0$	且	$\lvert e_n\rvert\geqslant M_2$	$P_{0(n-1)}+K_1K_2K_{\mathrm{pe}_{m\cdot n}}$	保持 2
				$\lvert e_n\rvert<M_2$	$P_{0(n-1)}+K_2K_{\mathrm{pe}_{m\cdot n}}$	

在表 8.4 中，$e_n=r-y_n$ 为 n 时刻的误差，r 为给定值，y_n 为 n 时刻输出量；e_{n-1}、e_{n-12} 为前 1、2 个时刻的误差值，$\Delta e_n=e_n-e_{n-1}$、$\Delta e_{n-1}=e_{n-1}-e_{n-2}$ 为当前和前 1 个时刻误差的差分；$e_{m\cdot n}$ 为误差的第 n 个极值；K_{p} 为比例增益；K_1 为增益放大系数，$K_1>1$；K_2 为抑制系数，$0<K_2<1$；M_1、M_2 为设定的误差界限，$M_1>M_2$；$P_{0(n)}$ 为输出量 P 第 n 次需要保持的值；$P_{0(n-1)}$ 为 n 的前一个时刻输出量 P 的保持值。

在系统的误差曲线如图 8.16 所示的情况下，对上述算法分析如下。

在区域 1 和区域 3 内，误差 e 的绝对值逐渐增大，具有特征 $e_n\cdot\Delta e_n>0$；在区域 2 和区域 4 内，e 的绝对值逐渐减小，具有特征 $e_n\cdot\Delta e_n<0$。

在极值点 t_1 和 t_3 处（实际上是在 t_1 和 t_3 之后一个采样周期的间隔之内，而非极值的顶点，以下类同），有特征 $\Delta e_n\cdot\Delta e_{n-1}<0$，相反，若 $\Delta e_n\cdot\Delta e_{n-1}>0$，则表示无极值。

当误差 $\lvert e_n\rvert>M_1$ 时，采用开关模式进行控制，只有当 $\lvert e_n\rvert\leqslant M_1$ 之后，方考虑其他特征和相应的控制模式。

当误差的趋势是增大时，应加大控制量以便尽快地纠正偏差，此时用比例模式。比例增益 K_{p} 可以取得相当大。而当 $\lvert e_n\rvert\geqslant M_2$ 时，再将 K_{p} 乘以增益放大系数 K_1，使控制量更大。一旦误差达到极值（图 8.16 中的 t_1 和 t_3 点），则其在原来保持值的基础上增加一个不太大的值（保持 2 模式），以后便保持这一输出直到 e 改变符号为止（保持 1 模式）。

实际的误差曲线比图 8.16 更复杂，如图 8.17 所示的情况，其中的 t_1 点和 t_2 点虽都是极值点，但在这两点之前和之后，e 的变化趋势却截然不同，分别描述如下：

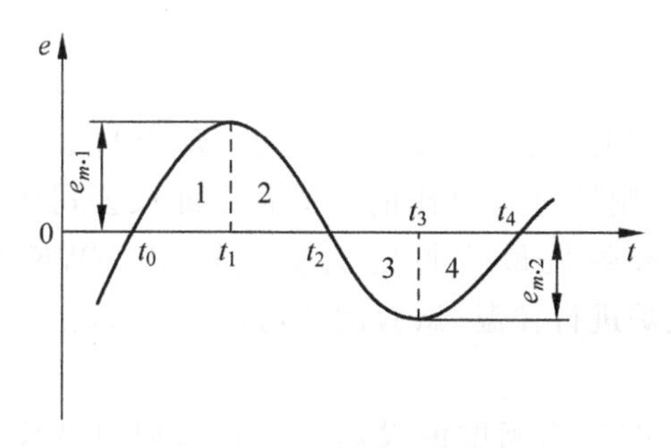

图 8.16　系统的误差曲线

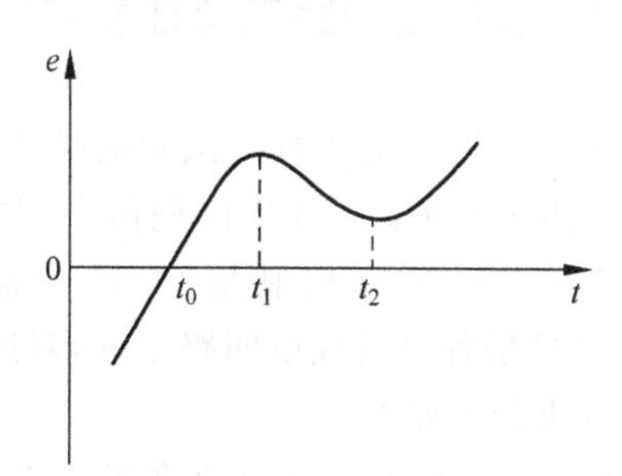

图 8.17　实际的误差曲线

在 t_1 点，$\Delta e_n \cdot \Delta e_{n-1} < 0$，$e_n \cdot \Delta e_n < 0$；在 t_2 点，$\Delta e_n \cdot \Delta e_{n-1} < 0$，$e_n \cdot \Delta e_n > 0$。

在 t_1 点用规则的保持2模式，在 t_2 点则采用比例模式，否则会延长过渡过程。

比例模式相当于系统闭环运行，这与常规的比例控制基本上是一样的，不同的是，这里的比例控制仅仅维持一段时间，下一个控制周期又要重新识别误差信号的特征并做出新的决策。只有当表8.4中第2行的条件满足时，方继续比例控制，否则就要转入其他控制模式。

众所周知，常规的比例控制，若其比例增益取得大了，就会造成系统不稳定。然而，在本智能控制算法的比例控制期间，大的 K_p 却不会引起系统的不稳定，因为只要误差一过极值点，控制器便切换到保持模式，不仅及时地减小了控制量，更重要的是，保持模式相当于系统开环运行，控制器的输出量与当前的工况无关，它靠记忆的特征量进行控制，常规的反馈控制理论在这里已经不适用于这种情况。

当 $e=0$ 时，表明系统已经处于平衡状态，这时候只要维持这种能量平衡就行了，而不必再修改控制器的输出量，等待并观察 e 的变化情况。若有变动，则再做出新的判断与决策。可以证明，保持模式具有类积分功能，就是说，依靠它能够消除残差而实现精确控制。但是，保持模式却没有积分器那样易造成系统不稳定的缺点。

总之，仿人智能控制算法正是依靠准确地识别误差的各种特征而做出相应的决策，并以多模转换，开、闭环相结合的控制模式进行控制。也正是依靠这种灵活而巧妙的识别、决策以及控制方式，使得本来相互制约的快、稳、准的控制指标在仿人智能控制算法中得到统一。

将表8.4可以概括成式(8.18)，即

$$P_0 = f(e_n, e_{n-1}, e_{n-2}, \Delta e_n, \Delta e_{n-1}) \tag{8.18}$$

此外，在FWK型仿人智能控制器中还设有程序控温功能。整个控制器有4个控制回路，每一个回路均能实现9段程序控温。在程序控温时，系统既要跟踪指令又要克服干扰。温度给定值随程序的改变而变化。为了使跟踪更及时，当程序段改变时，控制器能自动地送一个指令去修改原来的保持值 $P_{0(n-1)}$，这相当于引入了前馈信号。此时式(8.18)变成了下式：

$$P_0 = f(r, e) \tag{8.19}$$

8.5.3 实际应用结果及性能对比

这里列举半工业对象试验的结果和用户使用的结果。被控对象为一台2kW的50mm管式电阻加热炉。与FWK型仿人智能温度控制器进行对比的是原日本北辰公司生产的HOMAC-700运算控制器(PID控制算法，参数按最优整定法整定)。由FWK型和HOMAC型各自组成单回路系统，对同一台电炉进行控温，试验次数均在10次以上。现将性能对比分析如下。

(1) 稳态精度。给定值多半在700℃～800℃，当满度值设定为1600℃时，FWK型与HOMAC型均能使炉温稳定在给定值的附近±0.4℃以内。

(2) 跟踪性能。温度升值至少在100℃以上,多数情况均在500℃以上。表8.5给出跟踪性能对比情况。稳定时间,是指从被调温度第一次达到给定值的附近±0.5℃算起,到最后进入这一稳定区域所需要的时间。

(3) 抗扰动性能。当被调温度达到稳态值半小时左右之后,将调压稳压器供给的电压从220V降至160V,观察被调温度的变化,克服炉温扰动的结果如表8.5所示。

表8.5 FWK型和HOMAC控温性能及抗干扰性能对比

产品型号	超调量/℃	稳定时间/min	最高炉温扰动/℃	恢复时间/min
HOMAC(日本)	10～30	17～70	−2.1～2.9	10.5～24
FWK(中国)	<5	13.5～24	−1.3～2.3	9.5～14

(4) 鲁棒性能。HOMAC型为取得最好的控温效果,必须先对被控对象进行模型参数的辨识,然后再整定PID各参数。这一工作十分麻烦,且要求较高的专业知识水平和熟练的操作技能。如果对象的特性改变,则参数必须重新整定。

FWK型整定参数不必辨识和建模,FWK型具有大范围的稳定域,大致设置一组参数,经几次调整就能够得到较为满意的参数。跟踪指令与克服扰动用同一组参数效果也很好。

对3家用户的不同炉型(半导体扩散炉、钢球淬火炉、电工合金真空烧结炉)用同一组参数进行控制,效果均较好。实际上,被控对象难度越大,越能体现出仿人智能控制的优越性。仿人智能温度控制算法执行时间仅需数毫秒甚至更短,不仅可以温度控制,也可以用于其他过程的压力、流量等控制。

8.6 深度神经网络及强化学习在计算机围棋AlphaGo Zero中的应用

谷歌DeepMind团队在2015年成功研发计算机围棋AlphaGo的基础上,2017年又研发出新版AlphaGo Zero,它采用完全不依赖于棋艺大师经验和额外知识,只根据围棋的基本规则采用自我强化学习算法,使其棋艺完胜AlphaGo,再一次刷新了人们对深度强化学习潜力的认知。下面简要介绍深度强化学习在AlphaGo Zero中的应用[117]。

8.6.1 AlphaGo Zero的深度神经网络结构

AlphaGo Zero的深度神经网络结构有两个版本,除了中间层部分的残差模块个数不同,其他结构大致相同。AlphaGo Zero的网络结构模块如图8.18所示,其中输入模块、输出模块及残差模块各代表一个模块单元的基本组成部分、模块结构及相关参数。

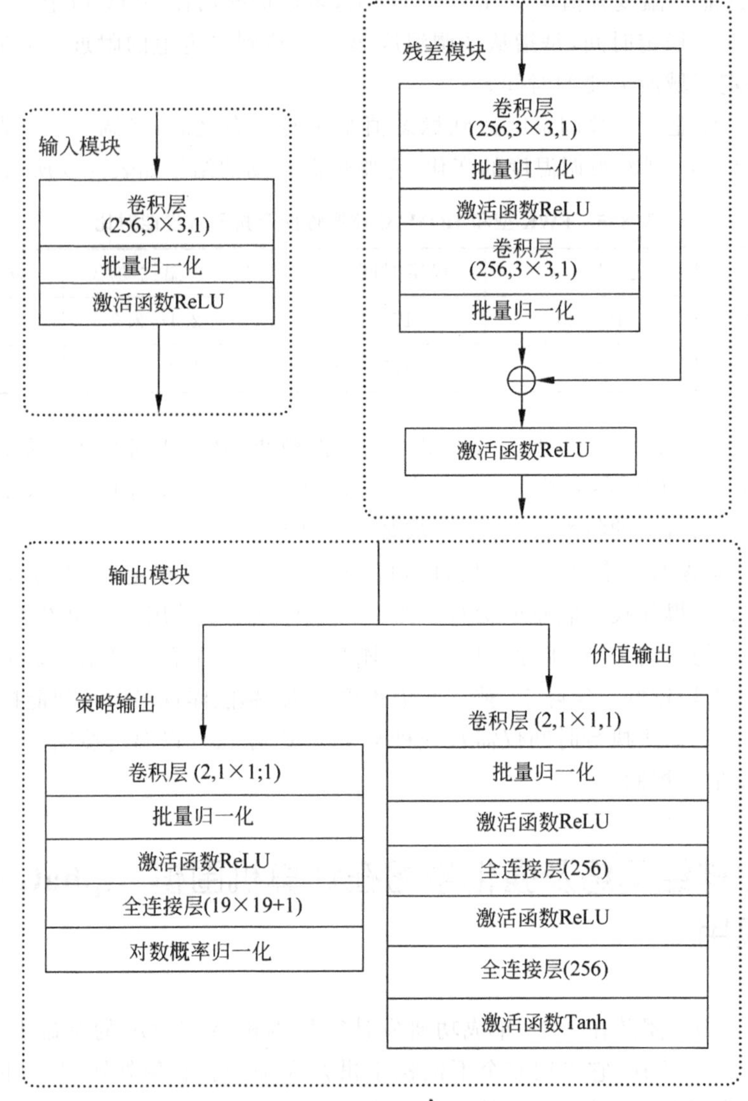

图 8.18 AlphaGo Zero 神经网络结构的 3 个主要模块

1. 输入模块

输入数据经过由 256 个 3×3、步长为 1 的卷积核组成的卷积层，经批归一化处理，以 ReLU 作为激活函数输出。

输入数据为 19×19×17 的张量，具体表示为本方最近 8 步内的棋面和对方最近 8 步内的棋面以及本方执棋颜色。所有输入张量的取值为{0,1}的二元数据。前 16 个二维数组型数据直接反映黑白双方对弈距今的8个回合内棋面,以1表示本方已落子状态,0表示对方已落子或空白状态。而最后1个的19个二维数组用全部元素置0表示执棋方是白方,置1表示执棋方为黑方。

2. 残差模块

深度残差网络的卷积层由256个3×3、步长为1的卷积核构成,经过两次批归一化处理,由输入部分产生的直连接信号作用一起进入到ReLU激活函数。

深度残差网络是AlphaGo Zero关键技术之一,起到真正意义上的"深度学习",它能进行成百乃至上千层的网络学习。深度残差网络由多层"残差单元"堆叠而成,其通式表达为

$$y_l = h(x_l) + F(x_l, W_l) \tag{8.20}$$

$$x_{l+1} = f(y_l) \tag{8.21}$$

其中,W_l 为神经网络权重;y_l 为中间输出;x_l 和 x_{l+1} 分别为第 l 单元的输入和输出;F 是一个残差函数;h 是恒等映射;f 为ReLU函数的激活函数。残差网络与其他常见的卷积前向神经网络的最大不同在于,多了一条跨层传播直连的通路,使得神经网络在进行前向传播和后向传播时,传播信号都能从一层直接平滑地传递到另一指定层。残差函数引入批归一化作优化,使神经网络输出分布白化,从而使数据归一化来抑制梯度弥散或爆炸现象。

3. 输出模块

输出模块包括两部分:策略输出模块和估值输出模块。

策略输出模块:包含2个1×1卷积核、步长为1的卷积层,同样经过批归一化和ReLU激活函数作处理,再连接神经元个数为 19^2(棋盘交叉点总数)+1(放弃走子:pass move)=362个线性全连接层。使用对数概率对所有输出结点作归一化处理,转换到[0, 1]之间。

估值输出模块:包含1个1×1卷积核、步长为1的卷积层,经批归一化和ReLU激活函数以及全连接层,最后再连接一个激活函数为Tanh的全连接层,且该层只有一个输出结点,在[1, 1]区间取值。

8.6.2 异步优势强化算法A3C

深度强化学习算法在AlphaGo Zero中采用异步优势Actor-Critic (Asynchronous Advantage Actor-Critic, A3C)强化学习算法,模型结构如图8.19所示。与深度Q网络DQN采用Q-学习不同,A3C采用基于时序差分的AC(Actor-Critic)强化学习算法。

区别于传统的AC算法,A3C是基于多线程并行的异步更新算法,结合优势函数训练神经网络,大幅度提升AC强化学习算法的样本利用效率。critic给出状态 s_t 价值函数的估计 $V(s_t, \theta)$,对动作的好坏进行评价,而actor根据状态输出策略 $\pi(a_t | s_t, \theta)$,以概率分布的方式输出。A3C使用多步奖赏信号来更新策略和值函数,每经过 $t_{\max}$ 步,或者达到终止

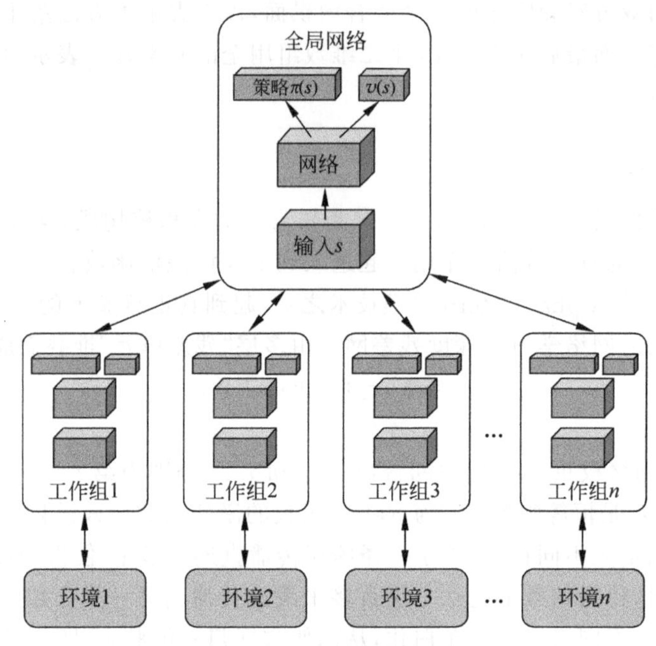

图 8.19 A3C模型结构图

状态,进行更新。A3C在动作值Q的基础上,使用优势函数作为动作的评价。优势函数 A 是动作 a 在状态 s 下相对其他动作的优势,采用优势函数 A 来评估动作更为准确。在策略参数 θ_p、价值参数 θ_v、共享参数 θ 作用下,损失函数为

$$\nabla_{\theta_p}\log\pi(a_t \mid s_t;\theta_p)A(s_t,a_t;\theta,\theta_v) \tag{8.22}$$

其中,$A(s_t,a_t;\theta,\theta_v)$ 为优势函数:

$$A(s_t,a_t;\theta,\theta_v)=R_t-V(s_t;\theta_v) \tag{8.23}$$

其中,R_t 为累积奖赏:

$$R_t=\sum_{i=0}^{k-1}\gamma^i r_{t+i}+\gamma^k V(s_{t+k};\theta_v) \tag{8.24}$$

A3C中非输出层的参数实现共享,并且通过一个卷积层和softmax函数输出策略分布 π,以及一个线性网络输出值函数 V。此外,为了防止模型陷入局部最优,A3C还将策略 π 的熵加入到损失函数中来鼓励探索。完整的损失函数为

$$\nabla_{\theta_p}\log\pi(a_t \mid s_t;\theta_p)(R_t-V(s_t;\theta_v))+\beta\nabla_{\theta_p}H(\pi(s_t;\theta_p)) \tag{8.25}$$

其中,H 为熵;β 为熵的正则化系数。策略网络参数 θ 的更新公式为

$$\theta\leftarrow\theta+\nabla_{\theta_p}\log\pi(a_t \mid s_t;\theta_p)(R_t-V(s_t;\theta_v)) \tag{8.26}$$

其中,价值网络参数 θ_v 的更新公式为

$$\theta_v\leftarrow\theta_v+\partial(R_t-V(s_t;\theta'_v))^2\partial\theta'_v \tag{8.27}$$

A3C算法采用异步训练的思想,启动多个训练环境进行采样,并直接使用采集样本本进

行训练。相比 DQN 算法，A3C 算法不需要使用经验池存储历史样本，节省了存储空间，提高了数据的采样效率，以此提升训练速度。与此同时，采用多个不同训练环境采集样本，样本的分布也更加均匀，更有利于神经网络的训练。

8.6.3 AlphaGo Zero 的蒙特卡罗树搜索

假设当前棋面为状态 s_t，深度神经网络记作 f_θ，以 f_θ 的策略输出和估值输出作为蒙特卡罗树搜索的搜索方向依据，取代原本蒙特卡罗树搜索所需要的快速走子过程。这样既可有效降低蒙特卡罗树搜索算法的时间复杂度，也使深度强化学习算法在训练过程中的稳定性得到提升。

如图 8.20 所示，搜索树的当前状态为 s，选择动作为 a，各结点间的连接边为 $e(s,a)$，各条边 e 存储了四元集为遍历次数 $N(s,a)$、动作累计值 $W(s,a)$、动作平均值 $Q(s,a)$、先验概率 $P(s,a)$。AlphaGo Zero 的蒙特卡罗树搜索分为选择阶段、展开与评估阶段、回传阶段以及决策阶段，最后选择落子位置。

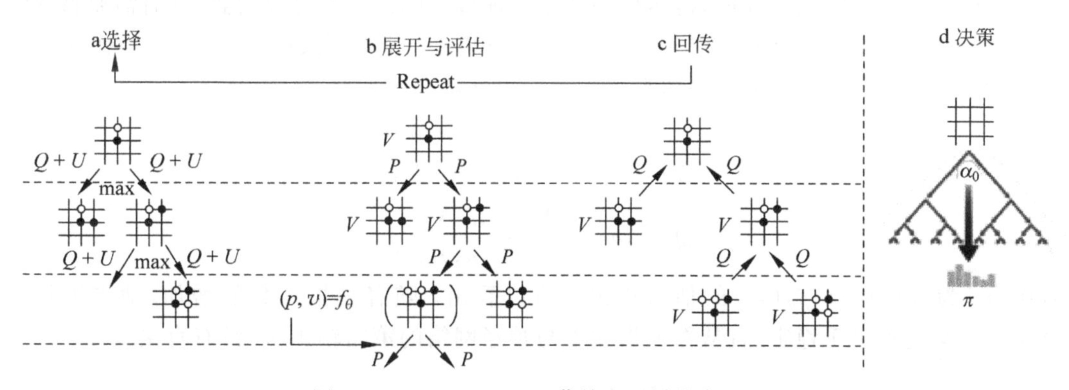

图 8.20　AlphaGo Zero 蒙特卡罗树搜索流程

1. 选择阶段

假定搜索树的根结点为 s_0，从根结点 s_0 到叶子结点 s_l 需要经过的路径长度为 L，在路径 L 上的每步 t 中，根据当前时刻的搜索树的数据存储情况，a_t 由下式所得，选择值对应当前状态 s_t 的最大动作值作为搜索路径。

$$a_t = \underset{a}{\operatorname{argmax}}(Q(s_t,a)) + U(s,a)) \tag{8.28}$$

$$U(s_t,a) = c_{\text{puct}} P(s_t,a) \frac{\sqrt{\sum_b N(s_t,a)}}{1+N(s_t,a)} \tag{8.29}$$

$$P(s_t,a) = (1-\varepsilon)P(s_t,a) + \varepsilon\eta \tag{8.30}$$

其中,c_{puch} 是重要的超参数,平衡探索与利用间的分配权重。当 c_{puct} 较大时,驱使搜索树向未知区域探索,反之则驱使搜索树快速收敛;$\sum_b N(s_t,a)$ 表示经过状态 s_t 的所有次数;$P(s_t,a)$为深度神经网络 $f_\theta(s_t)$的策略输出对应动作 a 的概率值,并且引入噪声 η 服从 Dirchlet(0.03)分布,惯性因子 $\varepsilon=0.25$,从而使神经网络的估值鲁棒性得到增强。

2. 展开与评估阶段

在搜索树的叶子结点,进行展开与评估。当叶子结点处于状态 s_l 时,由神经网络 f_θ 得到策略输出 p_l 和估值输出 v_l。然后初始化边 $e(s_t,a)$中的四元集:$N(s_l,a)=0$,$W(s_t,a)=0$,$Q(s_t,a)=0$,$P(s_t,a)=p_l$。在棋局状态估值时,需要对棋面旋转 $n\times 45°$,$n\in(0,1,2,\cdots,7)$或双面反射后输入到神经网络。在神经网络进行盘面评估时,其他并行线程皆会处于锁死状态,直至神经网络运算结束。

3. 回传阶段

当展开与评估阶段完成后,搜索树中各结点连接边的信息都已经得到.此时需要将搜索后所得最新结构由叶子结点回传到根结点上进行更新。访问次数 $N(s_t,a_t)$、动作累计值 $W(s_t,a_t)$、动作平均值 $Q(s_t,a_t)$的具体更新方式分别为

$$N(s_t,a_t)=N(s_t,a_t)+1 \tag{8.31}$$

$$W(s_t,a_t)=W(s_t,a_t)+v_t \tag{8.32}$$

$$Q(s_t,a_t)=\frac{W(s_t,a_t)}{N(s_t,a_t)} \tag{8.33}$$

其中,v_t 为神经网络 $f_\theta(s_t)$的估值输出。可以看出,随着模拟次数的增加,动作平均值 $Q(s_t,a_t)$会逐渐趋于稳定,且从数值形式上与神经网络的策略输出 p_t 没有直接关系。

4. 决策阶段

经过1600次蒙特卡罗树搜索,树中的各边存储着历史信息,根据这些历史信息得到落子概率分布 $\pi(a|s_0)$是由叶子结点的访问次数经过模拟退火算法得到。具体表示为

$$\pi(a \mid s_0)=\frac{N(s_0,a)^\tau}{\sum_b (s_0,a)^\tau} \tag{8.34}$$

其中,模拟退火参数 τ 初始为1,在前30步走子一直为1,然后随着走子步数的增加而减小趋向于0。引入了模拟退火算法后,极大地丰富围棋开局的变化情况,并保证在最后阶段能够作出最为有利的选择。在执行完落子动作后,当前搜索树的扩展子结点及子树的历史信息会被保留,而扩展子结点的所有父结点及信息都会被删除,在保留历史信息的前提下,减少搜索树所占内存空间,并最终以扩展结点作为新的根结点,为下一轮蒙特卡罗树搜索做准备。值得注意的是,当根结点的估值输出 v_θ 小于指定阈值 v_{resign} 时作认输处理,即此盘棋局结束。

8.6.4 AlphaGo Zero的训练流程

AlphaGo Zero的训练流程可以分为4个阶段，如图8.21所示。

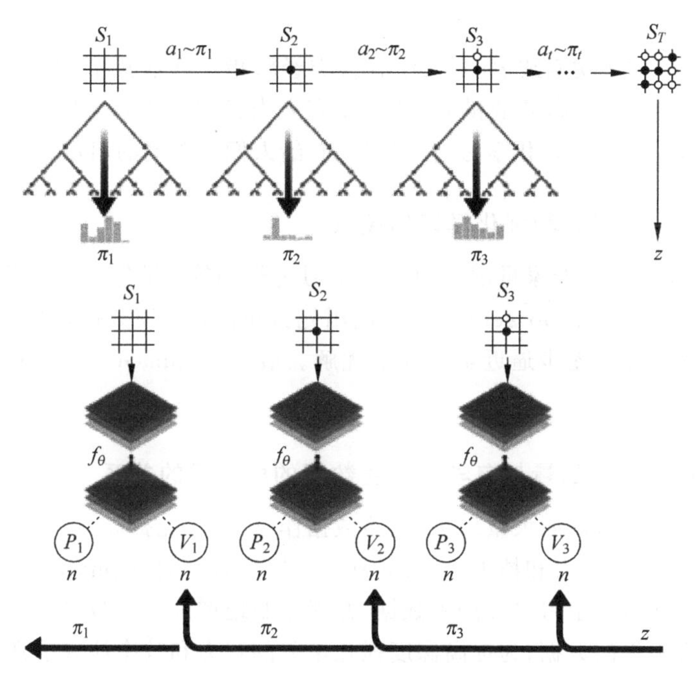

图8.21 AlphaGo Zero自我对弈流程

第1阶段，假设当前棋面状态为x_t，以x_t作为数据起点，得到距今最近的本方历史7步棋面状态和对方历史8步棋面状态，分别记作$x_{t-1},x_{t-2},\cdots,x_{t-7}$和$y_{t-1},y_{t-2}\cdots,y_{t-7}$，并记本方执棋颜色为$c$，拼接在一起，记输入元$s_t$为$\{x_t,y_t,x_{t-1},y_{t-1},\cdots,c\}$，并以此开始进行评估。

第2阶段，使用基于深度神经网络f_θ的蒙特卡罗树搜索展开策略评估过程，经过1600次蒙特卡罗树搜索，得到当前局面x_t的策略π_t和参数θ下深度神经网络$f_\theta(s_t)$输出的策略函数p_t和估值v_t。

第3阶段，由蒙特卡罗树搜索得到的策略π_t，结合模拟退火算法，在对弈前期增加落子位置多样性，丰富围棋数据样本。一直持续这步操作，直至棋局终了，得到最终胜负结果z。

第4阶段，根据上一阶段所得的胜负结果z与价值v_t使用均方和误差，策略函数p_t和蒙特卡罗树搜索的策略π_t使用交叉信息熵误差，两者一起构成损失函数。同时并行反向传播至神经网络的每步输出，使深度神经网络f_θ的权重得到进一步优化。

深度神经网络的输出和损失函数分别为

$$(p_t, v_t) = f_\theta(s_t) \tag{8.35}$$

$$l = (z - v_t)^2 - \pi_t^T \log p_t + c \|\theta\|^2 \tag{8.36}$$

8.6.5 AlphaGo Zero 的启示

AlphaGo Zero 的成功实践表明，在没有人类经验指导的前提下，基于深度强化学习算法计算机围棋仍能表现出高超的棋艺，甚至比有人类经验知识指导时，达到了更高超的水平，再次颠覆了人们对深度强化学习潜力的认知，给人们以深刻的启示。

1. 正确认识监督学习和强化学习的关系

AlphaGo 是基于人类专家棋谱使用监督学习进行训练，虽然算法的收敛速度较快，但易于陷入局部最优。AlphaGo Zero 则没有使用先验知识和专家数据，避开了噪声数据的影响，直接基于强化学习以逐步逼近至全局最优解。最终，AlphaGo Zero 的围棋水平远高于 AlphaGo。

2. 正确认识大数据的量与自学习产生数据的质之间的关系

一般认为，深度学习需要大量历史、先验数据作支撑，才能提高泛化性能。但是，数据的采集和整理需要大量的人力和精力，有时候甚至难以完成。而 AlphaGo Zero 不需要使用任何外部数据，完全通过自学习过程产生数据，并能不断地增加样本数量及质量。自学习产生的取之不尽、用之不竭的数据，为提高深度强化学习的智力和效率注入了强大的驱动力。

3. 正确认识局部搜索、全局搜索与稳定收敛的关系

AlphaGo Zero 从全局出发，一方面通过搜索算法对搜索过程进行大量模拟，另一方面从局部出发，根据期望结果的奖赏信号进行学习，使强化学习的训练过程保持稳定提升的态势。从而为有效探索提高强化学习的稳定性、收敛性提供了新的途径。

4. 正确认识网络复杂与简单之间的辩证关系

AlphaGo Zero 将 AlphaGo 原来复杂的 3 个网络缩减为 1 个网络；将原来复杂的蒙特卡罗树搜索的 4 个阶段减少到 3 个阶段；将原来的多机分布式云计算平台锐减到单机运算平台；将原来需要长时间训练的有监督学习方式彻底减掉，变为每一步优化都是由繁到简、去粗取精的过程，使 AlphaGo 摆脱了冗余方法的束缚，轻装上阵。虽然 AlphaGo Zero 比 AlphaGo 简单许多，但是其性能有了极大提升，这为我们很好地诠释了简单与复杂的辩证关系，以及量变质变规律。

启迪思考题

8.1 智能控制都适合于哪些被控对象？有精确数学模型的被控对象可否使用智能控制？

8.2 “应用计算机的控制系统都是智能控制系统”，这种说法正确吗？

8.3 怎样正确区分应用计算机的控制系统属于或不属于智能控制的范畴？

8.4 在基于神经网络推理的加热炉温度模糊控制中(见8.1节)，加热炉具有哪些不利于传统控制的动态特性？

8.5 基于神经网络推理的加热炉温度模糊控制是如何将专家系统知识和模糊控制、神经网络融合起来的？

8.6 神经网络在车底炉燃烧控制中应用(见8.2节)是如何确定BP网络的个数、结构、隐结点个数的？

8.7 神经网络车底炉燃烧控制系统中的知识库包括4个规则库，请说明各个规则库的名称、作用以及是如何协调各个规则库之间关系的。

8.8 专家控制在静电除尘器电源控制系统中的应用(见8.3节)为什么不采用专家控制器预整定PID控制的结构，而采用专家系统完成电厂电压与设定？

8.9 学习控制在数控凸轮轴磨床上的应用(见8.4节)中是如何解决高速切削循环、高速循环加工、高速叠加控制的？

8.10 在仿人智能温度控制器中(见8.5节)，控制规则的设计上如何解决好动态和稳态性能之间的关系？

8.11 深度强化学习在计算机围棋中的应用(见8.6)中，它与传统的强化学习有什么不同？有何意义？

8.12 谷歌DeepMind团队基于强化学习的计算机围棋AlphaGo Zero的设计思想，对于我们设计高级智能控制系统有什么启示？

参考文献

[1] 维纳 N. 控制论[M]. 郝季仁,译. 北京：北京大学出版社,2007.

[2] 钱学森,宋健. 工程控制论[M]. 3 版. 北京：科学出版社,2011.

[3] 钱学森. 关于思维科学[M]. 上海：上海人民出版社,1986.

[4] 威廉・鲍威斯. 感知控制论[M]. 张华夏,范冬萍,等译. 广州：广东高等教育出版社,2004.

[5] Saridis G N. Toward the Realization of Intelligent Controls[J]. Proc. of the IEEE,1979,67(8).

[6] Saridis G N. Knowledge Implementation: Structure of Intelligent Control Systems [J]. IEEE International Symposium on Intelligent Control,1987.

[7] Saridis G N. Self-Organizing of Stochastic Systems[J]. Marcel Dekker Inc,1977.

[8] Åström K J. et al. Intelligent Control[J]. Journal of Process Control,1992,2(3): 115-127.

[9] Åström K J, Murray R M. Feedback Systems: An Introduction for Scientists and Engineers[J]. Princeton University Press,2008.

[10] 李士勇. 智能控制系统中的推理技术：第一届中国智能控制与智能自动化学术会议论文集[M]. 沈阳：东北大学出版社,1994,72-76.

[11] 柏建国,李士勇. 人工智能与控制决策[D]. 1995 年中国智能自动化学术会议暨智能自动化专业委员会成立大会论文集(上册)[D]. 天津,1995,8-14.

[12] 李士勇. 智能控制系统中的定性定量综合集成推理研究[D]. 1999 年中国智能自动化学术会议论文集(上)[D]. 北京：清华大学出版社,1999,47-51.

[13] 李士勇,夏承光. 模糊控制和智能控制理论与应用[M]. 哈尔滨：哈尔滨工业大学出版社,1990.

[14] 李士勇. 模糊控制・神经控制和智能控制论[M]. 哈尔滨：哈尔滨工业大学出版社,1996.

[15] 李士勇. 模糊控制・神经控制和智能控制论[M]. 2 版. 哈尔滨：哈尔滨工业大学出版社,1998.

[16] Holland J H. Adaptation in Natural Systems[J]. First MIT Press, 1992.

[17] 李士勇. 工程模糊数学及应用[M]. 哈尔滨：哈尔滨工业大学出版社,2004.

[18] 李士勇. 模糊控制[M]. 哈尔滨：哈尔滨工业大学出版社,2011.

[19] 李士勇,李研. 智能控制[M]. 北京：清华大学出版社,2016.

[20] 孙增圻,邓志东,张再兴. 智能控制理论与技术[M]. 2 版. 北京：清华大学出版社,2011.

[21] 蔡自兴. 智能控制原理与应用[M]. 北京：清华大学出版社,2007.

[22] 汪培庄. 模糊集合论及其应用[M]. 上海：上海科学技术出版社,1983.

[23] 扎德 L A. 模糊集合、语言变量及模糊逻辑[M]. 陈国权,译. 北京：科学出版社,1984.

[24] 龙升照,汪培庄. Fuzzy 控制规则的自调整问题[M]. 模糊数学,1981(3): 105-112.

[25] 李宝绥,刘志俊. 用模糊集合理论设计一类控制器[J]. 自动化学报,1980,6(1): 25-32.

[26] 李宝绥,刘志俊. 用模糊理论测辨系统的模型[J]. 信息与控制,1980,9(3): 32-35.

[27] 李士勇. 三维模糊控制系统的仿真研究[J]. 哈尔滨工业大学学报,1987(3): 129-131.

[28] 郑伟,李士勇. 一类定性定量综合集成推理的模糊控制算法[J]. 控制与决策,2000,15(6): 666-669.

[29] 郑伟,李士勇. 基于定性定量综合集成推理的单输入模糊控制器设计[J]. 系统工程与电子技术,2001,23(7): 52-54.

[30] 郑伟,李士勇. 非线性量化因子模糊控制器及其应用[J]. 系统工程与电子技术,2001,23(9): 23-24.

[31] 郑伟,徐洪泽,李士勇.基于波波夫稳定判据的模糊控制器系统化设计方法[J].控制理论与应用,2002,19(4):644-646.

[32] 韦晓明,李士勇.基于控制量补偿的过热汽温模糊自调整 PID 控制研究[J].自动化技术与应用,2003,22(8):14-18.

[33] 黄金杰,李士勇.一种 T-S 型模糊控制器的设计方法[J].系统仿真学报,2004,16(3):480-484.

[34] 栾秀春,李士勇.单元机组的 T-S 型模糊协调控制系统及其 LMI 分析[J].中国电机工程报 2005,19(10):91-95.

[35] 李士勇,章钱.拦截大机动目标的自适应模糊制导律[J].哈尔滨工业大学学报,2009,41(11):21-24.

[36] HE S Z,TAN S H. Control of dynamic processes using anon-line rule-adaptive fuzzy control system [J]. Fuzzy Sets and Systems,1993,54:11-22.

[37] HU J S,ZHENG Q L. Realizing fine quality real time fuzzy control by a simple algorithm[J]. Cybernetics and Systems,2000,31(7):787-802.

[38] HAN X L. A comparative design and tuning for conventional fuzzy control[J]. IEEE Trans. On Syst. Man,And Cybernetics-Part B:Cybernetics,1997,27(3):884-889.

[39] CHUNGHY,CHEN B C,LIN J J. A PI-type fuzzy controller with self-tuning scaling factors [J]. Fuzzy Sets and Systems,1998(93):23-28.

[40] Yamakawa T. A Fuzzy Inference Engine in Nonlinear Analog Mode and Its Application to a Fuzzy Logic Control[J]. IEEE Trans. on Neural Networks,1993,4(3):496-522.

[41] 张立明.人工神经网络的模型及其应用[M].上海:复旦大学出版社,1993.

[42] 阎平凡,黄端旭.人工神经网络——模型·分析与应用[M].合肥:安徽教育出版社,1993.

[43] 王永骥,涂健.神经元网络控制[M].北京:机械工业出版社,1998.

[44] 张良均,曹晶,蒋世忠.神经网络实用教程[M].北京:机械工业出版社,2008.

[45] 董长虹.MATLAB 神经网络与应用[M].北京:国防工业出版社,2005.

[46] 李巍,郎力,马树青.一种改进的单个自适应神经元控制学习算法[M].哈尔滨工业大学学报,1997,29(2):50-53.

[47] 栾秀春,李士勇.基于局部神经网络模型的过热气温多模型预测控制的研究[M].中国电机工程学报,2004,24(8):190-195.

[48] 钟华春,李建华,张南风.模糊神经网络在加热炉温度控制中的应用[J].中国冶金,2014,24(3):18-20.

[49] 边文俊.神经网络在燃烧控制中的应用研究[J].内蒙古大学学报(自然科学版),2011,42(1):101-106.

[50] LI W,LI S Y,et al. An Intelligent Single Adaptive Neuron Controller Based on Pattern Recognition [J]. Journal of Harbin Institute of Technology,1998,5(4):31-33.

[51] Andersen H C, et al. Single Net Indirect Learning Architecture [J]. IEEE Trans. on Neural Networks. 1994,5(6):1003-1005.

[52] Ichkawa Y and Sawa T. Neural Network Application for Direct Feedback Controllers[J]. IEEE Trans. on Neural Networks,1992,3(2):224-231.

[53] Yamaguchi Y,et al. Self-Organizing Control Using Fuzzy Neural Networks[J]. Int. Journal Control,1992,56(2):415-439.

[54] LIN C T,et al. Neural Network-Based Fuzzy Logic Control and Decision System[J]. IEEE Trans. on

Computers,1991,40(12):1320-1336.
[55] Åström K J,et al. Expert Control[J]. Automatic,1986,22(3):277-286.
[56] Åström K J. Toward Intelligent Control[J]. IEEE Control Systems Magazine,1989,9(3):60-64.
[57] Saridis G N,et al. Analytical Design of Intelligent Machines[J]. Automatic,1988,24(2):123-133.
[58] Moore R L. Adding Real-time Expert System Capabilities to Large Distributed Control System[J]. Control Engineering,1985,118-121.
[59] 赵瑞清.专家系统原理[M].北京:风雷出版社,1987.
[60] 李烨,刘志勇,阮太元,等.专家控制在静电除尘器电源控制系统中的应用[J].工业安全与环保,2011,35(6):22-24.
[61] 李人厚,邵福庆.大系统的递阶与分散控制[M].西安:西安交通大学出版社,1986.
[62] FU K S. Learning Control Systems and Intelligent Control Systems: An Intersection of Artifical Intilligence and Automatic Control[J]. IEEE Trans. Automatic Control,1971,16(1):70-72.
[63] Arimoto S. et al. Robustness of Learning Control for Robot Manipulators[J]. Proc. of the 1990 IEEE Int. Conf. on Robot and Automation,Cincinnati,Ohio,1990,5:1528-1533.
[64] Arimoto S. et al. Learning Control Theory for Dynamical Systems[J]. Proc. 24th Conf. on Decision and Control,1985,3:1375-1380.
[65] Arimoto S. Learning Control Theory for Robotic Motion[J]. Int. Journal of Adaptive and Signal processing,1990(4):543-564.
[66] FU K S,WALTS M. A Heuristic Approach to Reinforcement Learning Control System[J]. IEEE Trans. Automatic Control,1965,10(4):390-398.
[67] 邓志东.自学习控制理论与应用[J].哈尔滨工业大学博士学位论文,1991.
[68] 陈民铀.一种基于模式识别技术的智能控制方法[J].模式识别与人工智能,1992,5(3):229-234.
[69] 王强,邵惠鹤.基于模式识别方法的智能控制器设计[J].化工自动化与仪表,1996,23(1):8-13.
[70] 张德颂,张庆华.基于规则的自学习控制算法[J].信息与控制,1987,16(6):21-25.
[71] 奚叶敏.学习控制功能在数控凸轮轴磨床上的应用[J].精密制造与自动化,2013(1):32-34.
[72] LI S Y,et al. The Application of System Simulation in Artificial Intelligent Control[J]. Proc. of Int. Conf. on System Simulation and Scientific Computing,Beijing,1989,(Ⅱ):704-706.
[73] LI S Y,et al. Intelligent Sampling-Fuzzy Decoupling Control of an Arc Welding Robot[J]. Proc. of Int. Conf. on Information and Systems,AMSE,1991,Hangzhou,333-336.
[74] LI S Y,et al. Intelligent Top-Vision Control for Full-Penetration in an Arc Welding Robot[J]. Proc. of the 11th Int. Conf. on Production Research,Hefei,1991,463-466.
[75] 李士勇,菅原研次.事例ベ-ス推论に基づく知能プロセス制御システム[C].第17回知能システムシンポジウム资料,东京,(株)明文社,1993,1-6.
[76] 李士勇,田新华.非线性科学与复杂性科学[M].哈尔滨:哈尔滨工业大学出版社,2006.
[77] 李士勇,陈永强,李研.蚁群算法及其应用[M].哈尔滨:哈尔滨工业大学出版社,2004.
[78] 焦李成,杜海峰,刘芳,等.免疫优化计算、学习与识别[M].北京:科学出版社,2006.
[79] 李士勇,李盼池.量子计算与量子优化算法[M].哈尔滨:哈尔滨工业大学出版社,2009.
[80] 李士勇,李研.智能优化算法原理及应用[M].哈尔滨:哈尔滨工业大学出版社,2012.
[81] 李士勇,章钱.CMAC与变结构复合控制的新型导引律[J].火力与指挥控制,2011,31(2):46-49.
[82] 李士勇,章钱.基于RBF网络增益自适应调节的滑模制导律[J].测试技术学报,2009,23(6):471-476.

[83] 黄忠报,李士勇.免疫克隆算法调节参数的非线性控制器设计[J].智能系统学报,2008,3(5):408-415.

[84] 李士勇,李盼池,袁丽英.量子遗传算法及在模糊控制器参数优化中的应用[J].系统工程与电子技术,2007,29(7):1134-1138.

[85] 李盼池,李士勇.基于量子遗传算法的正规模糊神经网络控制器设计[J].系统仿真学报,2007,19(16):3710-3714,3730.

[86] 韩璞,王学厚,李剑波,等.粒子群优化的模糊控制器设计[J].动力工程,2005,25(5):663-667.

[87] 曾建潮,介婧,崔志华.微粒群算法[M].北京:科学出版社,2004.

[88] 左兴权,李士勇.利用免疫进化算法优化设计径向基函数模糊神经控制器[J].控制理论与应用,2004,21(4):521-524.

[89] 班晓军,李士勇.倒立摆的一种 Fuzzy-PID 复合控制器的设计[J].哈尔滨工业大学学报,2003,35(11):1290-1293.

[90] 李远贵,李士勇.基于免疫原理的自适应模糊控制器优化设计[J].电机与控制学报,2003,7(4):335-338.

[91] 张筱磊,李士勇.实时修正函数模糊控制器组合优化设计[J].哈尔滨工业大学学报,2003,35(1):8-12.

[92] 李士勇,黄雁南,等.用自适应遗传算法优化倒立摆模糊控制器的参数[J].机器人,1998,20(增刊):248-252.

[93] 刘建新,郑昌学.现代免疫学——免疫的细胞和分子基础[M].北京:清华大学出版社,2002.

[94] 左兴权.基于免疫应答原理的进化计算及其在智能控制中的应用[D].哈尔滨工业大学,2004.

[95] De Castro L N, TIMMIS J. An artificial immune network for multimodal function optimization. Proceedings of the 2002 Congress on Evolutionary Computation[J]. Honolulu, HI, USA, 2002: 699-704.

[96] De Castro L N, Von Zben F J. Learning and optimization using the clonal selecting principle[J]. IEEE Transactions on Evolutionary Computation, 2002, 6(3): 239-251.

[97] TAN K C, GOH K, Mamun A A. An evolutionary artificial immune system for multi objective optimization[J]. European Journal of Operational Research, 2008, 187: 371-392.

[98] ZAO Baojiang, LI Shiyong. Ant Colony Optimization Algorithm and Its Application to Neuro-Fuzzy Controller Design[J]. Journal of Systems Engineering and Electronics, 2007, 18(3): 603-610.

[99] Campelo F, Guimaraes F G, Igarashih, et al. A modified immune network algorithm for multimodal electromagnetic problems[J]. IEEE Transactions on Magnetics, 2006, 42(4): 1111-1114.

[100] ZUO Xing-quan, LI Shi-yong. The chaos artificial immune algorithm and its application to RBF neuro-fuzzy controller design[J]. Proc. of IEEE International Conference on System, Man and Cybernetics. Washington, DC, USA, 2003: 2809-2814.

[101] 钟义信.信息科学原理[M].5 版.北京:北京邮电大学出版社,2013.

[102] 姜璐.钱学森论系统科学(讲话篇)[M].北京:科学出版社,2011.

[103] 苗东升.系统科学精要[M].2 版.北京:中国人民大学出版社,2006.

[104] 武秀波,苗霖,吴丽娟,等.认知科学概论[M].北京:科学出版社,2007.

[105] 孙小礼,张增一.科学方法论中的十大关系[M].上海:学林出版社,2004.

[106] 白美卿,高富强.仿人智能温度控制器[J].仪器仪表学报,1988,9(1):85-89.

[107] [美]B.威德罗,[以色列]E.瓦莱斯.自适应逆控制[M].刘树堂,韩崇昭,译.西安:西安交通大学

出版社，2000.

[108] [挪]西格德·斯科格斯特德,[英]伊恩·波斯尔思韦特. 多变量反馈控制分析与设计[M]. 韩崇昭,张爱民,刘晓风,译. 西安：西安交通大学出版社,2011.

[109] 白美卿,高富强. 仿人智能温度控制器[J]. 仪器仪表学报,1988,9(1)：85-89.

[110] 李士勇,谭华. 基于模糊神经元直接驱动的智能控制：1995年中国自动化学术会议暨智能自动化专业委员会成立大会论文集(上册)[D]. 天津,1995,179-184.

[111] 李士勇,李研,林永茂. 智能优化算法与涌现计算[M]. 北京：清华大学出版社,2019.

[112] 马骋乾,谢 伟,孙伟杰. 强化学习研究综述[J]. 指挥控制与仿真,2018,40(6)：68-72.

[113] 胡越，罗东阳，花奎，等. 关于深度学习的综述与讨论[J]. 智能系统学报,2019，14(1)：1-19.

[114] 张军阳,王慧丽,郭阳,等. 深度学习相关研究综述[J]. 计算机应用研究,2018，37(8)：1921-1928.

[115] 孙志远,鲁成祥,史忠植,等. 深度学习研究与进展[J]. 计算机学报,2016,43(2)：1-8.

[116] 刘全,翟建伟,章宗长,等. 深度强化学习综述[J]. 计算机学报,2018,41(1)：1-27.

[117] 唐振韬，邵 坤，赵冬斌. 深度强化学习进展：从 AlphaGo 到 AlphaGo Zero[J]. 控制论与应用，2017,34(12)：1529-1546.

[118] Hochreiter S，Schmidhuber J. LSTM can solve hard long time lag problems[J]. Advances in neural information processing systems，1997：473-479.

[119] LeCun Y，at al. Gradient-Based Learning A to Document Recognition[J]. Proc. of the IEEE，1998，86(11)：2278-2324.

[120] Hinton G E，Osindero S，Teh Y W. A fast learning algorithm for deep belief nets[J]. Neural Computation，2006，18(7)：1527-1554.

[121] Hinton G E. Learning multiple layers of representation[J]. TRENDS in Cognitive Sciences，2008，11(10)：428-433.

[122] Silver D，et al. Mastering the game of Go without human knowledge[J]. Nature，2016，529(7587)：484-489.

[123] 蔡自兴,徐光祐. 人工智能及其应用[M]. 3版. 北京：清华大学出版社,2004.

[124] Rao R V，Savsani V J，Vakharia D P. Teaching-Learning-Based Optimization：a novel method for constrained mechanical design optimization problems [J]. Computer-Aided Design，2011，43：303-315.

[125] Mirjalili S. S CA：A Sine Cosine Algorithm for solving optimization problems[J]. Knowledge-Based Systems，2016. 96：120-133.

[126] Dogan B，Olmez T. A new metaheuristic for numerical function optimization：Vortex search algorithm[J]. Information Sciences，2015，293(1)：125-145.

[127] Punnathanam V，Kotecha P. Yin-Yang-pair Optimization：A novel lightweight optimization algorithm[J]. Engineering Applications of Artificial Intelligence，2016，54：62-79.

图书资源支持

感谢您一直以来对清华大学出版社图书的支持和爱护。为了配合本书的使用，本书提供配套的资源，有需求的读者请扫描下方的“书圈”微信公众号二维码，在图书专区下载，也可以拨打电话或发送电子邮件咨询。

如果您在使用本书的过程中遇到了什么问题，或者有相关图书出版计划，也请您发邮件告诉我们，以便我们更好地为您服务。

我们的联系方式：

地　　址：北京市海淀区双清路学研大厦 A 座 701

邮　　编：100084

电　　话：010-83470236　010-83470237

资源下载：http://www.tup.com.cn

客服邮箱：tupjsj@vip.163.com

QQ：2301891038（请写明您的单位和姓名）

教学资源・教学样书・新书信息

人工智能科学与技术
人工智能|电子通信|自动控制

资料下载・样书申请

书圈

用微信扫一扫右边的二维码，即可关注清华大学出版社公众号。